절대등급

대수

이 책의 구성

내신 1등급을 위한 문제집 절대등급,
이렇게 만들어집니다.

1 전국 500개 학교 시험지 수집

교육 특구를 포함한 전국 학교의
중간·기말고사 시험지와 최근 교육청 학력평가,
평가원 모의평가 및 수능 문제를 분석하여 개념을 활용
하고 논리력을 키울 수 있는 문제를 엄선합니다.

2 출제율 높은 문제 분석

각종 시험에서 출제율이 높은 문제들을 분석합니다.
가장 많이 출제되는 유형을 모으고, 출제 의도를
파악하여 개별 문항의 고유한 특징을 분석합니다.
분석한 문제를 풀이 시간과 체감 난이도에 따라
패턴별로 분류합니다.

3 1등급을 결정짓는 문제 출제

분석된 자료를 바탕으로
1등급을 결정짓는 변별력 있는 문제를 출제합니다.
절대등급은 최근 기출 문제의 출제 의도를 정확하게
알고, 시험에서 어떤 문제가 출제되든지 문제를
꿰뚫을 수 있게 하는 것이 목표입니다.
문제를 해결하며 생각을 논리적으로 전개해 보세요.
문제의 출제 의도와 원리를 찾는 훈련을 하면
어떤 학교 시험에도 대비할 수 있습니다.

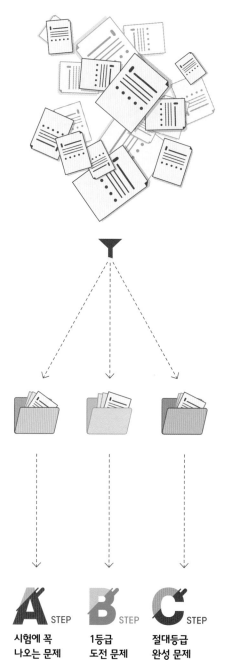

A STEP
시험에 꼭
나오는 문제

B STEP
1등급
도전 문제

C STEP
절대등급
완성 문제

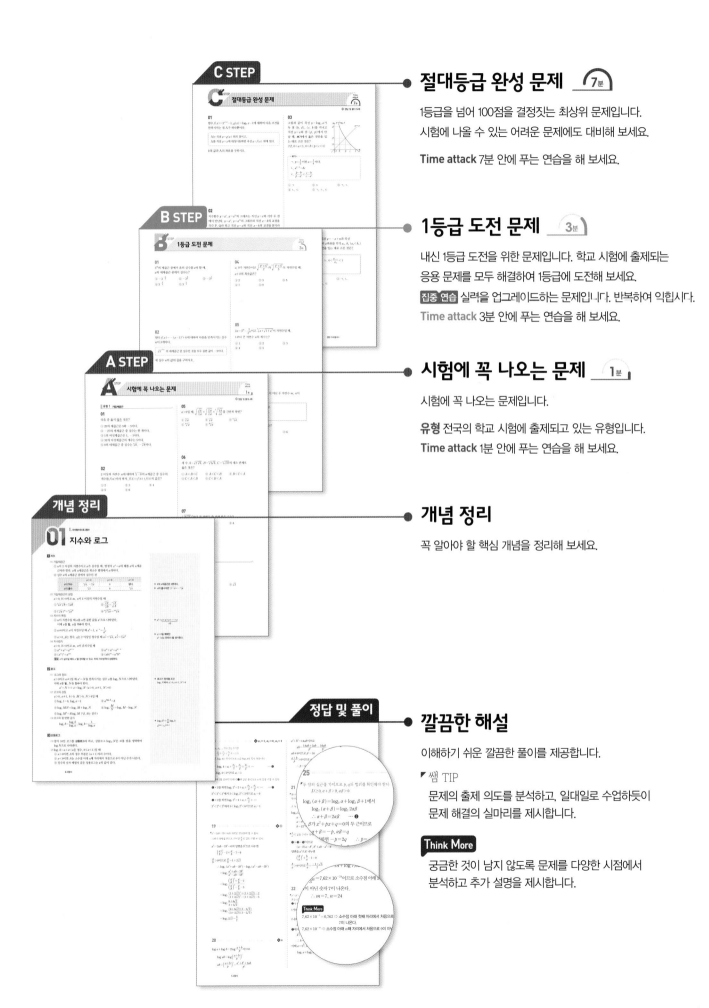

절대등급 완성 문제 7분

1등급을 넘어 100점을 결정짓는 최상위 문제입니다.
시험에 나올 수 있는 어려운 문제에도 대비해 보세요.

Time attack 7분 안에 푸는 연습을 해 보세요.

1등급 도전 문제 3분

내신 1등급 도전을 위한 문제입니다. 학교 시험에 출제되는
응용 문제를 모두 해결하여 1등급에 도전해 보세요.
집중 연습 실력을 업그레이드하는 문제입니다. 반복하여 익힙시다.
Time attack 3분 안에 푸는 연습을 해 보세요.

시험에 꼭 나오는 문제 1분

시험에 꼭 나오는 문제입니다.

유형 전국의 학교 시험에 출제되고 있는 유형입니다.
Time attack 1분 안에 푸는 연습을 해 보세요.

개념 정리

꼭 알아야 할 핵심 개념을 정리해 보세요.

깔끔한 해설

이해하기 쉬운 깔끔한 풀이를 제공합니다.

▶ **쌤 TIP**
문제의 출제 의도를 분석하고, 일대일로 수업하듯이
문제 해결의 실마리를 제시합니다.

Think More
궁금한 것이 남지 않도록 문제를 다양한 시점에서
분석하고 추가 설명을 제시합니다.

차례 대수

Ⅰ. 지수함수와 로그함수

01	지수와 로그	6
02	지수함수와 로그함수	20
03	지수함수와 로그함수의 활용	35

Ⅱ. 삼각함수

04	삼각함수의 정의	48
05	삼각함수의 그래프	58
06	삼각함수의 활용	69

Ⅲ. 수열

07	등차수열과 등비수열	82
08	수열의 합	94
09	수열의 귀납적 정의, 수학적 귀납법	103

I. 지수함수와 로그함수

01 지수와 로그

02 지수함수와 로그함수

03 지수함수와 로그함수의 활용

01 지수와 로그

1 지수

(1) 거듭제곱근

① n이 2 이상의 자연수이고 a가 실수일 때, 방정식 $x^n=a$의 해를 a의 n제곱근이라 한다. a의 n제곱근은 복소수 범위에서 n개이다.

② 실수 a의 n제곱근 중에서 실수인 것

	$a>0$	$a=0$	$a<0$
n이 짝수	$\sqrt[n]{a}$, $-\sqrt[n]{a}$	0	없다.
n이 홀수	$\sqrt[n]{a}$	0	$\sqrt[n]{a}$

◆ 0의 n제곱근은 0뿐이다.

◆ n이 홀수이면 $\sqrt[n]{-a}=-\sqrt[n]{a}$

(2) 거듭제곱근의 성질

$a>0$, $b>0$이고 m, n이 2 이상의 자연수일 때

① $\sqrt[n]{a}\sqrt[n]{b}=\sqrt[n]{ab}$

② $\dfrac{\sqrt[n]{a}}{\sqrt[n]{b}}=\sqrt[n]{\dfrac{a}{b}}$

③ $(\sqrt[n]{a})^m=\sqrt[n]{a^m}$

④ $\sqrt[m]{\sqrt[n]{a}}=\sqrt[mn]{a}$

(3) 지수의 확장

① n이 자연수일 때 a를 n번 곱한 값을 a^n으로 나타낸다.
이때 a를 **밑**, n을 **지수**라 한다.

② $a\neq0$이고 n이 자연수일 때 $a^0=1$, $a^{-n}=\dfrac{1}{a^n}$

③ $a>0$, p는 정수, q는 2 이상인 정수일 때 $a^{\frac{1}{q}}=\sqrt[q]{a}$, $a^{\frac{p}{q}}=\sqrt[q]{a^p}$

◆ $a^n=\underbrace{a\times a\times a\times\cdots\times a}_{n\text{번}}$

◆ $a>0$일 때에만 a^x (x는 유리수)을 생각한다.

(4) 지수법칙

$a>0$, $b>0$이고 m, n이 유리수일 때

① $a^m\times a^n=a^{m+n}$

② $a^m\div a^n=a^{m-n}$

③ $(a^m)^n=a^{mn}$

④ $(ab)^m=a^mb^m$

참고 x가 실수일 때도 a^x을 정의할 수 있고, 위의 지수법칙이 성립한다.

2 로그

(1) 로그의 정의

$a>0$이고 $a\neq1$일 때 $a^x=N$을 만족시키는 실수 x를 $\log_a N$으로 나타낸다.
이때 a를 **밑**, N을 **진수**라 한다.
$$a^x=N \Longleftrightarrow x=\log_a N \;(a>0,\ a\neq1,\ N>0)$$

◆ 로그가 정의될 조건
$\log_a N$에서 $a>0$, $a\neq1$, $N>0$

(2) 로그의 성질

$a>0$, $a\neq1$, $b>0$, $M>0$, $N>0$일 때

① $\log_a 1=0$, $\log_a a=1$

② $a^{\log_a b}=b$

③ $\log_a MN=\log_a M+\log_a N$

④ $\log_a\dfrac{M}{N}=\log_a M-\log_a N$

⑤ $\log_a M^k=k\log_a M$ (단, k는 실수)

(3) 로그의 밑 변환 공식

$$\log_a b=\dfrac{\log_c b}{\log_c a}, \;\log_a b=\dfrac{1}{\log_b a}$$

◆ $\log_{a^m} b^n=\dfrac{n}{m}\log_a b$
$a^{\log_b c}=c^{\log_b a}$

3 상용로그

(1) 밑이 10인 로그를 **상용로그**라 하고, 상용로그 $\log_{10} N$은 보통 밑을 생략하여 $\log N$으로 나타낸다.

(2) $\log A=n+\alpha$ (n은 정수, $0\leq\alpha<1$)일 때

① $n>0$이면 A의 정수 부분은 $(n+1)$자리 수이다.

② $n<0$이면 A는 소수점 아래 n째 자리에서 처음으로 0이 아닌 수가 나온다.

③ 진수의 숫자 배열이 같은 상용로그는 α의 값이 같다.

유형 1 거듭제곱근

01

다음 중 옳지 <u>않은</u> 것은?

① 25의 제곱근은 5와 −5이다.

② −27의 세제곱근 중 실수는 한 개이다.

③ 1의 여섯제곱근은 1, −1이다.

④ 32의 다섯제곱근의 개수는 5이다.

⑤ 8의 네제곱근 중 실수는 $\sqrt[4]{8}$, $-\sqrt[4]{8}$이다.

02

2 이상의 자연수 n에 대하여 $\sqrt[3]{-8}$의 n제곱근 중 실수의 개수를 $f(n)$이라 하자. $f(3)+f(4)+f(5)$의 값은?

① 2   ② 3   ③ 4

④ 5   ⑤ 6

03

n은 자연수이고 $2 \le n \le 20$이다. $n^2-13n+30$의 n제곱근 중에서 음의 실수가 존재하도록 하는 n의 개수는?

① 6   ② 7   ③ 8

④ 9   ⑤ 10

유형 2 거듭제곱근의 계산

04

$\sqrt[4]{3} \times \sqrt[4]{27} + \dfrac{\sqrt[3]{2}}{\sqrt[3]{-54}}$의 값은?

① -2 ② $-\dfrac{5}{3}$ ③ $\dfrac{5}{3}$

④ $\dfrac{8}{3}$ ⑤ 3

05

$a>0$일 때, $\sqrt{\dfrac{\sqrt{a}}{\sqrt[6]{a}}} \times \sqrt{\dfrac{\sqrt[3]{a}}{\sqrt[4]{a}}} \times \sqrt[3]{\dfrac{\sqrt[4]{a}}{\sqrt{a}}}$를 간단히 하면?

① $\sqrt[4]{a}$ ② $\sqrt[8]{a}$ ③ $\sqrt[12]{a}$

④ $\sqrt[18]{a}$ ⑤ $\sqrt[20]{a}$

06

세 수 $A=\sqrt{2\sqrt[3]{6}}$, $B=\sqrt[3]{2\sqrt{6}}$, $C=\sqrt[3]{\sqrt{10}}$의 대소 관계로 옳은 것은?

① $A<B<C$ ② $A<C<B$ ③ $B<C<A$

④ $C<A<B$ ⑤ $C<B<A$

07

$\left(\sqrt{2\sqrt[3]{4}}\right)^3$보다 큰 자연수 중 가장 작은 수는?

① 4   ② 6   ③ 8

④ 10   ⑤ 12

유형 3 지수법칙

08

$\left(\dfrac{9}{3^{\sqrt{3}}}\right)^{2+\sqrt{3}}$의 값은?

① $\dfrac{1}{3}$ ② 1 ③ $\sqrt{3}$

④ 3 ⑤ 9

09

$\left(\dfrac{1}{64}\right)^{-\frac{1}{n}}$이 정수일 때, 모든 정수 n의 값의 합은?

① 6   ② 8   ③ 9
④ 10   ⑤ 12

10

$\left(\sqrt[7]{5^6}\right)^{\frac{1}{3}}$이 어떤 자연수의 n제곱근일 때,
50 이하의 자연수 n의 개수는?

① 4   ② 5   ③ 6
④ 7   ⑤ 8

11

1이 아닌 양수 a에 대하여 $\sqrt[4]{a\sqrt[3]{a\sqrt{a}}}=a^{\frac{n}{m}}$일 때,
m, n의 값을 구하시오. (단, m과 n은 서로소인 자연수이다.)

12

x, y가 0이 아닌 실수일 때, $(x^{-2}y^4)^{-3}\div(x^3y^{-2})^2$을 간단히 하면?

① y^{-4} ② y^{-5} ③ y^{-6}
④ y^{-7} ⑤ y^{-8}

13

$\{(-3)^2\}^{\frac{1}{2}}+(-3)^0$의 값은?

① -3 ② -2 ③ 0
④ 3   ⑤ 4

14

$(\sqrt[4]{9^3})^{\frac{2}{3}}\times\left\{\left(\dfrac{1}{\sqrt{7}}\right)^{-\frac{1}{5}}\right\}^{10}$의 값은?

① $\dfrac{1}{21}$ ② $\dfrac{1}{7}$ ③ 3
④ 7   ⑤ 21

▌유형 4 지수법칙 활용

15

$a^{2x}=\sqrt{3}+1$일 때, $\dfrac{a^{3x}-2a^x}{a^x+a^{-x}}$의 값을 구하시오. (단, $a>0$)

16

$a^{\frac{1}{2}}+a^{-\frac{1}{2}}=3$일 때, $\dfrac{a^{\frac{3}{2}}+a^{-\frac{3}{2}}-2}{a+a^{-1}+1}$의 값은? (단, $a>0$)

① $\dfrac{1}{3}$ ② $\dfrac{1}{2}$ ③ $\dfrac{2}{3}$
④ $\dfrac{3}{2}$ ⑤ 2

17

$x=\dfrac{3^{\frac{1}{4}}-3^{-\frac{1}{4}}}{2}$일 때, $(\sqrt{x^2+1}-x)^4$의 값은?

① $\dfrac{1}{3}$ ② $\dfrac{1}{\sqrt{3}}$ ③ 1

④ $\sqrt{3}$ ⑤ 3

18

$3^{x+1}-3^x=a$, $2^{x+1}+2^x=b$일 때, 12^x을 a, b를 이용하여 나타내면?

① $\dfrac{ab}{6}$ ② $\dfrac{a^2b}{18}$ ③ $\dfrac{a^2b}{12}$

④ $\dfrac{ab^2}{18}$ ⑤ $\dfrac{ab^2}{12}$

19

$5^x=4$, $20^y=8$일 때, $3^{\frac{2}{x}-\frac{3}{y}}$의 값을 구하시오.

유형 5 로그의 정의

20

$\log_{(-x+4)}(12+4x-x^2)$이 정의되기 위한 정수 x의 개수는?

① 2 ② 3 ③ 4

④ 5 ⑤ 6

21

모든 실수 x에 대하여 $\log_{|a-1|}(x^2+ax+a)$가 정의되기 위한 정수 a의 값을 구하시오.

유형 6 로그의 성질

22

$\log_3 6+\log_3 2-\log_3 4$의 값은?

① 1 ② 2 ③ 3

④ 4 ⑤ 5

23

$3^{\log_3 \frac{4}{7}+\log_3 7}$의 값은?

① 1 ② 2 ③ 4

④ 5 ⑤ 7

24

수직선 위의 두 점 $P(\log_3 5)$, $Q(\log_3 20)$이 있다. $0<m<1$이고 선분 PQ를 $m:(1-m)$으로 내분하는 점의 좌표가 2일 때, 4^m의 값은?

① $\dfrac{9}{5}$ ② $\dfrac{11}{5}$ ③ $\dfrac{13}{5}$

④ 3 ⑤ $\dfrac{17}{5}$

25

$\log_2 7$의 정수 부분을 a, 소수 부분을 b라 할 때, $3^a + 2^b$의 값은?

① $\dfrac{21}{2}$　　　② $\dfrac{43}{4}$　　　③ $\dfrac{45}{4}$

④ $\dfrac{49}{4}$　　　⑤ $\dfrac{51}{4}$

26

$(\log_2 3 + \log_8 27)(\log_3 16 + \log_{27} 4)$의 값은?

① $\dfrac{28}{3}$　　　② $\dfrac{29}{3}$　　　③ 10

④ $\dfrac{31}{3}$　　　⑤ $\dfrac{32}{3}$

27

$p = \dfrac{\log_2 (\log_3 32)}{\log_2 3} + \dfrac{\log_5 \left(\dfrac{1}{\log_3 2}\right)}{\log_5 3}$일 때, 9^p의 값을 구하시오.

28

$\log_2 3 = a$, $\log_5 2 = b$일 때, $\log_{15} 1000$을 a, b로 나타내면?

① $\dfrac{3(b+1)}{ab+1}$　　　② $\dfrac{3b+1}{ab+1}$　　　③ $\dfrac{3(a+1)}{ab+1}$

④ $\dfrac{3a+1}{3(b+1)}$　　　⑤ $\dfrac{ab+1}{3(b+1)}$

29

$\log 6 = a$, $\log 15 = b$일 때, $\log 2$를 a, b로 나타내면?

① $\dfrac{2a-2b+1}{3}$　　　② $\dfrac{2a-b+1}{3}$　　　③ $\dfrac{a+b-1}{3}$

④ $\dfrac{a-b+1}{2}$　　　⑤ $\dfrac{a+2b-1}{2}$

■ 유형 7 로그의 성질 활용

30

이차방정식 $x^2 - 7x + 4 = 0$의 두 근을 α, β라 할 때, $\dfrac{\log_2 \alpha + \log_2 \beta}{2^{\alpha} \times 2^{\beta}}$의 값을 구하시오.

31

이차방정식 $x^2 - 4x + 2 = 0$의 두 근이 $\log a$, $\log b$일 때, $\log_a b^2 + \log_b a^2$의 값을 구하시오.

32

1이 아닌 세 양수 a, b, c에 대하여 $a^3 = b^4 = c^5$이다. $\log_a b + \log_b c + \log_c a$의 값은?

① $\dfrac{29}{10}$　　　② $\dfrac{44}{15}$　　　③ 3

④ $\dfrac{91}{30}$　　　⑤ $\dfrac{193}{60}$

33

$a^2 b^3 = 1$일 때, $\log_{ab} a^3 b^2$의 값을 구하시오.
(단, $ab \neq 1$, $a > 0$, $b > 0$, $a \neq 1$, $b \neq 1$)

34

$a > b > 1$이고 $\log_a b + 3 \log_b a = \dfrac{13}{2}$일 때, $\dfrac{a^2 + b^8}{a^4 + b^4}$의 값은?

① 1   ② $\dfrac{3}{2}$ ③ 2

④ $\dfrac{5}{2}$ ⑤ 3

35

$a > 1$, $b > 1$일 때, $\log_{a^4} b^3 + \log_{b^3} a^8$의 최솟값은?

① $\sqrt{2}$ ② 2   ③ $2\sqrt{2}$

④ 4   ⑤ 8

36

a, b, c는 자연수이고 $a \geq 2$, $2 \leq ab \leq 30$, $c \leq 3$이다.
$\log_a b$와 $2 \log_a c$가 모두 정수일 때, 순서쌍 (a, b, c)의 개수를 구하시오.

유형 8 상용로그

37

다음 상용로그표를 이용하여 $\log(0.32 \times \sqrt{342})$의 값을 구하시오.

수	0	1	2	3
3.1	.4914	.4928	.4942	.4955
3.2	.5051	.5065	.5079	.5092
3.3	.5185	.5198	.5211	.5224
3.4	.5315	.5328	.5340	.5353
3.5	.5441	.5453	.5465	.5478

38

양수 A에 대하여 $\log A$의 정수 부분과 소수 부분이 두 근인 이차방정식이 $x^2 - x \log_2 5 + k = 0$이다. 2^{k+4}의 값을 구하시오.

39

$0 < a < 1$일 때, 10^a을 3으로 나눈 몫이 정수이고 나머지가 2가 되는 모든 a의 값의 합은?

① $3 \log 2$ ② $6 \log 2$ ③ $1 + 3 \log 2$

④ $1 + 6 \log 2$ ⑤ $2 + 3 \log 2$

40

$\log x$의 정수 부분은 2이고 $\log \dfrac{1}{x}$의 소수 부분과 $\log x^2$의 소수 부분이 같을 때, 실수 x의 값의 곱은?

① 10^2 ② $10^{\frac{13}{3}}$ ③ 10^5

④ 10^6 ⑤ 10^7

01

3^{10}의 제곱근 중에서 음의 실수를 a라 할 때, a의 세제곱근 중에서 실수는?

① $-3^{-\frac{5}{3}}$ ② $-3^{\frac{5}{3}}$ ③ $-3^{\frac{3}{5}}$

④ $3^{-\frac{3}{5}}$ ⑤ $3^{-\frac{5}{3}}$

02 집중 연습

함수 $f(x)=-(x-3)^2+k$에 대하여 다음을 만족시키는 실수 n이 3개이다.

$\sqrt{3}^{|f(n)|}$의 네제곱근 중 실수인 것을 모두 곱한 값이 -9이다.

세 실수 n의 값의 곱을 구하시오.

03

$1\le a\le 16$, $1\le b\le 8$인 두 자연수 a, b에 대하여 $\sqrt[4]{a^b}$이 자연수일 때, 순서쌍 (a, b)의 개수는?

① 42 ② 44 ③ 46

④ 48 ⑤ 50

04

a, b가 자연수이고 $\sqrt{\dfrac{2^a\times 5^b}{2}}$과 $\sqrt[3]{\dfrac{2^a\times 5^b}{5}}$도 자연수일 때, $a+b$의 최솟값은?

① 2 ② 3 ③ 5

④ 7 ⑤ 9

05

$2x=3^{10}-\dfrac{1}{3^{10}}$이고 $\sqrt[n]{x+\sqrt{1+x^2}}$이 자연수일 때, 1보다 큰 자연수 n의 개수는?

① 1 ② 2 ③ 3

④ 4 ⑤ 5

06

1이 아닌 세 양수 a, b, c와 1이 아닌 두 자연수 m, n이 다음 조건을 만족시킨다.

(가) $\sqrt[4]{a}$는 b의 m제곱근이다.
(나) $\sqrt[6]{b}$는 c의 n제곱근이다.
(다) c^2은 a^6의 네제곱근이다.

모든 순서쌍 (m, n)의 개수는?

① 4 ② 5 ③ 6

④ 7 ⑤ 8

07

2 이상의 자연수 n에 대하여 $n^{\frac{4}{k}}$이 자연수가 되는 자연수 k의 개수를 $f(n)$이라 하자. $f(n)=8$일 때, n의 최솟값을 구하시오.

10

x, y, z가 양수이고 $2^x=3^y=5^z$일 때, $2x$, $3y$, $5z$의 대소 관계는?

① $2x>3y>5z$　　　　② $5z>2x>3y$
③ $3y>5z>2x$　　　　④ $3y>2x>5z$
⑤ $2x>5z>3y$

08

a, b, c가 양수이고 $a^6=3$, $b^5=7$, $c^2=11$일 때, $(abc)^n$이 자연수가 되는 자연수 n의 최솟값을 구하시오.

11

a, b가 양수이고 $2^a=3^b$, $a+b=\frac{4}{3}ab$일 때, $8^a \times 3^b$의 값을 구하시오.

09

$a^{3x}-a^{-3x}=4$ $(a>0)$일 때, $a^x-a^{-x}=m$이고 $a^{2x}-a^{-2x}=n$이다. mn의 값은?

① 1　　　　② $\sqrt{3}$　　　　③ $\sqrt{5}$
④ 4　　　　⑤ $3\sqrt{2}$

12

$a+b+c=-1$, $2^a+2^b+2^c=\frac{13}{4}$, $4^a+4^b+4^c=\frac{81}{16}$일 때, $2^{-a}+2^{-b}+2^{-c}$의 값은?

① $\frac{5}{2}$　　　　② $\frac{7}{2}$　　　　③ $\frac{9}{2}$
④ $\frac{11}{2}$　　　　⑤ $\frac{13}{2}$

13

평행사변형을 그림과 같이 작은 평행사변형 네 개로 나누었다. 작은 평행사변형의 넓이가 각각 $3^5 \times 2^a$, 4^a, 9^b, $2^5 \times 3^b$일 때, 자연수 a, b의 값을 구하시오.

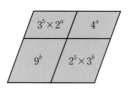

14

$\log_{xy}(16-x^2-y^2)$의 값이 정의되기 위한 정수 x, y의 순서쌍 (x, y)의 개수는?

① 12　　　　② 13　　　　③ 14
④ 15　　　　⑤ 16

15 집중 연습

$\log_2(-x^2+ax+2)$의 값이 자연수가 되는 양수 x가 3개일 때, 실수 a의 값의 범위를 구하시오.

16

$\log_m 2=\dfrac{n}{100}$ 을 만족시키는 자연수 m, n의 순서쌍 (m, n)의 개수는?

① 6　　　　② 7　　　　③ 8
④ 9　　　　⑤ 10

17 집중 연습

자연수 n에 대하여

$$f(n)=\begin{cases}\sqrt[3]{3^n} & (n<50) \\ \log_n 3^{50} & (n\geq 50)\end{cases}$$

이라 하자. 집합 $\{n\,|\,f(n)$은 자연수$\}$의 원소의 개수를 구하시오.

18

a_n (n은 자연수)은 0 또는 1이다.

$$\log_3 4=a_1+\dfrac{a_2}{2}+\dfrac{a_3}{2^2}+\dfrac{a_4}{2^3}+\cdots$$

일 때, a_1, a_2, a_3의 값을 구하시오.

19

$ab > 0$이고 $a^2 - 2ab - 7b^2 = 0$인 두 실수 a, b에 대하여 $\log_2 (a^2 + ab - 2b^2) - \log_2 (a^2 - ab - 5b^2)$의 값은?

① 0 ② $\dfrac{1}{2}$ ③ $\dfrac{2}{3}$

④ 1 ⑤ $\dfrac{3}{2}$

20

$a^2 + b^2 = 14ab$인 두 양수 a, b에 대하여
$$\frac{\log a + \log b}{2} = \log \frac{a+b}{p}$$
이다. p의 값을 구하시오.

21

$\log_{25} (a - b) = \log_9 a = \log_{15} b$를 만족시키는 두 양수 a, b에 대하여 $\dfrac{b}{a}$의 값은?

① $\dfrac{-1+\sqrt{5}}{3}$ ② $\dfrac{1+\sqrt{2}}{4}$ ③ $\dfrac{-1+\sqrt{5}}{2}$

④ $\dfrac{\sqrt{2}+\sqrt{5}}{5}$ ⑤ $\dfrac{1+\sqrt{2}}{3}$

22

세 양수 a, b, c가 다음 조건을 만족시킨다.

> (가) $\log_2 a + \log_2 b + \log_2 c = 6$
> (나) $a^3 = b^4 = c^6$

$\log_2 a \times \log_2 b \times \log_2 c$의 값은?

① $\dfrac{40}{9}$ ② $\dfrac{46}{9}$ ③ $\dfrac{52}{9}$

④ $\dfrac{58}{9}$ ⑤ $\dfrac{64}{9}$

23

네 양수 a, b, c, k가 다음 조건을 만족시킬 때, k^2의 값을 구하시오.

> (가) $10^a = 2^b = k^c$
> (나) $\log a = \log (2bc) - \log (2b + c)$

24

a, b, c는 1이 아닌 양수이고
$x = \log_a b$, $y = \log_b c$, $z = \log_c a$일 때,
$$\frac{x}{xy + x + 1} + \frac{y}{yz + y + 1} + \frac{z}{zx + z + 1}$$
의 값은?

① $\dfrac{1}{3}$ ② $\dfrac{1}{2}$ ③ 1

④ 2 ⑤ 3

25

이차방정식 $x^2+px+q=0$의 두 양의 실근을 α, β라 하면
$$\log_2(\alpha+\beta)=\log_2\alpha+\log_2\beta+1$$
이다. p, q가 실수일 때, $q-p$의 최솟값을 구하시오.

26

a, b가 1이 아닌 서로 다른 두 양수이고
$\log_{a^2}\dfrac{b}{2}=\dfrac{1}{2}\log_b a-\log_{a^2}2$일 때, $16a+b$의 최솟값은?

① 2   ② 4   ③ 8
④ 16   ⑤ 32

27

a, b는 정수이고 $1<a<b<a^2<100$일 때, $\log_a b$가 유리수가 되는 모든 b의 값의 합은?

① 24   ② 40   ③ 56
④ 67   ⑤ 83

28 집중 연습

n이 1000 이하의 자연수일 때, $3\log_4\dfrac{3}{2n+4}$의 값이 정수가 되는 모든 n의 값의 합을 구하시오.

29

a, b, c는 양수이고 m, n은 1보다 큰 실수이다.
$$a^2=b^5=c^{10},\ \log_3\dfrac{ab}{c}=3,\ \log_m b\times\log_n c=2$$
일 때, $\log_a mn$의 최솟값을 구하시오.

30

$10<a<b<50$인 두 자연수 a, b에 대하여 $\log_2 a$의 소수 부분과 $\log_2 b$의 소수 부분이 같을 때, 순서쌍 (a, b)의 개수는?

① 15   ② 16   ③ 17
④ 18   ⑤ 19

→ 정답 및 풀이 15쪽

31

$\log_2 77$의 소수 부분을 a, $\log_5 77$의 소수 부분을 b라 하자.
p와 q가 자연수이고 $2^{p+a} \times 5^{q+b}$은 250의 배수일 때,
$p+q$의 최솟값은?

① 11 　　　　② 12 　　　　③ 13
④ 14 　　　　⑤ 15

32

N은 100 이하의 자연수이고
$$m \leq \log N \leq m+1, \quad m+2 \leq \log N^3 \leq m+3$$
이 성립하는 정수 m이 존재한다. N의 최댓값과 최솟값의 합
을 구하시오.

33

양수 x에 대하여 $\log x$의 정수 부분을 $f(x)$라 하자.
$f(2n+3)=f(n)+1$을 만족시키는 100 이하의 자연수 n의
개수는?

① 55 　　　　② 56 　　　　③ 57
④ 58 　　　　⑤ 59

34

n은 1000보다 작은 자연수이고
$$[\log n^5] = 5[\log n] + 2$$
일 때, n의 개수를 구하시오.
(단, $[x]$는 x보다 크지 않은 최대의 정수이고,
$\log 2.51 = 0.4$, $\log 3.98 = 0.6$으로 계산한다.)

35

3^n이 10자리 자연수일 때, 모든 자연수 n의 값의 합은?
(단, $\log 3 = 0.48$로 계산한다.)

① 31 　　　　② 33 　　　　③ 35
④ 37 　　　　⑤ 39

36

$\dfrac{2^{50}}{3^{80}}$은 소수점 아래 n째 자리에서 처음으로 0이 아닌 숫자가
나오고, 처음으로 0이 아닌 숫자 m이 나온다. m, n의 값을
구하시오. (단, 주어진 상용로그표를 사용하시오.)

수	0	1	2	3
1.2	.0792	.0828	.0864	.0899
1.3	.1139	.1173	.1206	.1239
2.0	.3010	.3032	.3054	.3075
3.0	.4771	.4786	.4800	.4814
7.6	.8808	.8814	.8820	.8825
8.8	.9445	.9450	.9455	.9460

01 집중 연습

$f(x)$는 x^2의 계수가 -1인 이차함수이고 다음 조건을 만족시킨다.

> (가) x에 대한 방정식 $(x^n - 2^8)f(x) = 0$은 서로 다른 두 실근을 갖고, 각 실근은 중근이다.
> (나) $f(x)$의 최댓값을 a라 하면 $\log_{2^m} a$는 정수이다.

m, n이 자연수일 때, 순서쌍 (m, n)의 개수를 구하시오.

02

$x > 0$에서 함수 $f(x)$는
$$f(x) = \begin{cases} \sqrt{x} & (x\text{는 유리수}) \\ x^{-12} & (x\text{는 무리수}) \end{cases}$$
이다. $\{f^{62}(8)\}^{\frac{1}{k}}$이 유리수일 때, 정수 k의 개수를 구하시오.
(단, $f^1(x) = f(x)$, $f^{n+1}(x) = (f \circ f^n)(x)$, n은 자연수)

03 집중 연습

k가 자연수일 때, 집합 A, B, C를
$$A = \{\sqrt[3]{a^2} \mid a\text{는 실수}, 1 \le a \le k\}$$
$$B = \{\log_{\sqrt{2}} b \mid b\text{는 자연수}, 1 \le b \le k\}$$
$$C = \{x \mid x \in A \cap B, x\text{는 자연수}\}$$
라 하자. $n(C) = 4$일 때, 가능한 k의 개수는?

① 7   ② 8   ③ 9
④ 10   ⑤ 11

04

집합 $M = \{2^k \mid k\text{는 자연수}\}$에 대하여 $m \in M$일 때, 집합 A_m을
$$A_m = \{\log_m x \mid x\text{는 100 이하의 자연수}\}$$
라 하자. $n(A_8 \cap A_m) \ge 3$이 되는 m의 개수를 구하시오.

05

다음 조건을 만족시키는 자연수 N의 개수를 구하시오.
(단, $31^2=961$, $32^2=1024$, $316^2=99856$, $317^2=100489$이고 $[x]$는 x보다 크지 않은 최대의 정수이다.)

(가) $[\log N]+3=[\log N^2]$
(나) $\log N-[\log N]>\log N^2-[\log N^2]$

06

x에 대한 이차방정식 $2x^2-2x\log_8 A+k=0$의 한 근이 $\log_8 A$의 정수 부분이다. 이 방정식의 나머지 한 근을 p라 할 때, $\frac{1}{2}(\log_8 A+p)<k\le 4p$를 만족시키는 10 이상인 자연수 A의 개수를 구하시오.

07

a가 자연수일 때, 다음 조건을 만족시키는 $\log_a b$의 값의 개수를 $f(a)$라 하자.

(가) b와 $\log_a b$는 유리수이다.
(나) $2\le a\le 100$이고 $\frac{1}{a}\le b\le a$

$f(a)\ge 7$일 때, a의 개수는?

① 4   ② 5   ③ 6
④ 7   ⑤ 8

08

다음 조건을 만족시키는 20 이하의 모든 자연수 n의 값의 합을 구하시오.

$\log_2(na-a^2)$과 $\log_2(nb-b^2)$은 같은 자연수이고, $0<b-a\le\frac{n}{2}$인 두 실수 a, b가 존재한다.

02 지수함수와 로그함수

1 지수함수

(1) $a>0$, $a\neq1$일 때 함수 $f(x)=a^x$을 밑이 a인 **지수함수**라 한다.

(2) 지수함수 $y=a^x$ $(a>0, a\neq1)$의 성질

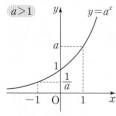 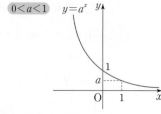

① 정의역은 실수 전체이고, 치역은 $\{y\,|\,y>0\}$이다.

② 그래프는 점 $(0, 1)$을 지나고, x축이 점근선이다.

③ $a>1$이면 x의 값이 증가할 때 y의 값도 증가하고,
$0<a<1$이면 x의 값이 증가할 때 y의 값은 감소한다.

④ $y=a^x$과 $y=\left(\dfrac{1}{a}\right)^x$의 그래프는 y축에 대칭이다.

◆ $a>1$일 때 a의 값이 커지면
그래프는 y축에 가까워진다.
$0<a<1$일 때 a의 값이 작아지면
그래프는 y축에 가까워진다.

◆ $\left(\dfrac{1}{a}\right)^x=a^{-x}$

2 로그함수

(1) $a>0$, $a\neq1$일 때 함수 $f(x)=\log_a x$를 밑이 a인 **로그함수**라 한다.

(2) 로그함수 $y=\log_a x$ $(a>0, a\neq1)$의 성질

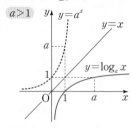 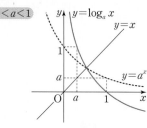

① 정의역은 $\{x\,|\,x>0\}$, 치역은 실수 전체이다.

② 그래프는 점 $(1, 0)$을 지나고, y축이 점근선이다.

③ $a>1$이면 x의 값이 증가할 때 y의 값도 증가하고,
$0<a<1$이면 x의 값이 증가할 때 y의 값은 감소한다.

④ $y=\log_a x$와 $y=\log_{\frac{1}{a}} x$의 그래프는 x축에 대칭이다.

◆ $a>1$일 때 a의 값이 커지면
그래프는 x축에 가까워진다.
$0<a<1$일 때 a의 값이 작아지면
그래프는 x축에 가까워진다.

◆ $\log_{\frac{1}{a}} x=-\log_a x$

3 지수함수와 로그함수의 그래프의 관계

두 함수 $y=a^x$과 $y=\log_a x$는 역함수 관계이고, 그래프는 직선 $y=x$에 대칭이다.

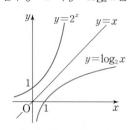 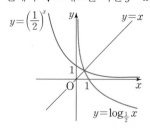

◆ $y=a^x$에서 $x=\log_a y$
x와 y를 바꾸면
$y=\log_a x$

4 지수함수와 로그함수의 최댓값과 최솟값

(1) 함수의 그래프를 그린다.

(2) a^x이나 $\log_a x$를 치환한다.

(3) 산술평균과 기하평균의 관계를 이용한다.
$a^x+a^{-x}\geq2\sqrt{a^x a^{-x}}=2$ (단, 등호는 $a^x=a^{-x}$일 때 성립)
$\log_a x+\log_x a\geq2\sqrt{\log_a x\times\log_x a}=2$ (단, 등호는 $\log_a x=\log_x a$일 때 성립)

◆ 치환하면 제한된 범위가 생긴다.

◆ $\log_x a=\dfrac{1}{\log_a x}$

유형 1 지수함수의 그래프

01

함수 $y=8\times4^x+3$에 대한 다음 설명 중 옳지 <u>않은</u> 것은?

① x의 값이 증가하면 y의 값도 증가한다.
② 정의역은 실수 전체의 집합이고, 치역은 3보다 큰 실수 전체의 집합이다.
③ 그래프는 함수 $y=2^x$의 그래프를 평행이동하면 겹쳐진다.
④ 그래프는 점 $(-1, 5)$를 지난다.
⑤ 그래프의 점근선의 방정식은 $y=3$이다.

02

점근선이 직선 $y=2$인 함수 $y=a^{2x-1}+b$의 그래프를 y축에 대칭이동한 그래프가 그림과 같이 점 $(1, 10)$을 지난다. $a>0$일 때, a, b의 값을 구하시오.

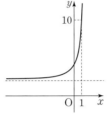

03

함수 $y=a\times3^x$ $(a\neq0)$의 그래프를 원점에 대칭이동한 후, x축 방향으로 2만큼, y축 방향으로 3만큼 평행이동한 그래프가 점 $(1, -6)$을 지난다. a의 값을 구하시오.

유형 2 로그함수의 그래프

04

세 함수 $f(x)$, $g(x)$, $h(x)$는

$$f(x)=ax-4a+1, \quad g(x)=a^{x-1}-3, \quad h(x)=\log_a\frac{x+4}{a^2}$$

이다. $y=f(x)$, $y=g(x)$, $y=h(x)$의 그래프가 a의 값에 관계없이 지나는 점을 각각 P, Q, R이라 할 때, 삼각형 PQR의 넓이를 구하시오. (단, $a>1$)

05

함수 $y=\log_2(x+3)$의 그래프는 점 $(a, 6)$을 지난다. 그래프의 점근선이 직선 $x=b$일 때, $a+b$의 값은?

① 52 　　② 55 　　③ 58
④ 61 　　⑤ 64

06

함수 $y=\log_3\left(\dfrac{x}{9}-1\right)$의 그래프는 함수 $y=\log_3 x$의 그래프를 x축 방향으로 m만큼, y축 방향으로 n만큼 평행이동한 것이다. m, n의 값을 구하시오.

07

함수 $y=\log_2 x$의 그래프를 x축 방향으로 m만큼, y축 방향으로 n만큼 평행이동한 그래프가 점 $(5, 4)$를 지나고 점근선이 직선 $x=3$일 때, m, n의 값을 구하시오.

08

$0<a<b<1$일 때, 직선 $y=1$이 $y=\log_a x$의 그래프와 $y=\log_b x$의 그래프와 만나는 점을 각각 P, Q라 하고, 직선 $y=-1$이 $y=\log_a x$의 그래프와 $y=\log_b x$의 그래프와 만나는 점을 각각 R, S라 하자. 네 직선 PS, PR, QS, QR의 기울기를 각각 α, β, γ, δ라 할 때, 다음 중 옳은 것은?

① $\delta<\alpha<\beta<\gamma$ 　　　② $\gamma<\alpha<\delta<\beta$
③ $\gamma<\alpha<\beta<\delta$ 　　　④ $\gamma<\alpha=\delta<\beta$
⑤ $\alpha=\delta<\beta<\gamma$

유형 3 역함수

09

함수 $f(x)=2^{-x+a}+1$의 역함수를 $g(x)$라 하자.
$g(9)=-2$일 때, $g(17)$의 값을 구하시오.

10

보기의 함수의 그래프를 평행이동 또는 대칭이동하여 함수 $y=3^x$의 그래프와 겹쳐질 수 있는 것만을 있는 대로 고른 것은?

· 보기 ·

ㄱ. $y=\left(\dfrac{1}{3}\right)^x$ ㄴ. $y=2\times 3^x$

ㄷ. $y=\log_3 5x$

① ㄱ   ② ㄱ, ㄴ   ③ ㄱ, ㄷ
④ ㄴ, ㄷ   ⑤ ㄱ, ㄴ, ㄷ

11

함수 $f(x)=2^{x-2}$의 역함수의 그래프를 x축 방향으로 -2만큼, y축 방향으로 k만큼 평행이동하면 $y=g(x)$의 그래프가 된다. $y=f(x)$, $y=g(x)$의 그래프가 직선 $y=1$과 만나는 점을 각각 A, B라 할 때, 선분 AB의 중점의 좌표는 $(8, 1)$이다. 실수 k의 값을 구하시오.

12

함수 $f(x)=\log_a(x+m)$의 그래프와 $f(x)$의 역함수의 그래프가 두 점에서 만난다. 두 점의 x좌표가 -1과 1일 때, $a+m$의 값은?

① $\sqrt{2}$ ② $1+\sqrt{2}$ ③ $2+\sqrt{2}$
④ $1+2\sqrt{2}$ ⑤ $2+2\sqrt{2}$

13

함수 $f(x)$, $g(x)$는
$$f(x)=\log_4(x+p)+q, \quad g(x)=\log_{\frac{1}{2}}(x+p)+q$$
이다. $y=f^{-1}(x)$와 $y=g^{-1}(x)$의 그래프가 점 $(1, 4)$에서 만날 때, p, q의 값을 구하시오.

유형 4 지수·로그함수의 최대, 최소

14

함수 $f(x)$, $g(x)$는
$$f(x)=\left(\dfrac{1}{2}\right)^{x-2}, \quad g(x)=(x-1)^2+a$$
이다. $0\leq x\leq 3$에서 함수 $(f\circ g)(x)$의 최솟값이 $\dfrac{1}{16}$일 때, $-1\leq x\leq 1$에서 함수 $(g\circ f)(x)$의 최댓값을 구하시오.

⊙ 정답 및 풀이 22쪽

15

정의역이 $\{x \mid -1 \leq x \leq 2\}$인 함수 $y=9^x-2 \times 3^{x+1}$의 최댓값을 M, 최솟값을 m이라 할 때, $M+m$의 값은?

① 10   ② 12   ③ 14

④ 16   ⑤ 18

16

함수 $y=5 \times \left(\dfrac{1}{2}\right)^x$의 그래프를 x축 방향으로 a만큼, y축 방향으로 5만큼 평행이동한 후, y축에 대칭이동하면 함수 $y=f(x)$의 그래프와 일치한다. $y=f(x)$의 그래프가 점 $(1, 10)$을 지날 때, $-3 \leq x \leq 2$에서 $f(x)$의 최댓값을 구하시오.

17

함수 $y=(\log_3 x)^2-\log_9 x^8+3$의 최솟값을 a, 최소일 때 x의 값을 b라 할 때, $a+b$의 값은?

① 4   ② 5   ③ 6

④ 7   ⑤ 8

18

$\dfrac{1}{3} \leq x \leq 3$에서 정의된 함수 $f(x)=9x^{-2+\log_3 x}$의 최댓값과 최솟값을 구하시오.

유형 5 지수·로그함수와 산술평균, 기하평균

19

$x>0$, $y>0$일 때,

$\log_3 \left(x+\dfrac{1}{y}\right)+\log_3 \left(y+\dfrac{4}{x}\right)$의 최솟값은?

① 1   ② 2   ③ 3

④ 4   ⑤ 5

20

x, y는 양수이고 $\log x$와 $\log y$ 사이의 관계를 나타낸 그래프가 그림과 같은 직선이다. $2x+5y$의 최솟값을 구하시오.

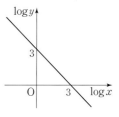

21

그림과 같이 두 함수 $y=2^x$, $y=2^{-x}$의 그래프와 직선 $x=k$ $(k \neq 0)$의 교점을 각각 A_k, B_k라 하자. 선분 $A_k B_k$를 $1:2$로 내분하는 점의 y좌표의 값이 최소일 때, k의 값을 구하시오.

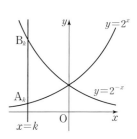

유형 6 지수함수의 그래프 위의 점

22

그림과 같이 함수 $y=2^x$의 그래프 위에 점 A, B가 있다. 점 A, B의 x좌표를 각각 a, b $(a<b)$라 하자. 선분 AB의 중점의 좌표가 $(0, 5)$일 때, $2^{2a}+2^{2b}$의 값은?

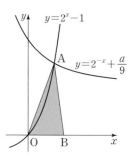

① 94   ② 96

③ 98   ④ 100

⑤ 102

23

그림과 같이 곡선 $y=4^x$ 위에 점 P가 있다. 곡선 $y=2^x$이 선분 OP를 $1:3$으로 내분할 때, 점 P의 x좌표를 구하시오.
(단, O는 원점이다.)

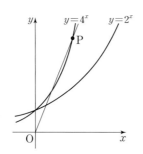

24

그림과 같이 $0<a<b<1$인 두 실수 a, b에 대하여 곡선 $y=a^x$ 위의 점 A, B의 x좌표는 각각 $\dfrac{b}{4}$, a 이고, 곡선 $y=b^x$ 위의 점 C, D의 x좌표는 각각 b, 1이다. 선분 AC와 BD가 모두 x축과 평행할 때, a^2+b^2의 값은?

① $\dfrac{7}{16}$ ② $\dfrac{1}{2}$ ③ $\dfrac{9}{16}$

④ $\dfrac{5}{8}$ ⑤ $\dfrac{11}{16}$

25

그림과 같이 두 곡선 $y=2^x-1$, $y=2^{-x}+\dfrac{a}{9}$의 교점을 A라 하자.

점 B$(4, 0)$이고 삼각형 AOB의 넓이가 16일 때, 양수 a의 값을 구하시오. (단, O는 원점이다.)

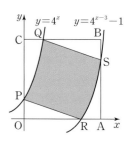

26

그림과 같이 좌표평면 위에 네 점 O$(0, 0)$, A$(4, 0)$, B$(4, 4)$, C$(0, 4)$가 있다. 곡선 $y=4^x$이 선분 OC, BC와 만나는 점을 각각 P, Q 라 하고, 곡선 $y=4^{x-3}-1$이 선분 OA, AB와 만나는 점을 각각 R, S 라 하자. 두 곡선 $y=4^x$, $y=4^{x-3}-1$ 과 두 선분 PR, QS로 둘러싸인 부분의 넓이를 구하시오.

27

함수 $f(x)=a^{-x}$, $g(x)=b^x$, $h(x)=a^x$ $(1<a<b)$의 그래프가 그림과 같다. 직선 $y=2$가 세 곡선 $y=f(x)$, $y=g(x)$, $y=h(x)$와 만나는 점을 각각 P, Q, R이라 하자. $\overline{PQ}:\overline{QR}=2:1$이고 $h(2)=2$일 때, $g(4)$의 값은?

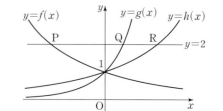

① 16   ② $16\sqrt{2}$ ③ 32

④ $32\sqrt{2}$ ⑤ 64

유형 7 로그함수의 그래프 위의 점

28

좌표평면 위에 점 A$(3, -1)$, B$(5, -1)$, C$(5, 2)$, D$(3, 2)$가 있다. 함수 $y=\log_a (x-1)-4$의 그래프가 직사각형 ABCD와 만날 때, a의 최댓값을 M, 최솟값을 N이라 하자. $\left(\dfrac{M}{N}\right)^{12}$의 값을 구하시오.

29

그림과 같이 곡선 $y=\log_3 x$와 기울기가 $\dfrac{1}{2}$인 직선이 만나는 점을 각각 A, B라 하고, A, B에서 x축에 내린 수선의 발을 각각 C, D라 하자.
$\overline{\mathrm{OC}}:\overline{\mathrm{OD}}=1:9$일 때, 선분 CD의 길이를 구하시오.
(단, A의 x좌표는 1보다 작고, B의 x좌표는 1보다 크다.)

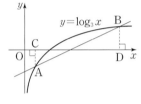

30

그림과 같이 함수 $y=\log_2 x+1$의 그래프 위의 두 점 A, B에서 x축에 내린 수선의 발을 각각 P, Q라 하자. 점 P의 좌표가 $\left(\dfrac{3}{2}, 0\right)$이고 $\overline{\mathrm{AB}}=\overline{\mathrm{AQ}}$일 때, 삼각형 ABQ의 넓이는?

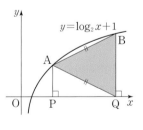

① $2\log_2 3$ ② $\dfrac{5}{2}\log_2 3$ ③ $3\log_2 3$

④ $\dfrac{7}{2}\log_2 3$ ⑤ $4\log_2 3$

31

그림과 같이 곡선 $y=\log_4 2x$가 x축과 만나는 점을 A라 하자. 곡선 위의 두 점 B, C에 대하여 삼각형 ABC의 무게중심이 G$\left(\dfrac{11}{6}, \dfrac{2}{3}\right)$일 때, 직선 BC의 기울기를 구하시오.
(단, 점 B의 x좌표는 점 C의 x좌표보다 작다.)

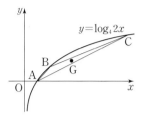

32

그림에서 직사각형 ABCD와 DEFG는 각 변이 x축 또는 y축에 평행하다. 또 A와 G는 곡선 $y=\log_2 x$ 위의 점이고, B와 C는 x축 위의 점이다.

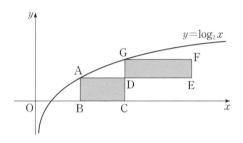

다음 조건을 만족시킬 때, 점 E의 x좌표를 구하시오.

(가) $\overline{\mathrm{AD}}:\overline{\mathrm{DE}}=2:3$이고, $\overline{\mathrm{DG}}=1$이다.
(나) 두 직사각형 ABCD, DEFG의 넓이는 같다.

33

그림과 같이 x좌표가 4인 곡선 $y=\log_3 x$ 위의 점 A에서 y축에 내린 수선이 직선 $y=x$와 만나는 점을 P라 하고, y좌표가 3인 곡선 $y=2^x$ 위의 점 B에서 x축에 내린 수선이 직선 $y=x$와 만나는 점을 Q라 하자.
$\overline{\mathrm{OP}}\times\overline{\mathrm{OQ}}$의 값을 구하시오. (단, O는 원점이다.)

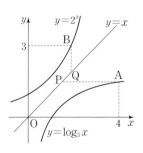

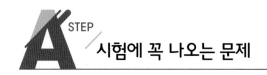

정답 및 풀이 27쪽

유형 8 역함수 그래프의 활용

34

그림과 같이 곡선 $y=a^x$과 곡선 $y=\log_a x$가 두 점 P, Q에서 만날 때, 점 P에서 x축, y축에 내린 수선의 발을 각각 A, B라 하자. 또 점 Q를 지나고 x축과 평행한 직선이 직선 AP와 만나는 점을 D, 점 Q를 지나고 y축과 평행한 직선이 직선 BP와 만나는 점을 C라 하자. 사각형 OAPB와 PCQD가 합동일 때, a의 값을 구하시오. (단, O는 원점이다.)

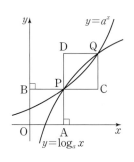

35

함수 $f(x)=2^{x-2}+1$과 $g(x)=\log_2(x-1)+2$에 대하여 그림과 같이 $y=f(x)$와 $y=g(x)$의 그래프가 점 $A(2, f(2))$, $B(3, f(3))$에서 만난다. $y=f(x)$와 $y=g(x)$의 그래프로 둘러싸인 부분의 넓이를 S_1, $y=f(x)$의 그래프와 직선 $x=2$, $x=3$, x축으로 둘러싸인 부분의 넓이를 S_2라 할 때, S_1+2S_2의 값을 구하시오.

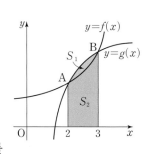

36

함수 $y=a^x-b$와 함수 $y=\log_a(x+b)$의 그래프가 만나는 두 점의 x좌표가 0과 5일 때, $a^{10}+b^{10}$의 값을 구하시오. (단, $a>1$)

37

그림과 같이 함수 $y=\log_2 x$의 그래프와 직선 $y=mx$의 두 교점을 A, B라 하고, 함수 $y=2^x$의 그래프와 직선 $y=nx$의 두 교점을 C, D라 하자. 사각형 ABDC는 등변사다리꼴이고, 삼각형 OBD의 넓이는 삼각형 OAC의 넓이의 4배일 때, $m+n$의 값을 구하시오. (단, O는 원점이다.)

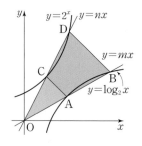

유형 9 지수·로그함수의 활용

38

내부 온도가 a ℃인 공간에 물체 A가 있다. 가열된 A의 온도 b ℃를 측정한 후 t초가 지나는 순간의 A의 온도 $f(t)$ ℃는 다음과 같다고 한다.

$$f(t)=a+(b-a)2^{Kt} \ (단, K는 상수)$$

내부 온도가 15 ℃인 공간에 있는 가열된 A의 온도 60 ℃를 측정한 후 60초가 지나는 순간의 온도는 45 ℃이었다. A의 온도 60 ℃를 측정한 후 120초를 지나는 순간의 온도는? (단, 공간의 내부 온도 변화는 고려하지 않는다.)

① 34 ℃ ② 35 ℃ ③ 36 ℃
④ 37 ℃ ⑤ 38 ℃

39

소리의 세기가 I W/m²인 음원으로부터 r m만큼 떨어진 지점에서 측정된 소리의 상대적 세기 P dB은

$$P=10\left(12+\log\frac{I}{r^2}\right)$$

이다. 어떤 음원으로부터 1 m만큼 떨어진 지점에서 측정된 소리의 상대적 세기가 80 dB일 때, 같은 음원으로부터 10 m 만큼 떨어진 지점에서 측정된 소리의 상대적 세기가 a dB이다. a의 값을 구하시오.

01

집합 $G=\{(x,\,y)\,|\,y=6^x,\ x$는 실수$\}$일 때, **보기**에서 옳은 것만을 있는 대로 고른 것은?

• 보기 •
ㄱ. $(a,\,2^b)\in G$이면 $b=a\log_2 6$이다.
ㄴ. $(a,\,b)\in G$이면 $\left(-a,\,\dfrac{1}{b}\right)\in G$이다.
ㄷ. $(a,\,b)\in G$이고 $(c,\,d)\in G$이면
  $(a+c,\,b+d)\in G$이다.

① ㄱ
② ㄱ, ㄴ
③ ㄱ, ㄷ
④ ㄴ, ㄷ
⑤ ㄱ, ㄴ, ㄷ

02

좌표평면에서 평행이동 또는 대칭이동하여 그래프가 함수 $y=2^x$의 그래프와 겹쳐질 수 있는 함수인 것만을 **보기**에서 있는 대로 고른 것은?

• 보기 •
ㄱ. $y=4\times\left(\dfrac{1}{2}\right)^x+3$ ㄴ. $y=\log_4(x^2-2x+1)$
ㄷ. $y=\log_{\frac{1}{2}}(12-4x)$

① ㄱ
② ㄷ
③ ㄱ, ㄴ
④ ㄱ, ㄷ
⑤ ㄱ, ㄴ, ㄷ

03

함수 $f(x)=a\times 2^x$, $g(x)=\log_2(x+1)$일 때, **보기**에서 옳은 것만을 있는 대로 고른 것은? (단, $a>0$)

• 보기 •
ㄱ. $g(x_1)<g(x_2)$이면 $g(f(x_1))<g(f(x_2))$이다.
ㄴ. $y=f(x)$의 그래프를 직선 $y=x$에 대칭이동한 후 평행
  이동하면 $y=g(x)$의 그래프와 겹쳐질 수 있다.
ㄷ. $y=f(x)$의 그래프와 $y=g(x)$의 그래프는 만나지 않는다.

① ㄱ
② ㄴ
③ ㄷ
④ ㄱ, ㄴ
⑤ ㄱ, ㄴ, ㄷ

04

그림은 함수 $y=\left(\dfrac{1}{2}\right)^x$, $y=\log_2 x$의 그래프와 직선 $y=x$를 나타낸 것이다. **보기**에서 옳은 것만을 있는 대로 고른 것은? (단, 점선은 모두 좌표축에 평행하다.)

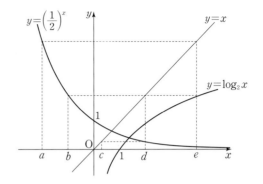

• 보기 •
ㄱ. $\left(\dfrac{1}{2}\right)^d=c$ ㄴ. $a+d=0$ ㄷ. $ce=1$

① ㄱ
② ㄱ, ㄴ
③ ㄴ, ㄷ
④ ㄱ, ㄷ
⑤ ㄱ, ㄴ, ㄷ

05

함수 $f(x)$의 역함수를 $g(x)$라 할 때, $f(\log_2 x-1)$의 역함수를 $g(x)$로 나타내면?

① $\log_2 g(x)-1$
② $\{g(x)+1\}^2$
③ $\{g(x)\}^2-1$
④ $2^{g(x)-1}$
⑤ $2^{g(x)+1}$

06

함수 $y=3^x-3^{-x}$의 역함수는 $y=\log_3\left(\dfrac{x+\sqrt{x^2+b}}{a}\right)$이다. $a+b$의 값은?

① 3
② 4
③ 5
④ 6
⑤ 7

07

함수 $f(x)=\begin{cases} \dfrac{71}{5}-\dfrac{19}{15}x & (x<12) \\ 1-2\log_3(x-9) & (x\geq 12) \end{cases}$ 의 역함수를

$g(x)$라 할 때, $(g\circ g\circ g\circ g\circ g)(x)=-3$을 만족시키는
x의 값을 구하시오.

08

함수 $f(x)=\log_{\frac{1}{2}}\left(\dfrac{x+1}{2x}\right)$의 역함수를 $g(x)$라 할 때,

보기에서 옳은 것만을 있는 대로 고른 것은?
(단, $x>0$ 또는 $x<-1$)

┌─ **보기** ─────────────────────────┐
ㄱ. $f\left(\dfrac{1}{15}\right)=\dfrac{1}{3}$　　　　ㄴ. $g(x)=\dfrac{2^x}{2-2^x}$

ㄷ. $g(x)+g(2-x)=-1$
└──────────────────────────────┘

① ㄴ　　　　　② ㄷ　　　　　③ ㄱ, ㄴ
④ ㄴ, ㄷ　　　　⑤ ㄱ, ㄴ, ㄷ

09

양의 실수 x에 대하여
$$f(x)+2f\left(\dfrac{1}{x}\right)=\log_3 x^3$$
이 성립할 때, **보기**에서 옳은 것만을 있는 대로 고른 것은?

┌─ **보기** ─────────────────────────┐
ㄱ. $f(1)=0$　　　　　　ㄴ. $f(x)+f\left(\dfrac{1}{x}\right)=0$

ㄷ. 임의의 실수 m에 대하여 $f(x^m)=mf(x)$이다.
└──────────────────────────────┘

① ㄱ　　　　　② ㄱ, ㄴ　　　　③ ㄱ, ㄷ
④ ㄴ, ㄷ　　　　⑤ ㄱ, ㄴ, ㄷ

10

함수 $y=(2^{x-2}+2^{-x})^2+(2^x+2^{-x+2})+k$의 최솟값이 6일 때,
k의 값은?

① 1　　　　　② 3　　　　　③ 5
④ 8　　　　　⑤ 10

11

$x>1$일 때, 함수
$$f(x)=(\log_2 x)^2+(\log_x 2)^2-2(\log_2 x+\log_x 2)-1$$
의 최솟값은?

① -5　　　　② -3　　　　③ -1
④ 1　　　　　⑤ 3

12

함수 $f(x)$, $g(x)$는
$$f(x)=-x^2+2x+1,\ g(x)=a^x\ (a>0,\ a\neq 1)$$
이다. $-1\leq x\leq 2$에서 $f(g(x))$, $g(f(x))$의 최댓값이 같을 때,
모든 a의 값의 합은?

① $\dfrac{\sqrt{2}}{2}$　　　　② $\dfrac{2\sqrt{2}}{3}$　　　　③ $\sqrt{2}$

④ $\dfrac{4\sqrt{2}}{3}$　　　　⑤ $\dfrac{3\sqrt{2}}{2}$

13 집중 연습

함수 $f(x)=\begin{cases} 3^{-x} & (x<0) \\ \log_3 3(x+1) & (x\geq 0) \end{cases}$ 이라 하자.

$a\leq x\leq a+2$에서 $f(x)$의 최댓값과 최솟값의 합이 4일 때, 실수 a의 값을 모두 구하시오.

14

양수 x, y가

$$(\log_2 x)^2+(\log_2 y)^2=\log_2 x^4+\log_2 y^2$$

을 만족시킬 때, x^2y의 최댓값을 m, 최솟값을 n이라 하자. $\log_2 mn$의 값은?

① -2^{10} ② -10 ③ 1

④ 10 ⑤ 2^{10}

15

그림과 같이 두 점 A$(2, 3)$, B$(4, 1)$을 이은 선분 위를 움직이는 점 P를 지나고 x축에 평행한 직선이 곡선 $y=\log_2 x-1$과 만나는 점을 H, 점 P를 지나고 y축에 평행한 직선이 곡선 $y=2^x-1$과 만나는 점을 K라 하자. $\overline{\text{PH}}+\overline{\text{PK}}$의 최솟값을 구하시오.

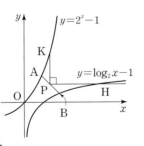

16

함수 $f(x)=3^{-x}$에 대하여

$$a_1=f(2)$$
$$a_{n+1}=f(a_n) \ (n=1, 2, 3)$$

일 때, a_2, a_3, a_4의 대소 관계는?

① $a_2<a_3<a_4$

② $a_2<a_4<a_3$

③ $a_3<a_2<a_4$

④ $a_3<a_4<a_2$

⑤ $a_4<a_3<a_2$

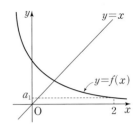

17

함수 $f(x)=2^x-1$과 $g(x)=\left(\dfrac{a+1}{3}\right)^x$의 그래프가 한 점에서 만날 때, 모든 자연수 a의 값의 합은?

① 6 ② 10 ③ 15

④ 21 ⑤ 28

18 집중 연습

a, b가 자연수이고 함수 $f(x)=\begin{cases} 3^{-x+1}+5 & (x<5) \\ -2^{-x+a}+b & (x\geq 5) \end{cases}$ 가

다음 조건을 만족시킬 때, $a+b$의 값은?

> 집합 $\{f(x)|x\geq k\}$의 원소 중 정수가 2개가 되도록 하는 k의 값의 범위는 $0<k\leq 1$이다.

① 9 ② 11 ③ 13

④ 15 ⑤ 17

19 집중 연습

실수 전체의 집합에서 정의된 함수 f가 다음 조건을 만족시킨다.

(가) $-2 \leq x \leq 0$일 때, $f(x) = |x+1| - 1$
(나) 모든 실수 x에 대하여 $f(x) + f(-x) = 0$
(다) 모든 실수 x에 대하여 $f(2-x) = f(2+x)$

$-n \leq x \leq n$에서 $y = f(x)$의 그래프와 $y = \left(\dfrac{1}{2}\right)^x$의 그래프가 만나는 점의 개수가 20일 때, 모든 자연수 n의 값의 합을 구하시오.

20

1이 아닌 양수 a, b $(a > b)$에 대하여 함수 $f(x) = a^x$, $g(x) = b^x$이라 하자. 양수 n에 대하여 **보기**에서 옳은 것만을 있는 대로 고른 것은?

· 보기 ·
ㄱ. $f(n) > g(n)$
ㄴ. $f(n) < g(-n)$이면 $a > 1$이다.
ㄷ. $f(n) = g(-n)$이면 $f\left(\dfrac{1}{n}\right) = g\left(-\dfrac{1}{n}\right)$이다.

① ㄱ   ② ㄴ   ③ ㄱ, ㄷ
④ ㄴ, ㄷ   ⑤ ㄱ, ㄴ, ㄷ

21

함수 $f(x) = a^{bx-1}$, $g(x) = a^{1-bx}$이 다음 조건을 만족시킨다.

(가) $y = f(x)$와 $y = g(x)$의 그래프는 직선 $x = 2$에 대칭이다.
(나) $f(4) + g(4) = \dfrac{5}{2}$

$0 < a < 1$일 때, $a + b$의 값을 구하시오.

22

그림과 같이 곡선 $y = 3^x$과 $y = a^x$ $(0 < a < 1)$의 교점을 P, 직선 $y = 3$이 곡선 $y = 3^x$, $y = a^x$과 만나는 점을 각각 Q, R 이라 하자.

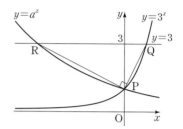

$\angle \mathrm{RPQ} = 90°$일 때, $\left(\dfrac{1}{a}\right)^{16}$의 값을 구하시오.

23

그림과 같이 함수 $y = 3 \times 2^x$의 그래프가 y축과 만나는 점을 A, 함수 $y = 4^x$의 그래프와 만나는 점을 B라 하자. 점 A를 지나고 x축에 평행하게 그은 직선이 함수 $y = 2^x$의 그래프와 만나는 점을 C, 점 B를 지나고 x축에 평행하게 그은 직선이 함수 $y = 2^x$의 그래프와 만나는 점을 D라 할 때, 사각형 ACDB의 넓이는?

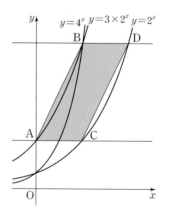

① $3\log_2 3$ ② $4\log_2 3$ ③ $5\log_2 3$
④ $6\log_2 3$ ⑤ $7\log_2 3$

◈ 정답 및 풀이 33쪽

24

함수 $f(x)=\left(\dfrac{1}{2}\right)^{x-5}-64$일 때, $y=|f(x)|$의 그래프와 직선 $y=k$가 제1사분면에서 만난다. 자연수 k의 개수는?

① 32   ② 31   ③ 30

④ 29   ⑤ 28

25

그림과 같이 함수 $y=\log_2 x$의 그래프 위의 한 점 A_1에서 y축에 평행한 직선을 그어 직선 $y=x$와 만나는 점을 B_1이라 하고, 점 B_1에서 x축에 평행한 직선을 그어 이 그래프와 만나는 점을 A_2라 하자. 이와 같은 과정을 반복하여 점 A_2로부터 점 B_2와 점 A_3을, 점 A_3으로부터 점 B_3과 점 A_4를 얻는다.
네 점 A_1, A_2, A_3, A_4의 x좌표를 차례로 a, b, c, d라 하자. 네 점 $(c, 0)$, $(d, 0)$, $(d, \log_2 d)$, $(c, \log_2 c)$를 꼭짓점으로 하는 사각형의 넓이를 함수 $f(x)=2^x$을 이용하여 a, b로 나타 낸 것은?

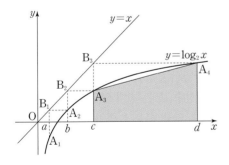

① $\dfrac{1}{2}\{f(b)+f(a)\}\{(f \circ f)(b)-(f \circ f)(a)\}$

② $\dfrac{1}{2}\{f(b)-f(a)\}\{(f \circ f)(b)+(f \circ f)(a)\}$

③ $\{f(b)+f(a)\}\{(f \circ f)(b)+(f \circ f)(a)\}$

④ $\{f(b)+f(a)\}\{(f \circ f)(b)-(f \circ f)(a)\}$

⑤ $\{f(b)-f(a)\}\{(f \circ f)(b)+(f \circ f)(a)\}$

26

그림과 같이 x축 위의 한 점 A를 지나는 직선이 곡선 $y=\log_2 x^3$과 서로 다른 두 점 B, C에서 만난다. 두 점 B, C에서 x축에 내린 수선의 발을 각각 D, E라 하고, 선분 BD, CE가 곡선 $y=\log_2 x$와 만나는 점을 각각 F, G라 하자.

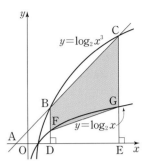

$\overline{AB}:\overline{BC}=1:2$이고, 삼각형 ADB의 넓이가 $\dfrac{9}{2}$일 때, 사각형 BFGC의 넓이를 구하시오.
(단, 점 A의 x좌표는 0보다 작다.)

27

그림과 같이 곡선 $y=\log_2 x+1$, $y=\log_2 x$, $y=\log_2 (x-4^n)$이 직선 $y=n$ $(n>0)$과 만나는 점을 각각 A_n, B_n, C_n이라 하자. 삼각형 A_nOB_n, B_nOC_n의 넓이를 각각 S_n, T_n이라 할 때, $T_n=64S_n$을 만족시키는 n의 값을 구하시오.
(단, O는 원점이다.)

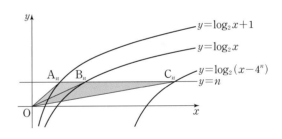

28

$a>1$일 때, 그림과 같이 곡선 $y=\log_a x$와 원 $\left(x-\dfrac{5}{4}\right)^2+y^2=\dfrac{13}{16}$의 두 교점을 P, Q라 하자. 선분 PQ가 원의 지름일 때, a의 값을 구하시오.

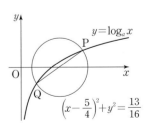

29

$a>1$인 실수 a에 대하여 직선 $y=-x+8$이 두 곡선
$y=a^x+2$, $y=\log_a(a^2x)$와 만나는 점을 각각 A, B라 하고,
곡선 $y=\log_a(a^2x)$가 x축과 만나는 점을 C라 하자.
$\overline{AB}=2\sqrt{2}$일 때, 삼각형 ACB의 넓이를 구하시오.

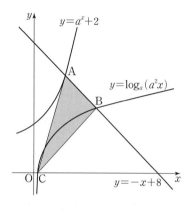

30

n이 자연수일 때, 다음 조건을 만족시키는 정사각형의 개수를
a_n이라 하자.

> (가) 한 변의 길이가 n이고 네 꼭짓점의 x좌표와 y좌표가
>   자연수이다.
> (나) 정사각형은 두 곡선 $y=\log_2 x$, $y=\log_{16} x$와 각각
>   두 점에서 만난다.

a_3, a_4의 값을 구하시오.

31

지면으로부터 높이가 H_1 m일 때 풍속이 V_1 m/s이고,
지면으로부터 높이가 H_2 m일 때 풍속이 V_2 m/s이면
대기 안정도 계수 k는 다음을 만족시킨다.

$$V_2=V_1\times\left(\frac{H_2}{H_1}\right)^{\frac{2}{2-k}} \text{ (단, } H_1<H_2)$$

A 지역에서 지면으로부터 높이가 12 m와 36 m일 때, 풍속
이 각각 2 m/s와 8 m/s이고, B 지역에서 지면으로부터 높이
가 10 m와 90 m일 때, 풍속이 각각 a m/s와 b m/s이면 두
지역의 대기 안정도 계수 k가 같았다. $\dfrac{b}{a}$의 값은?

① 10 ② 13 ③ 16
④ 19 ⑤ 22

32

어느 도시의 인구가 P_0명에서 P명이 될 때까지 걸리는 시간
T(년)는 다음 식을 만족시킨다고 한다.

$$T=C\log\frac{P(K-P_0)}{P_0(K-P)}$$

(단, C는 상수, K는 최대 인구 수용 능력이다.)

이 도시의 최대 인구 수용 능력이 30만 명이고, 인구가 6만
명에서 10만 명이 될 때까지 10년이 걸렸다고 한다. 이 도시
의 인구가 처음으로 15만 명 이상이 되는 것은 인구가 6만 명
일 때부터 몇 년 후인가?

① 18년 후 ② 20년 후 ③ 22년 후
④ 24년 후 ⑤ 26년 후

01

좌표평면 위의 두 점 $(a, \log_3 a)$, $(b, \log_3 b)$를 지나는 직선의 y절편과 두 점 $(a, \log_9 a)$, $(b, \log_9 b)$를 지나는 직선의 y절편이 같다. 함수 $f(x) = a^{bx} + b^{ax}$에 대하여 $f(1) = 32$일 때, $f(2)$의 값을 구하시오. (단, $a \neq b$)

02

제1사분면에서 직선 $y = 2x$ 위의 한 점 P를 지나고 y축에 평행한 직선이 곡선 $y = 4^x$과 만나는 점을 A라 하고, 점 P를 지나고 x축에 평행한 직선이 곡선 $y = \log_2 x$와 만나는 점을 B라 하자. 삼각형 OPA, APB, OBP의 넓이를 각각 S_1, S_2, S_3이라 하면 $S_1 : S_2 : S_3 = 3 : k : 7$이다. k의 값은?
(단, O는 원점이다.)

① 17   ② 18   ③ 19

④ 20   ⑤ 21

03 집중 연습

곡선 $y = 2^x$ 위에 두 점 P$(a, 2^a)$, Q$(b, 2^b)$이 있다. 기울기가 m인 직선 PQ가 x축과 만나는 점을 A라 하고, 점 P를 지나며 기울기가 $-m$인 직선이 x축, y축과 만나는 점을 각각 B, C라 하자. 또 점 Q를 지나고 기울기가 $-m$인 직선이 x축과 만나는 점을 D라 하자. $3\overline{BP} = 2\overline{BC}$, $3\overline{AQ} = 4\overline{BC}$일 때, 삼각형 ADC의 넓이를 구하시오.
(단, $0 < a < b$)

04

1보다 큰 실수 a에 대하여 함수 $f(x) = a^{2x}$, $g(x) = a^{x+1} - 2$이고, 함수 $h(x) = |f(x) - g(x)|$이다. $y = h(x)$의 그래프에 대한 설명으로 옳은 것만을 보기에서 있는 대로 고른 것은?

> • 보기 •
> ㄱ. $a = 2\sqrt{2}$일 때 $y = h(x)$의 그래프는 x축과 한 점에서 만난다.
> ㄴ. $a = 4$일 때 $x_1 < x_2 < \dfrac{1}{2}$이면 $h(x_1) > h(x_2)$이다.
> ㄷ. $y = h(x)$의 그래프와 직선 $y = 1$이 오직 한 점에서 만나는 a의 값이 존재한다.

① ㄱ   ② ㄱ, ㄴ   ③ ㄱ, ㄷ

④ ㄴ, ㄷ   ⑤ ㄱ, ㄴ, ㄷ

05

함수 $f(x)=2^x$의 그래프 위의 두 점 $P(a, 2^a)$, $Q(b, 2^b)$ $(a<0, b>0)$에 대하여 **보기**에서 옳은 것만을 있는 대로 고른 것은?

• 보기 •

ㄱ. $b(2^a-1)>a(2^b-1)$

ㄴ. 모든 a에 대하여 $\dfrac{2^{a+b}}{ab}=-1$을 만족시키는 b가 존재한다.

ㄷ. 모든 b에 대하여 $\dfrac{2^{a+b}}{ab}=-1$을 만족시키는 a가 존재한다.

① ㄱ   ② ㄴ   ③ ㄱ, ㄴ

④ ㄱ, ㄷ   ⑤ ㄴ, ㄷ

06

그림과 같이 곡선 $y=\log_2 (x+1)$과 직선 $x=n$ 및 x축으로 둘러싸인 도형을 A_n, 곡선 $y=2^x+3$과 직선 $y=n$ 및 y축으로 둘러싸인 도형을 B_n이라 하자.

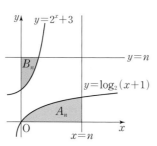

두 도형 A_n, B_n에 포함된 점 중 x좌표와 y좌표가 모두 정수인 점의 개수를 각각 $f(n)$, $g(n)$이라 할 때, $16 \leq f(n)-g(n) \leq 20$을 만족시키는 자연수 n의 개수를 구하시오.
(단, $n>4$이고, 두 도형 A_n, B_n은 경계를 포함한다.)

07

좌표평면에서 곡선 $y=4^x$, $y=a^{-x+4}$ $(a>1)$과 직선 $y=1$로 둘러싸인 도형의 내부와 경계에 포함되고 x좌표와 y좌표가 모두 정수인 점의 개수가 20 이상 40 이하일 때, 자연수 a의 개수를 구하시오.

08 집중 연습

함수 $f(x)=\begin{cases} \dfrac{1}{2}x^2-4x+\dfrac{17}{2} & (x<8) \\ -2^{ax}+7 & (x \geq 8) \end{cases}$ 에 대하여

$t-1 \leq x \leq t+1$에서 $f(x)$의 최솟값을 $g(t)$라 하자. $t \geq 0$에서 $g(t)$의 최댓값이 5일 때, 실수 a의 최솟값은?

① $-\dfrac{1}{9}$ ② $-\dfrac{1}{10}$ ③ $\dfrac{1}{10}$

④ $\dfrac{1}{9}$ ⑤ 1

03 지수함수와 로그함수의 활용

1 지수방정식

(1) $a^{f(x)}=a^{g(x)}$ 꼴의 방정식

　① $a>0$, $a\neq1$일 때 $y=a^x$은 일대일함수이므로

　　　$a^{x_1}=a^{x_2}$이면 $x_1=x_2$

　　따라서 방정식 $a^{f(x)}=a^{g(x)}$의 해는 방정식 $f(x)=g(x)$의 해이다.

　② $a=1$이면 성립한다.

(2) 밑이 다른 경우

　$a^{f(x)}=b^{g(x)}$ 꼴의 방정식은 양변에 로그를 잡고,

　방정식 $f(x)\log a=g(x)\log b$를 푼다.

(3) a^x 꼴이 반복되는 지수방정식은 $a^x=t$로 치환하고, t의 값부터 구한다.

◆ 지수방정식, 로그방정식의 해는 실수만 생각한다.

◆ $a=1$일 때는 따로 생각한다.

◆ 모든 실수 x에 대하여 $a^x>0$이므로 $t>0$임에 주의한다.

2 로그방정식

(1) $\log_a f(x)=\log_a g(x)$ 꼴의 방정식

　$a>0$, $a\neq1$일 때 $y=\log_a x$는 일대일함수이므로

　　　$\log_a x_1=\log_a x_2$이면 $x_1=x_2$

　따라서 방정식 $\log_a f(x)=\log_a g(x)$의 해는 방정식 $f(x)=g(x)$의 해이다.

　이때 $f(x)>0$, $g(x)>0$임에 주의한다.

　　참고 로그방정식 ⇨ 구한 해가 밑, 진수 조건을 만족시키는지 확인한다.

(2) 밑이 다른 경우 밑 변환 공식을 써서 밑을 통일한다.

(3) $\log_a x$ 꼴이 반복되는 로그방정식은 $\log_a x=t$로 치환하고, t의 값부터 구한다.

3 지수부등식

(1) $a^{f(x)}>a^{g(x)}$ 꼴의 부등식

　① $a>1$이면 x가 증가할 때 $y=a^x$은 증가하므로 부등식 $f(x)>g(x)$를 푼다.

　② $0<a<1$이면 x가 증가할 때 $y=a^x$은 감소하므로 부등식 $f(x)<g(x)$를 푼다.

　　참고 지수부등식 ⇨ $a>1$일 때와 $0<a<1$일 때로 나눈다.

(2) 밑이 다른 경우 양변에 로그를 잡고 로그부등식을 푼다.

(3) a^x 꼴이 반복되는 지수부등식은 $a^x=t$로 치환하고, t의 값의 범위부터 구한다.

4 로그부등식

(1) $\log_a f(x)>\log_a g(x)$ 꼴의 부등식

　① $a>1$이면 x가 증가할 때 $y=\log_a x$는 증가하므로 부등식 $f(x)>g(x)$를 푼다.

　② $0<a<1$이면 x가 증가할 때 $y=\log_a x$는 감소하므로 부등식 $f(x)<g(x)$를 푼다.

　　이때 $f(x)>0$, $g(x)>0$, $a>0$, $a\neq1$임에 주의한다.

　　참고 로그부등식 ⇨ 밑, 진수 조건을 먼저 찾는다.

(2) 밑이 다른 경우 밑 변환 공식을 써서 밑을 통일한다.

(3) $\log_a x$ 꼴이 반복되는 로그부등식은 $\log_a x=t$로 치환하고, t의 값의 범위부터 구한다.

◆ 로그부등식에서는 진수와 밑 조건부터 먼저 찾고, 해의 범위를 구한다.

참고 지수부등식과 로그부등식에서 밑에 따라 부등호의 방향이 바뀔 수 있다.

(1) $a^{x_1}<a^{x_2}$이면

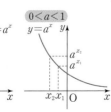

(2) $\log a^{x_1}<\log a^{x_2}$이면

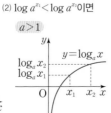
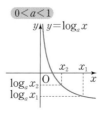

시험에 꼭 나오는 문제

유형 1 지수방정식

01

방정식 $\left(\frac{1}{3}\right)^{x^2-3x}=\left(\frac{1}{27}\right)^{x-1}$의 두 근을 α, β라 할 때, $\alpha^2+\beta^2$의 값을 구하시오.

02

$x>0$일 때, 방정식 $x^{x^2}=x^{2x+8}$의 모든 해의 합은?

① 1   ② 2   ③ 3
④ 4   ⑤ 5

03

방정식 $2^x=3^{2x-1}$의 해는?

① $\dfrac{\log 3}{\log 3-\log 2}$ ② $\dfrac{\log 2}{\log 3-\log 2}$

③ $\dfrac{\log 3}{2\log 3-\log 2}$ ④ $\dfrac{\log 2}{2\log 3-\log 2}$

⑤ $\dfrac{\log 3}{\log 3-2\log 2}$

04

방정식 $4^{x+1}-3\times 2^{x+2}-40=0$의 근을 α라 할 때, 4^α의 값을 구하시오.

05

x에 대한 방정식 $25^x-7\times 5^{x+1}+k=0$의 두 근의 합이 2일 때, 상수 k의 값을 구하시오.

06

x에 대한 방정식 $4^x-2^{x+3}+a=0$이 서로 다른 두 실근을 가질 때, 정수 a의 개수는?

① 13   ② 14   ③ 15
④ 16   ⑤ 17

유형 2 로그방정식

07

방정식 $\log_{\frac{1}{4}}(x-1)-1=\log_{\frac{1}{2}}(x-4)$의 근은?

① 7   ② 8   ③ 9
④ 10   ⑤ 11

08

방정식 $\left(\log_3\dfrac{9}{x}\right)\left(\log_3\dfrac{x}{3}\right)+6=0$의 두 근의 곱은?

① $\dfrac{1}{27}$ ② $\dfrac{1}{9}$ ③ 3
④ 9   ⑤ 27

09

방정식 $x^{\log_2 x}=8x^2$의 모든 실근의 곱은?

① -4 ② -3 ③ 1
④ 3   ⑤ 4

유형 3 연립방정식

10

연립방정식 $\begin{cases} 2^x - 3^{y-1} = 5 \\ 2^{x+1} - 3^y = -17 \end{cases}$ 의 해가 $x=a$, $y=b$일 때, ab의 값은?

① 9   ② 16   ③ 20

④ 25   ⑤ 27

11

연립방정식 $\begin{cases} 3^x = 9^y \\ (\log_2 8x)(\log_2 4y) = -1 \end{cases}$ 의 해를 $x=a$, $y=b$

라 할 때, $\dfrac{1}{ab}$의 값은?

① 32   ② 16   ③ 4

④ $\dfrac{1}{4}$ ⑤ $\dfrac{1}{32}$

12

$1 < a < b$인 두 실수 a, b에 대하여

$$\frac{3a}{\log_a b} = \frac{b}{2\log_b a} = \frac{3a+b}{3}$$

일 때, $\log_a b$의 값을 구하시오.

유형 4 그래프와 방정식

13

x에 대한 방정식 $|2^x - 2| = k$의 두 실근을 α, β라 하자. $\alpha\beta < 0$일 때, 상수 k의 값의 범위는?

① $0 \leq k < \dfrac{1}{2}$ ② $0 < k < 1$ ③ $0 < k < 2$

④ $\dfrac{1}{2} < k \leq 1$ ⑤ $1 < k < 2$

14

그림과 같이 직선 $x=a$ $(a>0)$가 두 함수 $y=3^x$, $y=\left(\dfrac{1}{3}\right)^x$의 그래프와 만나는 점을 각각 A, B라 하자. 선분 AB의 중점의 y좌표가 $\sqrt{5}$일 때, 선분 AB의 길이를 구하시오.

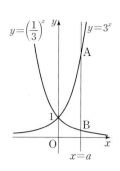

15

그림과 같이 함수 $y=2^x$의 그래프 위의 점 $\mathrm{A}(k,\ 2^k)$을 지나고 x축, y축과 각각 평행한 직선이 함수 $y=\left(\dfrac{1}{2}\right)^x$의 그래프와 만나는 점을 각각 B, C라 하고, $y=2^x$의 그래프와 y축이 만나는 점을 D라 하자. 삼각형 ABD, 삼각형 ADC의 넓이의 비가 $3:2$일 때, k의 값은? (단, $k>0$)

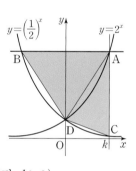

① $\log_2 3$ ② 2   ③ $\log_2 5$

④ $\log_2 6$ ⑤ $\log_2 7$

16

함수 $f(x) = 2^{-x} + 6$, $g(x) = 2^x$에 대하여 그림과 같이 $y=f(x)$, $y=g(x)$의 그래프와 직선 $y=k$가 만나는 점을 각각 A, B라 하자. y축이 선분 AB를 $1:2$로 내분할 때, k의 값을 구하시오.

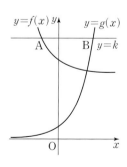

유형 5 지수부등식

17

부등식 $\left(\dfrac{1}{\sqrt{3}}\right)^{2x+6} \leq 27^{2-x}$을 만족시키는 모든 자연수 x의 값의 합은?

① 6   ② 10   ③ 15
④ 21   ⑤ 28

18

부등식 $3^{1+x}+3^{1-x} \leq 10$을 만족시키는 정수 x의 개수는?

① 1   ② 2   ③ 3
④ 4   ⑤ 5

19

집합
$$A=\{x \mid x^2-(a+b)x+ab<0\}$$
$$B=\{x \mid 2^{2x+2}-9\times 2^x+2<0\}$$
에 대하여 $A \subset B$일 때, $b-a$의 최댓값을 구하시오. (단, $a<b$)

유형 6 로그부등식

20

부등식 $1+\log_{\frac{1}{2}} x^2 > \log_{\frac{1}{2}}(5x-8)$의 해가 $\alpha<x<\beta$일 때, $\alpha\beta$의 값을 구하시오.

21

부등식 $0<\log_4\{\log_3(\log_2 x)\} \leq \dfrac{1}{2}$을 만족시키는 정수 x의 개수를 구하시오.

22

그림은 일차함수 $y=f(x)$와 이차함수 $y=g(x)$의 그래프이다. 부등식 $\log_2 f(x) > \log_2 g(x)$의 해가 이차부등식 $x^2+ax+b<0$의 해와 같을 때, 실수 a, b의 값을 구하시오.

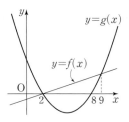

23

부등식 $\log_3(x^2+x-6)<\log_3(2-x)$의 해가 $\alpha<x<\beta$일 때, $\alpha^2+\beta^2$의 값을 구하시오.

24

연립부등식 $\begin{cases} \left(\dfrac{1}{9}\right)^{3x+8}<3^{-x^2} \\ \log_2 |x-1| \leq 2 \end{cases}$ 를 만족시키는 정수 x의 개수는?

① 6   ② 7   ③ 8
④ 9   ⑤ 10

유형 7 부등식이 성립할 조건

25

부등식 $x^2-2(3^a+1)x+10(3^a+1) \geq 0$이 모든 실수 x에 대하여 성립할 때, 실수 a의 최댓값은?

① 1   ② 2   ③ 3
④ 4   ⑤ 5

26

모든 실수 x에 대하여 부등식 $9^x+3^{x+1}-3>k$가 성립할 때, 정수 k의 최댓값을 구하시오.

27

부등식 $\left(\log_2 \dfrac{x}{a}\right)\left(\log_2 \dfrac{x^2}{a}\right)+2\geq0$이 모든 양의 실수 x에 대하여 성립할 때, 실수 a의 값의 범위를 구하시오.

유형 8 지수 · 로그함수와 수의 대소 관계

28

$0<a<b<1$일 때, 세 수
$$A=\log_a b, \quad B=\log_b (a+1), \quad C=\log_{a+1} (b+1)$$
의 대소 관계는?

① $A<B<C$ ② $A<C<B$ ③ $B<A<C$
④ $B<C<A$ ⑤ $C<B<A$

29

함수 $f(x)=\log_2 x$, $g(x)=\log_{\frac{1}{2}} x$에 대하여 **보기**에서 옳은 것만을 있는 대로 고른 것은?

• 보기 •
ㄱ. $f(|g(x)|)=f(|f(x)|)$
ㄴ. $1<a<b$이면 $f(|g(a)|)<f(|g(b)|)$
ㄷ. $1<a<b$이면 $g(f(a))>g(f(b))$

① ㄱ ② ㄱ, ㄴ ③ ㄱ, ㄷ
④ ㄴ, ㄷ ⑤ ㄱ, ㄴ, ㄷ

30

n이 자연수일 때, **보기**에서 옳은 것만을 있는 대로 고른 것은?

• 보기 •
ㄱ. $\log_2 (n+3)>\log_2 (n+2)$
ㄴ. $\log_2 (n+2)>\log_3 (n+2)$
ㄷ. $\log_2 (n+2)>\log_3 (n+3)$

① ㄱ ② ㄱ, ㄴ ③ ㄱ, ㄷ
④ ㄴ, ㄷ ⑤ ㄱ, ㄴ, ㄷ

유형 9 지수 · 로그함수의 활용

31

체중이 각각 75 kg, 80 kg인 A와 B가 1개월짜리 다이어트 프로그램에 참가하여 동시에 다이어트를 시작하였다. A의 체중은 매일 전날에 비해 0.3 % 감소하였고, B의 체중은 매일 전날에 비해 0.5 % 감소하였다. B의 체중이 처음으로 A의 체중 이하가 되는 때는 다이어트 시작일로부터 며칠 후인가? (단, $\log 2=0.301$, $\log 3=0.477$, $\log 9.95=0.998$, $\log 9.97=0.999$로 계산한다.)

① 15일 후 ② 18일 후 ③ 22일 후
④ 25일 후 ⑤ 28일 후

32

철수가 온라인 중고 쇼핑몰을 통해 휴대폰 가격을 알아보았다. 휴대폰 가격은 전월 대비 매월 일정한 비율로 하락하여 현재 가격이 5개월 전보다 20 % 하락하였다. 매월 이와 같은 비율로 휴대폰 가격이 하락한다고 할 때, 현재 100만 원인 휴대폰 가격이 50만 원 이하가 되려면 최소한 몇 개월이 지나야 하는가? (단, $\log 2=0.3010$으로 계산한다.)

① 16개월 ② 17개월 ③ 18개월
④ 19개월 ⑤ 20개월

01

함수 $f(x)=2^x-16\times2^{-x}$의 역함수를 $g(x)$라 할 때, $g(6)$의 값은?

① $\dfrac{1}{3}$ ② $\dfrac{1}{2}$ ③ 1

④ 2   ⑤ 3

02

방정식 $2^{\log x}x^{\log 2}-(2^{\log x}+5x^{\log 2})+8=0$을 푸시오.

03

방정식 $10^x+2^{2x+1}=25^x$의 해는?

① $\log_{\frac{2}{5}}2$ ② $\log_{\frac{2}{5}}5$ ③ $\log_{\frac{5}{2}}2$

④ $\log_5 2$ ⑤ $\log_2 5$

04

방정식
$$(\log_2 x-1)^3+(\log_3 x-1)^3=(\log_2 x+\log_3 x-2)^3$$
의 실근의 개수는?

① 0   ② 1   ③ 2

④ 3   ⑤ 4

05

x에 대한 방정식 $3^{2x}-k\times3^{x+1}+3k+15=0$의 두 실근의 비가 $1:2$일 때, 실수 k의 값은?

① 4   ② 6   ③ 8

④ 10   ⑤ 12

06

연립방정식 $\begin{cases} \log_2 x+\log_3 y=2 \\ (\log_3 x)(\log_4 y)=-\dfrac{3}{2} \end{cases}$을 푸시오.

정답 및 풀이 46쪽

07

$\log_{25}(a-b)=\log_9 a=\log_{15} b$를 만족시키는 양수 a, b에 대하여 $\dfrac{b}{a}$의 값은?

① $\dfrac{\sqrt{5}-1}{3}$ ② $\dfrac{\sqrt{5}-1}{2}$ ③ $\dfrac{\sqrt{2}+\sqrt{5}}{5}$

④ $\dfrac{\sqrt{2}+1}{4}$ ⑤ $\dfrac{\sqrt{2}+1}{3}$

08

방정식 $\log_2 x^2+\log_2 y^2=\log_{\sqrt{2}}(x+y+3)$을 만족시키는 양의 정수 x, y의 값을 구하시오.

09 집중 연습

x에 대한 방정식
$$(\log_3 x)^2-|\log_3 x^3|-\log_3 x=k$$
가 서로 다른 네 실근을 가질 때, 네 실근의 곱은?

① 3 ② 9 ③ 27
④ 81 ⑤ 243

10

x에 대한 방정식 $4^x+k\times 2^{x+1}+k^2-9=0$이 양의 실근과 음의 실근을 각각 한 개씩 가질 때, 실수 k의 값의 범위는?

① $-5<k<-4$ ② $-4<k<-3$
③ $-3<k<-2$ ④ $-2<k<-1$
⑤ $-1<k<0$

11

방정식 $4^x+4^{-x}+a(2^x-2^{-x})+7=0$이 실근을 가질 때, 양수 a의 최솟값은?

① 2 ② 4 ③ 6
④ 8 ⑤ 10

12

$1<a<b<a^2$일 때, 세 수
$$A=\log_a \sqrt{b},\ B=\log_a \frac{b}{a},\ C=\frac{1}{2}(\log_a b)^2$$
의 대소 관계는?

① $A<B<C$ ② $A<C<B$ ③ $B<A<C$
④ $B<C<A$ ⑤ $C<B<A$

13

x에 대한 부등식
$$2^{2x+1}-(2n+1)\times 2^x+n\leq 0$$
을 만족시키는 정수 x가 7개일 때, 자연수 n의 최댓값을 구하시오.

14

$x>0$일 때, 다음 부등식을 푸시오.

(1) $\left(x+\dfrac{1}{2}\right)^{x^2+2x}>\left(x+\dfrac{1}{2}\right)^{8(x+2)}$

(2) $\log_x(2x^2-5x+2)\leq \log_x(5x+2)$

15

이차함수 $y=f(x)$의 그래프와
일차함수 $y=g(x)$의 그래프가
그림과 같을 때, 부등식
$$\left(\dfrac{1}{2}\right)^{f(x)g(x)}\geq \left(\dfrac{1}{8}\right)^{g(x)}$$
을 만족시키는 모든 자연수 x의
값의 합은?

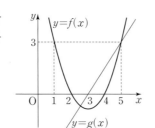

① 7 ② 9 ③ 11
④ 13 ⑤ 15

16

직선 $x=k$가 곡선 $y=\log_9 x$, $y=\sqrt{x}$와 만나는 점을 각각 A_k, B_k라 하고, 직선 $x=k$가 직선 $y=x$와 만나는 점을 C_k라 하자. A_k의 x좌표, y좌표가 모두 정수일 때, B_k와 C_k 사이의 거리가 420 이하가 되도록 하는 모든 자연수 k의 값의 합을 구하시오.

17

두 집합
$$A=\{x\,|\,2^{2x}-2^{x+1}-8<0\}$$
$$B=\{x\,|\,(\log_2 x)^2-a\log_2 x+b\leq 0\}$$
에 대하여 $A\cap B=\varnothing$, $A\cup B=\{x\,|\,x\leq 16\}$일 때, a, b의 값을 구하시오.

18 집중 연습

모든 양수 x에 대하여 부등식 $x^{\log_3 x}\geq a^2 x^2$이 성립할 때, 실수 a의 최댓값은?

① $\dfrac{1}{2}$ ② $\dfrac{\sqrt{2}}{2}$ ③ 1

④ $\sqrt{2}$ ⑤ 2

19

등식 $\left(\log_2 \dfrac{x}{a}\right)\left(\log_2 \dfrac{b}{x}\right)=1$을 만족시키는 양수 x가 있을 때, 10보다 작은 두 자연수 a, b의 순서쌍 $(a,\,b)$의 개수를 구하시오.

20

m, n이 자연수일 때, 부등식

$$\left|\log_3 \dfrac{m}{15}\right|+\log_3 \dfrac{n}{3}\leq 0$$

을 만족시키는 순서쌍 $(m,\,n)$의 개수는?

① 52   ② 53   ③ 54
④ 55   ⑤ 56

21

함수 $y=2^x$의 그래프를 x축 방향으로 k만큼, 함수 $y=\log_2 x$의 그래프를 y축 방향으로 k만큼 평행이동하였더니 두 그래프가 두 점에서 만났다. 두 점 사이의 거리가 $2\sqrt{2}$일 때, k의 값은?

① $\dfrac{2}{3}+\log_2 3$ ② $\dfrac{1}{3}+\log_2 3$ ③ $\dfrac{2}{3}-\log_2 3$

④ $-\dfrac{1}{3}+\log_2 3$ ⑤ $-\dfrac{2}{3}+\log_2 3$

22

두 함수 $y=2^x$, $y=-\left(\dfrac{1}{2}\right)^x+k$의 그래프가 서로 다른 두 점 A, B에서 만난다. 선분 AB의 중점의 좌표가 $\left(0,\,\dfrac{5}{4}\right)$일 때, k의 값은?

① $\dfrac{1}{2}$ ② 1   ③ $\dfrac{3}{2}$

④ 2   ⑤ $\dfrac{5}{2}$

23

직선 l이 y축, 곡선 $y=\log_2 (x+2)$, 곡선 $y=\log_4 x$, x축과 만나는 점을 각각 A, B, C, D라 하자. B, C가 제1사분면 위의 점이고 $\overline{AB}:\overline{BC}:\overline{CD}=1:2:2$일 때, 점 D의 x좌표를 구하시오.

24

x에 대한 방정식 $|\log x|=ax+b$의 세 실근의 비가 $1:2:3$일 때, 세 실근의 합은?

① $\dfrac{3\sqrt{3}}{2}$ ② $3\sqrt{3}$ ③ $\dfrac{9\sqrt{3}}{2}$

④ $6\sqrt{3}$ ⑤ $\dfrac{15\sqrt{3}}{2}$

→ 정답 및 풀이 51쪽

25

$a>1$이고 부등식 $a^{x-m}<\log_a x+m$의 해가 $1<x<3$일 때, $a+m$의 값은?

① $\sqrt{2}-1$ ② $\sqrt{2}$ ③ $\sqrt{3}-1$

④ $\sqrt{3}$ ⑤ $\sqrt{3}+1$

26

함수 $y=|2^x-1|$, $y=m(x+3)$의 그래프가 만나는 두 점 P, Q에서 x축에 내린 수선의 발을 각각 P_1, Q_1이라 하고, $y=m(x+3)$의 그래프가 x축과 만나는 점을 A라 하자. $\triangle AP_1P$와 $\triangle AQ_1Q$의 넓이의 비가 $1:4$일 때, m의 값을 구하시오.

27

$1<a<b$일 때, 함수 $y=\log_2 x$의 그래프를 이용하여 세 수
$$A=a^{\frac{1}{a-1}},\ B=b^{\frac{1}{b-1}},\ C=\left(\frac{b}{a}\right)^{\frac{1}{b-a}}$$
의 대소를 비교하시오.

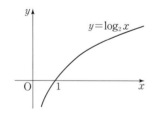

28

함수 $f(x)=2^x$에 대하여 곡선 $y=f(x)$ 위에 두 점 A, B를 잡고, 두 점의 x좌표를 각각 a, b $(0<a<b)$라 할 때, 보기에서 옳은 것만을 있는 대로 고른 것은?

• 보기 •

ㄱ. $\dfrac{f(a)}{f(b)}<\dfrac{b}{a}$

ㄴ. $f\left(\dfrac{a+b}{2}\right)>\dfrac{f(a)+f(b)}{2}$

ㄷ. $\dfrac{f(a)-1}{a}<\dfrac{f(b)-1}{b}$

① ㄱ   ② ㄴ   ③ ㄱ, ㄷ

④ ㄴ, ㄷ   ⑤ ㄱ, ㄴ, ㄷ

29

$0<a<b$이고 $f(x)=2^x-1$일 때, 보기에서 옳은 것만을 있는 대로 고른 것은?

• 보기 •

ㄱ. $0<a<1$이면 $f(a)<a$이다.

ㄴ. $b-a<2^b-2^a$

ㄷ. $b(2^a-1)<a(2^b-1)$

① ㄱ   ② ㄷ   ③ ㄱ, ㄴ

④ ㄱ, ㄷ   ⑤ ㄱ, ㄴ, ㄷ

01

함수 $f(x)=3^{x+k}-1$, $g(x)=\log_9 x-1$에 대하여 다음 조건을 만족시키는 점 A가 하나뿐이다.

> A는 곡선 $y=g(x)$ 위의 점이고,
> A를 직선 $y=x$에 대칭이동하면 곡선 $y=f(x)$ 위에 있다.

k의 값과 A의 좌표를 구하시오.

02

지수함수 $y=a^x$, $y=a^{2x}$의 그래프는 직선 $y=x$와 각각 두 점에서 만난다. $y=a^x$, $y=a^{2x}$의 그래프와 직선 $x=k$의 교점을 각각 P, Q라 하고 직선 $y=x$와 직선 $x=k$의 교점을 R이라 하자. $k=2$이면 Q와 R이 일치할 때, **보기**에서 옳은 것만을 있는 대로 고른 것은? (단, $a>1$)

> • 보기 •
> ㄱ. $k=4$이면 Q와 R이 일치한다.
> ㄴ. $\overline{PQ}=12$이면 $\overline{QR}=8$이다.
> ㄷ. $\overline{PQ}=\dfrac{1}{8}$을 만족시키는 k의 값은 2개이다.

① ㄱ   ② ㄱ, ㄴ   ③ ㄱ, ㄷ
④ ㄴ, ㄷ   ⑤ ㄱ, ㄴ, ㄷ

03

그림과 같이 곡선 $y=\log_a x$가 두 점 (b, d), (c, b)를 지나고 직선 $y=x$와 점 (p, p)에서 만날 때, **보기**에서 옳은 것만을 있는 대로 고른 것은?
(단, $0<a<1$, $0<b<p<c<1$)

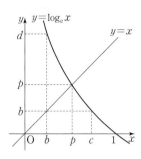

> • 보기 •
> ㄱ. $p=\dfrac{1}{2}$이면 $a=\dfrac{1}{4}$이다.
> ㄴ. $a^{b+d}=bc$
> ㄷ. $\dfrac{p-b}{p-a^c}<\dfrac{c-b}{c-a^c}$

① ㄱ   ② ㄷ   ③ ㄱ, ㄴ
④ ㄴ, ㄷ   ⑤ ㄱ, ㄴ, ㄷ

04

n이 2 이상인 자연수일 때, 직선 $y=-x+n$과 곡선 $y=|\log_2 x|$가 만나는 두 점의 x좌표를 각각 a_n, b_n $(a_n<b_n)$이라 하자. **보기**에서 옳은 것만을 있는 대로 고른 것은?

> • 보기 •
> ㄱ. $a_2<\dfrac{1}{4}$ ㄴ. $0<\dfrac{a_{n+1}}{a_n}<1$
> ㄷ. $1-\dfrac{\log_2 n}{n}<\dfrac{b_n}{n}<1$

① ㄱ   ② ㄴ   ③ ㄱ, ㄴ
④ ㄴ, ㄷ   ⑤ ㄱ, ㄴ, ㄷ

→ 정답 및 풀이 55쪽

05 집중 연습

그림과 같이 두 곡선 $y=|\log_2 x|$, $y=\left(\dfrac{1}{2}\right)^x$이 만나는 두 점을 각각 $\mathrm{P}(x_1, y_1)$, $\mathrm{Q}(x_2, y_2)$ $(x_1 < x_2)$라 하고, 두 곡선 $y=|\log_2 x|$, $y=2^x$이 만나는 점을 $\mathrm{R}(x_3, y_3)$이라 하자.

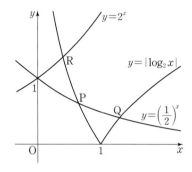

보기에서 옳은 것만을 있는 대로 고른 것은?

• 보기 •

ㄱ. $\dfrac{1}{2} < x_1 < 1$　　　　ㄴ. $x_2 y_2 - x_3 y_3 = 0$

ㄷ. $x_2(x_1-1) > y_1(y_2-1)$

① ㄱ　　　　② ㄷ　　　　③ ㄱ, ㄴ

④ ㄴ, ㄷ　　　　⑤ ㄱ, ㄴ, ㄷ

06

직선 $y=x-2$가 함수 $y=\log_{\frac{1}{2}} x$의 그래프와 만나는 점을 (x_1, y_1), 직선 $y=x+2$가 함수 $y=\log_3(-x)$의 그래프와 만나는 점을 (x_2, y_2)라 할 때, **보기**에서 옳은 것만을 있는 대로 고른 것은?

• 보기 •

ㄱ. $x_1 > y_2$　　　　ㄴ. $x_1 + x_2 = y_1 + y_2$

ㄷ. $x_1 y_1 < x_2 y_2$

① ㄱ　　　　② ㄷ　　　　③ ㄱ, ㄴ

④ ㄴ, ㄷ　　　　⑤ ㄱ, ㄴ, ㄷ

07

직선 $x=t$가 곡선 $y=3^x$, $y=3^x-n$과 만나는 두 점 사이의 거리를 $f(t)$라 하고, 직선 $y=3^t$이 곡선 $y=3^x$, $y=3^x-n$과 만나는 두 점 사이의 거리를 $g(t)$라 하자. 모든 양수 t에 대하여 $30 \le f(t)+g(t) \le 40$을 만족시키는 자연수 n의 개수를 구하시오.

08 집중 연습

함수 $f(x)=\begin{cases} |-(x+3)^2+n| & (x \le 0) \\ |\log_2(x+25)-n| & (x>0) \end{cases}$이라 하고,

실수 t에 대하여 x에 대한 방정식 $f(x)=t$의 서로 다른 실근의 개수를 $k(t)$라 하자. $k(t)$의 최댓값이 5일 때, 10 이하의 자연수 n의 값을 모두 구하시오.

Ⅱ. 삼각함수

04 삼각함수의 정의

05 삼각함수의 그래프

06 삼각함수의 활용

04 삼각함수의 정의

1 호도법

(1) 호의 길이를 반지름의 길이로 나누어 중심각의 크기를 나타내는 방법을 **호도법**이라 하고 단위는 **라디안**으로 나타낸다.

(2) x(라디안)은 반지름의 길이가 1인 원에서 길이가 x인 호의 중심각의 크기이다.

(3) 반지름의 길이가 1인 원의 둘레의 길이가 2π이므로 $360°$는 2π에 해당한다. 또 호의 길이는 중심각의 크기에 정비례하므로 $a°$에 해당하는 x(라디안)은
$$360° : 2\pi = a° : x$$

(4) 반지름의 길이가 r, 중심각의 크기가 θ인 부채꼴의 호의 길이를 l, 넓이를 S라 하면
$$l = r\theta, \quad S = \frac{1}{2}r^2\theta = \frac{1}{2}rl$$

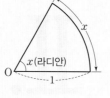

◆ x라디안은 반지름의 길이가 r인 원에서 호의 길이가 rx일 때 중심각의 크기이다.

◆ 1라디안 $= \dfrac{180°}{\pi}$

　$1° = \dfrac{\pi}{180}$ 라디안

◆

2 일반각

(1) $\angle XOP$의 크기는 반직선 OP가 고정된 반직선 OX의 위치에서 점 O를 중심으로 회전한 양이라 생각할 수 있다. 이때 반직선 OX를 **시초선**, 반직선 OP를 **동경**이라 한다.

(2) 시초선 OX와 동경 OP가 나타내는 한 각의 크기를 $a°$(또는 a라디안)라 할 때, 동경 OP가 나타내는 일반각은
$$360° \times n + a° \text{ 또는 } 2n\pi + a \ (n\text{은 정수})$$

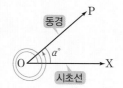

3 삼각함수

(1) 좌표평면에서 반지름의 길이가 r인 원과 각 θ를 나타내는 동경이 만나는 점을 $P(x, y)$라 하면
$$\sin \theta = \frac{y}{r}, \quad \cos \theta = \frac{x}{r}, \quad \tan \theta = \frac{y}{x}$$
이때 $\sin \theta$, $\cos \theta$, $\tan \theta$는 각각 θ에 대한 함수로 생각할 수 있고 **사인함수, 코사인함수, 탄젠트함수**라 한다. 이 함수들을 통틀어 **삼각함수**라 한다.

(2) 특히 $r = 1$이면 $\sin \theta = y$, $\cos \theta = x$, $\tan \theta = \dfrac{y}{x}$

(3) 삼각함수 사이의 관계
$$\sin^2 \theta + \cos^2 \theta = 1, \quad \tan \theta = \frac{\sin \theta}{\cos \theta}$$

◆ $\tan \theta = \dfrac{y}{x}$에서 $x \neq 0$이다.

◆ 삼각함수의 부호가 양수인 것만 나타내면 다음과 같다.

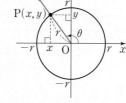

4 $n\pi \pm \theta$ (n은 정수)의 삼각함수

(1) $\sin(2n\pi + \theta) = \sin \theta$, $\quad \cos(2n\pi + \theta) = \cos \theta$, $\quad \tan(2n\pi + \theta) = \tan \theta$

(2) $\sin(-\theta) = -\sin \theta$, $\quad \cos(-\theta) = \cos \theta$, $\quad \tan(-\theta) = -\tan \theta$

(3) $\sin(\pi + \theta) = -\sin \theta$, $\quad \cos(\pi + \theta) = -\cos \theta$, $\quad \tan(\pi + \theta) = \tan \theta$

(4) $\sin(\pi - \theta) = \sin \theta$, $\quad \cos(\pi - \theta) = -\cos \theta$, $\quad \tan(\pi - \theta) = -\tan \theta$

참고 sin, cos, tan은 바뀌지 않는다. 부호 변화만 주의한다.

◆ 부호를 결정하는 방법
θ를 예각으로 생각하여
$n\pi \pm \theta$ 또는 $\dfrac{n}{2}\pi \pm \theta$가
나타내는 동경이 해당하는 사분면에서의 처음 삼각함수의 부호로 정한다.

5 $\dfrac{n}{2}\pi \pm \theta$ (n은 홀수)의 삼각함수

(1) $\sin\left(\dfrac{\pi}{2} + \theta\right) = \cos \theta$, $\quad \cos\left(\dfrac{\pi}{2} + \theta\right) = -\sin \theta$, $\quad \tan\left(\dfrac{\pi}{2} + \theta\right) = -\dfrac{1}{\tan \theta}$

(2) $\sin\left(\dfrac{\pi}{2} - \theta\right) = \cos \theta$, $\quad \cos\left(\dfrac{\pi}{2} - \theta\right) = \sin \theta$, $\quad \tan\left(\dfrac{\pi}{2} - \theta\right) = \dfrac{1}{\tan \theta}$

참고 sin은 cos으로, cos은 sin으로, tan은 $\dfrac{1}{\tan}$로 바뀐다. 부호 변화도 주의한다.

시험에 꼭 나오는 문제

유형 1 부채꼴

01

중심각의 크기가 $\frac{3}{2}\pi$인 부채꼴의 넓이가 $\frac{4}{3}\pi$일 때,
호의 길이는?

① π ② 2π ③ 3π

④ 4π ⑤ 5π

02

반지름의 길이가 5 cm인 부채꼴의 둘레의 길이가 그 원의
둘레의 길이와 같을 때, 부채꼴의 중심각의 크기는?

① $2\pi-2$ ② $3\pi-3$ ③ $4\pi-4$

④ $\pi-2$ ⑤ $4\pi-1$

03

넓이가 20인 부채꼴 중에서 둘레의 길이의 최솟값은?

① $2\sqrt{5}$ ② $4\sqrt{5}$ ③ $6\sqrt{5}$

④ $8\sqrt{5}$ ⑤ $10\sqrt{5}$

04

그림과 같이 반지름의 길이가 4이고,
중심각의 크기가 $\frac{\pi}{3}$인 부채꼴에 내접하는
원이 있다. 색칠한 부분의 넓이를 구하
시오.

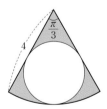

05

반지름의 길이가 10, 중심각의 크기가 $\frac{6}{5}\pi$인 부채꼴로 원뿔을
만들 때, 원뿔의 부피를 구하시오.

06

그림과 같은 부채꼴에서
중심각의 크기 θ는 40 % 늘이고
반지름의 길이 r은 10 % 줄일 때,
부채꼴 넓이의 변화는?

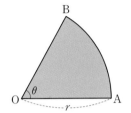

① 1.1 % 늘어난다.

② 1.1 % 줄어든다.

③ 11.1 % 늘어난다.

④ 11.1 % 줄어든다.

⑤ 13.4 % 늘어난다.

유형 2 일반각

07

1125°의 동경이 나타내는 양의 각 중 최소인 것을 호도법으로
나타내면?

① $\frac{\pi}{6}$ ② $\frac{\pi}{4}$ ③ $\frac{\pi}{3}$

④ $\frac{\pi}{2}$ ⑤ $\frac{3}{2}\pi$

08

각 θ가 제4사분면의 각일 때, $\frac{\theta}{3}$는 제몇 사분면의 각인가?

① 제1사분면 또는 제3사분면

② 제2사분면 또는 제3사분면

③ 제2사분면 또는 제4사분면

④ 제1사분면 또는 제2사분면 또는 제3사분면

⑤ 제2사분면 또는 제3사분면 또는 제4사분면

09

$\dfrac{\sqrt{\sin\theta}}{\sqrt{\cos\theta}}=-\sqrt{\tan\theta}$일 때, $\dfrac{\theta}{3}$는 제몇 사분면의 각인가?
(단, $\sin\theta\neq0$)

① 제2사분면
② 제2사분면 또는 제4사분면
③ 제1사분면 또는 제2사분면 또는 제3사분면
④ 제1사분면 또는 제2사분면 또는 제4사분면
⑤ 제2사분면 또는 제3사분면 또는 제4사분면

10

$0<\theta<\pi$이고 $\dfrac{1}{2}\theta$와 3θ의 동경이 일치할 때, θ의 값은?

① $\dfrac{4}{5}\pi$ ② $\dfrac{3}{4}\pi$ ③ $\dfrac{\pi}{2}$

④ $\dfrac{2}{5}\pi$ ⑤ $\dfrac{\pi}{5}$

11

각 θ를 나타내는 동경과 각 7θ를 나타내는 동경이 x축에 대칭일 때, θ의 값을 구하시오. $\left(\text{단, }\pi<\theta<\dfrac{3}{2}\pi\right)$

유형 3   삼각함수의 정의

12

좌표평면에서 원점 O와 점 $\mathrm{P}(3,\ -4)$에 대하여 동경 OP가 나타내는 각의 크기를 θ라 할 때, $\sin\theta+\cos\theta+\tan\theta$의 값은?

① $\dfrac{23}{15}$ ② $\dfrac{17}{15}$ ③ $\dfrac{1}{15}$

④ $-\dfrac{17}{15}$ ⑤ $-\dfrac{23}{15}$

13

$\sin\theta=\dfrac{12}{13}$일 때, $\tan\theta$의 값은? $\left(\text{단, }\dfrac{\pi}{2}<\theta<\pi\right)$

① $-\dfrac{12}{5}$ ② $-\dfrac{5}{12}$ ③ $-\dfrac{5}{13}$

④ $\dfrac{5}{12}$ ⑤ $\dfrac{12}{5}$

14

$\tan\theta=\dfrac{1}{4}$일 때, $\sin\theta\cos\theta$의 값은?

① $-\dfrac{1}{17}$ ② $-\dfrac{2}{17}$ ③ $-\dfrac{6}{17}$

④ $\dfrac{4}{17}$ ⑤ $\dfrac{8}{17}$

15

그림을 이용하여 $\tan15°$의 값을 구하시오.
(단, $\angle\mathrm{ABD}=15°$, $\angle\mathrm{ACD}=30°$)

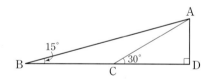

16

θ가 제2사분면의 각일 때,
$-|\sin\theta|+|\tan\theta|+\sqrt{(\sin\theta-\cos\theta)^2}-\sqrt{(\cos\theta+\tan\theta)^2}$
을 간단히 하면?

① 0 ② $2\sin\theta$ ③ $2\cos\theta$

④ $2\tan\theta$ ⑤ $2\sin\theta+\cos\theta$

유형 4 삼각함수 사이의 관계

17

θ가 제1사분면의 각일 때,

$$\sqrt{\cos^2\theta}\sqrt{1+\tan^2\theta}+\sqrt{1-\cos^2\theta}\sqrt{1+\frac{1}{\tan^2\theta}}$$

의 값을 구하시오.

18

$\sin A=\frac{1}{2}$, $\cos B=\frac{1}{3}$일 때, $\cos^2 A+\sin^2 B$의 값은?

① $\frac{13}{36}$　　　　② $\frac{29}{18}$　　　　③ $\frac{59}{36}$

④ $\frac{5}{3}$　　　　⑤ $\frac{15}{8}$

19

$\sin\theta-\cos\theta=-\frac{1}{2}$일 때, $\tan\theta+\frac{1}{\tan\theta}$의 값을 구하시오.

20

이차방정식 $5x^2+x-a=0$의 두 근을 $\sin\theta$, $\cos\theta$라 할 때, a의 값은?

① $\frac{12}{5}$　　　　② $\frac{13}{5}$　　　　③ $\frac{14}{5}$

④ 3　　　　⑤ $\frac{16}{5}$

유형 5 일반각의 삼각함수

21

$\sqrt{2+3\tan\frac{5}{6}\pi}\times\sqrt{1-\cos\frac{5}{6}\pi}$의 값은?

① $\frac{1}{2}$　　　　② $\frac{\sqrt{2}}{2}$　　　　③ $\frac{\sqrt{3}}{3}$

④ $\frac{\sqrt{3}}{2}$　　　　⑤ 1

22

$\sin\left(-\frac{\pi}{3}\right)+\cos\frac{13}{6}\pi+\tan\left(-\frac{13}{4}\pi\right)$의 값은?

① $-\sqrt{3}$　　　　② -1　　　　③ $\sqrt{3}-1$

④ 1　　　　⑤ $\sqrt{3}$

유형 6 삼각함수의 성질

23

다음 식의 값을 구하시오.

$$\sin^2(2\pi-\theta)+\cos^2(2\pi-\theta)$$
$$+\tan\theta\cos(-\theta)+\sin(2\pi-\theta)$$

24

$$\frac{\sin(\pi-\theta)\tan^2(2\pi-\theta)}{\cos\left(\frac{3}{2}\pi+\theta\right)}+\frac{\sin\left(\frac{3}{2}\pi-\theta\right)}{\sin\left(\frac{\pi}{2}+\theta\right)\cos^2(-\theta)}$$의

값은?

① -2　　　　② -1　　　　③ 0

④ 1　　　　⑤ 2

25

$\sin\theta=\dfrac{1}{2}$일 때,

$$\dfrac{\cos\left(\dfrac{\pi}{2}-\theta\right)}{1+\cos(\pi-\theta)}-\dfrac{\cos\left(\dfrac{\pi}{2}+\theta\right)}{1+\cos(2\pi-\theta)}$$

의 값은?

① $\dfrac{1}{2}$ ② 1 ③ 2

④ 4 ⑤ 8

26

$\sin\theta+\cos\theta=\dfrac{1}{2}$일 때,

$$\left(1+\dfrac{1}{\cos\theta}\right)\left(\cos\theta+\dfrac{1}{\tan\theta}\right)(\sin\theta-\tan\theta)\left(1-\dfrac{1}{\sin\theta}\right)$$

의 값은?

① $-\dfrac{8}{3}$ ② $-\dfrac{1}{2}$ ③ $-\dfrac{3}{8}$

④ $\dfrac{1}{2}$ ⑤ 1

유형 7 특수한 삼각함수의 값

27

$\sin 18°=a$일 때, 다음 중 $\tan 198°$를 나타낸 것은?

① $\dfrac{1}{a}$ ② $-\dfrac{1}{a}$ ③ $\sqrt{1-a^2}$

④ $\dfrac{a}{\sqrt{1-a^2}}$ ⑤ $-\dfrac{a}{\sqrt{1-a^2}}$

28

다음 식의 값을 구하시오.

$$\cos 1°+\cos 2°+\cos 3°+\cdots+\cos 179°+\cos 180°$$

29

$\sin^2 3°+\sin^2 6°+\sin^2 9°+\cdots+\sin^2 87°+\sin^2 90°$의 값은?

① 13 ② 14 ③ $\dfrac{29}{2}$

④ 15 ⑤ $\dfrac{31}{2}$

30

$\theta=\dfrac{\pi}{8}$일 때,

$$\sin\theta+\sin 2\theta+\sin 3\theta+\cdots+\sin 16\theta$$

의 값은?

① -2 ② -1 ③ 0

④ 1 ⑤ 2

31

다음 식의 값은?

$$\log(\tan 1°)+\log(\tan 2°)+\log(\tan 3°)+\cdots$$
$$+\log(\tan 89°)$$

① $-\dfrac{1}{2}\log 2$ ② -1 ③ 0

④ 1 ⑤ 2

32

그림과 같이 선분 AB가 지름인 반원의 호를 10등분하는 점을 각각 $P_1, P_2, \cdots, P_8, P_9$라 하자. $\angle ABP_n=\theta_n$이라 할 때, $\cos^2\theta_1+\cos^2\theta_2+\cdots+\cos^2\theta_9$의 값을 구하시오. (단, $n=1, 2, 3, \cdots, 9$)

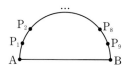

01

그림과 같이 지름이 선분 AB이고 중심이 O인 반원 위에 $\overparen{AC}=\overline{AB}$인 점 C를 잡았다. 부채꼴 OAC의 넓이가 9일 때, 반원의 반지름의 길이를 구하시오.

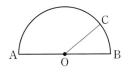

02

그림과 같이 중심각의 크기가 같은 두 부채꼴 OAB, OA′B′이 있다. $\overline{OA'}=\overline{AA'}$, $\overline{OB'}=\overline{BB'}$이고 색칠한 도형의 둘레의 길이가 48이다. 색칠한 도형의 넓이의 최댓값은 a이고, 이때 중심각의 크기는 b이다. ab의 값은?

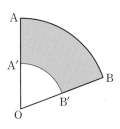

① 60   ② 72   ③ 84
④ 96   ⑤ 108

03

길이가 $2\sqrt{3}$인 선분 AB가 있다. 점 P가 $\angle APB=\dfrac{\pi}{3}$를 만족시키며 움직일 때, P가 그리는 도형의 둘레의 길이는?

① 4π ② $\dfrac{13}{3}\pi$ ③ $\dfrac{14}{3}\pi$
④ 5π ⑤ $\dfrac{16}{3}\pi$

04

두 원 A, B의 반지름의 길이는 각각 12, 3이고, 두 원의 중심 A, B 사이의 거리가 18이다. 그림과 같이 두 원에 벨트를 걸 때, 벨트의 길이를 구하시오.
(단, 벨트는 팽팽하게 걸려 있다.)

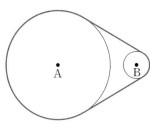

05

그림에서 선분 PA와 선분 PB는 원 O의 접선이다. $\angle AOB=2\theta$이고 색칠한 두 부분의 넓이가 같을 때, $\dfrac{\tan\theta}{\theta}$의 값을 구하시오.
(단, $0<2\theta<\pi$)

06 집중 연습

그림과 같이 중심이 각각 O, O′이고 반지름의 길이가 1인 두 원이 점 A, B에서 만난다. $\angle AOB=\dfrac{2}{3}\pi$일 때, 색칠한 부분의 넓이를 구하시오.

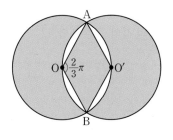

07

그림과 같은 삼각형 ABC에서
$$\angle A = 35°, \ \angle B = 90°$$
$$\overline{AB} = 1, \ \overline{BC} = a$$
이다. $\tan 70°$의 값은?

① $\dfrac{2a}{1-a^2}$ ② $\dfrac{2a}{1+a^2}$

③ $\dfrac{1+a^2}{1-a^2}$ ④ $\dfrac{a}{\sqrt{1+a^2}}$

⑤ $\dfrac{2a}{\sqrt{1+a^2}}$

08

$\sin(-\theta)\cos(-\theta) > 0$을 만족시키는 θ가 속하는 사분면은?

① 제1사분면 또는 제2사분면
② 제1사분면 또는 제3사분면
③ 제2사분면 또는 제3사분면
④ 제2사분면 또는 제4사분면
⑤ 제3사분면 또는 제4사분면

09

각 θ와 9θ를 나타내는 동경이 반대 방향으로 일직선을 이룰 때, 모든 $\cos\left(\theta + \dfrac{\pi}{8}\right)$의 값의 곱은? $\left(단, \dfrac{\pi}{2} < \theta < \pi\right)$

① $-\dfrac{\sqrt{3}}{4}$ ② $-\dfrac{\sqrt{2}}{2}$ ③ 0

④ $\dfrac{\sqrt{3}}{4}$ ⑤ $\dfrac{\sqrt{2}}{2}$

10

θ가 제1사분면의 각이고
$$\dfrac{\cos\theta}{1+\sin\theta} + \dfrac{1+\sin\theta}{\cos\theta} = 4$$
일 때, $\sin\theta + \cos\theta$의 값은?

① $\dfrac{\sqrt{2}}{2}$ ② $\dfrac{\sqrt{3}}{2}$ ③ $\dfrac{\sqrt{2}+1}{2}$

④ $\dfrac{\sqrt{3}+1}{2}$ ⑤ $\dfrac{\sqrt{3}+2}{2}$

11

$\sin\theta + \cos\theta = \sin\theta\cos\theta$일 때, $\sin\theta\cos\theta$의 값을 구하시오.

12

θ가 제2사분면의 각이고 $\sin\theta + \cos\theta = \dfrac{1}{3}$일 때, $\sin^2\theta - \cos^2\theta$의 값은?

① $-\dfrac{\sqrt{17}}{3}$ ② $-\dfrac{\sqrt{17}}{9}$ ③ $\dfrac{\sqrt{17}}{9}$

④ $\dfrac{\sqrt{17}}{3}$ ⑤ $\sqrt{17}$

↪ 정답 및 풀이 63쪽

13

$\dfrac{1}{\sin\theta}-\dfrac{1}{\cos\theta}=\sqrt{2}$일 때, $\cos^3\theta-\sin^3\theta$의 값은?

① $-\dfrac{\sqrt{5}}{2}$ ② $-\dfrac{\sqrt{3}}{2}$ ③ $\dfrac{\sqrt{2}}{2}$

④ $\dfrac{\sqrt{3}}{2}$ ⑤ $\dfrac{\sqrt{5}}{2}$

14

점 $P(3, 4)$를 원점 O를 중심으로 $90°$만큼 시계 반대 방향으로 회전한 점을 P_1, 원점에 대칭이동한 점을 P_2, x축에 대칭이동한 점을 P_3이라 하자. 동경 OP_1, OP_2, OP_3이 나타내는 각의 크기를 각각 θ_1, θ_2, θ_3이라 할 때, $\cos\theta_1+\sin\theta_2+\tan\theta_3$의 값은?

① $-\dfrac{44}{15}$ ② $-\dfrac{23}{15}$ ③ $-\dfrac{4}{3}$

④ $-\dfrac{1}{4}$ ⑤ 1

15

그림과 같이 직사각형 ABCD가 중심이 원점이고 반지름의 길이가 1인 원에 내접한다. x축과 선분 OA가 이루는 각의 크기를 θ라 할 때, 다음 중 $\cos(\pi-\theta)$와 같은 것은? $\left(\text{단}, 0<\theta<\dfrac{\pi}{4}\right)$

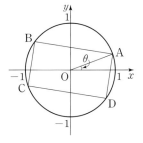

① A의 x좌표 ② B의 y좌표 ③ C의 x좌표
④ C의 y좌표 ⑤ D의 x좌표

16

원점 O를 중심으로 하고 반지름의 길이가 6인 반원 위에 그림과 같이 중심이 $(0, 7)$인 원 C가 외접하며 미끄러지지 않고 한 바퀴 굴러간 원 C'의 중심의 좌표를 구하시오.

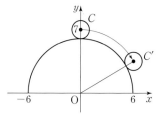

17

$\dfrac{\pi}{2}\le\theta\le\dfrac{3}{2}\pi$이고 $\dfrac{\cos\theta-\sin\theta}{\cos\theta+\sin\theta}=2+\sqrt{3}$일 때, $\cos\theta$의 값을 구하시오.

18

$\tan^2 70°+(1-\tan^4 70°)\sin^2 160°$를 간단히 하면?

① $-\tan^2 70°$ ② -1 ③ 0
④ 1 ⑤ $\tan^2 70°$

→ 정답 및 풀이 66쪽

19

$0<\theta<\pi$이고 $2\sin\theta-1=\cos\theta$일 때, $\tan\theta$의 값은?

① $\dfrac{1}{2}$　　　② $\dfrac{3}{5}$　　　③ $\dfrac{3}{4}$

④ $\dfrac{4}{3}$　　　⑤ $\dfrac{5}{3}$

20

직선 $x-3y-3=0$이 x축의 양의 방향과 이루는 각의 크기를 θ라 할 때,

$$\cos(\pi+\theta)+\sin\left(\dfrac{\pi}{2}-\theta\right)+\tan(-\theta)$$

의 값은?

① -3　　　② $-\dfrac{1}{3}$　　　③ 0

④ $\dfrac{1}{3}$　　　⑤ 3

21

$\tan\theta=\sqrt{\dfrac{1-a}{a}}$ $(0<a<1)$일 때,

$$\dfrac{\sin^2\theta}{a-\sin\left(\dfrac{\pi}{2}+\theta\right)}+\dfrac{\sin^2\theta}{a-\sin\left(\dfrac{3}{2}\pi+\theta\right)}$$

의 값을 구하시오.

22

삼각형 ABC에서 $\cos\dfrac{C}{2}=\dfrac{1}{3}$일 때,

$$\sin\dfrac{A+B+\pi}{2}+\cos\dfrac{A+B-\pi}{2}$$

의 값을 구하시오.

23

$$f(\theta)=\sin\theta+\sin 2\theta+\sin 3\theta+\cdots+\sin 100\theta,$$
$$g(\theta)=\cos\theta+\cos 2\theta+\cos 3\theta+\cdots+\cos 100\theta$$

라 할 때, $f\left(\dfrac{\pi}{50}\right)+g\left(\dfrac{\pi}{50}\right)$의 값은?

① -200　　　② -100　　　③ 0
④ 100　　　⑤ 200

24 집중 연습

n이 자연수일 때, 크기가 $\dfrac{2n\pi}{3}$인 각의 동경이

원 $x^2+y^2=\left(2+\sin\dfrac{n\pi}{2}\right)^2$과 만나는 점을 P_n이라 하자.
P_{111}의 좌표를 구하시오.

01

그림과 같이 한 변의 길이가 40 m인 정사각형 모양 땅의 한가운데 바닥에 원 모양의 화단이 있다.

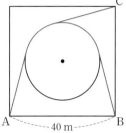

A 지점에서 화단의 일부를 돌아 B 지점까지 줄을 팽팽하게 당겼을 때 줄의 길이와 A 지점에서 화단의 일부를 돌아 C 지점까지 줄을 팽팽하게 당겼을 때 줄의 길이는 $5\sqrt{2}\pi$ m 차이가 난다. A 지점에서 화단의 일부를 돌아 C 지점까지 줄을 팽팽하게 당겼을 때 줄의 길이는?

① $\left(10\sqrt{6}+\dfrac{10\sqrt{2}}{3}\pi\right)$ m

② $\left(10\sqrt{2}+\dfrac{\pi}{3}\right)$ m

③ $\left(20\sqrt{2}+\dfrac{\pi}{3}\right)$ m

④ $\left(20\sqrt{6}+\dfrac{10\sqrt{2}}{3}\pi\right)$ m

⑤ $\left(20\sqrt{6}+\dfrac{25\sqrt{2}}{3}\pi\right)$ m

02 집중 연습

중심이 O, 반지름의 길이가 1인 반원의 호 AB를 20등분하는 점을 차례로 P_1, P_2, …, P_{19}라 하고, 이 점에서 선분 AB에 내린 수선의 발을 각각 H_1, H_2, …, H_{19}라 하자. $\overline{P_1H_1}^2+\overline{P_2H_2}^2+\cdots+\overline{P_{19}H_{19}}^2$의 값을 구하시오.

03

좌표평면 위에 세 점 A$(m, 0)$, B$(-m, 0)$, C$\left(6\cos\dfrac{n\pi}{6}, 6\sin\dfrac{n\pi}{6}\right)$가 있다. m, n이 12 이하의 자연수일 때, 삼각형 ABC의 넓이가 12 이하가 되는 순서쌍 (m, n)의 개수는? (단, $n\neq6$, $n\neq12$)

① 24 ② 28 ③ 32

④ 36 ⑤ 40

04

좌표평면에서 점 A$(-1, 0)$과 서로 다른 점 P_1, P_2, P_3, P_4, P_5가 다음 조건을 만족시킨다.

$\overline{OP_1}=1$, $\overline{P_1P_2}=\overline{P_2P_3}=k$, $\overline{P_3P_4}=2k$, $\overline{P_4P_5}=\sqrt{3}k$

$\angle AOP_1=\theta$, $\angle OP_1P_2=\theta+\dfrac{\pi}{3}$

$\angle P_1P_2P_3=\angle P_2P_3P_4=\dfrac{2}{3}\pi$, $\angle P_3P_4P_5=\dfrac{\pi}{2}$

$0<\theta<\dfrac{\pi}{2}$이고 $P_5(0, -1)$일 때, k의 값과 P_1의 좌표를 구하시오.

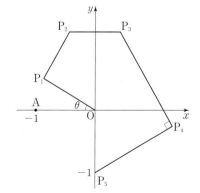

05 삼각함수의 그래프

1 함수 $y=\sin x$의 성질

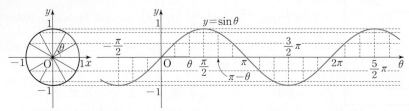

(1) 정의역은 실수 전체이고, 치역은 $\{y\,|-1\leq y\leq 1\}$이다.

(2) 주기가 2π인 주기함수이다. 곧 $f(x+2\pi)=f(x)$

(3) 그래프가 원점에 대칭이다. 곧 $f(-x)=-f(x)$

◆ 함수 $f(x)$에서 모든 x에 대하여 $f(x)=f(x+p)$를 만족하는 0이 아닌 상수 p가 있을 때, 함수 $f(x)$를 **주기함수**라 하고, 상수 p 중 가장 작은 양수를 **주기**라 한다.

◆ θ축을 x축으로 생각하여 $y=\sin x$로 쓴다.

◆ $y=a\sin bx$의 최댓값은 $|a|$, 최솟값은 $-|a|$, 주기는 $\dfrac{2\pi}{|b|}$

2 함수 $y=\cos x$의 성질

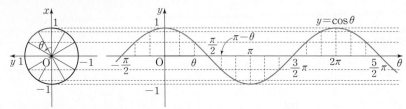

(1) 정의역은 실수 전체이고, 치역은 $\{y\,|-1\leq y\leq 1\}$이다.

(2) 주기가 2π인 주기함수이다. 곧 $f(x+2\pi)=f(x)$

(3) 그래프가 y축에 대칭이다. 곧 $f(-x)=f(x)$

(4) 그래프를 x축 방향으로 $\dfrac{\pi}{2}$만큼 평행이동하면 $y=\sin x$의 그래프이다.

◆ $y=a\cos bx$의 최댓값은 $|a|$, 최솟값은 $-|a|$, 주기는 $\dfrac{2\pi}{|b|}$

3 함수 $y=\tan x$의 성질

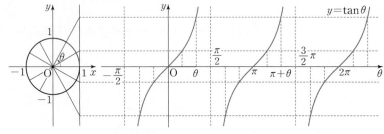

(1) 정의역은 $x\neq n\pi+\dfrac{\pi}{2}$ (n은 정수)인 실수, 치역은 실수 전체이다.

또, 직선 $x=n\pi+\dfrac{\pi}{2}$는 그래프의 점근선이다.

(2) 주기가 π인 주기함수이다. 곧 $f(x+\pi)=f(x)$

(3) 그래프가 원점에 대칭이다. 곧 $f(-x)=-f(x)$

◆ $y=\tan bx$의 주기는 $\dfrac{\pi}{|b|}$ $bx=n\pi+\dfrac{\pi}{2}$일 때 $\tan bx$의 값은 정의되지 않는다.

4 삼각함수의 방정식

(1) $\sin x=a$ 꼴의 방정식

$y=\sin x$의 그래프와 직선 $y=a$를 그리고 교점의 x좌표를 구한다.

(2) $\sin x$가 반복되는 방정식은 $\sin x=t$로 놓고 t의 값부터 구한다.

이때 $-1\leq t\leq 1$임에 주의한다.

◆ $\cos x=a$, $\tan x=a$ 꼴도 같은 방법으로 푼다.

5 삼각함수의 부등식

(1) $\sin x>a$ 꼴의 부등식

$y=\sin x$의 그래프와 직선 $y=a$를 그리고 곡선과 직선의 위치를 비교한다.

(2) $\sin x$가 반복되는 부등식은 $\sin x=t$로 놓고 t값의 범위부터 구한다.

이때 $-1\leq t\leq 1$임에 주의한다.

◆ $\cos x>a$, $\tan x>a$ 꼴도 같은 방법으로 푼다.

유형 1 사인함수의 그래프

01

함수 $y=\sin x+1$에 대한 설명 중 옳지 <u>않은</u> 것은?

① 최댓값은 2이다.
② 최솟값은 0이다.
③ 주기는 2π이다.
④ 그래프는 y축에 대칭이다.
⑤ 그래프는 $y=\sin x$의 그래프를 y축 방향으로 1만큼 평행이동한 것이다.

02

함수 $f(x)=a\sin bx+c$ $(a>0,\ b>0)$의 최댓값은 4, 최솟값은 -2이다. 모든 실수 x에 대하여 $f(x+p)=f(x)$를 만족시키는 양수 p의 최솟값이 π일 때, abc의 값은?

① 6   ② 8   ③ 10
④ 12   ⑤ 14

03

함수 $y=a\sin(x+b\pi)+c$의 그래프가 그림과 같을 때, abc의 값을 구하시오.
$\left($단, $a>0,\ -\dfrac{1}{2}<b<\dfrac{1}{2}\right)$

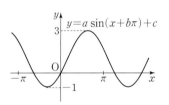

04

함수 $f(x)=\sin(ax+b)$의 주기가 8이고 $f(3)=1$일 때, $f(0)$의 값을 구하시오. $\left($단, $a>0,\ -\dfrac{\pi}{2}<b<0\right)$

유형 2 코사인함수의 그래프

05

함수 $f(x)=2\cos\left(3x-\dfrac{\pi}{3}\right)+1$에 대한 설명으로 옳은 것만을 **보기**에서 있는 대로 고른 것은?

• 보기 •
ㄱ. $-1\le f(x)\le 3$이다.
ㄴ. 모든 x에 대하여 $f\left(x+\dfrac{\pi}{3}\right)=f(x)$이다.
ㄷ. $y=f(x)$의 그래프는 직선 $x=\dfrac{\pi}{9}$에 대칭이다.

① ㄱ   ② ㄴ   ③ ㄱ, ㄴ
④ ㄱ, ㄷ   ⑤ ㄱ, ㄴ, ㄷ

06

함수 $f(x)=a\cos bx+c$ $(a>0,\ b>0)$의 그래프가 그림과 같을 때, $f\left(\dfrac{2}{3}\pi\right)$의 값을 구하시오.

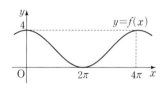

07

함수 $f(x)=\cos x$ $(0\le x\le\pi)$일 때, $f^{-1}\left(-\dfrac{1}{2}\right)$의 값은?

① $\dfrac{\pi}{6}$ ② $\dfrac{\pi}{3}$ ③ $\dfrac{\pi}{2}$
④ $\dfrac{2}{3}\pi$ ⑤ $\dfrac{5}{6}\pi$

08

두 함수 $y=a\sin x$와 $y=\dfrac{1}{2}\cos bx$의 그래프가 그림과 같을 때, 양수 a, b의 값을 구하시오.

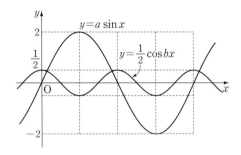

09

$0\leq x\leq\dfrac{\pi}{2}$에서 정의된 두 함수
$$f(x)=\sin x, \; g(x)=\cos x$$
에 대하여 $f(a)=g(b)=\dfrac{2}{3}$일 때, $a+b$의 값을 구하시오.

| 유형 3 | 탄젠트함수의 그래프

10

$0\leq x\leq\pi$에서 함수 $y=\tan\left(2x+\dfrac{\pi}{2}\right)$ 그래프의 점근선의 방정식을 구하시오.

11

정의역의 모든 실수 x에 대하여 $f(x)=f(x+\pi)$를 만족시키는 함수를 모두 고르면?

① $f(x)=\sin x$ ② $f(x)=\tan 2x$
③ $f(x)=\cos 2x$ ④ $f(x)=\sin 5x$
⑤ $f(x)=\cos\dfrac{x}{2}$

| 유형 4 | 최대와 최소

12

함수 $y=|2\sin x+1|-1$의 최댓값과 최솟값의 합은?

① 1 ② 2 ③ 3
④ 4 ⑤ 5

13

함수 $y=-2\cos^2 x+3\sin x+1 \; (0\leq x\leq 2\pi)$의 최댓값을 M, 최솟값을 m이라 할 때, $M-m$의 값은?

① 2 ② $\dfrac{17}{8}$ ③ $\dfrac{25}{8}$
④ 5 ⑤ $\dfrac{49}{8}$

14

$0\leq x\leq\pi$에서 정의된 함수
$$f(x)=\sin^2\left(x+\dfrac{\pi}{2}\right)-3\sin^2 x+4\cos(x+\pi)+5$$
의 최댓값과 최솟값의 합은?

① 3 ② 6 ③ 8
④ 11 ⑤ 12

15

함수 $y=\dfrac{-\cos x+a}{\cos x+3}$의 최솟값이 $\dfrac{1}{4}$일 때, a의 값은? (단, $a>-3$)

① -2 ② -1 ③ 0
④ 1 ⑤ 2

↔ 정답 및 풀이 70쪽

16

$0 < x < \pi$에서 정의된 함수 $y = \dfrac{16\sin^2 x + 9}{2\sin x}$는 $x = \alpha$일 때, 최솟값을 갖는다. 다음 중 옳은 것은?

① $0 < \alpha < \dfrac{\pi}{6}$ ② $\dfrac{\pi}{6} < \alpha < \dfrac{\pi}{4}$ ③ $\dfrac{\pi}{4} < \alpha < \dfrac{\pi}{3}$

④ $\dfrac{\pi}{3} < \alpha < \dfrac{\pi}{2}$ ⑤ $\dfrac{5}{6}\pi < \alpha < \pi$

17

함수 $f(x) = \sin x + a$, $g(x) = x^2 + 6x + 3$이다. $-1 \leq a \leq 3$이고 $(g \circ f)(x)$의 최솟값이 3일 때, $(g \circ f)(x)$의 최댓값을 구하시오.

유형 5 방정식

18

x에 대한 방정식 $a\sin 5x + b\cos x = 1$의 해의 집합을 S라 하자. $\dfrac{\pi}{6} \in S$, $\dfrac{\pi}{3} \in S$일 때, $a+b$의 값은?

① $-\sqrt{3}$ ② -1 ③ 1
④ $\sqrt{3}$ ⑤ 2

19

$0 \leq x \leq 2\pi$에서 방정식 $2\sin\left(\dfrac{1}{2}x + \dfrac{\pi}{6}\right) - 1 = 0$의 모든 근의 합은?

① $\dfrac{2}{3}\pi$ ② π ③ $\dfrac{4}{3}\pi$

④ $\dfrac{3}{2}\pi$ ⑤ 2π

20

$0 \leq x \leq \pi$에서 방정식 $(\sin x + \cos x)^2 = \sqrt{3}\sin x + 1$의 모든 근의 합은?

① $\dfrac{7}{6}\pi$ ② $\dfrac{4}{3}\pi$ ③ $\dfrac{3}{2}\pi$

④ $\dfrac{5}{3}\pi$ ⑤ $\dfrac{11}{6}\pi$

21

함수 $f(x) = x^2 + 4x\cos\theta + \sin^2\theta$의 그래프가 x축에 접할 때, θ의 개수는? (단, $0 < \theta \leq 2\pi$)

① 0 ② 1 ③ 2
④ 3 ⑤ 4

22

$0 < \theta < 2\pi$에서 $\cos^2\theta = \sin\theta(1 + \sin\theta)$를 만족시키는 θ의 개수는?

① 1 ② 2 ③ 3
④ 4 ⑤ 5

23

$0 \leq x < 2\pi$에서 방정식 $\sin(\pi\cos x) = 0$의 해를 모두 구하시오.

❖ 정답 및 풀이 73쪽

유형 6 근의 개수

24

$0 \le x < 2\pi$에서 방정식 $\left| \cos x + \dfrac{1}{4} \right| = k$가 서로 다른 3개의 실근을 가질 때, 실수 k의 값을 구하시오.

25

방정식 $\sin \pi x = \dfrac{3}{10}x$의 근의 개수는?

① 3 ② 4 ③ 5
④ 6 ⑤ 7

26

$0 \le x < 2\pi$에서 방정식 $\sin^2 x - \sin x = 1 - k$가 실근을 가질 때, k의 최댓값과 최솟값의 합은?

① $-\dfrac{5}{4}$ ② $-\dfrac{1}{4}$ ③ 0
④ $\dfrac{1}{4}$ ⑤ $\dfrac{9}{4}$

유형 7 부등식

27

$0 \le x < 2\pi$에서 부등식 $\sin x \le -\dfrac{1}{\sqrt{2}}$을 만족시키는 x값의 범위를 구하시오.

28

$0 \le x < 2\pi$에서 부등식 $2\cos\left(x + \dfrac{\pi}{6}\right) \le -\sqrt{3}$을 만족시키는 x값의 범위가 $a \le x \le b$일 때, $b - a$의 값은?

① $\dfrac{\pi}{3}$ ② $\dfrac{2}{3}\pi$ ③ π
④ $\dfrac{4}{3}\pi$ ⑤ $\dfrac{5}{3}\pi$

29

$0 \le x < \pi$에서 부등식 $2\sin^2 x - 3\cos x > 3$의 해를 구하시오.

30

모든 실수 x에 대하여 부등식
$$x^2 - 2x\cos\theta + 2\cos\theta > 0$$
이 성립한다. $-\pi \le \theta \le \pi$일 때, θ값의 범위를 구하시오.

31

모든 실수 x에 대하여 부등식
$$\cos^2 x - 4\cos x - a + 6 \ge 0$$
이 성립할 때, 상수 a값의 범위는?

① $a \le 2$ ② $a \le 3$ ③ $-1 \le a \le 2$
④ $a \ge 0$ ⑤ $a \ge 2$

01

다음 중 두 함수의 그래프가 일치하는 것은?

① $y=\sin x$, $y=-\sin(-x)$
② $y=\cos(-x)$, $y=-\cos x$
③ $y=\tan x$, $y=\tan|x|$
④ $y=|\sin x|$, $y=\sin|x|$
⑤ $y=|\cos x|$, $y=\cos|x|$

02

함수 $f(x)=\cos kx$가 모든 실수 x에 대하여
$f\left(x+\dfrac{\pi}{3}\right)=-f(x)$를 만족시킬 때, 양수 k의 최솟값은?

① 1   ② 2   ③ 3
④ 6   ⑤ 9

03

함수 $y=f(x)$는 다음 조건을 만족시킨다.

> (가) $f(x)=\begin{cases} \sin x & (0\le x<1) \\ \sin(2-x) & (1\le x<2) \end{cases}$
>
> (나) 모든 실수 x에 대하여 $f(x+2)=f(x)$

$f\left(2000-\dfrac{\pi}{6}\right)$의 값은?

① $-\dfrac{\sqrt{3}}{2}$ ② $-\dfrac{1}{2}$ ③ 0
④ $\dfrac{1}{2}$ ⑤ $\dfrac{\sqrt{3}}{2}$

04

함수 $y=\cos(\sin x)$에 대한 설명 중 옳은 것만을 **보기**에서 있는 대로 고른 것은?

> • **보기** •
> ㄱ. 그래프는 y축에 대칭이다.
> ㄴ. 주기함수이다.
> ㄷ. 치역은 $\{y\,|\,\cos 1\le y\le 1\}$

① ㄱ   ② ㄴ   ③ ㄱ, ㄷ
④ ㄴ, ㄷ   ⑤ ㄱ, ㄴ, ㄷ

05 집중 연습

함수 $y=a\cos(bx+c)+d$의 그래프가 그림과 같을 때, $abcd$의 값을 구하시오. (단, $a>0$, $b>0$, $-\pi<c<\pi$)

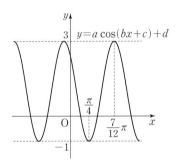

06

함수 $f(x)=\sin kx$의 그래프가 직선 $y=\dfrac{3}{4}$과 $0\le x\le\dfrac{5\pi}{2k}$ 에서 만나는 점의 x좌표 합을 S라 할 때, $f(S)$의 값은? (단, k는 양의 실수이다.)

① -1 ② $-\dfrac{7}{8}$ ③ $-\dfrac{3}{4}$
④ 0   ⑤ $\dfrac{3}{4}$

07

그림과 같이 곡선 $y=\sin x$와 x축으로 둘러싸인 도형에 내접하는 정사각형 ABCD가 있다. 꼭짓점 A의 x좌표를 α라 할 때, 다음 중 옳은 것은?

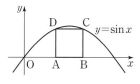

① $\sin \alpha = \pi - 2\alpha$
② $\sin \alpha = \pi - \alpha$
③ $\cos \alpha = \pi - 2\alpha$
④ $\cos \alpha = \pi - \alpha$
⑤ $\sin \alpha = \pi + \alpha$

08

그림과 같이 곡선 $f(x)=a\cos b\pi x+1$과 직선 $y=2$가 $x>0$에서 만나는 점을 차례로 A, B, C라 하자. 삼각형 OAB의 넓이가 3이고 삼각형 OBC의 넓이가 1일 때, $f(x)$의 최댓값을 구하시오. (단, $b>0$이고, O는 원점이다.)

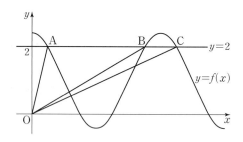

09

그림과 같이 $y=\tan x$ 그래프의 일부와 x축 및 직선 $y=\tan a$로 둘러싸인 부분의 넓이가 3π일 때, $\cos^2 a$의 값은?

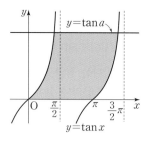

① $\dfrac{1}{10}$
② $\dfrac{1}{9}$
③ $\dfrac{1}{8}$
④ $\dfrac{1}{7}$
⑤ $\dfrac{1}{6}$

10

함수 $f(x)=a\tan b\pi x\ (a>0,\ b>0)$가 있다. 그림과 같이 함수 $y=f(x)$의 그래프 위의 세 점 A, B, C에 대하여 직선 AB는 원점 O를 지나고, 직선 AC는 x축에 평행하다. 삼각형 ABC가 정삼각형이고 넓이가 $9\sqrt{3}$일 때, ab의 값을 구하시오.

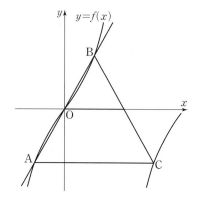

11

$\pi<\alpha<2\pi$, $\pi<\beta<2\pi$인 서로 다른 두 각 α, β에 대하여 $\sin \alpha = \cos \beta$일 때, **보기**에서 옳은 것만을 있는 대로 고르시오.

> **보기**
>
> ㄱ. $\cos^2 \alpha + \cos^2 \beta = 1$
> ㄴ. $\sin (\alpha+\beta) = 1$
> ㄷ. $\cos (\alpha+\beta)\cos (\alpha-\beta) = 0$

12

그림은 함수 $y=\sin x$와 $y=x$의 그래프이다. $0<\alpha<\dfrac{\pi}{2}<\beta<\pi$일 때, **보기**에서 옳은 것만을 있는 대로 고르시오.

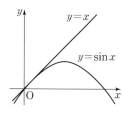

> **보기**
>
> ㄱ. $\alpha \sin \beta < \beta \sin \alpha$
> ㄴ. $\sin \alpha - \alpha < \sin \beta - \beta$
> ㄷ. $0 < 2\alpha \sin \alpha < \pi$

13 집중 연습

$0 \le x \le 2\pi$에서 함수 $y = \cos^2 x + 2k\sin x - 1 + 4k$의 최댓값이 -4일 때, k의 값과 최대일 때의 x의 값을 구하시오.

14

$-\dfrac{\pi}{4} \le x \le \dfrac{\pi}{6}$일 때, $y = \dfrac{\cos x + \sin x}{\cos x - \sin x}$의 최댓값과 최솟값을 구하시오.

15

함수 $f(x) = \dfrac{9}{4 - 2\sin x} - \sin x$의 최솟값이 $a + b\sqrt{2}$일 때, 유리수 a, b에 대하여 $a + b$의 값은?

① 0 　　　② 1 　　　③ 2
④ 3 　　　⑤ 4

16 집중 연습

좌표평면 위를 움직이는 점 P, Q와 점 A$(3, 0)$, O$(0, 0)$이 다음 조건을 만족시킨다.

> (가) 선분 PQ는 길이가 4이고, 점 A를 지난다.
> (나) $\angle \mathrm{OPQ} = \dfrac{\pi}{2}$

점 Q의 x좌표가 최대일 때, $\sin^2(\angle \mathrm{POA})$의 값을 구하시오.

17

하루 중 해수면의 높이가 가장 높아졌을 때를 만조, 가장 낮아졌을 때를 간조라 하고, 만조와 간조 때의 해수면 높이의 차를 조차라 한다.

	시각
만조	04시 30분
	17시 00분
간조	10시 45분
	23시 15분

어느 날 A 지점에서 시각 $x(\text{시})$와 해수면의 높이 $y(\text{m})$ 사이에는 다음이 성립한다고 한다.

$$y = a\cos b\pi(x - c) + 4.5 \text{ (단, } 0 \le x < 24)$$

이 날 A 지점의 조차가 8 m이고, 만조와 간조 시각이 표와 같다. $a + 100b + 10c$의 값은? (단, $a > 0$, $b > 0$, $0 < c < 6$)

① 35 　　　② 45 　　　③ 55
④ 65 　　　⑤ 75

18

$0 \le x < 2\pi$에서 방정식 $\sin x + \cos x = 1$의 모든 근의 합은?

① $\dfrac{5}{2}\pi$ 　　　② 2π 　　　③ $\dfrac{3}{2}\pi$

④ π 　　　⑤ $\dfrac{\pi}{2}$

19

방정식 $\sin x = \dfrac{4}{\pi}x - 2$와 $\cos x = \dfrac{4}{\pi}x - 1$의 실근을 각각 α, β라 할 때, 다음 중 옳지 <u>않은</u> 것은?

① $\alpha > \dfrac{\pi}{2}$ ② $\beta < \dfrac{\pi}{2}$ ③ $\alpha < \dfrac{3}{4}\pi$

④ $\beta > \dfrac{\pi}{4}$ ⑤ $\alpha + \beta < \dfrac{3}{4}\pi$

20

$0 \le x \le 2\pi$일 때, 방정식 $\cos(|\cos 2x|) = \dfrac{\sqrt{3}}{2}$의 근의 개수를 구하시오.

21 집중 연습

$0 \le x \le \pi$에서 방정식
$$\sin^2 x - (k+1)\sin x + k = 0$$
은 서로 다른 세 실근을 가진다. 한 근이 다른 근의 2배인 근이 있을 때, 실수 k의 값을 모두 구하시오.

22

방정식 $\sin x - |\sin x| = ax - 2$가 서로 다른 세 실근을 가질 때, 양수 a값의 범위는?

① $\dfrac{2}{7\pi} < a < \dfrac{2}{5\pi}$ ② $\dfrac{1}{4\pi} < a < \dfrac{1}{3\pi}$

③ $\dfrac{1}{3\pi} < a < \dfrac{1}{2\pi}$ ④ $\dfrac{1}{2\pi} < a < \dfrac{1}{\pi}$

⑤ $\dfrac{2}{3\pi} < a < \dfrac{5}{4\pi}$

23

$0 \le x \le \pi$에서 방정식 $|k\cos^2 x - k\cos x| - 2 = 0$이 서로 다른 세 실근을 가질 때, 실수 k값의 범위를 구하시오.

24 집중 연습

n이 자연수일 때, x에 대한 방정식
$$\sin n\pi x - \log_2 \dfrac{x}{n} = 0$$의 해의 개수를 $h(n)$이라 하자. $h(4)$의 값은?

① 22   ② 23   ③ 24

④ 48   ⑤ 96

25

좌표평면에서 원 $x^2+y^2=1$ 위의 두 점 P, Q가 점 $(1, 0)$에서 동시에 출발하여 시계 반대 방향으로 원 위를 매초 $\dfrac{2}{3}\pi$, $\dfrac{4}{3}\pi$의 속력으로 각각 움직인다. 출발 후 100초가 될 때까지 두 점 P, Q의 y좌표가 같아지는 횟수는?

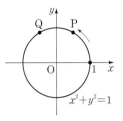

① 132　　　② 133　　　③ 134

④ 135　　　⑤ 136

26

$-\dfrac{\pi}{2}<x<\dfrac{\pi}{2}$에서 부등식

$$\sin^2 x+(\sqrt{3}-1)\sin x\cos x-\sqrt{3}\cos^2 x\leq 0$$

의 해가 $\alpha\leq x\leq\beta$일 때, $\alpha+\beta$의 값은?

① $-\dfrac{\pi}{6}$　　　② $-\dfrac{\pi}{12}$　　　③ 0

④ $\dfrac{\pi}{12}$　　　⑤ $\dfrac{\pi}{6}$

27

$-\pi\leq x\leq\pi$에서 부등식

$$2\sin^2\left(x+\dfrac{\pi}{6}\right)-\cos\left(x-\dfrac{\pi}{3}\right)-1\leq 0$$

의 해를 구하시오.

28

부등식 $3\sin\dfrac{\pi x}{2}>|x-3|$의 해가 $\alpha<x<\beta$, $\gamma<x<\delta$일 때, $\alpha+\beta+\gamma+\delta$의 값을 구하시오.

29

a, b는 양수이고 $\alpha+\beta+\gamma=\pi$이다. $a^2+b^2=3ab\cos\gamma$일 때, $9\sin^2(\pi+\alpha+\beta)+9\cos\gamma$의 최댓값을 구하시오.

30

$0\leq x\leq 2\pi$에서 방정식 $\cos^2 x-\dfrac{a}{2}\cos x-\dfrac{1}{2}=0$의 해가 존재하고 해가 모두 $\dfrac{\pi}{2}<x<\dfrac{3}{2}\pi$를 만족시킬 때, 실수 a값의 범위는?

① $-2<a\leq -1$　　② $-1<a\leq 0$　　③ $0<a\leq\dfrac{1}{2}$

④ $\dfrac{1}{2}<a\leq 1$　　⑤ $a>1$

01

함수 $y=\dfrac{2\sin x-1}{2\cos x+3}$의 최댓값을 M, 최솟값을 m이라 할 때, $M+m$의 값을 구하시오.

02

좌표평면 위의 점 $(1,\ 0)$에서 접하는 두 원
$$x^2+y^2=1,\quad (x+2)^2+y^2=9$$
가 있다. 원 $x^2+y^2=1$ 위의 점 $(\cos\theta,\ \sin\theta)$ $(0<\theta<\pi)$에서 그은 접선이 원 $(x+2)^2+y^2=9$와 만나는 점의 x좌표를 각각 $\alpha,\ \beta$ $(\alpha<\beta)$라 할 때, $f(\theta)=\alpha+\beta$라 하자. $f(\theta)$의 최솟값은?

① $-\dfrac{17}{4}$
② $-\dfrac{9}{4}$
③ $-\dfrac{1}{4}$

④ $\dfrac{1}{4}$
⑤ $\dfrac{3}{4}$

03

$0\le x\le 2\pi$에서 함수 $f(x)$는 다음과 같다.

$$f(x)=\begin{cases}\sin x & \left(0\le x\le \dfrac{k}{6}\pi\right)\\ 2\sin\left(\dfrac{k}{6}\pi\right)-\sin x & \left(\dfrac{k}{6}\pi<x\le 2\pi\right)\end{cases}$$

t가 실수일 때, $y=f(x)$의 그래프와 직선 $y=t$의 교점 개수의 최댓값을 $g(k)$라 하자.
$g(1)+g(2)+g(3)+\cdots+g(6)$의 값은?

① 9
② 11
③ 14
④ 18
⑤ 21

04 집중 연습

$-1\le t\le 1$일 때, 집합
$$A(t)=\left\{x\ \middle|\ \left(\sin\dfrac{\pi x}{6}-t\right)\left(\cos\dfrac{\pi x}{6}+t\right)=0이고,\ 0\le x<12\right\}$$
라 하자. $A(t)$의 최솟값을 $\alpha(t)$, 최댓값을 $\beta(t)$라 할 때, **보기**에서 옳은 것만을 있는 대로 고른 것은?

┌ **보기** ──────────────────────
│ ㄱ. $0<t\le 1$이면 $\alpha(t)+\beta(t)=9$이다.
│
│ ㄴ. $\{t\,|\,\beta(t)-\alpha(t)=\beta(0)-\alpha(0)\}=\left\{t\,\middle|\,-\dfrac{\sqrt{2}}{2}\le t\le 0\right\}$
│
│ ㄷ. $\alpha(t_1)=\alpha(t_2)$이고 $t_1-t_2=\dfrac{5}{4}$이면 $t_1\times t_2<-\dfrac{1}{4}$
└──────────────────────────

① ㄱ
② ㄴ
③ ㄱ, ㄴ
④ ㄱ, ㄷ
⑤ ㄱ, ㄴ, ㄷ

06 삼각함수의 활용

1 사인법칙

(1) 삼각형 ABC의 외접원의 반지름의 길이를 R이라 하면
$$\frac{a}{\sin A}=\frac{b}{\sin B}=\frac{c}{\sin C}=2R$$

(2) 각의 크기와 외접원의 반지름의 길이를 알 때, 변의 길이는
$$a=2R\sin A,\quad b=2R\sin B,\quad c=2R\sin C$$

(3) 변의 길이와 외접원의 반지름의 길이를 알 때, 각의 크기는
$$\sin A=\frac{a}{2R},\quad \sin B=\frac{b}{2R},\quad \sin C=\frac{c}{2R}$$

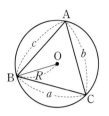

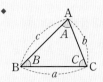

삼각형 ABC에서
∠A, ∠B, ∠C의 크기를
각각 A, B, C,
∠A, ∠B, ∠C의 대변의 길이를
각각 a, b, c로 나타낸다.

2 코사인법칙

(1) 삼각형 ABC에서 두 변의 길이와 끼인각의 크기를 알 때,
나머지 한 변의 길이는
$$a^2=b^2+c^2-2bc\cos A$$

(2) 세 변의 길이를 알 때, 각의 크기는
$$\cos A=\frac{b^2+c^2-a^2}{2bc}$$

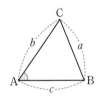

3 삼각형의 넓이

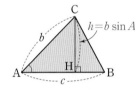 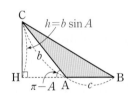 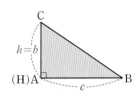

(1) 삼각형 ABC에서 두 변의 길이와 끼인각의 크기를 알 때, 삼각형의 넓이 S는
$$S=\frac{1}{2}bc\sin A$$

(2) 삼각형에서 세 변의 길이를 알 때는 코사인법칙을 이용하여 코사인 값부터 구한다.

참고 헤론의 공식

세 변의 길이가 각각 a, b, c인 삼각형의 넓이 S는
$$S=\sqrt{s(s-a)(s-b)(s-c)}\ \left(\text{단},\ s=\frac{a+b+c}{2}\right)$$

◆ $\sin(\pi-A)=\sin A$이므로
$$\frac{1}{2}bc\sin(\pi-A)=\frac{1}{2}bc\sin A$$

4 사각형의 넓이

(1) 두 대각선의 길이가 a, b이고 끼인각의 크기가 θ인
사각형의 넓이 S는
$$S=\frac{1}{2}ab\sin\theta$$

(2) 대각선을 긋고 두 삼각형의 넓이의 합을 구한다.

위 평행사변형의 넓이는
$ab\sin\theta$

참고 원주각의 성질(중학교 3학년 내용)

(1) 한 호에 대한 원주각의 크기는 모두 같다.

(2) 반원에 대한 원주각의 크기는 90°이다.

(3) 원에 내접하는 사각형에서 마주보는 두 내각의 크기의 합은 180°이다.

유형 1 사인법칙

01

그림과 같이 원에 내접하는 삼각형 ABC가 있다. $\overline{BC}=5$, $\angle A=\dfrac{2}{3}\pi$ 일 때, 원의 반지름의 길이는?

① 2   ② $\dfrac{3\sqrt{2}}{2}$

③ 3   ④ $\dfrac{4\sqrt{3}}{3}$

⑤ $\dfrac{5\sqrt{3}}{3}$

02

삼각형 ABC에서 $A:B:C=3:4:5$이고 $a=2$일 때, b의 값을 구하시오.

03

그림과 같이 한 원에 내접하는 삼각형 ABC, ABD가 있다. $\overline{AB}=16\sqrt{2}$, $\angle ABD=\dfrac{\pi}{4}$, $\angle BCA=\dfrac{\pi}{6}$일 때, 변 AD의 길이를 구하시오.

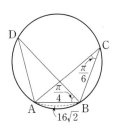

04

반지름의 길이가 1인 원에 내접하는 삼각형 ABC에서 $4\sin(B+C)\sin A=1$일 때, a의 값은?

① $\dfrac{\sqrt{2}}{2}$ ② 1   ③ $\sqrt{2}$

④ $\sqrt{3}$ ⑤ 2

05

삼각형 ABC의 꼭짓점 A, B, C에서 변 BC, CA, AB 또는 변의 연장선 위에 내린 수선의 길이의 비가 $2:3:4$일 때, $\sin A:\sin B:\sin C$는?

① $1:2:3$ ② $2:3:4$ ③ $4:3:2$

④ $6:3:4$ ⑤ $6:4:3$

06

두 원 C_1, C_2가 그림과 같이 두 점 A, B에서 만난다. 현 AB의 길이는 12이고, 현 AB에 대한 원주각의 크기는 각각 $\dfrac{\pi}{3}$, $\dfrac{\pi}{6}$이다. 두 원 C_1, C_2의 반지름의 길이를 구하시오.

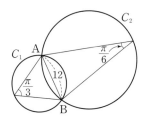

유형 2 코사인법칙

07

삼각형 ABC에서 $\overline{AB}=\sqrt{7}$, $\overline{AC}=1$이고 $\angle C=\dfrac{2}{3}\pi$일 때, 변 BC의 길이를 구하시오.

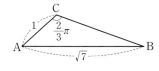

08

그림과 같이 반지름의 길이가 다른 반원 두 개를 이어 붙인 모양의 수로가 있다. 외부의 한 점 P에서 수로의 양 끝 A, B에 이르는 거리가 각각 100, 200이고 끼인각의 크기가 $\dfrac{2}{3}\pi$일 때, 수로의 길이를 구하시오. (단, 수로의 폭은 무시한다.)

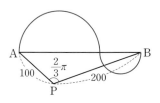

09

그림과 같이 평행사변형 ABCD의 두 대각선의 길이가 각각 6, 10이고, 두 대각선이 이루는 각의 크기가 $\frac{\pi}{3}$일 때, $\overline{AB}^2 + \overline{AD}^2$의 값을 구하시오.

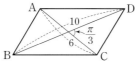

10

그림과 같이 원에 내접하는 사각형 ABCD에서 $\overline{AB} = 8\sqrt{3}$, $\overline{AD} = 5\sqrt{3}$ 이고 $\angle A = \frac{\pi}{3}$이다.

점 C는 호 BD의 이등분점일 때, 변 BC의 길이는?

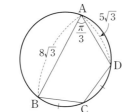

① 6   ② $4\sqrt{3}$ ③ 7

④ 8   ⑤ $7\sqrt{3}$

유형 3 코사인법칙과 각

11

그림과 같이 한 변의 길이가 4인 정사각형 ABCD에서 $\overline{DN} = \overline{CM} = 3$이고 $\angle MAN = \theta$ 일 때, $\cos\theta$의 값은?

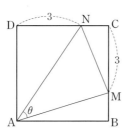

① $\frac{3\sqrt{17}}{17}$ ② $\frac{16\sqrt{17}}{85}$

③ $\frac{18\sqrt{17}}{85}$ ④ $\frac{4\sqrt{17}}{17}$

⑤ $\frac{18\sqrt{17}}{119}$

12

그림과 같이 정삼각형 ABC의 변 AC를 삼등분하는 점을 각각 D, E라 하자. $\angle DBE = x$일 때, $\sin x$의 값을 구하시오.

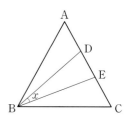

유형 4 사인법칙과 코사인법칙

13

$\overline{AB} = 2$, $\overline{BC} = 3$, $\overline{CA} = 4$인 삼각형 ABC가 있다. 이 삼각형의 외접원의 반지름의 길이는?

① $\frac{2\sqrt{14}}{5}$ ② $\frac{8\sqrt{14}}{15}$ ③ $\frac{4\sqrt{14}}{15}$

④ $\frac{2\sqrt{15}}{5}$ ⑤ $\frac{8\sqrt{15}}{15}$

14

그림과 같이 세 점 A, B, C를 지나는 원이 있다. $\angle ABC = \frac{2}{3}\pi$, $\overline{AB} = 2$, $\overline{BC} = 1$일 때, 원의 반지름의 길이는?

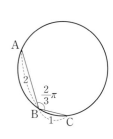

① $\frac{\sqrt{8}}{3}$ ② $\frac{\sqrt{11}}{3}$

③ $\frac{\sqrt{19}}{3}$ ④ $\frac{\sqrt{21}}{3}$

⑤ $\frac{\sqrt{22}}{3}$

15

삼각형 ABC에서 $\sin A : \sin B : \sin C = 3 : 5 : 7$일 때, 삼각형에서 가장 큰 내각의 크기는?

① $\frac{\pi}{2}$ ② $\frac{2}{3}\pi$ ③ $\frac{3}{4}\pi$

④ $\frac{4}{5}\pi$ ⑤ $\frac{5}{6}\pi$

유형 5 삼각형의 활용

16

그림과 같이 반지름의 길이가 2인
원에 내접하는 삼각형 ABC에서
$\angle A=45°$, $\angle B=60°$일 때,
변 AB의 길이를 구하시오.

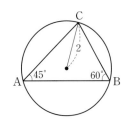

17

그림에서 A, B는 직선 도로 위의
지점이다. 나무와 도로 사이의
최소 거리를 구하시오.

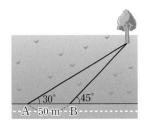

18

그림과 같이 밑면이 정삼각형 ABC
이고 $\overline{OA}=\overline{OB}=\overline{OC}=6$,
$\angle AOB=\angle BOC=\angle COA=40°$
인 사면체가 있다. 점 A를 출발하여
모서리 OB, OC 위의 점 P, Q를 지
나고, 모서리 OA를 1 : 2로 내분하는
점 R에 이르는 최단 거리는?

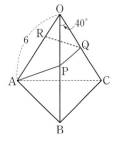

① $\sqrt{51}$ ② $2\sqrt{13}$ ③ $\sqrt{53}$
④ $3\sqrt{6}$ ⑤ $\sqrt{55}$

19

$a\cos A+b\cos B=c\cos C$를 만족시키는 삼각형 ABC는
어떤 삼각형인지 구하시오.

유형 6 삼각형의 넓이

20

그림과 같이 삼각형의 한 변의 길이는
20 % 늘이고, 다른 한 변의 길이는
30 % 줄여서 새로운 삼각형을 만든다.
다음 중 새로운 삼각형의 넓이에 대한
설명으로 옳은 것은?

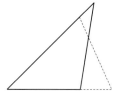

① 12 % 줄어든다.   ② 14 % 줄어든다.
③ 15 % 줄어든다.   ④ 16 % 줄어든다.
⑤ 항상 일정하다.

21

삼각형 ABC에서
$$\overline{AB}=6, \overline{CA}=8, \cos(B+C)=\frac{1}{3}$$
일 때, 삼각형 ABC의 넓이는?

① $14\sqrt{2}$ ② $16\sqrt{2}$ ③ $18\sqrt{2}$
④ $16\sqrt{3}$ ⑤ $18\sqrt{3}$

22

$\overline{AB}=4$, $\overline{AC}=6$, $\angle A=\dfrac{\pi}{3}$인
삼각형 ABC가 있다. $\angle A$의 이등분
선이 변 BC와 만나는 점을 D라 할
때, 선분 AD의 길이를 구하시오.

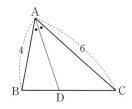

23

그림에서 사각형 A, B, C는
한 변의 길이가 각각 5, 3, 4인
정사각형이다. 색칠한 삼각형의 넓이
를 구하시오.

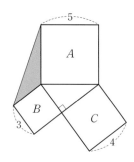

24

그림과 같이
$\overline{AD}=3$, $\overline{AB}=1$, $\overline{DH}=2$
인 직육면체 ABCD−EFGH
에서 삼각형 BGD의 넓이는?

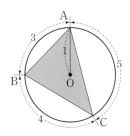

① $\dfrac{5}{2}$ ② 3

③ $\dfrac{7}{2}$ ④ 4

⑤ $\dfrac{9}{2}$

25

삼각형 ABC의 외접원의 반지름의
길이는 1이다. 그림과 같이 꼭짓점
A, B, C가 외접원 둘레의 길이를
3 : 4 : 5로 나눌 때, 삼각형 ABC의
넓이를 구하시오.

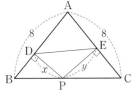

26

그림과 같이 $\overline{AB}=\overline{AC}=8$인
이등변삼각형 ABC가 있다.
변 BC 위의 점 P에서 변 AB,
AC에 내린 수선의 발을 각각 D,
E라 하고, $\overline{PD}=x$, $\overline{PE}=y$라 하
자. 삼각형 ABC의 넓이가 삼각형 PDE 넓이의 4배일 때,
xy의 값을 구하시오.

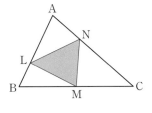

27

그림과 같이 넓이가 18인 삼각형
ABC가 있다. 점 L, M, N은
변 AB, BC, CA 위의 점이고
$\overline{AL}=2\overline{BL}$, $\overline{BM}=\overline{CM}$,
$\overline{CN}=2\overline{AN}$일 때, 삼각형
LMN의 넓이를 구하시오.

유형 7 사각형의 넓이

28

그림과 같이
$\overline{AB}=6$, $\overline{BC}=9$,
$\angle DAB=\dfrac{3}{4}\pi$인 평행사변형
ABCD의 넓이는?

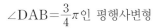

① $13\sqrt{2}$ ② $20\sqrt{2}$ ③ $27\sqrt{2}$

④ $30\sqrt{2}$ ⑤ $32\sqrt{2}$

29

그림과 같은 사각형 ABCD에서
$\angle B=\angle D=\dfrac{2}{3}\pi$이고, $\overline{AD}=6$,
$\overline{CD}=9$, $\overline{AB}=\overline{BC}$이다. 사각형
ABCD의 넓이를 구하시오.

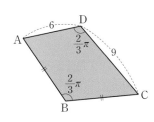

30

그림과 같이 사각형 ABCD가 원에
내접하고 $\overline{AB}=1$, $\overline{BC}=2$, $\overline{CD}=3$,
$\overline{DA}=4$일 때, 사각형 ABCD의
넓이를 구하시오.

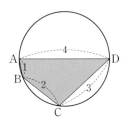

31

등변사다리꼴에서 두 대각선이 이루는 예각의 크기가 $\dfrac{\pi}{6}$이고
넓이가 10일 때, 대각선의 길이는?

① 5   ② $2\sqrt{5}$ ③ 10

④ $2\sqrt{10}$ ⑤ 20

01

그림과 같이 점 B에서 원에 접하는 직선과 선분 AC의 연장선이 만나는 점을 D라 하자. $\angle CBD = \dfrac{\pi}{6}$,

$\angle CDB = \dfrac{\pi}{12}$, $\overline{BC} = 10$

일 때, 선분 AB의 길이는?

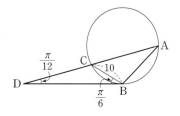

① $5\sqrt{2}$ ② $10\sqrt{2}$ ③ $10\sqrt{3}$
④ $20\sqrt{2}$ ⑤ $20\sqrt{3}$

02

그림과 같이 원점을 지나는 두 직선 $y = \sqrt{3}x$, $y = \dfrac{\sqrt{3}}{3}x$가 있다.

두 직선 위에 $\overline{AB} = 1$이 되도록 두 점 A, B를 잡을 때, 선분 OA 길이의 최댓값을 구하시오.

(단, O는 원점이고, A, B는 제1사분면 위의 점이다.)

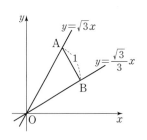

03

그림과 같이 $\overline{AB} = 10$, $\overline{BC} = 6$이고, $\angle C = \dfrac{\pi}{2}$인 직각삼각형 ABC가 있다.

삼각형 내부의 점 P에서 변 AB와 변 AC에 내린 수선의 발을 각각 Q, R이라 하자. $\overline{AP} = 6$일 때, 선분 QR의 길이는?

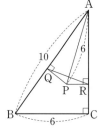

① $\dfrac{14}{5}$ ② 3 ③ $\dfrac{16}{5}$
④ $\dfrac{17}{5}$ ⑤ $\dfrac{18}{5}$

04

그림과 같이 삼각형 ABC에서 변 BC 위에 점 D가 있다. $\overline{AD} = 2\sqrt{2}$, $\overline{BD} = 2$, $\overline{CD} = 1$,

$\angle ADC = \dfrac{\pi}{4}$일 때, 삼각형 ABC의 외접원의 반지름의 길이는?

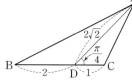

① 1 ② $\sqrt{5}$ ③ 2
④ $\dfrac{5}{2}$ ⑤ 3

05

그림과 같이 $\overline{AB} = 10$, $\overline{BC} = 9$, $\overline{CA} = 8$인 삼각형 ABC가 있다. $\angle A$의 이등분선이 선분 BC와 만나는 점을 D라 할 때, 선분 AD의 길이는?

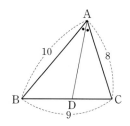

① $\sqrt{58}$ ② $\sqrt{59}$
③ $2\sqrt{15}$ ④ $\sqrt{61}$
⑤ $\sqrt{62}$

06

그림과 같은 사각형 ABCD에서 변 AB와 변 CD는 평행하다. $\overline{BC} = 2$, $\overline{AB} = \overline{AC} = \overline{AD} = 3$

일 때, 대각선 BD의 길이는?

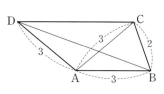

① 5 ② $4\sqrt{2}$ ③ 6
④ $5\sqrt{2}$ ⑤ 8

07

그림과 같은 사각형 ABCD가 있다.
$\overline{AB}=10$, $\overline{BC}=6$, $\angle ABC=\dfrac{2}{3}\pi$,
$\overline{AD}=\overline{BD}=\overline{CD}$일 때, 선분 AD의 길이는?

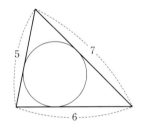

① $\dfrac{13\sqrt{3}}{3}$　　② $\dfrac{14\sqrt{3}}{3}$

③ $5\sqrt{3}$　　④ $\dfrac{16\sqrt{3}}{3}$

⑤ $6\sqrt{3}$

08

그림과 같이 세 변의 길이가 5, 6, 7
인 삼각형에서 넓이가 최대인 원을
오려 내려고 한다. 원의 반지름의
길이는?

① $\dfrac{2\sqrt{5}}{3}$　　② $\dfrac{2\sqrt{6}}{3}$

③ $\dfrac{2\sqrt{7}}{3}$　　④ $\sqrt{5}$

⑤ $\sqrt{6}$

09

$(b-c)\cos^2 A=b\cos^2 B-c\cos^2 C$를 만족시키는
삼각형 ABC는 어떤 삼각형인지 구하시오.

10

$\overline{AB}=\overline{AC}=5$, $\overline{BC}=6$인 이등변삼각형 ABC가 있다.
변 CA를 $2:3$으로 내분하는 점을 D라 하고, $\angle CBD=\alpha$,
$\angle DBA=\beta$라 할 때, $\dfrac{\sin\beta}{\sin\alpha}$의 값을 구하시오.

11 집중 연습

그림과 같이 $\overline{AB}=4$, $\overline{AC}=6$이고
$\cos A=\dfrac{1}{4}$인 삼각형 ABC가 있다.
D, E는 각각 변 AC, BC 위의 점
이고 $\angle BAD=\angle BDA$,
$\angle CDE=\angle DCE$이다. 삼각형 CDE의 외접원의 반지름의
길이는?

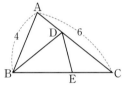

① $\dfrac{\sqrt{15}}{2}$　　② $\dfrac{4\sqrt{10}}{5}$　　③ $\dfrac{8\sqrt{15}}{15}$

④ $\sqrt{15}$　　⑤ $\dfrac{16\sqrt{15}}{15}$

12

그림과 같이 A 지점으로부터 북
동쪽으로 $60°$ 방향인 C 지점에
서 위를 향하여 수직으로 로켓
을 쏘아 올렸다. 로켓의 높이를
측정하기 위하여 A 지점에서 로
켓 P를 올려본각의 크기가 $60°$
였고, 동시에 A 지점에서 서쪽
으로 5 km 떨어진 B 지점에서
올려본각의 크기는 $45°$였다. 선분 CP의 길이는?

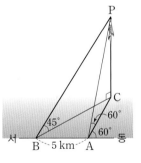

① 5 km　　② $5\sqrt{3}$ km　　③ 10 km

④ $6\sqrt{3}$ km　　⑤ $8\sqrt{3}$ km

13

그림과 같이 반지름의 길이가 10, 중심각의 크기가 $\dfrac{\pi}{3}$인 부채꼴 OAB가 있다. 호 AB 위에 한 점 P가 고정되어 있고 두 점 Q, R이 각각 변 OA, OB 위를 움직일 때, $\overline{PQ}+\overline{QR}+\overline{RP}$의 최솟값은?

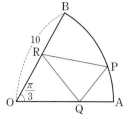

① $10\sqrt{2}$ ② $10\sqrt{3}$ ③ $6\sqrt{10}$

④ $10\sqrt{6}$ ⑤ $10\sqrt{7}$

14

그림과 같은 원뿔 모양의 산이 있다. A 지점을 출발하여 산을 한 바퀴 돌아 B 지점으로 가는 관광 열차의 궤도를 최단 거리로 놓으면 열차의 궤도는 오르막길 에서 내리막길로 바뀐다. 내리막길의 길이는?

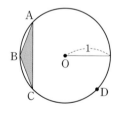

① $\dfrac{200}{\sqrt{19}}$ ② $\dfrac{300}{\sqrt{30}}$

③ $\dfrac{300}{\sqrt{91}}$ ④ $\dfrac{400}{\sqrt{91}}$

⑤ $\dfrac{500}{\sqrt{91}}$

15

그림과 같이 삼각형 ABC가 반지름의 길이가 1인 원 O에 내접한다. $\overset{\frown}{AB} : \overset{\frown}{BC} : \overset{\frown}{CDA} = 1 : 1 : 6$일 때, 삼각형 ABC의 넓이를 구하시오.

16

그림과 같이 삼각형 ABC의 변 AC의 연장선 위에 $\overline{BC}=2\overline{CD}$인 점 D가 있다. $\overline{AB}=\overline{AC}=4$이고 $\overline{BD}=2\sqrt{7}$일 때, 선분 CD의 길이를 구하시오.

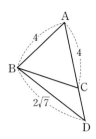

17

$\angle C=\dfrac{\pi}{2}$인 직각삼각형 ABC의 변 AB, BC 위에 점 P, Q가 있다. 삼각형 ABC의 넓이는 삼각형 PBQ의 넓이의 2배이고, 삼각형 ABC의 둘레의 길이가 선분 BP와 BQ의 길이의 합의 2배이다. 선분 PQ의 길이는?

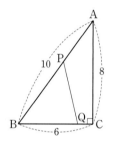

① 4 ② $4\sqrt{2}$ ③ 6

④ $4\sqrt{3}$ ⑤ $3\sqrt{6}$

18

그림과 같이 $\overline{AB}=6$, $\overline{BC}=4$, $\overline{CA}=5$인 삼각형 ABC의 내부의 한 점 P에서 세 변 BC, CA, AB에 내린 수선의 발을 각각 D, E, F라 하자. $\overline{PD}=\sqrt{7}$, $\overline{PE}=\dfrac{\sqrt{7}}{2}$일 때, 삼각형 EFP의 넓이를 구하시오.

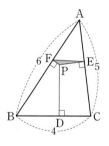

19

넓이가 9이고 ∠B=$\frac{\pi}{6}$인 삼각형 ABC에서 $\overline{AC}$가 최소일 때, $\overline{AB}+\overline{BC}$의 값은?

① 6   ② 8   ③ 10

④ 12   ⑤ 14

20

사다리꼴 ABCD의 두 대각선 AC, BD의 교점을 E라 하자. $\overline{AB}=5$, $\overline{DC}=3$, $\overline{CE}=2$이고, $\sin(\angle BAE)=\frac{3}{8}$일 때, 사다리꼴 ABCD의 넓이는?

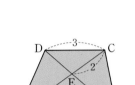

① 5   ② 6   ③ 7

④ 8   ⑤ 9

21 집중 연습

그림과 같이 길이가 6인 선분 AB를 지름으로 하는 반원 위에 두 점 C, D가 있다. $\overline{BC}=4$일 때, 사각형 ABCD 넓이의 최댓값을 구하시오. (단, B와 D는 서로 다른 점이다.)

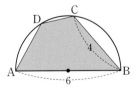

22

그림과 같이 이웃하는 두 변의 길이가 3, 5인 평행사변형 ABCD가 있다. 두 대각선이 이루는 각의 크기가 $\frac{\pi}{3}$일 때, 평행사변형 ABCD의 넓이를 구하시오.

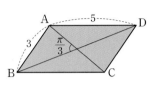

23

사각형 ABCD에서 두 대각선이 이루는 예각의 크기가 $\frac{\pi}{3}$이고, 사각형 ABCD의 각 변의 중점을 연결하여 만든 사각형 A′B′C′D′의 둘레의 길이가 12일 때, 사각형 ABCD 넓이의 최댓값은?

① $8\sqrt{2}$ ② $8\sqrt{3}$ ③ 14

④ $9\sqrt{3}$ ⑤ 18

24

그림과 같이 반지름의 길이가 $\sqrt{10}$인 원에 내접하고 ∠A=$\frac{3}{4}\pi$인 삼각형 ABC가 있다. 점 D는 점 A를 포함하지 않는 호 BC 위에 있고, $\sin(\angle CBD)=\frac{3}{\sqrt{10}}$일 때, 가능한 선분 BD의 길이를 모두 구하시오.

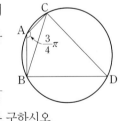

→ 정답 및 풀이 95쪽

25

$\angle A < \dfrac{\pi}{2}$인 삼각형 ABC가 다음 조건을 만족시킨다.

> (가) $\sin A = \dfrac{2\sqrt{2}}{3}$
>
> (나) $\sin B + \sin C = \dfrac{4}{3}$
>
> (다) 삼각형 ABC의 넓이가 $2\sqrt{2}$이다.

삼각형 ABC의 외접원의 넓이를 구하시오.

26

그림과 같이 $\overline{AB}=3$, $\overline{BC}=\sqrt{13}$인 사각형 ABCD가 있다.

$\overline{AD} \times \overline{DC} = 9$, $\cos B = \dfrac{\sqrt{13}}{13}$이고,

삼각형 ABC의 넓이를 S_1,
삼각형 ACD의 넓이를 S_2라 하면
$2S_1{}^2 = 3S_2{}^2$이다. 삼각형 ACD는
예각삼각형이고, 세 변 중 변 AD의
길이가 가장 짧다고 할 때, 변 AD의 길이는?

① $\sqrt{10}-1$ ② $\sqrt{7}$ ② 3
④ $\sqrt{10}$ ⑤ $\sqrt{10}+1$

27 집중 연습

그림과 같이 $\overline{AB}=5$, $\overline{BC}=4$, $\overline{CA}=6$인
삼각형 ABC가 있다. $\angle ABC$의
이등분선이 외접원과 만나는 점을 D,
$\angle BAC$의 이등분선이 변 BD와
만나는 점을 E라 할 때, 선분 ED의
길이를 구하시오.

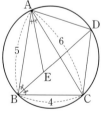

28

그림과 같이 사각형 AQBP는 지름이
선분 AB인 원 O에 내접한다.
$\overline{AP}=4$, $\overline{BP}=2$이고 $\overline{QA}=\overline{QB}$일
때, 선분 PQ의 길이는?

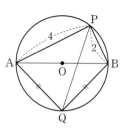

① $3\sqrt{2}$ ② $\dfrac{10\sqrt{2}}{3}$

③ $\sqrt{14}$ ④ $\dfrac{4\sqrt{10}}{3}$

⑤ 4

29

그림과 같이 사각형 ABCD는
반지름의 길이가 1인 원에 내접한다.
$\overline{AD}=3\overline{AB}$, $\angle DAB=\dfrac{2}{3}\pi$이고,
$\overline{AC}$와 $\overline{BD}$의 교점을 E라 하면
$\overline{BE} : \overline{ED} = 4 : 9$이다.
사각형 ABCD의 넓이를 구하시오.

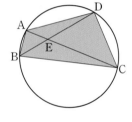

30

세 변의 길이가 8, $2+x$, $10-x$인 삼각형의 넓이의 최댓값은?

① $4\sqrt{5}$ ② $8\sqrt{5}$ ③ 4
④ 8 ⑤ 12

01

삼각형 ABC에서 $\overline{AB}=\overline{AC}=7$, $\overline{BC}=2$일 때, 내심과 외심 사이의 거리는?

① $3\sqrt{3}$
② $\dfrac{35\sqrt{3}}{12}$
③ $\dfrac{35\sqrt{3}}{24}$
④ $\dfrac{35\sqrt{3}}{48}$
⑤ $\dfrac{\sqrt{3}}{2}$

03

삼각형 ABC의 무게중심을 G라 할 때, $\overline{GA}=6$, $\overline{GB}=8$, $\overline{GC}=4$이다. 삼각형 ABC의 넓이는?

① $9\sqrt{15}$
② $2\sqrt{65}$
③ $4\sqrt{15}$
④ 9
⑤ 8

02

그림과 같이 $\overline{AB}=\overline{AC}=6$인 이등변삼각형 ABC가 원에 내접하고 있다. 점 D는 점 B를 포함하지 않는 호 AC 위에 있고

$\cos(\angle ABD)=\dfrac{5}{6}$이다.

삼각형 ABC와 삼각형 BCD의 넓이의 비가 12 : 7일 때, 삼각형 ACD의 넓이는?

① $\sqrt{11}$
② $\dfrac{6\sqrt{11}}{5}$
③ $\dfrac{3\sqrt{11}}{2}$
④ $\dfrac{5\sqrt{11}}{3}$
⑤ $\dfrac{12\sqrt{11}}{7}$

04

그림과 같이 직육면체 모양의 건물이 있다. 지면 위의 일직선 위에 있는 세 점 A, B, C에서 건물의 꼭대기 D를 올려본각의 크기는 각각 30°, 45°, 60°이다. $\overline{AB}=5\,m$, $\overline{BC}=10\,m$일 때, 이 건물의 높이는?

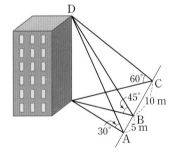

① $3\sqrt{2}\,m$
② $3\sqrt{3}\,m$
③ $3\sqrt{5}\,m$
④ $5\sqrt{3}\,m$
⑤ $4\sqrt{5}\,m$

◆ 정답 및 풀이 99쪽

05

그림과 같이 $\overline{AB}=4$, $\overline{AC}=6$인 예각삼각형 ABC가 있다. 점 B에서 $\overline{AC}$에 내린 수선의 발을 D, 점 C에서 $\overline{AB}$에 내린 수선의 발을 E라 하고, $\overline{BD}$와 $\overline{CE}$의 교점을 P라 하자. 삼각형 ABC의 외접원의 넓이와 삼각형 AED의 외접원의 넓이의 차가 9π일 때, 삼각형 PDE의 외접원의 넓이를 구하시오.

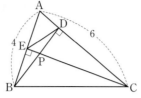

06 집중 연습

그림과 같이 사각형 ABQP가 원에 내접하고, $\overline{AB}=1$, $\overline{AP}=\overline{AQ}=2\sqrt{2}$, $\overline{BP}>\overline{BQ}$이고, $\cos(\angle APB)=\dfrac{2\sqrt{2}}{3}$일 때, 사각형 ABQP의 넓이는?

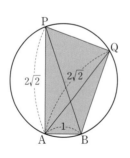

① $\dfrac{23\sqrt{2}}{9}$ 　　② $\dfrac{8\sqrt{2}}{3}$

③ $\dfrac{25\sqrt{2}}{9}$ 　　④ $\dfrac{26\sqrt{2}}{9}$

⑤ $3\sqrt{2}$

07

평행사변형 ABCD의 꼭짓점 A에서 대각선 BD에 내린 수선의 발을 E라 하고, 직선 CE가 선분 AB와 만나는 점을 F라 하자. 삼각형 CDE의 외접원의 반지름의 길이가 $5\sqrt{2}$이고, $\overline{EC}=10$, $\cos(\angle AFE)=\dfrac{\sqrt{10}}{10}$일 때, 삼각형 AFE의 넓이를 구하시오.

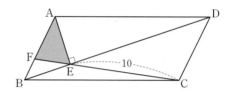

08

사각형 ABCD에서 $\overline{BC}=3$, $\overline{CD}=2$, $\cos(\angle BCD)=-\dfrac{1}{3}$, $\angle BAD>\dfrac{\pi}{2}$이고 삼각형 ABC와 ACD는 예각삼각형이다. $\overline{AC}$를 $1:2$로 내분하는 점을 E라 하면 $\overline{AE}$가 지름인 원이 $\overline{AB}$, $\overline{AD}$와 만나는 점 중 A가 아닌 점을 각각 P_1, P_2라 하고, $\overline{CE}$가 지름인 원이 $\overline{BC}$, $\overline{CD}$와 만나는 점 중 C가 아닌 점을 각각 Q_1, Q_2라 하자. $\overline{P_1P_2}:\overline{Q_1Q_2}=3:5\sqrt{2}$이고 삼각형 ABD의 넓이가 2일 때, $\overline{AB}+\overline{AD}$의 값은? (단, $\overline{AB}>\overline{AD}$)

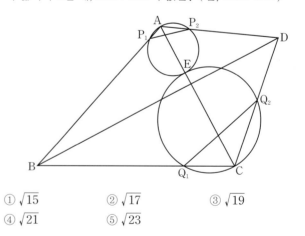

① $\sqrt{15}$ 　　② $\sqrt{17}$ 　　③ $\sqrt{19}$

④ $\sqrt{21}$ 　　⑤ $\sqrt{23}$

Ⅲ. 수열

07 등차수열과 등비수열

08 수열의 합

09 수열의 귀납적 정의, 수학적 귀납법

Ⅲ. 수열

등차수열과 등비수열

1 등차수열

(1) 나열된 수의 열을 **수열**이라 하고, 제n항 a_n을 이 수열의 **일반항**이라 한다.
또 일반항이 a_n인 수열을 $\{a_n\}$으로 나타낸다.

(2) 첫째항에 차례로 일정한 수를 더하여 만든 수열을 **등차수열**이라 하고,
더하는 일정한 수를 **공차**라 한다.

(3) 수열 $\{a_n\}$이 공차가 d인 등차수열이면
  ① $a_{n+1}=a_n+d$ 또는 $a_{n+1}-a_n=d$
  ② $a_n=a_1+(n-1)d$

(4) 첫째항이 a, 공차가 d인 등차수열의 첫째항부터 제n항까지 합을 S_n이라 하면
$$S_n=\frac{n(a+a_n)}{2} \ \text{또는} \ S_n=\frac{n\{2a+(n-1)d\}}{2}$$

(5) a, b, c가 이 순서대로 등차수열이면 $b=\dfrac{a+c}{2}$이다.
이때 b를 a와 c의 **등차중항**이라 한다.

◆ 수열은 정의역이
자연수 전체의 집합인
함수이다.

◆ 공차가 0이면
모든 항은 첫째항과 같다.

2 등비수열

(1) 첫째항에 차례로 일정한 수를 곱하여 만든 수열을 **등비수열**이라 하고,
곱하는 일정한 수를 **공비**라 한다.

(2) 수열 $\{a_n\}$이 공비가 r인 등비수열이면
  ① $a_{n+1}=ra_n$ 또는 $a_{n+1}\div a_n=r$
  ② $a_n=a_1r^{n-1}$

(3) 첫째항이 a, 공비가 r인 등비수열의 첫째항부터 제n항까지 합을 S_n이라 하면
$r\neq 1$일 때 $S_n=\dfrac{a(1-r^n)}{1-r}$ 또는 $S_n=\dfrac{a(r^n-1)}{r-1}$
$r=1$일 때 $S_n=na$

(4) a, b, c가 이 순서대로 등비수열이면 $b^2=ac$ (곧, $b=\pm\sqrt{ac}$)
이때 b를 a와 c의 **등비중항**이라 한다.

◆ 공비가 1이면
모든 항은 첫째항과 같다.
공비가 0이면 둘째항부터 0이고,
첫째항이 0이면 모든 항은 0이다.

◆ $r<1$이면 $S_n=\dfrac{a(1-r^n)}{1-r}$
$r>1$이면 $S_n=\dfrac{a(r^n-1)}{r-1}$
을 이용하는 것이 편하다.

3 수열의 합과 일반항 사이의 관계

수열 $\{a_n\}$에서 첫째항부터 제n항까지의 합을 S_n이라 하면
$$\begin{cases} a_n=S_n-S_{n-1}\,(n\geq 2) & \cdots \ ❶ \\ a_1=S_1 \end{cases}$$

참고 특히 ❶에 $n=1$을 대입한 값과 a_1은 다를 수도 있다는 것에 주의한다.

◆ 수열의 합 S_n과
일반항 a_n 사이의 관계는
모든 수열에서 성립한다.

4 단리법과 복리법

(1) 단리법은 원금에만 이자가 붙는 방법이고,
복리법은 원금과 이자에 모두 이자가 붙는 방법이다.

(2) 원금이 a원이고 연이율이 r일 때, 원리합계(원)는 다음과 같다.

◆ 원금과 이자를 합한 금액을
원리합계라 한다.

	단리법	복리법
1년 후	$a+ar=a(1+r)$	$a+ar=a(1+r)$
2년 후	$a(1+r)+ar=a(1+2r)$	$a(1+r)+a(1+r)r=a(1+r)^2$
3년 후	$a(1+2r)+ar=a(1+3r)$	$a(1+r)^2+a(1+r)^2r=a(1+r)^3$
⋮	⋮	⋮
n년 후	$a(1+nr)$	$a(1+r)^n$
	공차가 ar인 등차수열	공비가 $(1+r)$인 등비수열

유형 1 등차수열

01

등차수열 $\{a_n\}$의 첫째항과 공차가 같고 $a_2 + a_4 = 24$일 때, a_5의 값을 구하시오.

02

등차수열 $\{a_n\}$에 대하여

$$a_3 + a_5 = 36, \quad a_2 a_4 = 180$$

일 때, $a_n < 100$을 만족시키는 자연수 n의 최댓값을 구하시오.

03

등차수열 $\{a_n\}$의 공차는 양수이다.

$$a_6 + a_8 = 0, \quad |a_6| = |a_7| + 3$$

일 때, a_2의 값은?

① -15 ② -13 ③ -11
④ -9 ⑤ -7

04

등차수열 $\{a_n\}$, $\{b_n\}$의 공차가 각각 -2, 3일 때, 등차수열 $\{3a_n + 5b_n\}$의 공차는?

① 4 ② 6 ③ 8
④ 9 ⑤ 15

05

수열 $\{a_n\}$은 첫째항이 20이고 공차가 -3인 등차수열이다. $a_n a_{n+1} < 0$을 만족시키는 n의 값은?

① 5 ② 6 ③ 7
④ 8 ⑤ 9

06

첫째항이 3이고 공차가 d인 등차수열 $\{a_n\}$에 대하여 $a_n = 3d$를 만족시키는 n이 존재할 때, 자연수 d의 값의 합은?

① 3 ② 4 ③ 5
④ 6 ⑤ 7

유형 2 등차수열을 이루는 수

07

이차방정식 $x^2 - 2x + k = 0$의 두 근을 α, β라 하면 α, β, $\alpha + \beta$가 이 순서대로 등차수열을 이룬다. k의 값은?

① $\dfrac{2}{9}$ ② $\dfrac{1}{3}$ ③ $\dfrac{4}{9}$
④ $\dfrac{2}{3}$ ⑤ $\dfrac{8}{9}$

08

삼차방정식 $x^3 + 3x^2 - 6x - k = 0$의 세 근이 등차수열을 이룰 때, k의 값을 구하시오.

유형 3 등차수열의 합

09

등차수열 $\{a_n\}$의 공차가 3이고 $|a_4|=|a_8|$일 때, $a_1+a_2+a_3+\cdots+a_{20}$의 값은?

① 135 ② 250 ③ 270
④ 500 ⑤ 540

10

수열 $\{a_n\}$은 $a_5=22$, $a_{10}=42$인 등차수열이다. $a_1+a_2+a_3+\cdots+a_k=286$일 때, k의 값을 구하시오.

11

3과 15 사이에 n개의 수를 넣어 만든 등차수열 3, a_1, a_2, …, a_n, 15의 합이 81일 때, n의 값은?

① 5 ② 6 ③ 7
④ 8 ⑤ 9

12

공차가 2인 등차수열 $\{a_n\}$에서
$$a_1+a_2+a_3+\cdots+a_{100}=2002$$
일 때, 짝수 번째 항들의 합 $a_2+a_4+a_6+\cdots+a_{100}$의 값은?

① 1026 ② 1050 ③ 1051
④ 2027 ⑤ 2051

13

등차수열 $\{a_n\}$에서 $a_1=6$, $a_{10}=-12$일 때, $|a_1|+|a_2|+|a_3|+\cdots+|a_{20}|$의 값은?

① 280 ② 284 ③ 288
④ 292 ⑤ 296

14

수열 $\{a_n\}$, $\{b_n\}$이
$$a_n=2n-11, \quad b_n=\frac{1}{2}n+1 \ (n=1,\,2,\,3,\,\ldots)$$
로 정의되어 있다. 두 수열 $\{a_n\}$, $\{b_n\}$의 첫째항부터 제m항까지의 합이 같을 때, m의 값을 구하시오.

유형 4 등차수열 합의 최대 · 최소

15

등차수열 $\{a_n\}$에서 $a_3=26$, $a_9=8$이다. 첫째항부터 제n항까지의 합이 최대일 때, n의 값은?

① 11 ② 12 ③ 13
④ 14 ⑤ 15

16

등차수열 $\{a_n\}$의 첫째항부터 제5항까지의 합이 45, 첫째항부터 제10항까지의 합이 -10이다. 수열 $\{a_n\}$의 첫째항부터 제n항까지의 합을 S_n이라 할 때, S_n의 최댓값을 구하시오.

유형 5 등비수열

17

등비수열 $\{a_n\}$은 첫째항이 양수이고

$$a_1 = 4a_3, \quad a_2 + a_3 = -12$$

이다. a_5의 값은?

① 3   ② 4   ③ 5

④ 6   ⑤ 7

18

$\{a_n\}$이 등비수열이고 $\dfrac{a_3}{a_2} - \dfrac{a_6}{a_4} = \dfrac{1}{4}$일 때, $\dfrac{a_5}{a_9}$의 값을 구하시오.

19

$\{a_n\}$이 등비수열이고 $a_7 = 12$, $\dfrac{a_6 a_{10}}{a_5} = 36$일 때, a_{15}의 값은?

① 27   ② 36   ③ $27\sqrt{3}$

④ $36\sqrt{3}$ ⑤ 108

20

수열 $\{a_n\}$에서 $a_1 = 2$이고

$$\log_2 a_{n+1} = 1 + \log_2 a_n \ (n = 1, 2, 3, \ldots)$$

이 성립한다. $a_1 \times a_2 \times a_3 \times \cdots \times a_{10} = 2^k$일 때, 실수 k의 값은?

① 39   ② 43   ③ 47

④ 51   ⑤ 55

유형 6 등비수열을 이루는 수

21

세 수 $\log_2 4$, $\log_2 8$, $\log_2 x$가 이 순서대로 등비수열을 이룰 때, x의 값은?

① 16   ② $16\sqrt{2}$ ③ 32

④ $32\sqrt{2}$ ⑤ 64

22

자연수 a, b, n에 대하여 세 수 a^n, $2^4 \times 3^6$, b^n이 이 순서대로 등비수열을 이룰 때, ab의 최솟값을 구하시오.

23

공차가 6인 등차수열 $\{a_n\}$에 대하여 세 수 a_2, a_k, a_8은 이 순서대로 등차수열을 이루고, 세 수 a_1, a_2, a_k는 이 순서대로 등비수열을 이룬다. $k + a_1$의 값은?

① 7   ② 8   ③ 9

④ 10   ⑤ 11

24

$\{a_n\}$은 등차수열이고, $a_4 - a_6 = 6$이다. 세 수 a_7, a_5, a_9가 이 순서대로 등비수열을 이룰 때, $a_n > 0$을 만족시키는 자연수 n의 최댓값은?

① 5   ② 6   ③ 7

④ 8   ⑤ 9

유형 7 등비수열의 합

25

첫째항이 a, 공비가 2인 등비수열의 첫째항부터 제6항까지의 합이 21일 때, a의 값은?

① $\dfrac{1}{5}$ ② $\dfrac{1}{4}$ ③ $\dfrac{1}{3}$

④ $\dfrac{1}{2}$ ⑤ 1

26

다항식 $x^8+x^7+\cdots+x^2+x+1$을 $x+2$로 나눈 나머지는?

① 168   ② 169   ③ 170
④ 171   ⑤ 172

27

수열 $\{a_n\}$의 일반항이 $a_n=2^n+(-1)^n$일 때,
$a_1+a_2+a_3+\cdots+a_{19}$의 값은?

① $2^{20}-3$ ② $2^{20}-1$ ③ 2^{20}
④ $2^{20}+1$ ⑤ $2^{20}+3$

28

수열 $\dfrac{2}{3}$, $\dfrac{2}{9}$, $\dfrac{2}{27}$, $\dfrac{2}{81}$, $\cdots$의 첫째항부터 제n항까지의 합을 S_n이라 할 때, $|S_n-1|<0.01$을 만족시키는 자연수 n의 최솟값은?

① 4   ② 5   ③ 6
④ 7   ⑤ 8

29

첫째항부터 제n항까지의 합이 48, 첫째항부터 제2n항까지의 합이 60인 등비수열의 첫째항부터 제3n항까지의 합은?

① 63   ② 70   ③ 72
④ 76   ⑤ 80

30

$\{a_n\}$은 첫째항이 1인 등비수열이다.
$$a_2+a_4+\cdots+a_{2k}=-170$$
$$a_1+a_3+\cdots+a_{2k-1}=85$$
일 때, 자연수 k의 값을 구하시오.

31

$\{a_n\}$은 등비수열이고
$$a_1+a_2+a_3+\cdots+a_{10}=12$$
$$\dfrac{1}{a_1}+\dfrac{1}{a_2}+\dfrac{1}{a_3}+\cdots+\dfrac{1}{a_{10}}=3$$
일 때, $a_1\times a_2\times a_3\times\cdots\times a_{10}$의 값은?

① 2^9 ② 2^{10} ③ 2^{11}
④ 3×2^{10} ⑤ 3×2^{11}

유형 8 원리합계

32

연이율이 10 %이고 1년마다 복리로 매년 말에 5만 원씩 20년 동안 적립할 때, 20년 말까지 적립금의 원리합계는? (단, $1.1^{20}=6.7$로 계산한다.)

① 100만 원   ② 158만 원   ③ 258만 원
④ 285만 원   ⑤ 300만 원

33

이달 초에 360만 원짜리 가전제품을 구입하고 이달 말부터
매월 말에 일정한 금액을 12번에 걸쳐 지불하려고 한다.
월이율 0.5 %의 복리로 계산할 때, 매월 말에 지불해야 할 금액은?
(단, $1.005^{12}=1.06$으로 계산한다.)

① 159000원 ② 189000원 ③ 276000원
④ 318000원 ⑤ 636000원

유형 9 수열의 합과 일반항 사이의 관계

34

수열 $\{a_n\}$의 첫째항부터 제n항까지의 합 S_n이 $S_n=n+2^n$일 때,
a_6의 값은?

① 31 ② 33 ③ 35
④ 37 ⑤ 39

35

수열 $\{a_n\}$의 첫째항부터 제n항까지의 합 S_n이 다항식
x^2+x-3을 $x-2n$으로 나눈 나머지일 때, a_1+a_4의 값은?

① 3 ② 6 ③ 30
④ 33 ⑤ 36

36

등비수열 $\{a_n\}$의 첫째항부터 제n항까지의 합이
$-27\times6^{n-2}+k$일 때, k의 값은?

① $-\dfrac{1}{4}$ ② 0 ③ $\dfrac{3}{4}$
④ $\dfrac{9}{4}$ ⑤ $\dfrac{15}{4}$

유형 10 등차·등비수열의 활용

37

수지는 20 km 마라톤에 도전하였다. 처음 10 km 구간은
20 km/h의 속력으로 일정하게 달렸으나, 이후 체력이 떨어져
1 km를 달리는 데 걸리는 시간이 바로 전 1 km를 달리는 데
걸리는 시간보다 10 %씩 증가하였다.
수지가 전 구간을 완주하는 데 걸린 시간을 구하시오.
(단, $1.1^{10}=3$으로 계산한다.)

38

그림과 같이 두 직선
$y=x$, $y=a(x-1)$ $(a>1)$의
교점에서 오른쪽 방향으로 y축에
평행한 선분 14개를 같은 간격
으로 그었다. 가장 짧은 선분의
길이는 3이고 가장 긴 선분의
길이는 42일 때, 선분 14개의
길이의 합을 구하시오.
(단, 각 선분의 양 끝점은 두 직선 위에 있다.)

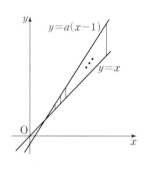

39

하나의 정삼각형에 대하여 그림과 같이 각 변의 중점을
연결하고 그중 가운데 삼각형을 제거하는 시행을 한다.

〈0단계〉 〈1단계〉 〈2단계〉

〈n단계〉에서 남은 삼각형들의 넓이의 합을 a_n이라 할 때,
$a_1+a_2+a_3+\cdots+a_{10}$의 값은?
(단, 〈0단계〉 삼각형의 넓이는 1이다.)

① $3-\dfrac{3^{10}}{2^{20}}$ ② $3-\dfrac{3^{11}}{2^{20}}$ ③ $3-\dfrac{3^{12}}{2^{20}}$
④ $4-\dfrac{3^{10}}{2^{20}}$ ⑤ $4-\dfrac{3^{11}}{2^{20}}$

01

수열 $\{a_n\}$, $\{b_n\}$의 일반항은 다음과 같다.

$$a_n=2n+1, \quad b_n=3n+3 \ (n=1, 2, 3, \cdots)$$

$\{a_n\}$, $\{b_n\}$에서 공통인 항을 작은 것부터 순서대로 나열한 수열을 $\{c_n\}$이라 할 때, c_{30}의 값을 구하시오.

02

1부터 99까지의 홀수 중 서로 다른 10개를 택하여 그들의 합을 S라 하자. 이러한 S의 값 중 서로 다른 것을 작은 수부터 차례로 a_1, a_2, a_3, $\cdots$ 이라 할 때, a_{100}의 값은?

① 268 ② 278 ③ 288
④ 298 ⑤ 308

03

첫째항이 1이고 공차가 d $(0<d<1)$인 등차수열 중 다음 조건을 만족시키는 것의 개수는?

(가) 제2항부터 제9항까지의 모든 항은 정수가 아니다.
(나) 제10항은 정수이다.

① 5 ② 6 ③ 7
④ 8 ⑤ 9

04

서로 다른 세 실수 a, b, c가 이 순서대로 등차수열을 이루고, 삼차방정식 $3ax^3-9bx^2+11cx-18a=0$의 세 근이 a, b, c일 때, $a^2+b^2+c^2$의 값을 구하시오.

05

a, b, c는 1이 아닌 양수이고 x, y, z는 다음 조건을 만족시킨다.

(가) x, y, z는 이 순서대로 등차수열을 이룬다.
(나) $a^{\frac{1}{x}}=b^{\frac{1}{y}}=c^{\frac{1}{z}}$

이때 $\dfrac{a+9c}{b}$의 최솟값은?

① $\dfrac{1}{3}$ ② 1 ③ 2
④ 3 ⑤ 6

06 집중 연습

a_1, a_2, a_3, $\cdots$, a_n은 이 순서대로 등차수열을 이루고 다음 조건을 만족시킨다.

(가) 처음 4개 항의 합은 26이다.
(나) 마지막 4개 항의 합은 134이다.
(다) $a_1+a_2+a_3+\cdots+a_n=260$

이때 n의 값을 구하시오.

07

등차수열 $\{a_n\}$의 첫째항부터 제n항까지의 합을 S_n이라 하자. $a_2 = -10$이고 다음 조건을 만족시키는 자연수 k가 존재할 때, a_{2k}의 값을 구하시오.

(가) $a_{k-2} + a_k = 60$ (나) $S_k = k^2 - 3k$

08

첫째항이 a인 등차수열 $\{a_k\}$가 모든 자연수 m, n에 대하여 $a_m + a_n = a_{m+n}$을 만족시킨다.
$a_2 + a_4 + a_6 + \cdots + a_{18} + a_{20} = p \times a$라 할 때, p의 값은?
(단, $a \neq 0$인 실수이다.)

① 108   ② 110   ③ 112
④ 114   ⑤ 116

09 집중 연습

$\{a_n\}$은 첫째항이 30이고 공차가 $-d$인 등차수열이다.
$$a_m + a_{m+1} + a_{m+2} + \cdots + a_{m+k} = 0$$
을 만족시키는 자연수 m, k가 존재할 때, 자연수 d의 개수는?

① 11   ② 12   ③ 13
④ 14   ⑤ 15

10

첫째항이 -140이고 공차가 d인 등차수열 $\{a_n\}$이 다음 조건을 만족시킬 때, 가능한 자연수 d의 값을 모두 구하시오.

(가) 어떤 자연수 m에 대하여 $a_m + 2a_{m+2} = 0$이다.
(나) 모든 자연수 n에 대하여 $a_1 + a_2 + \cdots + a_n > -300$이다.

11

수열 $\{a_n\}$의 첫째항부터 제n항까지의 합을 S_n이라 하자.
수열 $\{S_{2n-1}\}$은 공차가 2인 등차수열이고, 수열 $\{S_{2n}\}$은 공차가 4인 등차수열이다. $a_4 = 1$일 때, a_{20}의 값을 구하시오.

12 집중 연습

공차가 양수인 등차수열 $\{a_n\}$의 첫째항부터 제n항까지의 합을 S_n이라 하면 S_n은 다음 조건을 만족시킨다.

(가) $S_7 = S_{13}$
(나) $m \geq 10$에서 $|S_m| = |S_{2m}|$, $\left| S_{\frac{m}{2}} \right| = 168$인
      짝수 m이 존재한다.

a_{15}의 값을 구하시오.

13

$\{a_n\}$은 첫째항이 양수인 등비수열이고

$$a_5 + a_7 + a_9 = 64, \quad \frac{1}{a_5} + \frac{1}{a_7} + \frac{1}{a_9} = \frac{1}{4}$$

이다. 이때 $a_4 a_7 a_{10}$의 값은?

① 2^4 ② 2^6 ③ 2^8

④ 2^{10} ⑤ 2^{12}

14

두 양수 a, b가 다음 조건을 만족시킨다.

> (가) 세 수 $\log a$, $\log 3b$, $\log 2$는 이 순서대로 등차수열을 이룬다.
> (나) 세 수 2, 2^{2a}, 2^{3b}은 이 순서대로 등비수열을 이룬다.

이때 a, b의 값을 구하시오.

15

x가 양의 실수이고 $x-[x]$, $[x]$, x가 이 순서대로 등비수열을 이룰 때, $x-[x]$의 값은?
(단, $[x]$는 x보다 크지 않은 최대의 정수이다.)

① $\dfrac{-1+\sqrt{2}}{2}$ ② $\dfrac{-1+\sqrt{3}}{2}$ ③ $\dfrac{1}{2}$

④ $\dfrac{-1+\sqrt{5}}{2}$ ⑤ $\dfrac{-1+\sqrt{6}}{2}$

16

x에 대한 방정식 $(\log_2 x)^4 - 90(\log_2 x)^2 + a = 0$의 서로 다른 네 근을 α, β, γ, δ라 하자. α, β, γ, δ $(\alpha < \beta < \gamma < \delta)$가 이 순서대로 등비수열을 이룰 때, $\beta + \gamma$의 값은?

① $\dfrac{63}{8}$ ② 8 ③ $\dfrac{65}{8}$

④ $\dfrac{33}{4}$ ⑤ $\dfrac{67}{8}$

17

그림과 같이 한 변의 길이가 4인 정삼각형 ABC와 한 변의 길이가 r인 정삼각형 DEF를 겹쳐서 점 E가 변 BC 위에 오도록 정삼각형 GEC를 만들고, $\overline{EG} = \overline{GH}$인 점 H를 $\overline{DG}$ 위에 잡는다.

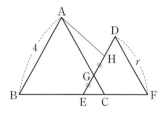

$\triangle GEC$, $\triangle AGH$, $\triangle DEF$의 넓이가 이 순서대로 공비가 r인 등비수열을 이룰 때, r의 값을 구하시오.

18

$\angle B = 90°$, $\overline{AC} = 6\sqrt{2}$인 직각이등변삼각형 ABC의 내부의 한 점 P에서 세 변 AB, BC, CA에 내린 수선의 발을 각각 D, E, F라 하자. $\overline{PD}$, $\overline{PF}$, $\overline{PE}$가 이 순서대로 등비수열을 이룰 때, 점 P가 나타내는 도형의 길이는?

① π ② 2π ③ 3π

④ $\dfrac{13}{4}\pi$ ⑤ 12π

◈ 정답 및 풀이 110쪽

19

수열 $\{a_n\}$, $\{b_n\}$이 다음 조건을 만족시킨다.

> (가) $a_1=b_1=4$
> (나) $\{a_n\}$은 공차가 d인 등차수열이고,
> $\{b_n\}$은 공비가 d인 등비수열이다.

$\{b_n\}$의 모든 항이 $\{a_n\}$의 항일 때, 1보다 큰 자연수 d의 값을 모두 구하시오.

20

등비수열 $\{a_n\}$의 공비는 2의 세제곱근 중 실수이다.
$a_4+a_5+a_6=6$일 때, 첫째항부터 제21항까지의 합은?

① 127   ② 128   ③ 243

④ 381   ⑤ 384

21

모든 항이 양수인 등비수열 $\{a_n\}$에 대하여 수열 $\{b_n\}$을
$$b_n=\log_3 a_n \ (n=1,\ 2,\ 3,\ \ldots)$$
으로 정의한다.

> (가) $b_1+b_3+b_5+\cdots+b_{15}+b_{17}=-27$
> (나) $b_2+b_4+b_6+\cdots+b_{16}+b_{18}=-36$

$\{b_n\}$이 위의 조건을 만족시킬 때, a_{11}의 값은?

① $\dfrac{1}{3^3}$ ② $\dfrac{1}{3^4}$ ③ $\dfrac{1}{3^5}$

④ $\dfrac{1}{3^6}$ ⑤ $\dfrac{1}{3^7}$

22

모래시계 A, B, C에 들어 있는 모래의 양은 각각 3^a, 9^b, 27^c이고, 매 초당 모래가 위에서 아래로 일정하게 떨어지는 양은 각각 a, b, c이다. a, b, c는 이 순서대로 등비수열을 이루고, 3^a, 9^b, 27^c도 이 순서대로 등비수열을 이루며, 두 수열의 공비는 같다. 모래시계 A, B, C로 잴 수 있는 시간(초)을 각각 t_A, t_B, t_C라 할 때, $t_A+t_B+t_C$의 값을 구하시오.
(단, 모래가 다 떨어진 후 모래시계를 뒤집지 않는다.)

23

그림과 같이 $\overline{AC}=15$, $\overline{BC}=20$, $\angle C=90°$인 직각삼각형 ABC가 있다.

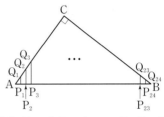

변 AB를 25등분하는 점 P_1, P_2, $\ldots$, P_{24}를 지나고 변 AB에 수직인 직선을 그어 변 AC 또는 변 CB와 만나는 점을 각각 Q_1, Q_2, $\ldots$, Q_{24}라 할 때, $\overline{P_1Q_1}+\overline{P_2Q_2}+\overline{P_3Q_3}+\cdots+\overline{P_{24}Q_{24}}$의 값을 구하시오.

24

그림과 같이 직선 $y=\dfrac{1}{2}x$ 위의 점 $B(a_n, b_n)$과 세 점 $A(a_n, 0)$, $C(a_{n+1}, b_n)$, $D(a_{n+1}, 0)$으로 만든 정사각형의 넓이를 T_n이라 하자.

$a_1=1$일 때,
$T_1+T_2+T_3+\cdots+T_{10}$의 값은?

① $1-\left(\dfrac{1}{2}\right)^{10}$ ② $\dfrac{1}{2}\left\{\left(\dfrac{3}{2}\right)^{10}-1\right\}$

③ $\dfrac{1}{5}\left\{\left(\dfrac{4}{3}\right)^{10}-1\right\}$ ④ $\dfrac{1}{5}\left\{\left(\dfrac{9}{4}\right)^{10}-1\right\}$

⑤ $\dfrac{2}{5}\left\{\left(\dfrac{9}{2}\right)^{10}-1\right\}$

01

$\{a_n\}$은 $a_2=-2$이고 공차가 0이 아닌 등차수열이고, 수열 $\{b_n\}$은 $b_n=a_n+a_{n+1}$이다. 두 집합

$A=\{a_1,\ a_2,\ a_3,\ a_4,\ a_5,\ a_6\}$, $B=\{b_1,\ b_2,\ b_3,\ b_4,\ b_5\}$

의 교집합의 원소가 3개일 때, 모든 a_{10}의 값의 합을 구하시오.

02

첫째항과 공차가 양수인 등차수열 $\{a_n\}$에 대하여 수열 $\{b_n\}$을 $b_n=3a_{n+1}-a_n$이라 하자. $\{a_n\}$, $\{b_n\}$의 첫째항부터 제n항까지의 합을 각각 S_n, T_n이라 하면

$T_n^2-S_n^2=3n^2(n^2+kn+12)$

일 때, $k+a_{10}$의 값은?

① 8   ② 19   ③ 27

④ 32   ⑤ 36

03

등차수열 $\{a_n\}$, $\{b_n\}$의 첫째항부터 제n항까지의 합을 각각 A_n, B_n이라 하자.

$A_n:B_n=(3n+6):(7n+2)$

일 때, $a_7:b_7$은?

① 5:17   ② 15:31   ③ 17:9

④ 31:15   ⑤ 49:50

04

첫째항이 60인 등차수열 $\{a_n\}$에 대하여

$T_n=|a_1+a_2+a_3+\cdots+a_n|$

이라 하자. $T_{19}<T_{20}$이고 $T_{20}=T_{21}$일 때, $T_n>T_{n+1}$을 만족시키는 n의 최솟값과 최댓값의 합을 구하시오.

⟴ 정답 및 풀이 112쪽

05

$\{a_n\}$은 첫째항이 자연수이고 공차가 정수인 등차수열이다.
$\{a_n\}$이 다음 조건을 만족시킬 때, 공차로 가능한 값을 모두 구하시오.

(가) $a_n=0$인 자연수 n이 존재한다.
(나) $a_m+a_{2m}=0$이고
$|a_m|+|a_{m+1}|+|a_{m+2}|+\cdots+|a_{2m}|=84$인
자연수 m이 존재한다.

06

$\{a_n\}$은 공차가 양수이고 모든 항이 정수인 등차수열이다.
a_5, a_7, a_k가 이 순서대로 등비수열을 이루고 $a_k=100$일 때,
$k>7$인 k의 값을 모두 구하시오.

07

삼차방정식 $x^3+px^2+qx+8=0$은 서로 다른 세 실근을 갖고,
세 실근을 적당히 나열하면 등비수열을 이룬다. 또 세 실근을
크기 순서대로 나열하면 등차수열을 이룬다. 실수 p, q의 값을
구하시오.

08 집중 연습

$\{a_n\}$은 첫째항이 음수이고 공차가 1보다 큰 등차수열이다.
수열 $\{b_n\}$을

$$b_n=\begin{cases} a_n-\dfrac{n}{3} & (a_n\geq0) \\ a_{n+1}+\dfrac{2n}{3} & (a_n<0) \end{cases}$$

이라 하고, $\{b_n\}$의 첫째항부터 제n항까지의 합을 S_n이라 하자.
$b_6>b_7$, $b_9=0$, $S_6=-4$일 때, $S_n\leq50$을 만족시키는 자연수
n의 최댓값을 구하시오.

III. 수열

수열의 합

1 ∑의 정의

(1) 수열 a_1, a_2, a_3, ..., a_n의 합을 기호 $\sum$를 이용하여 다음과 같이 나타낸다.

$$a_1+a_2+a_3+\cdots+a_n=\sum_{k=1}^{n} a_k$$

(2) $\displaystyle\sum_{k=m}^{n} a_k$는 a_k의 k에 m, $m+1$, ..., n을 대입한 다음 더하라는 뜻이다.

◆ $\sum$는 시그마라 읽는다.

◆ $\displaystyle\sum_{k=1}^{n} a_k$에서 k 대신 다른 문자를 사용해도 된다.
$$\sum_{k=1}^{n} a_k=\sum_{j=1}^{n} a_j=\sum_{l=1}^{n} a_l=\cdots$$

2 ∑의 성질

(1) $\displaystyle\sum_{k=1}^{n} (a_k+b_k)=\sum_{k=1}^{n} a_k+\sum_{k=1}^{n} b_k$

$\displaystyle\sum_{k=1}^{n} (a_k-b_k)=\sum_{k=1}^{n} a_k-\sum_{k=1}^{n} b_k$

(2) $\displaystyle\sum_{k=1}^{n} ca_k=c\sum_{k=1}^{n} a_k$ (단, c는 상수)

특히 $a_k=1$일 때 $\displaystyle\sum_{k=1}^{n} c=nc$

참고 곱은 성립하지 않는다는 것에 주의한다.
$$\sum_{k=1}^{n} (a_k b_k) \neq \left(\sum_{k=1}^{n} a_k\right)\left(\sum_{k=1}^{n} b_k\right)$$

◆ $\displaystyle\sum_{k=1}^{n} (pa_k+qb_k)=p\sum_{k=1}^{n} a_k+q\sum_{k=1}^{n} b_k$

3 ∑의 계산

(1) $\displaystyle\sum_{k=1}^{n} k=\frac{n(n+1)}{2}$

(2) $\displaystyle\sum_{k=1}^{n} k^2=\frac{n(n+1)(2n+1)}{6}$

(3) $\displaystyle\sum_{k=1}^{n} k^3=\left\{\frac{n(n+1)}{2}\right\}^2$

◆ $\displaystyle\sum_{k=1}^{n} k$는 첫째항이 1, 공차가 1인 등차수열의 합이다.

◆ (2), (3)은 다음 단원에서 배우는 수학적 귀납법으로 증명할 수 있다.

4 수열의 합의 계산

(1) 일반항 a_k를 구한 다음 $\displaystyle\sum_{k=1}^{n} a_k$에서 $\displaystyle\sum_{k=1}^{n} k$, $\displaystyle\sum_{k=1}^{n} k^2$, $\displaystyle\sum_{k=1}^{n} k^3$을 이용하여 계산한다.

(2) 분수 꼴인 수열의 합은 a_k를

$$\frac{1}{AB}=\frac{1}{B-A}\left(\frac{1}{A}-\frac{1}{B}\right) \text{ (단, } A\neq B)$$

을 이용하여 정리한 다음, 처음 몇 항을 나열하여 소거되는 규칙을 찾는다.

(3) 분모에 근호가 있는 수열의 합은 a_k를 유리화한 다음, 처음 몇 항을 나열하여 소거되는 규칙을 찾는다.

◆ $\dfrac{1}{AB}=\dfrac{1}{B-A}\left(\dfrac{1}{A}-\dfrac{1}{B}\right)$
에서 우변을 정리하면 좌변이 됨을 알 수 있다. 분모가 곱으로 되어 있는 경우 이용한다.

5 군수열의 합

몇 항씩 묶어 규칙이 있는 군으로 나눈 수열을 **군수열**이라 한다.

군수열은 규칙을 찾아 군으로 묶고, n군의 첫째항과 n군까지 항의 개수부터 구한다.

예를 들어 수열 1, $\dfrac{1}{2}$, $\dfrac{2}{1}$, $\dfrac{1}{3}$, $\dfrac{2}{2}$, $\dfrac{3}{1}$, $\dfrac{1}{4}$, $\dfrac{2}{3}$, $\dfrac{3}{2}$, $\dfrac{4}{1}$, $\dfrac{1}{5}$, ...은

분모와 분자의 합이 같은 항끼리 묶어서 다음과 같이 군으로 나누어 생각한다.

$$\underbrace{(1)}_{1군}, \underbrace{\left(\frac{1}{2}, \frac{2}{1}\right)}_{2군}, \underbrace{\left(\frac{1}{3}, \frac{2}{2}, \frac{3}{1}\right)}_{3군}, \underbrace{\left(\frac{1}{4}, \frac{2}{3}, \frac{3}{2}, \frac{4}{1}\right)}_{4군}, \underbrace{\left(\frac{1}{5}, \cdots, \frac{5}{1}\right)}_{5군}, \cdots$$

유형 1 ∑의 성질

01

함수 $f(x)$에서 $f(2)=-2$, $f(20)=20$일 때,

$\displaystyle\sum_{k=1}^{18} f(k+2) - \sum_{k=3}^{20} f(k-1)$의 값은?

① 30   ② 28   ③ 26

④ 24   ⑤ 22

02

수열 $\{a_n\}$, $\{b_n\}$에 대하여

$$\sum_{k=1}^{12} (a_k+b_k)^2 = 200, \quad \sum_{k=1}^{12} a_k b_k = 40$$

일 때, $\displaystyle\sum_{k=1}^{12} (a_k^2 + b_k^2 - 10)$의 값을 구하시오.

03

$\displaystyle\sum_{k=1}^{10} \frac{k^3}{k^2-k+1} + \sum_{k=2}^{10} \frac{1}{k^2-k+1}$의 값은?

① 62   ② 64   ③ 66

④ 68   ⑤ 70

04

수열 $\{a_n\}$에 대하여

$$\sum_{k=1}^{10} (a_k+1)^2 = 28, \quad \sum_{k=1}^{10} a_k(a_k+1) = 16$$

일 때, $\displaystyle\sum_{k=1}^{10} a_k^2$의 값을 구하시오.

유형 2 자연수의 거듭제곱의 합

05

$\displaystyle\sum_{i=1}^{10} \left(\sum_{j=1}^{i} \frac{j}{i} \right)$의 값은?

① $\dfrac{65}{2}$ ② 33   ③ $\dfrac{67}{2}$

④ 34   ⑤ $\dfrac{69}{2}$

06

이차방정식 $x^2-x-3=0$의 두 근을 α, β라 할 때,

$\displaystyle\sum_{k=1}^{10} (k-\alpha)(k-\beta)$의 값은?

① 330   ② 320   ③ 310

④ 300   ⑤ 290

07

x에 대한 이차방정식 $x^2-nx+n+1=0$의 두 근을 α_n, β_n이라

할 때, $\displaystyle\sum_{k=1}^{n} (\alpha_k^2 + \beta_k^2)$의 값은?

① $\dfrac{n}{6}(2n^2-3n-17)$ ② $\dfrac{n}{6}(2n^2-3n+17)$

③ $\dfrac{n}{6}(2n^2+3n-17)$ ④ $\dfrac{n}{6}(2n^2+3n+17)$

⑤ $\dfrac{n}{3}(n-2)(n-4)$

08

$f(a)=\displaystyle\sum_{k=1}^{6} (k-a)^2$이라 하면 $f(a)$는 $a=p$에서 최솟값 q를

갖는다. p, q의 값을 구하시오.

유형 3 분수 꼴인 수열의 합

09

$\displaystyle\sum_{k=1}^{n}\frac{16}{k(k+1)}=15$일 때, n의 값은?

① 13 　　　　② 14 　　　　③ 15

④ 16 　　　　⑤ 17

10

$\displaystyle\sum_{k=1}^{48}\frac{1}{\sqrt{k}+\sqrt{k+2}}$의 값은?

① $1+\sqrt{2}$ 　　　② $3-2\sqrt{2}$ 　　　③ $3+2\sqrt{2}$

④ $6-4\sqrt{2}$ 　　　⑤ $6+4\sqrt{2}$

유형 4 a_n을 구하는 문제

11

수열 $\{a_n\}$은 다음과 같이 3으로 나누어떨어지지 않는 자연수를 작은 수부터 차례로 나열한 것이다.

$$\{a_n\}:\ 1,\ 2,\ 4,\ 5,\ 7,\ 8,\ \cdots$$

이때 $\displaystyle\sum_{k=1}^{30}a_k$의 값을 구하시오.

12

자연수 n에 대하여 x에 대한 이차부등식

$$x^2-5\times2^{n-1}x+4^n\leq0$$

을 만족시키는 정수해의 개수를 a_n이라 할 때, $\displaystyle\sum_{n=1}^{7}a_n$의 값은?

① 70 　　　　② 134 　　　　③ 196

④ 388 　　　　⑤ 772

13

수열 $\{a_n\}$의 각 항은 0, 1, 2 중 하나이다.

$\displaystyle\sum_{k=1}^{20}a_k=21$, $\displaystyle\sum_{k=1}^{20}a_k^2=37$일 때, $\displaystyle\sum_{k=1}^{20}a_k^3$의 값을 구하시오.

14

2 이상의 자연수 n에 대하여 $2n+1$의 n제곱근 중 실수인 것의 개수를 $f(n)$이라 하자. $\displaystyle\sum_{k=2}^{m}f(k)=92$일 때, m의 값은?

① 31 　　　　② 32 　　　　③ 61

④ 62 　　　　⑤ 91

유형 5 군수열

15

다음 수열에서 $\dfrac{5}{9}$는 제몇 항인가?

$$1,\ \frac{1}{2},\ \frac{2}{1},\ \frac{1}{3},\ \frac{2}{2},\ \frac{3}{1},\ \frac{1}{4},\ \frac{2}{3},\ \frac{3}{2},\ \frac{4}{1},\ \cdots$$

① 제83항 　　　② 제87항 　　　③ 제92항

④ 제96항 　　　⑤ 제101항

16

다음과 같이 각 항이 짝수인 수열이 있다.

$$2,\ 2,\ 4,\ 2,\ 4,\ 6,\ 2,\ 4,\ 6,\ 8,\ \cdots$$

제p항에서 20이 처음으로 나올 때, 첫째항부터 제p항까지의 합은?

① 420 　　　　② 440 　　　　③ 460

④ 480 　　　　⑤ 500

유형 6 도형에서 $\sum$의 계산

17

그림과 같이 좌표평면에서 직선
$x=k$가 곡선 $y=2^x+4$와 만나는 점을
A_k라 하고, 직선 $x=k+1$이 직선
$y=x$와 만나는 점을 B_{k+1}이라 하자.
각 변은 x축 또는 y축에 평행하고,
대각선이 선분 A_kB_{k+1}인 직사각형의
넓이를 S_k라 할 때,
$\sum\limits_{k=1}^{8} S_k$의 값을 구하시오.

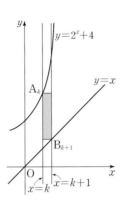

18

그림과 같이 $x=2$부터 $x=4$
까지 일정한 간격으로 y축에
평행한 직선을 n개 긋고,
두 곡선 $y=x^2$, $y=(x-2)^2$
으로 잘려진 선분의 길이를
각각 l_1, l_2, ..., l_n이라 할 때,
$\sum\limits_{k=1}^{n} l_k$의 값은? (단, $n>1$)

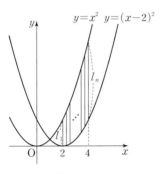

① $4n-4$ ② $2n-2$ ③ $2n$
④ $4n$ ⑤ $8n$

19

그림과 같이 직선 $x=n$이
곡선 $y=\sqrt{2x-1}$ 및 x축과
만나는 점을 각각 A_n, B_n이라
할 때, 사각형 $A_nB_nB_{n+1}A_{n+1}$
의 넓이를 S_n이라 하자.
$\sum\limits_{n=1}^{40} \dfrac{1}{S_n}$의 값을 구하시오.

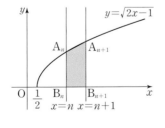

유형 7 $a_n=S_n-S_{n-1}$을 이용하는 문제

20

$\sum\limits_{k=1}^{n} a_k=2n^2-3n+1$일 때, $\sum\limits_{k=1}^{10} a_{2k}$의 값은?

① 390   ② 400   ③ 410
④ 420   ⑤ 430

21

수열 $\{a_n\}$의 첫째항부터 제n항까지의 합이 $S_n=n^2$일 때,
$\sum\limits_{k=1}^{100} \dfrac{1}{a_k a_{k+1}}$의 값을 구하시오.

22

수열 $\{a_n\}$에 대하여 $\sum\limits_{k=1}^{n} \dfrac{a_k}{k+1}=n^2+n$일 때,
$\sum\limits_{n=1}^{20} \dfrac{1}{a_n}$의 값을 구하시오.

23

첫째항이 2, 공차가 4인 등차수열 $\{a_n\}$과 수열 $\{b_n\}$에 대하여
$$\sum\limits_{k=1}^{n} a_k b_k=4n^3+3n^2-n$$
일 때, b_5의 값을 구하시오.

1등급 도전 문제

01

n각형의 대각선 개수를 a_n $(n \geq 4)$이라 할 때, $\sum\limits_{k=4}^{10} a_k$의 값은?

① 86   ② 98   ③ 112

④ 124   ⑤ 140

02

1000의 모든 양의 약수를 a_1, a_2, a_3, ..., a_{16}이라 할 때, $\sum\limits_{k=1}^{16} \log a_k$의 값은?

① 16   ② 20   ③ 24

④ 28   ⑤ 32

03 집중 연습

x_1, x_2, x_3, ..., x_{30}은 -1, 1, 2의 값 중 어느 하나를 갖는다.

$$\sum\limits_{i=1}^{30}(x_i + |x_i|) = 50, \quad \sum\limits_{i=1}^{30}(x_i - 1)(x_i + 1) = 15$$

일 때, $6\sum\limits_{i=1}^{30} x_i$의 값은?

① 12   ② 30   ③ 60

④ 90   ⑤ 120

04 집중 연습

함수 $f(x)$는 $0 < x \leq 1$에서 $f(x) = \begin{cases} 2 & (0 < x < 1) \\ 1 & (x = 1) \end{cases}$이고 모든 실수 x에 대하여 $f(x) = f(x+1)$이다.

$\sum\limits_{k=1}^{20} \dfrac{k \times f(\log_2 k)}{2}$의 값은?

① $\dfrac{189}{2}$ ② 95   ③ $\dfrac{389}{2}$

④ 195   ⑤ 210

05

자연수 n에 대한 식

$$1 \times (n-1) + 2^2 \times (n-2) + \cdots + (n-2)^2 \times 2 + (n-1)^2 \times 1$$

을 간단히 하면?

① $n(n+1)^2(n+2)$ ② $\dfrac{n^2(n-1)(n+1)}{12}$

③ $\dfrac{n^2(n-1)(n+1)}{3}$ ④ $\dfrac{n(n+1)^2(n+2)}{6}$

⑤ $\dfrac{n(n+1)^2(n+2)}{12}$

06

$\sum\limits_{k=1}^{10} \sqrt{k(k+1)(k+2)(k+3)+1}$의 값을 구하시오.

→ 정답 및 풀이 120쪽

07

자연수 n에 대하여 다항식 x^{2n}을 x^2-9로 나눈 나머지를 $a_n x + b_n$이라 할 때, $\sum_{k=1}^{10} b_k$의 값은?

① $\dfrac{9^{10}-1}{4}$　　② $\dfrac{9^{10}-1}{8}$　　③ $\dfrac{9(9^{10}-1)}{2}$

④ $\dfrac{9(9^{10}-1)}{4}$　　⑤ $\dfrac{9(9^{10}-1)}{8}$

08

수열 $\{a_n\}$이 $\sqrt{3^{a_n} \times \sqrt[5]{9^n}} = 3^5$을 만족시킬 때, $\sum_{k=1}^{n} a_k$의 최댓값을 구하시오.

09

이차함수 $f(x) = x^2 - \dfrac{50}{n(n+1)} x$가 $x = a_n$에서 최소일 때, $\sum_{k=1}^{24} a_k$의 값을 구하시오.

10

첫째항이 1이고 공비가 r $(r > 1)$인 등비수열 $\{a_n\}$에 대하여 함수 $f(x) = \sum_{n=1}^{17} |x - a_n|$은 $x = 16$에서 최솟값 m을 갖는다. rm의 값은?

① $15(30 + 31\sqrt{2})$　　② $15(31 + 30\sqrt{2})$

③ $15(31 - 15\sqrt{2})$　　④ $30(31 - 15\sqrt{2})$

⑤ $30(31 + 15\sqrt{2})$

11

자연수 n에 대하여
$$k \le \log_3 n < k+1 \ (k는 \ 정수)$$
일 때, $f(n) = k$로 정의하자.

예를 들어 $f(3) = 1$이다. $\sum_{m=1}^{100} f(m)$의 값은?

① 282　　② 284　　③ 286

④ 288　　⑤ 290

12

x에 대한 방정식 $x^{2n} - 50x^n + 100 = 0$의 실근의 곱을 $f(n)$이라 할 때, $\sum_{n=1}^{100} \dfrac{1}{\log f(n)}$의 값은?

① $\dfrac{1225}{2}$　　② 1225　　③ $\dfrac{3775}{2}$

④ 1887　　⑤ 3775

13

$\dfrac{1}{2\sqrt{1}+\sqrt{2}}+\dfrac{1}{3\sqrt{2}+2\sqrt{3}}+\cdots+\dfrac{1}{121\sqrt{120}+120\sqrt{121}}$의 값은?

① $\dfrac{9}{10}$ ② $\dfrac{10}{11}$ ③ $\dfrac{11}{10}$

④ $\dfrac{12}{11}$ ⑤ $\dfrac{6}{5}$

14

수열 $\{a_n\}$에서

$$a_n=\dfrac{1}{2^{-3n}+1}+\dfrac{1}{2^{-3n+1}+1}+\cdots+\dfrac{1}{2^{-1}+1}+\dfrac{1}{2^0+1}$$
$$+\dfrac{1}{2^1+1}+\cdots+\dfrac{1}{2^{3n-1}+1}+\dfrac{1}{2^{3n}+1}$$

일 때, $\displaystyle\sum_{n=1}^{10} a_n$의 값을 구하시오.

15

$\displaystyle\sum_{n=1}^{10}\dfrac{4n+2}{n^2(n+1)^2}=\dfrac{q}{p}$일 때, $p+q$의 값은?
(단, p, q는 서로소인 자연수이다.)

① 21   ② 31   ③ 241

④ 361   ⑤ 482

16

수열 $\{a_n\}$을

$$a_1=1,\ a_2=2,\ a_{n+2}=a_{n+1}a_n$$

으로 정의할 때, $\displaystyle\sum_{k=1}^{10}\dfrac{\log_2 a_k}{(\log_2 a_{k+1})(\log_2 a_{k+2})}$의 값은?

① $\dfrac{85}{89}$ ② $\dfrac{86}{89}$ ③ $\dfrac{87}{89}$

④ $\dfrac{88}{89}$ ⑤ 1

17 집중 연습

1부터 연속된 자연수를 나열하여 각 자릿수로 다음과 같은
수열을 만들었다.

    1, 2, 3, 4, 5, 6, 7, 8, 9, 1, 0, 1, 1, 1, 2, 1, 3, 1, 4, …

제 n항부터 연속된 네 개의 항이 차례로 2, 0, 1, 0일 때,
자연수 n의 최솟값은?

① 2960   ② 2964   ③ 2968

④ 2972   ⑤ 2976

18

모든 항이 자연수인 등차수열 $\{a_n\}$의 첫째항부터 제n항까지의

합을 S_n이라 하자. a_9가 5의 배수이고 $\displaystyle\sum_{k=1}^{9} S_k=810$일 때,

a_2의 값을 구하시오.

→ 정답 및 풀이 122쪽

19

수열 $\{a_n\}$의 일반항은 $a_n=\log_2\sqrt{\dfrac{2(n+1)}{n+2}}$ 이다.

$\dfrac{1}{2}\displaystyle\sum_{k=1}^{m} a_k$의 값이 100 이하의 자연수일 때, 모든 자연수 m의 값의 합은?

① 30   ② 68   ③ 92

④ 126   ⑤ 132

20

자연수 m에 대하여 수열 $\{a_n\}$은 첫째항이 m, 공차가 -2인 등차수열이다. $S(n)=\displaystyle\sum_{k=1}^{n} a_k$의 최댓값을 b_m이라 할 때,

$\displaystyle\sum_{m=1}^{19} b_m$의 값은?

① 700   ② 705   ③ 710

④ 715   ⑤ 720

21

함수 $y=f(x)$의 그래프는 그림과 같고, $f(3)=f(15)$이다.

또 수열 $\{a_n\}$은 $f(n)=\displaystyle\sum_{k=1}^{n} a_k$를 만족시킨다.

$a_m+a_{m+1}+\cdots+a_{15}<0$일 때,

15보다 작은 자연수 m의 최솟값을 구하시오.

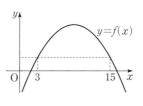

22

원 $x^2+y^2=n^2$과 곡선 $y=\dfrac{k}{x}$ $(k>0)$가 네 점에서 만난다.

이 네 점이 꼭짓점인 직사각형을 만들 때, 긴 변의 길이가 짧은 변의 길이의 2배가 되는 k의 값을 $f(n)$이라 하자.

$\displaystyle\sum_{n=1}^{12} f(n)$의 값을 구하시오.

23

자연수 n에 대하여 원 $x^2+y^2=16n^2$과 직선 $3x+4y=16n$이 만나는 두 점을 각각 P_n, Q_n이라 할 때, $\displaystyle\sum_{n=1}^{9} \overline{\mathrm{P}_n\mathrm{Q}_n}$의 값은?

① 216   ② 226   ③ 236

④ 246   ⑤ 256

24

자연수 n에 대하여 좌표평면 위에 두 점 $\mathrm{P}_n(n,\ 2n)$, $\mathrm{Q}_n(2n,\ 2n)$이 있다. 선분 $\mathrm{P}_n\mathrm{Q}_n$과 곡선 $y=\dfrac{1}{k}x^2$이 만나는 자연수 k의 개수를 a_n이라 할 때, $\displaystyle\sum_{n=1}^{15} a_n$의 값을 구하시오.

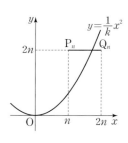

01

어느 항도 0이 아닌 등차수열 $\{a_n\}$에서

$$\sum_{k=1}^{2n}\left\{(-1)^{k+1}\frac{a_{k+1}+a_k}{a_k a_{k+1}}\right\}=\frac{3n}{6n+2}$$

일 때, a_{16}의 값은?

① 39   ② 41   ③ 43

④ 45   ⑤ 47

02

$\{a_n\}$은 첫째항이 자연수이고 공차가 음의 정수인 등차수열이고, $\{b_n\}$은 첫째항이 자연수이고 공비가 음의 정수인 등비수열이다. $\{a_n\}$, $\{b_n\}$이 다음 조건을 만족시킬 때, a_7+b_7의 값을 구하시오.

> (가) $\displaystyle\sum_{n=1}^{5}(a_n+b_n)=27$
>
> (나) $\displaystyle\sum_{n=1}^{5}(a_n+|b_n|)=67$
>
> (다) $\displaystyle\sum_{n=1}^{5}(|a_n|+|b_n|)=81$

03

수열 $\{a_n\}$에서 $a_n=\dfrac{8n}{2n-15}$일 때, $\displaystyle\sum_{n=1}^{m}a_n\leq73$을 만족시키는 자연수 m의 최댓값을 구하시오.

04

$0\leq x\leq2$에서 $f(x)=|x-1|$이고, 모든 실수 x에 대하여 $f(x)=f(x+2)$, $g(x)=x+f(x)$이다. 자연수 n에 대하여 다음 조건을 만족시키는 자연수 a, b의 순서쌍 (a,b)의 개수를 a_n이라 할 때, $\displaystyle\sum_{n=1}^{15}a_n$의 값을 구하시오.

> (가) $n\leq a\leq n+2$
>
> (나) $0<b\leq g(a)$

09 수열의 귀납적 정의, 수학적 귀납법

1 수열의 귀납적 정의

(1) 처음 몇 개 항과 이웃하는 여러 항 사이의 관계식으로 수열을 정의하는 것을 수열의 **귀납적 정의**라 한다.

예를 들어 수열 $\{a_n\}$이 $\begin{cases} a_1=1 \\ a_{n+1}=a_n+2n+1\ (n=1,\ 2,\ 3,\ \cdots) \end{cases}$ 일 때,

$n=1,\ 2,\ 3,\ \cdots$을 대입하면 $a_2,\ a_3,\ a_4,\ \cdots$의 값을 구할 수 있다.

- 귀납적 정의가 주어진 경우
  $n=1,\ 2,\ 3,\ 4,\ \cdots$를 대입하면
  $a_1,\ a_2,\ a_3,\ a_4,\ \cdots$를 구할 수 있다.
- $a_1,\ a_2$의 값과 $a_{n+2}=a_{n+1}+a_n$과 같은 세 항의 관계식이 주어질 수도 있다.

(2) 등차수열의 귀납적 정의
 ① $a_1,\ a_{n+1}=a_n+d$ ⟹ 첫째항이 a_1, 공차가 d인 등차수열
 ② $a_1,\ a_2,\ 2a_{n+1}=a_n+a_{n+2}$ ⟹ 첫째항이 a_1, 공차가 a_2-a_1인 등차수열

- 다음은 ②와 같은 식이다.
  $a_{n+2}-a_{n+1}=a_{n+1}-a_n$

(3) 등비수열의 귀납적 정의
 ① $a_1,\ a_{n+1}=ra_n$ ⟹ 첫째항이 a_1, 공비가 r인 등비수열
 ② $a_1,\ a_2,\ a_{n+1}{}^2=a_na_{n+2}$ ⟹ 첫째항이 a_1, 공비가 $a_2\div a_1$인 등비수열

- 다음은 ②와 같은 식이다.
  $\dfrac{a_{n+2}}{a_{n+1}}=\dfrac{a_{n+1}}{a_n}$

(4) 자주 나오는 수열의 귀납적 정의
 ① $a_{n+1}-a_n=f(n)$ 꼴
   n에 $1,\ 2,\ 3,\ \cdots,\ n-1$을 대입하고 변변 더하면 a_n을 구할 수 있다.
 ② $a_{n+1}\div a_n=f(n)$ 꼴
   n에 $1,\ 2,\ 3,\ \cdots,\ n-1$을 대입하고 변변 곱하면 a_n을 구할 수 있다.

- $f(n)$이 상수 d이면
  공차가 d인 등차수열이다.
- $f(n)$이 상수 r이면
  공비가 r인 등비수열이다.

2 수학적 귀납법

(1) 자연수 n에 대한 명제 $p(n)$에 대하여
 ① $p(1)$이 참이다.
 ② $p(k)$가 참이면 $p(k+1)$이 참이다.
 위의 두 가지를 보이면 $p(n)$이 참이라 할 수 있다.
 이와 같은 증명법을 **수학적 귀납법**이라 한다.

- $p(1)$이 참이면 $p(2)$가 참,
  $p(2)$가 참이면 $p(3)$이 참,
  $p(3)$이 참이면 $p(4)$가 참,
  ⋮
  따라서 모든 자연수 n에 대하여
  명제 $p(n)$이 참이다.

(2) 자연수에 대한 성질을 증명할 때에는 수학적 귀납법을 우선 생각한다.

예를 들어 $\displaystyle\sum_{i=1}^{n}i^2=\dfrac{n(n+1)(2n+1)}{6}$은 다음과 같은 순서로 증명한다.

① $n=1$일 때 주어진 등식이 성립함을 증명한다.

② $n=k$일 때 등식 $\displaystyle\sum_{i=1}^{k}i^2=\dfrac{k(k+1)(2k+1)}{6}$이 성립한다고 가정한다.

그리고 이 식을 이용하여 다음 등식이 성립함을 증명한다.
$$\sum_{i=1}^{k+1}i^2=\frac{(k+1)\{(k+1)+1\}\{2(k+1)+1\}}{6}$$
곧, $n=k+1$일 때도 성립하므로 모든 자연수 n에 대하여 성립한다.

A STEP

유형 1 수열의 귀납적 정의

01

첫째항이 1인 수열 $\{a_n\}$이 모든 자연수 n에 대하여
$a_{n+1} = \dfrac{a_n}{2a_n + 1}$을 만족시킬 때, a_5의 값을 구하시오.

02

수열 $\{a_n\}$은 $a_1 = 2$이고, 모든 자연수 n에 대하여
$$a_{n+1} = \begin{cases} a_n - 1 & (a_n\text{이 짝수인 경우}) \\ a_n + n & (a_n\text{이 홀수인 경우}) \end{cases}$$
이다. a_7의 값은?

① 7 　　　　② 9 　　　　③ 11
④ 13 　　　　⑤ 15

03

수열 $\{a_n\}$은 $a_1 = 5$이고, 모든 자연수 n에 대하여
$$a_{n+1} = \begin{cases} \dfrac{a_n}{10 - a_n} & (a_n\text{이 정수인 경우}) \\ 3a_n + 1 & (a_n\text{이 정수가 아닌 경우}) \end{cases}$$
이다. $a_{10} + a_{15}$의 값을 구하시오.

04

수열 $\{a_n\}$에서
$$\begin{cases} a_2 = 3a_1 \\ a_{n+2} - 2a_{n+1} + a_n = 0 \ (n = 1, 2, 3, \dots) \end{cases}$$
이다. $a_{10} = 76$일 때, a_5의 값은?

① 3 　　　　② 6 　　　　③ 16
④ 26 　　　　⑤ 36

05

수열 $\{a_n\}$을
$$\begin{cases} a_1 = 1 \\ a_n = \left(1 - \dfrac{1}{n^2}\right) a_{n-1} \ (n = 2, 3, 4, \dots) \end{cases}$$
로 정의하자. $a_k = \dfrac{19}{36}$일 때, k의 값은?

① 17 　　　　② 18 　　　　③ 19
④ 20 　　　　⑤ 21

06

수열 $\{a_n\}$을
$$a_1 = 2, \quad a_{n+1} = a_n + n + 1 \ (n = 1, 2, 3, \dots)$$
로 정의하자. $a_k = 56$일 때, k의 값은?

① 9 　　　　② 10 　　　　③ 11
④ 12 　　　　⑤ 13

07

첫째항이 2인 수열 $\{a_n\}$이 다음 조건을 만족시킨다.

> (가) 모든 자연수 n에 대하여 $a_{n+7} = a_n$이다.
> (나) 6 이하의 자연수 n에 대하여 $a_{n+1} = 2a_n - 1$이다.

a_{60}의 값을 구하시오.

08

모든 항이 양수인 수열 $\{a_n\}$이 다음 조건을 만족시킬 때, a_{10}의 값을 구하시오.

> (가) $a_1 = 2$
> (나) 이차방정식 $x^2 - 2\sqrt{a_n}\,x + a_{n+1} - 3 = 0$이 중근을 가진다.

유형 2 수학적 귀납법

09

다음은 모든 자연수 n에 대하여 $3^{2n+2}+8n-9$가 16의 배수임을 수학적 귀납법으로 증명한 것이다.

(i) $n=1$일 때
$$3^{2\times1+2}+8\times1-9=\boxed{\text{(가)}}$$
이므로 16의 배수이다.

(ii) $n=k$일 때 $3^{2k+2}+8k-9$가 16의 배수라 가정하면
$$3^{2k+2}+8k-9=16l \ (l\text{은 자연수})$$
로 놓을 수 있다.
$$3^{2(k+1)+2}+8(\boxed{\text{(나)}})-9=3^{2k+4}+\boxed{\text{(다)}}$$
$$=16\{9l+(\boxed{\text{(라)}})\}$$
이므로 $n=\boxed{\text{(나)}}$일 때도 $3^{2n+2}+8n-9$는 16의 배수이다.

(i), (ii)에 의하여 모든 자연수 n에 대하여 $3^{2n+2}+8n-9$는 16의 배수이다.

위의 과정에서 (가)에 알맞은 수를 a, (나), (다), (라)에 알맞은 식을 각각 $f(k)$, $g(k)$, $h(k)$라 할 때, $a+f(1)+g(2)+h(3)$의 값은?

① 88   ② 89   ③ 90
④ 91   ⑤ 92

10

모든 자연수 n에 대하여 등식
$$1\times2+2\times3+3\times4+\cdots+n(n+1)=\frac{n(n+1)(n+2)}{3}$$
가 성립함을 수학적 귀납법으로 증명하시오.

11

다음은 3 이상의 자연수 n에 대하여 부등식
$$n^{n+1}>(n+1)^n \qquad \cdots (*)$$
이 성립함을 수학적 귀납법으로 증명한 것이다.

(i) $n=3$일 때
$$(\text{좌변})=3^4=81, \ (\text{우변})=4^3=64$$
이므로 $(*)$이 성립한다.

(ii) $n=k \ (k\geq3)$일 때 $(*)$이 성립한다고 가정하면
$$k^{k+1}>(k+1)^k$$
이때
$$(k+1)^{k+2}=\frac{(k+1)^{k+2}}{k^{k+1}}\times\boxed{\text{(가)}}$$
$$>\frac{(k+1)^{k+2}}{k^{k+1}}\times(k+1)^k$$
$$=(\boxed{\text{(나)}})^{k+1}$$
$$>(k+2)^{k+1}$$
따라서 $n=k+1$일 때도 $(*)$이 성립한다.

(i), (ii)에 의하여 3 이상의 자연수 n에 대하여 부등식 $(*)$이 성립한다.

위의 과정에서 (가), (나)에 알맞은 것은?

	(가)	(나)
①	k^{k-1}	$k+1+\dfrac{1}{k}$
②	k^{k-1}	$k+2+\dfrac{1}{k}$
③	k^{k+1}	$k+1+\dfrac{1}{k}$
④	k^{k+1}	$k+2+\dfrac{1}{k}$
⑤	k^{k+2}	$k+2+\dfrac{1}{k}$

01

수열 $\{a_n\}$을
$$\begin{cases} a_1=2 \\ a_{2n}=1+a_n, \ a_{2n+1}=\dfrac{1}{a_{2n}} \end{cases}$$
로 정의하자. $a_k=\dfrac{1}{6}$일 때, k의 값은?

① 9 　　　　② 16 　　　　③ 17
④ 32 　　　　⑤ 33

02

수열 $\{a_n\}$을
$$\begin{cases} a_1=1 \\ a_{n+1}=a_n+(-1)^n \times n \ (n=1, 2, 3, \dots) \end{cases}$$
으로 정의할 때, $a_{20}+a_{21}$의 값을 구하시오.

03

수열 $\{a_n\}$은 $a_1=2$이고, 모든 자연수 n에 대하여
$$a_{n+1}=\begin{cases} \dfrac{a_n}{2-3a_n} & (n\text{이 홀수인 경우}) \\ 1+a_n & (n\text{이 짝수인 경우}) \end{cases}$$
이다. $\displaystyle\sum_{n=1}^{40} a_n$의 값은?

① 30 　　　　② 35 　　　　③ 40
④ 45 　　　　⑤ 50

04

다음 조건을 만족시키는 수열 $\{a_n\}$에 대하여 $\displaystyle\sum_{k=1}^{4p} a_k=1008$일 때, p의 값을 구하시오.

> (가) $a_n=2n-1 \ (n=1, 2, 3, 4)$
> (나) $a_{k+4}=2a_k \ (k=1, 2, 3, \dots)$

05 집중 연습

첫째항이 자연수인 수열 $\{a_n\}$은 모든 자연수 n에 대하여
$$a_{n+1}=\begin{cases} 2^{a_n} & (a_n\text{이 홀수인 경우}) \\ \dfrac{1}{2}a_n & (a_n\text{이 짝수인 경우}) \end{cases}$$
이다. $a_4+a_6<10$이 되도록 하는 모든 a_1의 값의 합은?

① 24 　　　　② 48 　　　　③ 58
④ 72 　　　　⑤ 96

06 집중 연습

첫째항이 0 또는 자연수인 수열 $\{a_n\}$은 모든 자연수 n에 대하여
$$a_{n+2}=\begin{cases} a_n+a_{n+1} & (a_n+a_{n+1}\text{이 홀수인 경우}) \\ \dfrac{a_n+a_{n+1}}{2} & (a_n+a_{n+1}\text{이 짝수인 경우}) \end{cases}$$
이다. $a_2=2$, $a_5=6$일 때, 가능한 a_1+a_7의 값을 모두 구하시오.

→ 정답 및 풀이 129쪽

07

수열 $\{a_n\}$의 일반항은 $a_n=3+(-1)^n$이다. 좌표평면 위의 점 P_n을

$$P_n\left(a_n\cos\frac{2n\pi}{3},\ a_n\sin\frac{2n\pi}{3}\right)$$

라 할 때, 다음 중 P_{2030}과 같은 점은?

① P_1　　　　② P_2　　　　③ P_3
④ P_4　　　　⑤ P_5

08

수열 $\{a_n\}$을

$$a_1=4,\ a_{n+1}=3(a_1+a_2+a_3+\cdots+a_n)\ (n=1,\,2,\,3,\,\ldots)$$

으로 정의할 때, a_5의 값은?

① 3×4^4　　　　② 4^5　　　　③ 3×5^4
④ 5×4^4　　　　⑤ 4×5^4

09 집중 연습

수열 $\{a_n\}$은 모든 자연수 n에 대하여

$$a_{n+1}=\begin{cases}a_n-5 & (a_n\geq0)\\ -a_n+2 & (a_n<0)\end{cases}$$

이다. $a_5=6$일 때, $\displaystyle\sum_{k=1}^{200}a_k$의 최댓값과 최솟값을 구하시오.

10

첫째항이 짝수인 수열 $\{a_n\}$은 모든 자연수 n에 대하여

$$a_{n+1}=\begin{cases}a_n-d & (a_n\geq0)\\ a_n+2d & (a_n<0)\end{cases}\ (d\text{는 자연수})$$

이다. $a_n<0$인 n의 최솟값을 m이라 하면 수열 $\{a_n\}$은 다음 조건을 만족시킨다.

> (가) $a_{m-2}+a_{m-1}+a_m=3$
> (나) $\displaystyle\sum_{k=m+1}^{4m}a_k=33,\ \sum_{k=1}^{m-1}a_k=145$

a_1의 값을 구하시오.

11

수열 $\{a_n\}$의 첫째항부터 제n항까지의 합을 S_n이라 하자. $a_1<a_2<a_3<\cdots<a_n<\cdots$이고,

$$a_1=1,\ a_2=3$$
$$(S_{n+1}-S_{n-1})^2=4a_na_{n+1}+4\ (n=2,\,3,\,4,\,\ldots)$$

일 때, a_{20}의 값은?

① 39　　　　② 43　　　　③ 47
④ 51　　　　⑤ 55

12

두 수열 $\{a_n\}$, $\{b_n\}$이 모든 자연수 n에 대하여 다음 조건을 만족시킨다.

> (가) $a_{2n-1}=a_{2n}=3n$
> (나) $b_n=(-1)^n\times a_n+2$

$80<\displaystyle\sum_{k=1}^{m}b_k<90$을 만족시키는 모든 m의 값의 합을 구하시오.

13

수열 $\{a_n\}$이

$$na_1+(n-1)a_2+(n-2)a_3+\cdots+2a_{n-1}+a_n$$
$$=n(n+1)(n+2)$$

를 만족시킬 때, $\displaystyle\sum_{k=1}^{10} a_k$의 값을 구하시오.

14

$\{a_n\}$은 공차가 0이 아닌 등차수열이다.
수열 $\{b_n\}$은 $b_1=a_1$이고, 2 이상의 자연수 n에 대하여

$$b_n=\begin{cases} b_{n-1}+a_n & (n\text{이 3의 배수가 아닌 경우}) \\ b_{n-1}-a_n & (n\text{이 3의 배수인 경우}) \end{cases}$$

이다. $b_{10}=a_{10}$일 때, $\dfrac{b_8}{b_{10}}$의 값을 구하시오.

15

좌표평면 위에 다음 조건을 만족시키도록 점 P_1, P_2, P_3, …을 정할 때, $a_{13}+a_{14}$의 값은?

> (가) 점 P_1의 좌표는 $(1,\ 1)$이다.
> (나) 점 P_n의 좌표는 $(a_n,\ a_n^{\ 2})$이다.
> (다) 직선 $\mathrm{P}_n\mathrm{P}_{n+1}$의 기울기는 $3n$이다.

① 31   ② 33   ③ 35
④ 37   ⑤ 39

16

정삼각형에서 각 변의 중점을 연결하면 작은 정삼각형이 4개 생긴다. 이때 가운데 정삼각형 하나를 잘라 내면 정삼각형이 3개 남는다. 남은 정삼각형 3개에서 같은 과정을 반복하면 정삼각형이 9개 남고, 다시 남은 정삼각형에서 같은 과정을 반복하면 정삼각형이 27개 남는다.

[첫 번째]   [두 번째]   [세 번째]

두 정삼각형이 공유하는 꼭짓점은 한 개로 셀 때, n번째 도형에서 남은 정삼각형들의 꼭짓점의 개수를 a_n이라 하자. a_6의 값은?

① 1086   ② 1089   ③ 1092
④ 1095   ⑤ 1098

17

수열 $\{a_n\}$에 대하여 $S_n=\displaystyle\sum_{k=1}^{n} a_k$라 할 때,

$$2S_n=3a_n-4n+3 \ (n\geq1)$$

이다. 다음은 일반항 a_n을 구하는 과정이다.

> $$2S_n=3a_n-4n+3 \qquad \cdots\ ❶$$
> 에서 $n=1$일 때 $2S_1=3a_1-1$이므로 $a_1=1$이다.
> $$2S_{n+1}=3a_{n+1}-4(n+1)+3 \qquad \cdots\ ❷$$
> ❷에서 ❶을 뺀 식으로부터 $a_{n+1}=3a_n+\boxed{\text{(가)}}$
> 수열 $\{a_n+2\}$가 등비수열이므로 $a_n=\boxed{\text{(나)}} \ (n\geq1)$

위의 과정에서 (가)에 알맞은 수를 p, (나)에 알맞은 식을 $f(n)$이라 할 때, $p+f(5)$의 값은?

① 225   ② 230   ③ 235
④ 240   ⑤ 245

18

다음은 모든 자연수 n에 대하여 등식

$$1 \times (2n-1) + 2 \times (2n-3) + 3 \times (2n-5) + \cdots$$
$$+ (n-1) \times 3 + n \times 1 = \frac{n(n+1)(2n+1)}{6} \quad \cdots (\ast)$$

이 성립함을 수학적 귀납법으로 증명한 것이다.

(i) $n=1$일 때

(좌변)$=1$, (우변)$=1$

이므로 주어진 등식이 성립한다.

(ii) $n=k$일 때 $(\ast)$이 성립한다고 가정하면

$$1 \times (2k-1) + 2 \times (2k-3) + 3 \times (2k-5) + \cdots$$
$$+ (k-1) \times 3 + k \times 1 = \frac{k(k+1)(2k+1)}{6}$$

이때

$$1 \times (2k+1) + 2 \times (2k-1) + 3 \times (2k-3) + \cdots$$
$$+ k \times 3 + (k+1) \times 1$$

$$= 1 \times (2k-1) + 2 \times (2k-3) + 3 \times (2k-5) + \cdots$$
$$+ (k-1) \times 3 + k \times 1 + 2(1+2+3+\cdots+k) + \boxed{(가)}$$

$$= \frac{k(k+1)(2k+1)}{6} + \boxed{(나)} = \boxed{(다)}$$

이므로 $n=k+1$일 때도 $(\ast)$이 성립한다.

(i), (ii)에 의하여 모든 자연수 n에 대하여 등식 $(\ast)$이 성립한다.

위의 과정에서 (가), (나), (다)에 알맞은 식을 각각 $f(k)$, $g(k)$, $h(k)$라 할 때, $f(2) + g(3) + h(4)$의 값을 구하시오.

19

다음은 $n \geq 2$인 모든 자연수 n에 대하여 부등식

$$\sum_{i=1}^{n} \left(\frac{1}{2i-1} - \frac{1}{2i} \right) < \frac{1}{4}\left(3 - \frac{1}{n} \right) \quad \cdots (\ast)$$

이 성립함을 수학적 귀납법으로 증명한 것이다.

(i) $n=2$일 때

$$(좌변) = \left(1 - \frac{1}{2} \right) + \left(\frac{1}{3} - \frac{1}{4} \right) = \frac{7}{12},$$

$$(우변) = \frac{1}{4}\left(3 - \frac{1}{2} \right) = \frac{5}{8}$$

이므로 $(\ast)$이 성립한다.

(ii) $n=k$ $(k \geq 2$인 자연수$)$일 때 $(\ast)$이 성립한다고 가정하면

$$\sum_{i=1}^{k} \left(\frac{1}{2i-1} - \frac{1}{2i} \right) < \frac{1}{4}\left(3 - \frac{1}{k} \right)$$

위 부등식의 양변에 $\boxed{(가)}$을 더하면

$$\sum_{i=1}^{k+1} \left(\frac{1}{2i-1} - \frac{1}{2i} \right) < \frac{1}{4}\left(3 - \frac{1}{k} \right) + \boxed{(가)}$$

한편 $\frac{1}{4}\left(3 - \frac{1}{k} \right) + \boxed{(가)}$에서 $2(2k+1) > 4k$이므로

$$\frac{1}{4}\left(3 - \frac{1}{k} \right) + \boxed{(가)} < \frac{1}{4}\left(3 - \frac{1}{k} \right) + \boxed{(나)}$$

$$= \frac{3}{4} - \frac{1}{4(k+1)}$$

$$= \frac{1}{4}\left(3 - \frac{1}{k+1} \right)$$

따라서 $n=k+1$일 때도 $(\ast)$이 성립한다.

(i), (ii)에 의하여 $n \geq 2$인 모든 자연수 n에 대하여 부등식 $(\ast)$이 성립한다.

위의 과정에서 (가), (나)에 알맞은 것은?

	(가)	(나)
①	$\dfrac{1}{2(2k+1)(k+1)}$	$\dfrac{1}{2k(k+1)}$
②	$\dfrac{1}{2(2k+1)(k+1)}$	$\dfrac{1}{4k(k+1)}$
③	$\dfrac{1}{2k(2k-1)}$	$\dfrac{1}{2k(k+1)}$
④	$\dfrac{1}{2k(2k-1)}$	$\dfrac{1}{4k(k+1)}$
⑤	$\dfrac{1}{2k(2k-1)}$	$\dfrac{1}{k(k+1)}$

01

두 수열 $\{a_n\}$, $\{b_n\}$에 대하여

$$b_k = \begin{cases} k^2 + \dfrac{k}{2} - \dfrac{2}{15} & (k\text{가 짝수인 경우}) \\ k^2 + \dfrac{k+1}{2} - \dfrac{11}{15} & (k\text{가 홀수인 경우}) \end{cases}$$

이라 할 때, b_k에 가장 가까운 정수를 a_k라 하자.

이때 $\left[\displaystyle\sum_{k=1}^{2030} (a_k - b_k) \right]$의 값은?

(단, $[x]$는 x를 넘지 않는 최대 정수이다.)

① -136 ② -135 ③ -134

④ 135 ⑤ 136

02

수열 $\{a_n\}$은 다음 조건을 만족시킨다.

> (가) $\{a_n\}$은 모든 항이 자연수이다.
> (나) $a_1 = 2$
> (다) $\dfrac{k}{n+3} \le a_n \le \dfrac{k}{n}$을 만족시키는 자연수 k의 개수는 a_{n+2}이다.

$\displaystyle\sum_{k=1}^{5} a_k = 44$일 때, a_6의 값을 구하시오.

03 집중 연습

수열 $\{a_n\}$은 모든 자연수 n에 대하여 다음 조건을 만족시킨다.

> (가) $2|a_{2n}| = |a_{2n-1}|$
> (나) $\displaystyle\sum_{k=1}^{n} (a_{2k-1} + a_{2k}) = \dfrac{1}{2} n(n+1)$

$\displaystyle\sum_{k=1}^{10} a_{2k} = -43$일 때, 가능한 $a_4 + a_{12} + a_{20}$의 값을 모두 구하시오.

04 집중 연습

수열 $\{a_n\}$은 $|a_1| \le 1$이고, 모든 자연수 n에 대하여

$$a_{n+1} = \begin{cases} 2a_n + 2 & \left(-1 \le a_n \le -\dfrac{1}{2}\right) \\ -2a_n & \left(-\dfrac{1}{2} < a_n \le \dfrac{1}{2}\right) \\ 2a_n - 2 & \left(\dfrac{1}{2} < a_n \le 1\right) \end{cases}$$

를 만족시킨다.

$a_5 \ne 0$, $a_4 + a_5 = 0$, $|a_4| > |a_3| > |a_2| > |a_1|$일 때, 가능한 $\displaystyle\sum_{k=1}^{4} a_k$의 값을 모두 구하시오.

⬥ 정답 및 풀이 134쪽

05

수열 $\{a_n\}$은 다음 조건을 만족시킨다.

> (가) 0이거나 1인 항은 없다.
> (나) 모든 자연수 n에 대하여
> $$a_{2n+1}+a_{2n}a_{2n+1}-1=0$$이다.
> (다) 모든 자연수 n에 대하여
> $$(a_{2n-1})^2 a_{2n}-a_{2n-1}a_{2n}+a_{2n-1}-1=0$$이다.

$\displaystyle\sum_{n=1}^{9}|a_n|-\sum_{n=1}^{9}a_n=14$일 때, 가능한 a_1의 값을 모두 구하시오.

06

좌표평면 위의 점 P_n의 좌표를 $(n,\ an-a)$라 하자. 두 점 Q_n, Q_{n+1}에 대하여 점 P_n이 삼각형 $Q_nQ_{n+1}Q_{n+2}$의 무게중심이 되도록 점 Q_{n+2}를 정한다. 두 점 Q_1, Q_2의 좌표가 각각 $(0,\ 0)$, $(1,\ -1)$이고 점 Q_{10}의 좌표가 $(9,\ 90)$일 때, 점 Q_{13}의 좌표를 구하시오. (단, $a>1$)

07

모든 자연수 n에 대하여 등식
$$\sum_{i=1}^{2n-1}\{i+(n-1)^2\}=(n-1)^3+n^3$$
이 성립함을 수학적 귀납법으로 증명하시오.

내신 1등급 문제서

절대등급

절대등급으로
수학 내신 1등급에
도전하세요.

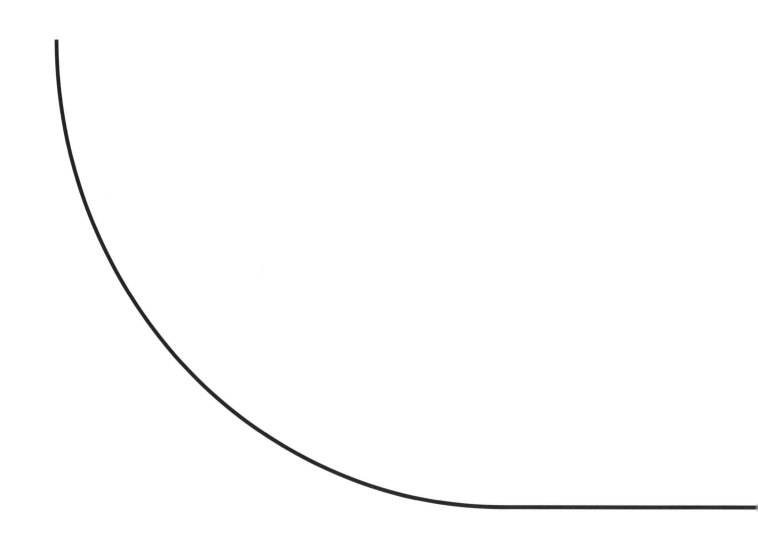

내신 1등급 문제서

절대등급

정답 및 풀이
대수

동아출판

내신 1등급 문제서

절대등급

대수

**모바일
빠른 정답**

QR코드를 찍으면 정답 및 풀이를
쉽고 빠르게 확인할 수 있습니다.

I. 지수함수와 로그함수

01 지수와 로그

A STEP 시험에 꼭 나오는 문제   7~11쪽

01 ③   **02** ①   **03** ④   **04** ④   **05** ②   **06** ⑤
07 ②   **08** ④   **09** ⑤   **10** ④   **11** $m=8,\ n=3$
12 ⑤   **13** ⑤   **14** ⑤   **15** $4-2\sqrt{3}$ **16** ⑤   **17** ①
18 ④   **19** $\dfrac{1}{9}$ **20** ③   **21** 3   **22** ①   **23** ③
24 ①   **25** ②   **26** ①   **27** 25   **28** ①   **29** ④
30 $\dfrac{1}{64}$ **31** 12   **32** ⑤   **33** 5   **34** ①   **35** ③
36 46   **37** 0.7721   **38** 25   **39** ③   **40** ⑤

B STEP 1등급 도전 문제   12~17쪽

01 ②   **02** -21 **03** ④   **04** ④   **05** ③   **06** ①
07 64   **08** 30   **09** ③   **10** ②   **11** 216   **12** ④
13 $a=5,\ b=5$ **14** ④   **15** $2\sqrt{2}<a<2\sqrt{6}$ **16** ④
17 20   **18** $a_1=1,\ a_2=0,\ a_3=1$ **19** ⑤   **20** 4
21 ③   **22** ⑤   **23** 50   **24** ③   **25** 3   **26** ③
27 ⑤   **28** 502   **29** $\dfrac{2}{5}$ **30** ②   **31** ②   **32** 26
33 ③   **34** 162   **35** ⑤   **36** $m=7,\ n=24$

C STEP 절대등급 완성 문제   18~19쪽

01 10   **02** 92   **03** ③   **04** 7   **05** 683   **06** 424
07 ③   **08** 78

02 지수함수와 로그함수

A STEP 시험에 꼭 나오는 문제   21~26쪽

01 ③   **02** $a=\dfrac{1}{2},\ b=2$ **03** 3   **04** 6   **05** ③
06 $m=9,\ n=-2$ **07** $m=3,\ n=3$ **08** ②   **09** -3
10 ⑤   **11** -5 **12** ④   **13** $p=-3,\ q=1$ **14** 51
15 ⑤   **16** 15   **17** ⑤   **18** 최댓값: 243, 최솟값: 3
19 ②   **20** 200   **21** $-\dfrac{1}{2}$ **22** ③   **23** $\dfrac{8}{7}$ **24** ③
25 71   **26** 10   **27** ⑤   **28** 64   **29** 4   **30** ③
31 $\dfrac{1}{3}$ **32** $7\sqrt{2}$ **33** 4   **34** $\sqrt{2}$ **35** 5   **36** 37
37 $\dfrac{5}{2}$ **38** ②   **39** 60

B STEP 1등급 도전 문제   27~32쪽

01 ②   **02** ④   **03** ④   **04** ⑤   **05** ⑤   **06** ④
07 18   **08** ④   **09** ⑤   **10** ①   **11** ②   **12** ⑤
13 $-1,\ -2+\sqrt{10}$ **14** ④   **15** 10   **16** ④   **17** ②
18 ④   **19** 190   **20** ③   **21** 1   **22** 81   **23** ④
24 ②   **25** ①   **26** 24   **27** 5   **28** 4   **29** $\dfrac{31}{4}$
30 $a_3=2,\ a_4=19$ **31** ③   **32** ②

C STEP 절대등급 완성 문제   33~34쪽

01 512   **02** ⑤   **03** $3\sqrt{2}$ **04** ④   **05** ④   **06** 21
07 15   **08** ④

03 지수함수와 로그함수의 활용

A STEP 시험에 꼭 나오는 문제   36~39쪽

01 30   **02** ⑤   **03** ③   **04** 25   **05** 25   **06** ③
07 ④   **08** ⑤   **09** ⑤   **10** ③   **11** ①   **12** 2
13 ⑤   **14** 4   **15** ①   **16** 9   **17** ②   **18** ③
19 3   **20** 16   **21** 504   **22** $a=-17,\ b=72$ **23** 25
24 ①   **25** ②   **26** -3 **27** $\dfrac{1}{16}\le a\le 16$ **28** ③
29 ⑤   **30** ③   **31** ⑤   **32** ①

B STEP 1등급 도전 문제   40~44쪽

01 ⑤   **02** $x=10$ 또는 $x=100$ **03** ③   **04** ④
05 ①   **06** $x=\dfrac{1}{2},\ y=27$ 또는 $x=8,\ y=\dfrac{1}{3}$ **07** ②
08 $\begin{cases} x=2 \\ y=5 \end{cases}$ 또는 $\begin{cases} x=5 \\ y=2 \end{cases}$ 또는 $\begin{cases} x=3 \\ y=3 \end{cases}$ **09** ②   **10** ②
11 ③   **12** ⑤   **13** 63
14 (1) $0<x<\dfrac{1}{2}$ 또는 $x>8$ (2) $2<x\le 5$ **15** ④   **16** 91
17 $a=5,\ b=4$ **18** ②   **19** 16   **20** ④   **21** ④
22 ⑤   **23** 5   **24** ②   **25** ⑤   **26** $\dfrac{1}{4}$
27 $C<B<A$ **28** ③   **29** ④

C STEP 절대등급 완성 문제   45~46쪽

01 $k=\log_3 6,\ \mathrm{A}(1,\ -1)$ **02** ②   **03** ③   **04** ④
05 ③   **06** ②   **07** 7   **08** 3, 4, 9, 10

II. 삼각함수

04 삼각함수의 정의

A STEP 시험에 꼭 나오는 문제 49~52쪽

01 ②	02 ①	03 ④	04 $\frac{8}{9}\pi$	05 96π	06 ⑤
07 ②	08 ⑤	09 ④	10 ①	11 $\frac{5}{4}\pi$	12 ⑤
13 ①	14 ④	15 $2-\sqrt{3}$	16 ①	17 2	18 ④
19 $\frac{8}{3}$	20 ①	21 ②	22 ②	23 1	24 ②
25 ④	26 ③	27 ④	28 -1	29 ⑤	30 ③
31 ③	32 $\frac{9}{2}$				

B STEP 1등급 도전 문제 53~56쪽

01 3	02 ④	03 ⑤	04 $18\pi+18\sqrt{3}$	05 2
06 $\frac{2}{3}\pi+\frac{3\sqrt{3}}{2}$	07 ①	08 ④	09 ⑤	10 ④
11 $1-\sqrt{2}$	12 ③	13 ③	14 ①	15 ①
16 $\left(\frac{7\sqrt{3}}{2},\ \frac{7}{2}\right)$	17 $-\frac{\sqrt{3}}{2}$	18 ④	19 ④	20 ②
21 -2	22 $\frac{2\sqrt{2}+1}{3}$	23 ③	24 $P_{111}(1,\ 0)$	

C STEP 절대등급 완성 문제 57쪽

01 ④	02 10	03 ②	04 $k=\frac{\sqrt{3}}{2},\ P_1\left(-\frac{\sqrt{3}}{2},\ \frac{1}{2}\right)$

05 삼각함수의 그래프

A STEP 시험에 꼭 나오는 문제 59~62쪽

01 ④	02 ①	03 $-\frac{1}{3}$	04 $-\frac{\sqrt{2}}{2}$	05 ④	06 3
07 ④	08 $a=2,\ b=2$	09 $\frac{\pi}{2}$			
10 $x=0,\ x=\frac{\pi}{2},\ x=\pi$		11 ②, ④	12 ①	13 ⑤	
14 ④	15 ⑤	16 ③	17 19	18 ③	19 ④
20 ①	21 ⑤	22 ③			
23 $x=0$ 또는 $x=\frac{\pi}{2}$ 또는 $x=\pi$ 또는 $x=\frac{3}{2}\pi$				24 $\frac{3}{4}$	
25 ⑤	26 ④	27 $\frac{5}{4}\pi\leq x\leq\frac{7}{4}\pi$		28 ①	
29 $\frac{2}{3}\pi<x<\pi$	30 $-\frac{\pi}{2}<\theta<\frac{\pi}{2}$		31 ②		

B STEP 1등급 도전 문제 63~67쪽

01 ①	02 ③	03 ④	04 ⑤	05 $\frac{3}{2}\pi$	06 ③
07 ①	08 $1+\sqrt{2}$	09 ①	10 $\frac{\sqrt{3}}{4}$	11 ㄱ, ㄷ	
12 ㄱ, ㄷ	13 $k=-\frac{3}{2},\ x=\frac{3}{2}\pi$	14 최댓값: $2+\sqrt{3}$, 최솟값: 0			
15 ②	16 $\frac{4}{9}$	17 ④	18 ②	19 ⑤	20 8
21 $0,\ \frac{\sqrt{2}}{2},\ \frac{\sqrt{3}}{2}$		22 ④	23 $k<-8$ 또는 $k>8$	24 ②	
25 ②	26 ②	27 $x=-\pi$ 또는 $-\frac{\pi}{3}\leq x\leq\pi$		28 12	
29 11	30 ⑤				

C STEP 절대등급 완성 문제 68쪽

01 $-\frac{6}{5}$	02 ①	03 ④	04 ⑤

06 삼각함수의 활용

A STEP 시험에 꼭 나오는 문제 70~73쪽

01 ⑤	02 $\sqrt{6}$	03 32	04 ②	05 ⑤
06 C_1의 반지름의 길이: $4\sqrt{3}$, C_2의 반지름의 길이: 12				
07 2	08 $50\sqrt{7}\pi$	09 68	10 ③	11 ②	12 $\frac{3\sqrt{3}}{14}$
13 ⑤	14 ④	15 ②	16 $\sqrt{6}+\sqrt{2}$	17 $25(\sqrt{3}+1)\,\mathrm{m}$	
18 ②	19 $\angle A=\frac{\pi}{2}$ 또는 $\angle B=\frac{\pi}{2}$인 직각삼각형		20 ④	
21 ②	22 $\frac{12\sqrt{3}}{5}$	23 6	24 ③	25 $\frac{3+\sqrt{3}}{4}$	26 16
27 5	28 ③	29 $\frac{111\sqrt{3}}{4}$	30 $2\sqrt{6}$	31 ④

B STEP 1등급 도전 문제 74~78쪽

01 ②	02 2	03 ⑤	04 ④	05 ③	06 ②
07 ②	08 ②				
09 $b=c$인 이등변삼각형 또는 $\angle A=\frac{2}{3}\pi$인 삼각형					
10 $\frac{9}{5}$	11 ②	12 ②	13 ②	14 ④	
15 $\frac{\sqrt{2}-1}{2}$	16 2	17 ④	18 $\frac{7\sqrt{7}}{96}$	19 ④	
20 ④	21 $5\sqrt{5}$	22 $8\sqrt{3}$	23 ④	24 $2\sqrt{2},\ 4\sqrt{2}$	
25 $\frac{9}{2}\pi$	26 ①	27 4	28 ①	29 $\frac{45\sqrt{3}}{52}$	30 ②

C STEP 절대등급 완성 문제　79~80쪽

01 ③　**02** ③　**03** ①　**04** ③　**05** $\frac{9}{8}\pi$　**06** ①

07 $\frac{20}{3}$　**08** ④

Ⅲ. 수열

07 등차수열과 등비수열

A STEP 시험에 꼭 나오는 문제　83~87쪽

01 20　**02** 24　**03** ①　**04** ④　**05** ③　**06** ②
07 ⑤　**08** 8　**09** ③　**10** 11　**11** ③　**12** ③
13 ②　**14** 15　**15** ①　**16** 45　**17** ①　**18** 16
19 ⑤　**20** ⑤　**21** ②　**22** 108　**23** ②　**24** ②
25 ③　**26** ④　**27** ①　**28** ②　**29** ①　**30** 4
31 ②　**32** ④　**33** ④　**34** ②　**35** ④　**36** ③
37 1.6시간　　**38** 315　**39** ②

B STEP 1등급 도전 문제　88~91쪽

01 183　**02** ④　**03** ②　**04** 14　**05** ⑤　**06** 13
07 86　**08** ②　**09** ②　**10** 60, 105　　**11** 17
12 18　**13** ⑤　**14** $a=\frac{1}{2}$, $b=\frac{1}{3}$　**15** ④　**16** ③
17 3　**18** ④　**19** 2, 4　**20** ④　**21** ③　**22** 27
23 150　**24** ④

C STEP 절대등급 완성 문제　92~93쪽

01 $\frac{22}{3}$　**02** ③　**03** ②　**04** 61
05 -42, -14, -7, -2　　**06** 12, 17
07 $p=-3$, $q=-6$　　**08** 19

08 수열의 합

A STEP 시험에 꼭 나오는 문제　95~97쪽

01 ⑤　**02** 0　**03** ②　**04** 14　**05** ①　**06** ④
07 ①　**08** $p=\frac{7}{2}$, $q=\frac{35}{2}$　**09** ③　**10** ③　**11** 675
12 ④　**13** 69　**14** ④　**15** ①　**16** ②　**17** 498
18 ⑤　**19** 8　**20** ①　**21** $\frac{100}{201}$　**22** $\frac{10}{21}$　**23** 15

B STEP 1등급 도전 문제　98~101쪽

01 ③　**02** ③　**03** ④　**04** ④　**05** ②　**06** 560
07 ⑤　**08** 120　**09** 24　**10** ①　**11** ②　**12** ③
13 ②　**14** 170　**15** ④　**16** ④　**17** ④　**18** 8
19 ⑤　**20** ④　**21** 5　**22** 195　**23** ①　**24** 191

C STEP 절대등급 완성 문제　102쪽

01 ⑤　**02** 117　**03** 16　**04** 427

09 수열의 귀납적 정의, 수학적 귀납법

A STEP 시험에 꼭 나오는 문제　104~105쪽

01 $\frac{1}{9}$　**02** ②　**03** $\frac{10}{9}$　**04** ⑤　**05** ②　**06** ②
07 9　**08** 29　**09** ③　**10** 풀이 참조　　**11** ④

B STEP 1등급 도전 문제　106~109쪽

01 ③　**02** 2　**03** ①　**04** 6　**05** ⑤
06 22, 27　**07** ②　**08** ①　**09** 최댓값: 275, 최솟값: 200
10 28　**11** ①　**12** 1643　**13** 330　**14** $\frac{6}{7}$　**15** ⑤
16 ④　**17** ⑤　**18** 74　**19** ②

C STEP 절대등급 완성 문제　110~111쪽

01 ①　**02** 31　**03** -18, $-\frac{46}{3}$, -10, $-\frac{22}{3}$
04 $-\frac{5}{12}$, $\frac{5}{12}$　**05** $-\frac{2}{3}$, $\frac{1}{3}$, $\frac{2}{3}$　**06** $Q_{13}(12, 120)$
07 풀이 참조

Ⅰ. 지수함수와 로그함수

01 지수와 로그

01 ③	02 ①	03 ④	04 ④	05 ②	06 ⑤
07 ②	08 ④	09 ⑤	10 ④	11 $m=8, n=3$	
12 ⑤	13 ⑤	14 ⑤	15 $4-2\sqrt{3}$	16 ⑤	17 ①
18 ④	19 $\dfrac{1}{9}$	20 ③	21 3	22 ①	23 ⑤
24 ①	25 ②	26 ①	27 25	28 ①	29 ④
30 $\dfrac{1}{64}$	31 12	32 ⑤	33 5	34 ①	35 ③
36 46	37 0.7721	38 25	39 ③	40 ⑤	

01 ▸ 답 ③

② -27의 세제곱근 중 실수는 -3뿐이다. (참)
③ 1의 여섯제곱근은 6개이고 그중 실수는 1과 -1이다. (거짓)

Think More
실수 a의 n제곱근 중 실수인 것(n은 2 이상의 정수)

	$a>0$	$a=0$	$a<0$
n이 짝수	$\sqrt[n]{a}, -\sqrt[n]{a}$	0	없다.
n이 홀수	$\sqrt[n]{a}$	0	$\sqrt[n]{a}$

02 ▸ 답 ①

$\sqrt[3]{-8}=-2$이고, -2는 음수이므로 -2의 네제곱근 중 실수는 없다. $\therefore f(4)=0$
또 -2의 세제곱근 중 실수는 1개이므로 $f(3)=1$
-2의 다섯제곱근 중 실수는 1개이므로 $f(5)=1$
   $\therefore f(3)+f(4)+f(5)=2$

03 ▸ 답 ④

n이 짝수이면 A의 n제곱근 중 실수는
$A>0$일 때, 양수와 음수 두 개가 있다.
n이 홀수이면 A의 n제곱근 중 실수는 한 개이고,
A가 양수이면 양수, 음수이면 음수이다.

(ⅰ) n이 짝수일 때, $n^2-13n+30>0$이어야 하므로
   $(n-3)(n-10)>0$
   $n<3$ 또는 $n>10$
$2\leq n\leq20$이므로 n은 2, 12, 14, 16, 18, 20이고, 6개이다.

(ⅱ) n이 홀수일 때, $n^2-13n+30<0$이어야 하므로
   $3<n<10$
   n은 5, 7, 9이고, 3개이다.
(ⅰ), (ⅱ)에서 n의 개수는 $6+3=9$

04 ▸ 답 ④

$$\sqrt[4]{3}\times\sqrt[4]{27}+\dfrac{\sqrt[3]{2}}{\sqrt[3]{-54}}=\sqrt[4]{3\times27}+\dfrac{\sqrt[3]{2}}{-\sqrt[3]{54}}$$
$$=\sqrt[4]{3^4}-\sqrt[3]{\dfrac{2}{54}}$$
$$=3-\sqrt[3]{\left(\dfrac{1}{3}\right)^3}$$
$$=3-\dfrac{1}{3}=\dfrac{8}{3}$$

05 ▸ 답 ②

$$\sqrt{\dfrac{\sqrt{a}}{\sqrt[6]{a}}}\times\sqrt{\dfrac{\sqrt[3]{a}}{\sqrt[4]{a}}}\times\sqrt[3]{\dfrac{\sqrt[4]{a}}{\sqrt{a}}}=\dfrac{\sqrt[4]{a}}{\sqrt[12]{a}}\times\dfrac{\sqrt[6]{a}}{\sqrt[8]{a}}\times\dfrac{\sqrt[12]{a}}{\sqrt[6]{a}}$$
$$=\dfrac{\sqrt[4]{a}}{\sqrt[8]{a}}=\dfrac{\sqrt[8]{a^2}}{\sqrt[8]{a}}$$
$$=\sqrt[8]{a}$$

다른 풀이
유리수 지수로 고치면
$$\left(a^{\frac{1}{2}-\frac{1}{6}}\right)^{\frac{1}{2}}\times\left(a^{\frac{1}{3}-\frac{1}{4}}\right)^{\frac{1}{2}}\times\left(a^{\frac{1}{4}-\frac{1}{2}}\right)^{\frac{1}{3}}$$
$$=a^{\frac{1}{6}}\times a^{\frac{1}{24}}\times a^{-\frac{1}{12}}$$
$$=a^{\frac{1}{6}+\frac{1}{24}-\frac{1}{12}}$$
$$=a^{\frac{1}{8}}=\sqrt[8]{a}$$

06 ▸ 답 ⑤

$$A=\sqrt{\sqrt[3]{2^3}\times\sqrt[3]{6}}=\sqrt{\sqrt[3]{2^3\times6}}=\sqrt[6]{2^3\times6}=\sqrt[6]{48}$$
$$B=\sqrt[3]{\sqrt{2^2}\times\sqrt{6}}=\sqrt[3]{\sqrt{2^2\times6}}=\sqrt[6]{2^2\times6}=\sqrt[6]{24}$$
$$C=\sqrt[6]{10}$$
$$\therefore C<B<A$$

다른 풀이
$$A^6=(2\sqrt[3]{6})^3=2^3\times6=48$$
$$B^6=(2\sqrt{6})^2=2^2\times6=24$$
$$C^6=(\sqrt{10})^2=10$$
$C^6<B^6<A^6$이므로 $C<B<A$

07

답 ②

$$(\sqrt{2\sqrt[3]{4}})^3 = (\sqrt{\sqrt[3]{2^3} \times \sqrt[3]{2^2}})^3 = (\sqrt{\sqrt[3]{2^5}})^3$$
$$= \sqrt{(\sqrt[3]{2^5})^3} = \sqrt{2^5}$$
$$= \sqrt{32}$$

그런데 $5 < \sqrt{32} < 6$이므로 $(\sqrt{2\sqrt[3]{4}})^3$보다 큰 자연수 중 가장 작은 수는 6이다.

다른 풀이

$$2\sqrt[3]{4} = 2 \times 2^{\frac{2}{3}} = 2^{\frac{5}{3}}$$
$$(\sqrt{2\sqrt[3]{4}})^3 = \{(2^{\frac{5}{3}})^{\frac{1}{2}}\}^3 = (2^5)^{\frac{1}{2}} = \sqrt{32}$$

그런데 $5 < \sqrt{32} < 6$이므로 $(\sqrt{2\sqrt[3]{4}})^3$보다 큰 자연수 중 가장 작은 수는 6이다.

08

답 ④

$$\left(\frac{9}{3^{\sqrt{3}}}\right)^{2+\sqrt{3}} = (3^2 \div 3^{\sqrt{3}})^{2+\sqrt{3}}$$
$$= (3^{2-\sqrt{3}})^{2+\sqrt{3}}$$
$$= 3^{(2-\sqrt{3})(2+\sqrt{3})}$$
$$= 3^1 = 3$$

09

답 ⑤

$$\left(\frac{1}{64}\right)^{-\frac{1}{n}} = (2^{-6})^{-\frac{1}{n}} = 2^{\frac{6}{n}}$$

이 정수이므로 $\frac{6}{n}$은 양의 정수이다.

따라서 정수 n은 1, 2, 3, 6이고 합은 12이다.

10

답 ④

$(\sqrt[7]{5^6})^{\frac{1}{3}} = (5^{\frac{6}{7}})^{\frac{1}{3}} = 5^{\frac{2}{7}}$이 어떤 자연수 x의 n제곱근이면

$$5^{\frac{2}{7}} = \sqrt[n]{x}, \ x = (5^{\frac{2}{7}})^n = 5^{\frac{2}{7}n}$$

x가 자연수이므로 n은 7의 배수이다.

n은 50 이하이므로 7개이다.

11

답 $m=8, \ n=3$

$$\sqrt[3]{a\sqrt{a}} = (a \times a^{\frac{1}{2}})^{\frac{1}{3}} = (a^{\frac{3}{2}})^{\frac{1}{3}} = a^{\frac{1}{2}}$$

이므로

$$\sqrt[4]{a\sqrt[3]{a\sqrt{a}}} = (a \times a^{\frac{1}{2}})^{\frac{1}{4}} = (a^{\frac{3}{2}})^{\frac{1}{4}} = a^{\frac{3}{8}}$$

$\therefore m=8, \ n=3$

다른 풀이

$$\sqrt[4]{a\sqrt[3]{a\sqrt{a}}} = (a \times a^{\frac{1}{3}} \times a^{\frac{1}{3} \times \frac{1}{2}})^{\frac{1}{4}}$$
$$= a^{\frac{1}{4}} \times a^{\frac{1}{3} \times \frac{1}{4}} \times a^{\frac{1}{2} \times \frac{1}{3} \times \frac{1}{4}}$$
$$= a^{\frac{1}{4} + \frac{1}{12} + \frac{1}{24}} = a^{\frac{3}{8}}$$

12

답 ⑤

$$(x^{-2}y^4)^{-3} \div (x^3 y^{-2})^2 = x^6 y^{-12} \div x^6 y^{-4}$$
$$= y^{-8}$$

13

답 ⑤

$a \neq 0$일 때 $a^0 = 1$이므로

$$\{(-3)^2\}^{\frac{1}{2}} + (-3)^0 = (3^2)^{\frac{1}{2}} + 1$$
$$= 3 + 1 = 4$$

Think More

$\{(-3)^2\}^{\frac{1}{2}} = (-3)^{2 \times \frac{1}{2}} = -3$으로 계산하면 안 된다.

지수가 유리수인 경우 $a > 0$일 때에만 $(a^m)^n = a^{mn}$이 성립한다.

14

답 ⑤

$$(\sqrt[4]{9^3})^{\frac{2}{3}} \times \left\{\left(\frac{1}{\sqrt{7}}\right)^{-\frac{1}{5}}\right\}^{10} = \{(3^6)^{\frac{1}{4}}\}^{\frac{2}{3}} \times \{(7^{-\frac{1}{2}})^{-\frac{1}{5}}\}^{10}$$
$$= 3 \times 7 = 21$$

15

답 $4 - 2\sqrt{3}$

분자, 분모에 a^x을 곱하면 a^{2x}으로 나타낼 수 있다.

$$\frac{a^{3x} - 2a^x}{a^x + a^{-x}} = \frac{a^{4x} - 2a^{2x}}{a^{2x} + a^0}$$ 이고,

$a^{4x} = (a^{2x})^2 = (\sqrt{3} + 1)^2 = 4 + 2\sqrt{3}$이므로

$$\frac{a^{4x} - 2a^{2x}}{a^{2x} + a^0} = \frac{4 + 2\sqrt{3} - 2(\sqrt{3} + 1)}{\sqrt{3} + 1 + 1}$$
$$= \frac{2}{2 + \sqrt{3}} = \frac{2(2 - \sqrt{3})}{2^2 - 3}$$
$$= 4 - 2\sqrt{3}$$

16
답 ⑤

$(a^{\frac{1}{2}}+a^{-\frac{1}{2}})^2=a+a^{-1}+2a^{\frac{1}{2}}a^{-\frac{1}{2}}$

$(a^{\frac{1}{2}}+a^{-\frac{1}{2}})^3=a^{\frac{3}{2}}+a^{-\frac{3}{2}}+3a^{\frac{1}{2}}a^{-\frac{1}{2}}(a^{\frac{1}{2}}+a^{-\frac{1}{2}})$

을 이용한다.

$$a^{\frac{1}{2}}+a^{-\frac{1}{2}}=3 \quad \cdots ❶$$

❶의 양변을 제곱하면

$$a+2a^{\frac{1}{2}}a^{-\frac{1}{2}}+a^{-1}=9 \qquad \therefore a+a^{-1}=7$$

또 ❶의 양변을 세제곱하면

$$a^{\frac{3}{2}}+3a^{\frac{1}{2}}a^{-\frac{1}{2}}(a^{\frac{1}{2}}+a^{-\frac{1}{2}})+a^{-\frac{3}{2}}=27$$

$$a^{\frac{3}{2}}+3\times1\times3+a^{-\frac{3}{2}}=27 \qquad \therefore a^{\frac{3}{2}}+a^{-\frac{3}{2}}=18$$

$$\therefore \frac{a^{\frac{3}{2}}+a^{-\frac{3}{2}}-2}{a+a^{-1}+1}=\frac{18-2}{7+1}=2$$

17
답 ①

$(3^{\frac{1}{4}}\pm3^{-\frac{1}{4}})^2=3^{\frac{1}{2}}\pm2+3^{-\frac{1}{2}}$

을 이용한다.

$x=\dfrac{3^{\frac{1}{4}}-3^{-\frac{1}{4}}}{2}$ 의 양변을 제곱하면

$$x^2=\frac{3^{\frac{1}{2}}-2\times3^{\frac{1}{4}}\times3^{-\frac{1}{4}}+3^{-\frac{1}{2}}}{4}=\frac{3^{\frac{1}{2}}-2+3^{-\frac{1}{2}}}{4}$$

$$x^2+1=\frac{3^{\frac{1}{2}}+2+3^{-\frac{1}{2}}}{4}=\left(\frac{3^{\frac{1}{4}}+3^{-\frac{1}{4}}}{2}\right)^2$$

$$\sqrt{x^2+1}-x=\frac{3^{\frac{1}{4}}+3^{-\frac{1}{4}}}{2}-\frac{3^{\frac{1}{4}}-3^{-\frac{1}{4}}}{2}=3^{-\frac{1}{4}}$$

$$\therefore (\sqrt{x^2+1}-x)^4=(3^{-\frac{1}{4}})^4=3^{-1}=\frac{1}{3}$$

18
답 ④

$3^{x+1}-3^x=a$에서 $3^x(3-1)=a \qquad \therefore 3^x=\dfrac{a}{2}$

$2^{x+1}+2^x=b$에서 $2^x(2+1)=b \qquad \therefore 2^x=\dfrac{b}{3}$

$$\therefore 12^x=2^{2x}\times3^x=\left(\frac{b}{3}\right)^2\times\frac{a}{2}=\frac{ab^2}{18}$$

19
답 $\dfrac{1}{9}$

$a^x=b$이면 $a=b^{\frac{1}{x}}$이다.

$5^x=2^2$이므로 $5=2^{\frac{2}{x}} \quad \cdots ❶$

$20^y=2^3$이므로 $20=2^{\frac{3}{y}} \quad \cdots ❷$

❶$\div$❷를 하면

$$\frac{5}{20}=2^{\frac{2}{x}-\frac{3}{y}}, \quad 2^{-2}=2^{\frac{2}{x}-\frac{3}{y}}$$

$\dfrac{2}{x}-\dfrac{3}{y}=-2$이므로 $3^{\frac{2}{x}-\frac{3}{y}}=3^{-2}=\dfrac{1}{9}$

20
답 ③

$\log_a b$에서 $a>0$, $a\neq1$, $b>0$이다.

(i) $-x+4>0$이고 $-x+4\neq1$이므로

$\quad x<4$이고 $x\neq3$

(ii) $12+4x-x^2>0$이므로

$\quad (x+2)(x-6)<0 \qquad \therefore -2<x<6$

(i), (ii)에서 정수 x는 -1, 0, 1, 2이므로 4개이다.

21
답 3

$\log_a b$에서 $a>0$, $a\neq1$, $b>0$이다.

(i) $|a-1|>0$, $|a-1|\neq1$이므로

$\quad a\neq1$, $a\neq0$, $a\neq2$

(ii) 모든 실수 x에 대하여 $x^2+ax+a>0$이므로

$\quad D=a^2-4a<0 \qquad \therefore 0<a<4$

(i), (ii)에서 정수 a는 3이다.

22
답 ①

$$\log_3 6+\log_3 2-\log_3 4=\log_3 \frac{6\times2}{4}$$
$$=\log_3 3=1$$

23
답 ③

지수에 로그가 있는 꼴이다. 다음을 이용할 수 있는지 확인한다.

$\log_a b=x$이면 $a^x=b$이므로 $a^{\log_a b}=b$

$\log_3 \dfrac{4}{7}+\log_3 7=\log_3 \left(\dfrac{4}{7}\times7\right)=\log_3 4$이므로

$$3^{\log_3 \frac{4}{7}+\log_3 7}=3^{\log_3 4}=4$$

24

답 ①

선분 PQ를 $m:(1-m)$으로 내분하는 점의 좌표는

$$\frac{m\log_3 20+(1-m)\log_3 5}{m+(1-m)}$$

$$=m(\log_3 4+\log_3 5)+(1-m)\log_3 5$$

$$=m\log_3 4+\log_3 5$$

조건에서

$$m\log_3 4+\log_3 5=2$$

$$m\log_3 4=\log_3 9-\log_3 5=\log_3 \frac{9}{5}$$

$$\therefore m=\frac{\log_3 \frac{9}{5}}{\log_3 4}=\log_4 \frac{9}{5}$$

▸ $a^\square=b$인 $\square$를 $\log_a b$로 정의했으므로 $a^{\log_a b}=b$이다.

$$4^m=4^{\log_4 \frac{9}{5}}=\frac{9}{5}$$

25

답 ②

$\log_2 4=\log_2 2^2=2$, $\log_2 8=\log_2 2^3=3$이므로

$$2<\log_2 7<3 \qquad \therefore a=2$$

▸ $\log_2 7$의 소수 부분은 $\log_2 7$에서 정수 부분을 뺀 값이다.

$b=\log_2 7-2$이므로

$$3^a+2^b=3^2+2^{\log_2 7-2}=3^2+\frac{2^{\log_2 7}}{2^2}$$

$$=3^2+\frac{7}{2^2}=\frac{43}{4}$$

26

답 ①

▸ $\log_{a^m} b^n=\frac{\log b^n}{\log a^m}=\frac{n\log b}{m\log a}=\frac{n}{m}\log_a b$임을 이용하여 식을 정리한다.

$$(\log_2 3+\log_8 27)(\log_3 16+\log_{27} 4)$$

$$=(\log_2 3+\log_{2^3} 3^3)(\log_3 2^4+\log_{3^3} 2^2)$$

$$=(\log_2 3+\log_2 3)\left(4\log_3 2+\frac{2}{3}\log_3 2\right)$$

$$=2\log_2 3\times\frac{14}{3}\log_3 2$$

$$=\frac{28}{3}\times\log_2 3\times\frac{1}{\log_2 3}=\frac{28}{3}$$

다른 풀이

$$(\log_2 3+\log_8 27)(\log_3 16+\log_{27} 4)$$

$$=\left(\log_2 3+\frac{\log_2 27}{\log_2 8}\right)\left(\log_3 2^4+\frac{\log_3 4}{\log_3 27}\right)$$

$$=\left(\log_2 3+\frac{3\log_2 3}{3}\right)\left(4\log_3 2+\frac{2\log_3 2}{3}\right)$$

$$=2\log_2 3\times\frac{14}{3}\log_3 2$$

$$=\frac{28}{3}\times\log_2 3\times\frac{1}{\log_2 3}=\frac{28}{3}$$

27

답 25

▸ 두 항 모두 $\frac{\log_a c}{\log_a b}=\log_b c$를 이용하여 정리할 수 있는 꼴이다.

$$p=\frac{\log_2 (\log_3 32)}{\log_2 3}+\frac{\log_5 \left(\frac{1}{\log_3 2}\right)}{\log_5 3}$$

$$=\log_3 (\log_3 32)+\log_3 \left(\frac{1}{\log_3 2}\right)$$

$$=\log_3 \left(\frac{\log_3 32}{\log_3 2}\right)$$

$$=\log_3 (\log_2 32)=\log_3 (\log_2 2^5)$$

$$=\log_3 5$$

▸ 지수에 로그를 포함한 값을 정리할 때는

$$a^{\log_a b}=b,\ a^{\log_c b}=b^{\log_c a}$$

을 이용한다.

$$\therefore 9^p=9^{\log_3 5}=5^{\log_3 9}=5^2=25$$

28

답 ①

▸ $\log_2 3=a$이고 $\log_5 2=b$에서 $\log_2 5=\frac{1}{b}$이므로 밑이 2인 로그를 이용할 수 있는 꼴로 정리한다.

$\log_2 3=a$, $\log_2 5=\frac{1}{b}$이므로

$$\log_{15} 1000=\log_{15} 10^3=3\log_{15} 10$$

$$=\frac{3\log_2 10}{\log_2 15}=\frac{3(\log_2 2+\log_2 5)}{\log_2 3+\log_2 5}$$

$$=\frac{3\left(1+\frac{1}{b}\right)}{a+\frac{1}{b}}=\frac{3(b+1)}{ab+1}$$

29

답 ④

▸ $\log 6=\log 2+\log 3$이므로 $\log 15$도 $\log 2$와 $\log 3$으로 나타낸다.

$\log 6=a$이므로

$$\log 2+\log 3=a \qquad \cdots ❶$$

$$\log 15=\log 3+\log 5$$

$$=\log 3+\log \frac{10}{2}$$

$$=\log 3+1-\log 2$$

이므로 $\log 15=b$에서

$$\log 3-\log 2+1=b \qquad \cdots ❷$$

❶−❷를 하면 $2\log 2-1=a-b$

$$\therefore \log 2=\frac{a-b+1}{2}$$

30 ᐧᐧᐧ 답 $\dfrac{1}{64}$

근과 계수의 관계에서 $\alpha+\beta=7$, $\alpha\beta=4$이므로

$$\frac{\log_2\alpha+\log_2\beta}{2^\alpha\times2^\beta}=\frac{\log_2\alpha\beta}{2^{\alpha+\beta}}=\frac{\log_2 4}{2^7}$$

$$=\frac{2}{2^7}=\frac{1}{2^6}=\frac{1}{64}$$

31 ᐧᐧᐧᐧᐧᐧᐧᐧᐧᐧᐧᐧᐧᐧᐧᐧᐧᐧᐧᐧᐧᐧᐧᐧᐧᐧᐧᐧᐧᐧᐧᐧ 답 12

▌$\log_a b^2$, $\log_b a^2$을 $\log a$, $\log b$로 나타내고
근과 계수의 관계를 이용한다.

$$\log_a b^2+\log_b a^2=2\log_a b+2\log_b a$$

$$=2\left(\frac{\log b}{\log a}+\frac{\log a}{\log b}\right)$$

$$=2\times\frac{(\log b)^2+(\log a)^2}{\log a\times\log b}$$

근과 계수의 관계에서

$$\log a+\log b=4,\ \log a\times\log b=2$$

이므로

$$(\log a)^2+(\log b)^2=(\log a+\log b)^2-2\log a\times\log b$$

$$=4^2-2\times2=12$$

$$\therefore \log_a b^2+\log_b a^2=2\times\frac{12}{2}=12$$

32 ᐧᐧᐧᐧᐧᐧᐧᐧᐧᐧᐧᐧᐧᐧᐧᐧᐧᐧᐧᐧᐧᐧᐧᐧᐧᐧᐧᐧᐧ 답 ⑤

▌여러 문제에 대한 조건식이다.

$$a^3=b^4=c^5=k$$

로 놓고 a, b, c를 각각 k로 나타내면 식을 정리할 수 있다.

$a^3=b^4=c^5=k$라 하면 $a=k^{\frac{1}{3}}$, $b=k^{\frac{1}{4}}$, $c=k^{\frac{1}{5}}$이므로

$$\log_a b+\log_b c+\log_c a=\log_{k^{\frac{1}{3}}} k^{\frac{1}{4}}+\log_{k^{\frac{1}{4}}} k^{\frac{1}{5}}+\log_{k^{\frac{1}{5}}} k^{\frac{1}{3}}$$

$$=\frac{3}{4}+\frac{4}{5}+\frac{5}{3}=\frac{193}{60}$$

다른 풀이 1

▌a, b의 관계를 알면 $\log_a b$의 값을 구할 수 있다.

$a^3=b^4$에서 $b=a^{\frac{3}{4}}$이므로

$$\log_a b=\log_a a^{\frac{3}{4}}=\frac{3}{4}$$

$b^4=c^5$에서 $c=b^{\frac{4}{5}}$이므로

$$\log_b c=\log_b b^{\frac{4}{5}}=\frac{4}{5}$$

$c^5=a^3$에서 $a=c^{\frac{5}{3}}$이므로

$$\log_c a=\log_c c^{\frac{5}{3}}=\frac{5}{3}$$

$$\therefore \log_a b+\log_b c+\log_c a=\frac{3}{4}+\frac{4}{5}+\frac{5}{3}=\frac{193}{60}$$

다른 풀이 2

▌조건식으로 b, c를 각각 a로 나타내면 식을 정리할 수 있다.

$a^3=b^4$에서 $b=a^{\frac{3}{4}}$

$c^5=a^3$에서 $c=a^{\frac{3}{5}}$

$$\therefore \log_a b+\log_b c+\log_c a=\log_a a^{\frac{3}{4}}+\log_{a^{\frac{3}{4}}} a^{\frac{3}{5}}+\log_{a^{\frac{3}{5}}} a$$

$$=\frac{3}{4}+\frac{\frac{3}{5}}{\frac{3}{4}}+\frac{1}{\frac{3}{5}}$$

$$=\frac{3}{4}+\frac{4}{5}+\frac{5}{3}=\frac{193}{60}$$

33 ᐧᐧᐧᐧᐧᐧᐧᐧᐧᐧᐧᐧᐧᐧᐧᐧᐧᐧᐧᐧᐧᐧᐧᐧᐧᐧᐧᐧᐧᐧᐧᐧᐧᐧ 답 5

▌$a^2b^3=1$에서 a를 b로 나타내거나
b를 a로 나타내어 식을 정리한다.

$a^2b^3=1$에서 $a^2=b^{-3}$, $a=b^{-\frac{3}{2}}$이므로

$$ab=b^{-\frac{3}{2}}b=b^{-\frac{1}{2}},\ a^3b^2=b^{-\frac{9}{2}}b^2=b^{-\frac{5}{2}}$$

$$\therefore \log_{ab} a^3b^2=\frac{\log a^3b^2}{\log ab}=\frac{\log b^{-\frac{5}{2}}}{\log b^{-\frac{1}{2}}}=\frac{-\frac{5}{2}\log b}{-\frac{1}{2}\log b}=5$$

다른 풀이

$a^2b^3=1$에서 $\log a^2b^3=0$

$$2\log a+3\log b=0,\ \log b=-\frac{2}{3}\log a$$

$$\therefore \log_{ab} a^3b^2=\frac{\log a^3b^2}{\log ab}=\frac{3\log a+2\log b}{\log a+\log b}$$

$$=\frac{3\log a-\frac{4}{3}\log a}{\log a-\frac{2}{3}\log a}=\frac{\frac{5}{3}\log a}{\frac{1}{3}\log a}=5$$

34 ᐧᐧᐧᐧᐧᐧᐧᐧᐧᐧᐧᐧᐧᐧᐧᐧᐧᐧᐧᐧᐧᐧᐧᐧᐧᐧᐧᐧᐧᐧ 답 ①

▌$\log_a b=\dfrac{1}{\log_b a}$임을 이용한다.

$\log_a b=t$라 하면 $\log_b a=\dfrac{1}{t}$이므로

$\log_a b+3\log_b a=\dfrac{13}{2}$에서 $t+\dfrac{3}{t}=\dfrac{13}{2}$

$$2t^2-13t+6=0,\ (t-6)(2t-1)=0$$

$a>b>1$이므로 $0<t<1$ $\therefore t=\dfrac{1}{2}$

곧, $\log_a b=\dfrac{1}{2}$이므로 $b=a^{\frac{1}{2}}$, $b^2=a$

$$\therefore \frac{a^2+b^8}{a^4+b^4}=\frac{a^2+a^4}{a^4+a^2}=1$$

35

답 ③

$$\log_{a^4} b^3 + \log_{b^3} a^8 = \frac{3}{4}\log_a b + \frac{8}{3}\log_b a \quad \cdots \text{❶}$$

▶ $\log_a b = \dfrac{1}{\log_b a}$, 곧 $\log_a b \times \log_b a = 1$이므로
산술평균과 기하평균의 관계를 이용할 수 있다.

$a>1$, $b>1$일 때 $\log_a b>0$, $\log_b a>0$이므로 ❶은

$$\frac{3}{4}\log_a b + \frac{8}{3}\log_b a \geq 2\sqrt{\frac{3}{4}\log_a b \times \frac{8}{3}\log_b a} = 2\sqrt{2}$$

$$\left(\text{단, 등호는 } \frac{3}{4}\log_a b = \frac{8}{3}\log_b a\text{일 때 성립}\right)$$

따라서 최솟값은 $2\sqrt{2}$이다.

다른 풀이

▶ 밑이 a와 b이므로 a나 b로 통일하거나 10으로 통일하여 풀 수 있다.

$$\log_{a^4} b^3 + \log_{b^3} a^8 = \frac{\log b^3}{\log a^4} + \frac{\log a^8}{\log b^3}$$

$$= \frac{3\log b}{4\log a} + \frac{8\log a}{3\log b}$$

$\log a>0$, $\log b>0$에서 $\dfrac{3\log b}{4\log a}>0$, $\dfrac{8\log a}{3\log b}>0$이므로

$$\frac{3\log b}{4\log a} + \frac{8\log a}{3\log b} \geq 2\sqrt{\frac{3\log b}{4\log a} \times \frac{8\log a}{3\log b}} = 2\sqrt{2}$$

$$\left(\text{단, 등호는 } \frac{3\log b}{4\log a} = \frac{8\log a}{3\log b}\text{일 때 성립}\right)$$

따라서 최솟값은 $2\sqrt{2}$이다.

36

답 46

▶ 자연수인 c의 범위가 $c\leq 3$으로 작으므로 $c=1$, $c=2$, $c=3$일 때로 나누어 $2\log_a c$가 정수일 조건부터 찾는다.

$c\leq 3$이므로 가능한 c의 값은 1, 2, 3이다.

(i) $c=1$일 때

$2\log_a 1=0$이므로 a의 값에 관계없이 항상 정수이다.

$\log_a b$가 정수이려면

$a=2$일 때 $b=1$, 2, 2^2, 2^3

$a=3$일 때 $b=1$, 3, 3^2

$a=4$일 때 $b=1$, 4

$a=5$일 때 $b=1$, 5

$a=6$, 7, $\ldots$, 30일 때 $b=1$

(ii) $c=2$일 때

$a\geq 2$이므로 $\log_a 2\leq 1$

곧, $2\log_a 2$가 정수이려면

$\log_a 2=1$ 또는 $\log_a 2=\dfrac{1}{2}$이므로

$a=2$ 또는 $a=4$

$a=2$일 때 $\log_a b$가 정수이려면 $b=1$, 2, 2^2, 2^3

$a=4$일 때 $\log_a b$가 정수이려면 $b=1$, 4

(iii) $c=3$일 때

$a\geq 2$이므로 $\log_a 3\leq 1$

곧, $2\log_a 3$이 정수이려면

$\log_a 3=1$ 또는 $\log_a 3=\dfrac{1}{2}$이므로

$a=3$ 또는 $a=9$

$a=3$일 때 $\log_a b$가 정수이려면 $b=1$, 3, 3^2

$a=9$일 때 $\log_a b$가 정수이려면 $b=1$

(i), (ii), (iii)에서 가능한 순서쌍의 개수는

$$36+6+4=46$$

37

답 0.7721

▶ 진수를 $a\times 10^n$ 꼴로 변형한다.

$$\log(0.32\times\sqrt{342})$$
$$=\log\left\{3.2\times 10^{-1}\times(3.42\times 10^2)^{\frac{1}{2}}\right\}$$
$$=\log 3.2+\log 10^{-1}+\frac{1}{2}(\log 3.42+\log 10^2)$$
$$=0.5051-1+\frac{1}{2}(0.5340+2)$$
$$=0.7721$$

38

답 25

$\log A$의 정수 부분을 n, 소수 부분을 α라 하자.

n, α가 $x^2-x\log_2 5+k=0$의 두 근이므로

$$\log_2 5=n+\alpha,\ k=n\alpha$$

$2^2<5<2^3$이므로 $2<\log_2 5<3$

$$\therefore n=2,\ \alpha=\log_2 5-2$$

$k=n\alpha=2(\log_2 5-2)=\log_2 5^2-4$이므로

$$2^{k+4}=2^{\log_2 5^2}=5^2=25$$

39

답 ③

$0<a<1$이므로 $1<10^a<10$

10^a을 3으로 나눈 나머지가 2이면

$$10^a=2 \text{ 또는 } 10^a=5 \text{ 또는 } 10^a=8$$

$$\therefore a=\log 2 \text{ 또는 } a=\log 5 \text{ 또는 } a=\log 8$$

따라서 a의 값의 합은

$$\log 2+\log 5+\log 8=\log(2\times 5\times 8)$$
$$=\log(10\times 2^3)$$
$$=1+3\log 2$$

40 ························· 답 ⑤

▸소수 부분이 같은 두 수의 차는 정수이다.

곧, $\log x^2$과 $\log \dfrac{1}{x}$의 차가 정수임을 이용한다.

$\log x$의 정수 부분이 2이므로

$$2 \le \log x < 3 \quad \cdots \text{❶}$$

$\log x^2$과 $\log \dfrac{1}{x}$의 소수 부분이 같으므로

$$\log x^2 - \log \dfrac{1}{x} = 2\log x + \log x$$
$$= 3\log x$$

는 정수이다.

❶에서 $6 \le 3\log x < 9$이므로

$$3\log x = 6 \text{ 또는 } 3\log x = 7 \text{ 또는 } 3\log x = 8$$

$$\log x = 2 \text{ 또는 } \log x = \dfrac{7}{3} \text{ 또는 } \log x = \dfrac{8}{3}$$

$$\therefore x = 10^2 \text{ 또는 } x = 10^{\frac{7}{3}} \text{ 또는 } x = 10^{\frac{8}{3}}$$

따라서 x의 값의 곱은

$$10^{2 + \frac{7}{3} + \frac{8}{3}} = 10^7$$

STEP 1등급 도전 문제   12~17쪽

01 ②	**02** −21	**03** ④	**04** ④	**05** ③	**06** ①
07 64	**08** 30	**09** ③	**10** ②	**11** 216	**12** ④
13 $a=5$, $b=5$		**14** ③	**15** $2\sqrt{2} < a < 2\sqrt{6}$		**16** ④
17 20	**18** $a_1=1$, $a_2=0$, $a_3=1$			**19** ⑤	**20** 4
21 ③	**22** ⑤	**23** 50	**24** ③	**25** 3	**26** ③
27 ⑤	**28** 502	**29** $\dfrac{2}{5}$	**30** ⑤	**31** ②	**32** 26
33 ③	**34** 162	**35** ⑤	**36** $m=7$, $n=24$		

---

01 ························· 답 ②

$a = -\sqrt{3^{10}} = -3^5$이므로 a의 세제곱근 중 실수는

$$\sqrt[3]{a} = \sqrt[3]{-3^5} = -\sqrt[3]{3^5} = -3^{\frac{5}{3}}$$

---

02 ························· 답 −21

▸A의 네제곱근 중 실수인 값이 있으면 $A > 0$이다.

이때 네제곱근 중 실수는

양수 $\sqrt[4]{A} = A^{\frac{1}{4}}$, 음수 $-\sqrt[4]{A} = -A^{\frac{1}{4}}$이다.

$\sqrt{3} > 0$이므로 $\sqrt{3}^{\,|f(n)|} > 0$이고,

네제곱근 중 실수인 것이 2개 존재한다.

$\sqrt{3}^{\,|f(n)|}$의 네제곱근 중 실수인 것은

$$(\sqrt{3}^{\,|f(n)|})^{\frac{1}{4}} = 3^{\frac{|f(n)|}{8}}, \ -(\sqrt{3}^{\,|f(n)|})^{\frac{1}{4}} = -3^{\frac{|f(n)|}{8}}$$

두 값의 곱이 −9이므로

$$3^{\frac{|f(n)|}{8}} \times (-3^{\frac{|f(n)|}{8}}) = -9, \ -3^{\frac{|f(n)|}{4}} = -3^2$$

$$\therefore |f(n)| = 8$$

▸$|f(n)| = 8$인 실수 n이 3개이므로
곡선 $y = |f(x)|$는 직선 $y = 8$과
서로 다른 세 점에서 만난다.

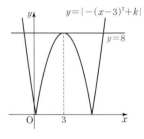

곡선 $y = |f(x)|$와
직선 $y = 8$이 서로 다른
세 점에서 만나므로 $k = 8$

또 $|f(n)| = 8$에서 $f(n) = \pm 8$

$$-(n-3)^2 + 8 = 8 \text{ 또는 } -(n-3)^2 + 8 = -8$$

따라서 $n = 3$ 또는 $n = -1$ 또는 $n = 7$이므로

세 실수 값의 곱은 −21이다.

---

03 ························· 답 ④

▸$a^{\frac{b}{4}}$이 자연수일 조건을 찾아야 한다. 예를 들어

$a = 2$이면 $\dfrac{b}{4}$는 자연수, 곧 b는 4의 배수이어야 한다.

$a = 2^2$이면 $a^{\frac{b}{4}} = 2^{2 \times \frac{b}{4}} = 2^{\frac{b}{2}}$이므로 $\dfrac{b}{2}$가 자연수, 곧 b가 2의 배수이어야 한다.

$a = 2^3$이면 $a^{\frac{b}{4}} = 2^{3 \times \frac{b}{4}} = 2^{\frac{3b}{4}}$이므로 $\dfrac{3b}{4}$가 자연수, 곧 b가 4의 배수이어야 한다.

이와 같이 생각하면 가능한 자연수 a, b의 쌍을 찾을 수 있다.

$$\sqrt[4]{a^b} = a^{\frac{b}{4}}$$

(ⅰ) $a = 1$일 때, $a^{\frac{b}{4}} = 1$이므로 항상 자연수이다.

따라서 (a, b)의 개수는 8

(ⅱ) $a = 2^4$일 때, $a^{\frac{b}{4}} = 2^b$이므로 항상 자연수이다.

따라서 (a, b)의 개수는 8

(ⅲ) $a = 2^2$ 또는 $a = 3^2$일 때

$a^{\frac{b}{4}} = 2^{\frac{b}{2}}$ 또는 $a^{\frac{b}{4}} = 3^{\frac{b}{2}}$이므로 b가 2의 배수이다.

따라서 (a, b)의 개수는 $2 \times 4 = 8$

(ⅳ) 나머지 경우 $\dfrac{b}{4}$가 자연수이어야 하므로 b는 4의 배수이다.

따라서 (a, b)의 개수는 $12 \times 2 = 24$

(ⅰ)~(ⅳ)에서 (a, b)의 개수는

$$8 + 8 + 8 + 24 = 48$$

다른 풀이

▶ $\dfrac{b}{4}$의 가능한 분모가 1, 2, 4임에 착안하면 b를 기준으로 조건을 찾을 수도 있다.

$$\sqrt[4]{a^b}=a^{\frac{b}{4}}$$

(i) b가 4의 배수일 때

$\dfrac{b}{4}$가 자연수이므로 $a^{\frac{b}{4}}$은 자연수이다.

따라서 (a, b)의 개수는 $16\times 2=32$

(ii) b가 4의 배수가 아닌 2의 배수일 때

$a=(a')^2$ 꼴이면 $a^{\frac{b}{4}}=(a')^{\frac{b}{2}}$이고 $\dfrac{b}{2}$가 자연수이므로 $a^{\frac{b}{4}}$은 자연수이다.

a는 1^2, 2^2, 3^2, 4^2이고 b는 2 또는 6이므로 (a, b)의 개수는 $4\times 2=8$

(iii) b가 홀수일 때

$a=(a')^4$ 꼴이면 a는 1 또는 2^4이므로 (a, b)의 개수는 $2\times 4=8$

(i), (ii), (iii)에서 (a, b)의 개수는

$$32+8+8=48$$

---

04 답 ④

▶ p, q가 자연수일 때 $\sqrt{p^q}$이 자연수이면 p^q은 제곱수이다.

또 유리수 지수로 고치면 $\sqrt{p^q}=p^{\frac{q}{2}}$이므로 $\dfrac{q}{2}$가 자연수일 조건을 찾아도 된다.

$\sqrt{\dfrac{2^a\times 5^b}{2}}=2^{\frac{a-1}{2}}\times 5^{\frac{b}{2}}$이 자연수이므로 $\dfrac{a-1}{2}$, $\dfrac{b}{2}$가 0 또는 자연수이다.

$\sqrt[3]{\dfrac{2^a\times 5^b}{5}}=2^{\frac{a}{3}}\times 5^{\frac{b-1}{3}}$이 자연수이므로 $\dfrac{a}{3}$, $\dfrac{b-1}{3}$이 0 또는 자연수이다.

따라서 두 수가 모두 자연수가 되는 a의 최솟값은 3, b의 최솟값은 4이므로 $a+b$의 최솟값은 7이다.

---

05 답 ③

▶ $x=\dfrac{1}{2}\left(a-\dfrac{1}{a}\right)$ 꼴이므로 $1+x^2=\left\{\dfrac{1}{2}\left(a+\dfrac{1}{a}\right)\right\}^2$을 이용한다.

자주 나오는 꼴이므로 기억한다.

$3^{10}=a$라 하면 $x=\dfrac{a-a^{-1}}{2}$이므로

$$1+x^2=1+\dfrac{a^2-2+a^{-2}}{4}=\dfrac{a^2+2+a^{-2}}{4}$$
$$=\left(\dfrac{a+a^{-1}}{2}\right)^2$$

$$x+\sqrt{1+x^2}=\dfrac{a-a^{-1}}{2}+\dfrac{a+a^{-1}}{2}=a$$

$$\therefore \sqrt[n]{x+\sqrt{1+x^2}}=\sqrt[n]{a}=\sqrt[n]{3^{10}}=3^{\frac{10}{n}}$$

$3^{\frac{10}{n}}$이 자연수이면 n은 1이 아닌 10의 약수이므로 2, 5, 10의 3개이다.

---

06 답 ①

▶ $\sqrt[4]{a}$는 b의 m제곱근임을 식으로 나타내면 $\sqrt[4]{a}=\sqrt[m]{b}$ 문제를 풀 때는 $(\sqrt[4]{a})^m=b$로 고쳐 생각하는 것이 편하다.

(가)에서 $(\sqrt[4]{a})^m=b$, $a^{\frac{m}{4}}=b$ … ❶

(나)에서 $(\sqrt[6]{b})^n=c$, $b^{\frac{n}{6}}=c$ … ❷

(다)에서 $(c^2)^4=a^6$, $c=a^{\frac{3}{4}}$ … ❸

❶, ❷에서 $c=\left(a^{\frac{m}{4}}\right)^{\frac{n}{6}}=a^{\frac{mn}{24}}$

❸과 비교하면 $\dfrac{mn}{24}=\dfrac{3}{4}$, $mn=18$

m, n은 1이 아닌 자연수이므로

m은 $18=2\times 3^2$의 약수 중 1과 18을 제외한 수이고, m이 정해지면 n은 따라서 정해진다.

따라서 순서쌍 (m, n)의 개수는

$$2\times 3-2=4$$

---

07 답 64

▶ $n^{\frac{4}{k}}=(n^4)^{\frac{1}{k}}$이 자연수이면 $n^4=m^k$인 자연수 m이 존재한다.

예를 들어 $f(2)$의 값은 다음과 같다.

$2^4=m^k$인 순서쌍 (m, k)는

$$(2, 4), (2^2, 2), (2^4, 1) \qquad \therefore f(2)=3$$

같은 방법으로 $f(3)=3$

$(2^2)^4=m^k$인 순서쌍 (m, k)는

$$(2, 8), (2^2, 4), (2^4, 2), (2^8, 1) \qquad \therefore f(2^2)=4$$
$$\vdots$$

따라서 $n=2^p$ 꼴일 때 $f(2^p)$의 값은 $4p$의 약수의 개수가 된다는 것을 알 수 있다.

$n^{\frac{4}{k}}=(n^4)^{\frac{1}{k}}$이 자연수이면 $n^4=m^k$인 자연수 m이 존재한다.

$n=a^p$ (a, p는 자연수)이라 하면 $a^{4p}=m^k$

이때 가능한 k는 $4p$의 약수이므로 $f(a^p)$의 값은 $4p$의 약수의 개수이다.

$f(n)=8$이면 $4p$의 약수의 개수가 8이므로 n이 최소이면 $a=2$이고 $4p$는 2^7, $2^3\times 3$ 중 작은 값이다.

곧, $4p=2^3\times 3=24$이므로 $p=6$

따라서 n의 최솟값은 $2^p=2^6=64$

---

08 답 30

▶ $a^6=3$, $b^5=7$, $c^2=11$이므로

$$a=3^{\frac{1}{6}}, b=7^{\frac{1}{5}}, c=11^{\frac{1}{2}}$$

$$\therefore (abc)^n=\left(3^{\frac{1}{6}}\times 7^{\frac{1}{5}}\times 11^{\frac{1}{2}}\right)^n$$
$$=3^{\frac{n}{6}}\times 7^{\frac{n}{5}}\times 11^{\frac{n}{2}}$$

따라서 $(abc)^n$이 자연수이면 n은 6, 5, 2의 공배수이므로 n의 최솟값은 최소공배수 30이다.

09

답 ③

$a^{3x}-a^{-3x}=4$를 변형하는 것보다는
$a^x-a^{-x}=m$을 제곱, 세제곱하여 정리하는 것이 간단하다.

$a^x-a^{-x}=m$의 양변을 세제곱하면
$$a^{3x}-3a^xa^{-x}(a^x-a^{-x})-a^{-3x}=m^3$$
$a^{3x}-a^{-3x}=4$이므로
$$4-3m=m^3,\ m^3+3m-4=0$$
$$(m-1)(m^2+m+4)=0$$
m은 실수이므로 $m=1$
$a^x-a^{-x}=1$이므로
$$(a^x+a^{-x})^2=(a^x-a^{-x})^2+4=5$$
$a^x>0$이므로 $a^x+a^{-x}=\sqrt{5}$
$$\therefore\ n=a^{2x}-a^{-2x}=(a^x-a^{-x})(a^x+a^{-x})$$
$$=1\times\sqrt{5}=\sqrt{5}$$
$$\therefore\ mn=\sqrt{5}$$

10

답 ②

$2^x=3^y$일 때 $2x$와 $3y$의 대소를 비교하려면
a^{2x}과 b^{3y} 꼴을 만들어야 한다.
$2^x=3^y$에서 $(2^x)^6=(3^y)^6$, 곧 $(2^3)^{2x}=(3^2)^{3y}$으로 변형하여 생각한다.

$2^x=3^y=5^z$에서 $2^{30x}=3^{30y}=5^{30z}$
$$(2^{15})^{2x}=(3^{10})^{3y}=(5^6)^{5z}\quad\cdots\ ❶$$
$(2^3)^5<(3^2)^5,\ (5^2)^3<(2^5)^3$이므로 $5^6<2^{15}<3^{10}$
따라서 ❶이 성립하면 $5z>2x>3y$

다른 풀이

$2^0=1$이므로 $2^{a-b}>1$이면 $a>b$이고
$\qquad\qquad 2^{a-b}<1$이면 $a<b$이다.

(i) $2^{2x-3y}=\dfrac{(2^x)^2}{2^{3y}}=\dfrac{(3^y)^2}{2^{3y}}=\dfrac{(3^2)^y}{(2^3)^y}=\left(\dfrac{9}{8}\right)^y>1$
$\qquad\therefore\ 2x>3y$

(ii) $2^{2x-5z}=\dfrac{(2^x)^2}{2^{5z}}=\dfrac{(5^z)^2}{2^{5z}}=\dfrac{(5^2)^z}{(2^5)^z}=\left(\dfrac{25}{32}\right)^z<1$
$\qquad\therefore\ 2x<5z$

(i), (ii)에서 $5z>2x>3y$

11

답 216

$a+b=\dfrac{4}{3}ab$에서 a,b의 값을 바로 구하지 말고
양변을 a나 b로 나눈 다음 $\dfrac{b}{a}$ 또는 $\dfrac{a}{b}$의 값부터 구한다.

$2^a=3^b$에서 $2^{\frac{a}{b}}=3\quad\cdots\ ❶$

$a+b=\dfrac{4}{3}ab$의 양변을 b로 나누면
$$\dfrac{a}{b}+1=\dfrac{4}{3}a,\ \dfrac{a}{b}=\dfrac{4}{3}a-1$$

❶에 대입하면
$$2^{\frac{4}{3}a-1}=3,\ 2^{\frac{4}{3}a}\div2=3,\ (2^a)^{\frac{4}{3}}=6,\ 2^a=6^{\frac{3}{4}}$$
$$\therefore\ 8^a\times3^b=2^{3a}\times2^a=2^{4a}=(6^{\frac{3}{4}})^4=6^3=216$$

다른 풀이

$a+b=\dfrac{4}{3}ab$를 이용하기 위해
$2^a=3^b$의 양변에 2^b이나 3^a을 곱하여 식을 정리한다.

$2^a=3^b$에서 양변에 2^b을 곱하면
$$2^a\times2^b=3^b\times2^b,\ 2^{a+b}=6^b$$
$a+b=\dfrac{4}{3}ab$이므로 $2^{\frac{4}{3}ab}=6^b$
$b\neq0$이므로 $2^{\frac{4}{3}a}=6,\ 2^a=6^{\frac{3}{4}}$
$$\therefore\ 8^a\times3^b=(2^a)^3\times2^a=(2^a)^4=(6^{\frac{3}{4}})^4=6^3=216$$

12

답 ④

$2^a=x,\ 2^b=y,\ 2^c=z$로 놓고
조건식과 구하고자 하는 식을 x,y,z로 나타내 보자.

$2^a\times2^b\times2^c=2^{a+b+c}=2^{-1}=\dfrac{1}{2}$이므로
$2^a=x,\ 2^b=y,\ 2^c=z$라 하면
$$xyz=\dfrac{1}{2}$$
$2^a+2^b+2^c=\dfrac{13}{4}$에서 $x+y+z=\dfrac{13}{4}\quad\cdots\ ❶$
$4^a+4^b+4^c=\dfrac{81}{16}$에서 $x^2+y^2+z^2=\dfrac{81}{16}$

❶의 양변을 제곱하면
$$x^2+y^2+z^2+2(xy+yz+zx)=\dfrac{169}{16}$$
$$\dfrac{81}{16}+2(xy+yz+zx)=\dfrac{169}{16}$$
$$\therefore\ xy+yz+zx=\dfrac{11}{4}$$
$$\therefore\ 2^{-a}+2^{-b}+2^{-c}=\dfrac{1}{x}+\dfrac{1}{y}+\dfrac{1}{z}$$
$$=\dfrac{xy+yz+zx}{xyz}$$
$$=\dfrac{\dfrac{11}{4}}{\dfrac{1}{2}}=\dfrac{11}{2}$$

13 답 $a=5$, $b=5$

작은 평행사변형 4개 사이의 관계부터 조사한다.
오른쪽 그림에서 작은 평행사변형의 넓이는
$A=ph_2$, $B=qh_2$, $C=ph_1$, $D=qh_1$
따라서 $AD=BC$가 성립한다.

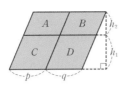

$A=3^5 \times 2^a$, $B=4^a$, $C=9^b$, $D=2^5 \times 3^b$이라 하면
$AD=BC$이므로 $3^5 \times 2^a \times 2^5 \times 3^b = 4^a \times 9^b$
$\qquad 3^5 \times 2^a \times 2^5 \times 3^b = 2^{2a} \times 3^{2b}$
$\qquad 3^5 \times 2^5 = 2^a \times 3^b$
a, b는 자연수이므로 $a=5$, $b=5$

14 답 ③

밑의 조건에서 $xy>0$이고 $xy \neq 1$
따라서 $x \neq 0$, $y \neq 0$이고 x와 y의 부호는 같다.
진수 조건에서 $16-x^2-y^2>0$, $x^2+y^2<16$

x, y가 정수이므로 $x^2+y^2<16$이면
x, y의 절댓값은 각각 3 이하이다.

(i) $x=3$일 때 $y=1, 2$
(ii) $x=2$일 때 $y=1, 2, 3$
(iii) $x=1$일 때 $xy \neq 1$이므로 $y=2, 3$

$x=-1, -2, -3$인 경우도 마찬가지이므로 순서쌍의 개수는
$\qquad 2 \times (2+3+2) = 14$

15 답 $2\sqrt{2}<a<2\sqrt{6}$

$\log_2(-x^2+ax+2)=k$ (k는 자연수)라 하면
$\qquad -x^2+ax+2=2^k$

$f(x)=-x^2+ax+2$라 할 때,
포물선 $y=f(x)$와 직선 $y=2$, $y=2^2$, ...의 교점 개수의 합이 3개일 조건을 찾으면 된다.
x는 양수이므로 $x>0$인 범위에서 교점이 3개임에 주의한다.

$f(x)=-x^2+ax+2$라 하면
$$f(x)=-\left(x-\frac{a}{2}\right)^2+\frac{a^2}{4}+2$$
이고 $y=f(x)$의 그래프는 점 $(0, 2)$를 지난다.
(i) $a \leq 0$일 때
포물선 $y=f(x)$는 $x>0$에서
직선 $y=2$, $y=2^2$, $y=2^3$, ...과
만나지 않는다.

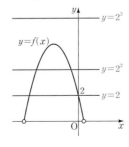

(ii) $a>0$일 때
$2^2<\dfrac{a^2}{4}+2<2^3$이면
포물선 $y=f(x)$는 $x>0$에서 직선
$y=2$와 한 점, 직선 $y=2^2$과 두 점
에서 만나고, 직선 $y=2^3$, $y=2^4$,
...과는 만나지 않는다.
즉, 세 점에서 만난다.
$\qquad \therefore 8<a^2<24$
$a>0$이므로 $2\sqrt{2}<a<2\sqrt{6}$

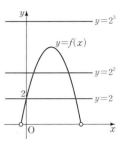

16 답 ④

로그의 정의를 이용하여 m, n의 관계식을 구한다.

$\log_m 2 = \dfrac{n}{100}$에서 $2=m^{\frac{n}{100}}$, $2^{\frac{100}{n}}=m$

$m=2^{\frac{100}{n}}$에서 m, n이 자연수이므로 n은 100의 약수이다.

$100=2^2 \times 5^2$이므로 가능한 n은 $3 \times 3 = 9$(개)이고 n이 정해지면
m은 따라서 정해진다.
따라서 순서쌍 (m, n)의 개수는 9이다.

Think More

$2^{100}=m^n$이므로 m은 $2, 2^2, 2^4, ...$만 가능함을 알 수 있다.
곧, $m=2^p$으로 놓고 가능한 경우를 모두 따져도 된다.

17 답 20

자연수 a, b에 대하여 $\sqrt[a]{b^n}$이 자연수 $\Rightarrow b^{\frac{n}{a}}$이 자연수 $\Rightarrow n=ak$ 꼴

(i) $n<50$일 때
$\sqrt[3]{3^n}=3^{\frac{n}{3}}$이 자연수이면 $\dfrac{n}{3}$이 자연수이다.
곧, n은 3의 배수이므로 자연수 n은 $3, 6, ..., 48$의 16개이다.

$\log_a b$가 자연수 $\Rightarrow b=a^k$ 꼴

(ii) $n \geq 50$일 때
$\log_n 3^{50}=m$ (m은 자연수)이라 하면
$\qquad 3^{50}=n^m$, $3^{\frac{50}{m}}=n$
m, n이 자연수이므로 m은 50의 약수이다.
$n \geq 50$이면 $\dfrac{50}{m} \geq 4$이므로
$\qquad m=1, 2, 5, 10 \qquad \therefore n=3^{50}, 3^{25}, 3^{10}, 3^5$
(i), (ii)에서 $\{n \mid f(n)$은 자연수$\}$의 원소의 개수는
$\qquad 16+4=20$

18 ◆답 $a_1=1$, $a_2=0$, $a_3=1$

▸ a_2, a_3, a_4, …가 0 또는 1이면

$$\frac{a_2}{2}+\frac{a_3}{2^2}+\frac{a_4}{2^3}+\cdots\leq1$$

이다. $\log_3 4$는 양수이므로 a_1은 $\log_3 4$의 정수 부분이다.

$$\log_3 4=a_1+\frac{a_2}{2}+\frac{a_3}{2^2}+\frac{a_4}{2^3}+\cdots \qquad \cdots\text{❶}$$

$1<\log_3 4<2$이므로 $a_1=1$

▸ 양변에 2를 곱하면 우변이 ❶과 같은 꼴이므로 a_2의 값을 구할 수 있다.

❶×2를 하면 $\log_3 2^4=2+a_2+\frac{a_3}{2}+\frac{a_4}{2^2}+\cdots \qquad \cdots\text{❷}$

$3^2<2^4<3^3$에서 $2<\log_3 2^4<3$이므로 $a_2=0$

❷×2를 하면 $\log_3 2^8=4+a_3+\frac{a_4}{2}+\cdots$

$3^5<2^8<3^6$에서 $5<\log_3 2^8<6$이므로 $a_3=1$

19 ◆답 ⑤

▸ $a^2-2ab-7b^2=0$의 좌변은 인수분해 할 수 없다.

그러나 양변을 b^2으로 나누면 $\frac{a}{b}$의 값은 구할 수 있다.

$a^2-2ab-7b^2=0$의 양변을 b^2으로 나누면

$$\left(\frac{a}{b}\right)^2-2\times\frac{a}{b}-7=0$$

$\frac{a}{b}>0$이므로 $\frac{a}{b}=1+2\sqrt{2}$

$$\begin{aligned}
\therefore\ &\log_2(a^2+ab-2b^2)-\log_2(a^2-ab-5b^2)\\
&=\log_2\frac{a^2+ab-2b^2}{a^2-ab-5b^2}\\
&=\log_2\frac{\left(\frac{a}{b}\right)^2+\frac{a}{b}-2}{\left(\frac{a}{b}\right)^2-\frac{a}{b}-5}\\
&=\log_2\frac{(1+2\sqrt{2})^2+(1+2\sqrt{2})-2}{(1+2\sqrt{2})^2-(1+2\sqrt{2})-5}\\
&=\log_2\frac{8+6\sqrt{2}}{3+2\sqrt{2}}\\
&=\log_2\frac{(8+6\sqrt{2})(3-2\sqrt{2})}{(3+2\sqrt{2})(3-2\sqrt{2})}\\
&=\log_2 2\sqrt{2}=\frac{3}{2}
\end{aligned}$$

20 ◆답 4

$\log a+\log b=2\log\frac{a+b}{p}$이므로

$$\log ab=\log\left(\frac{a+b}{p}\right)^2$$

$$ab=\left(\frac{a+b}{p}\right)^2=\frac{a^2+b^2+2ab}{p^2}$$

$a^2+b^2=14ab$이므로

$$ab=\frac{14ab+2ab}{p^2}=\frac{16ab}{p^2}$$

$ab\neq0$이므로 $p^2=16$

$\frac{a+b}{p}>0$이므로 $p>0$

$$\therefore\ p=4$$

21 ◆답 ③

▸ 밑이 다르므로 $\log_{25}(a-b)=\log_9 a$, $\log_9 a=\log_{15} b$를 연립하여 정리하기 쉽지 않다.

$$\log_{25}(a-b)=\log_9 a=\log_{15} b=k$$

로 놓고 a, b를 k로 나타내 보자.

$\log_{25}(a-b)=\log_9 a=\log_{15} b=k$라 하면

$$\begin{aligned}
a-b&=25^k=5^{2k} &\cdots\text{❶}\\
a&=9^k=3^{2k} &\cdots\text{❷}\\
b&=15^k=3^k\times5^k &\cdots\text{❸}
\end{aligned}$$

▸ $\frac{b}{a}$의 값을 구하는 문제이므로 세 식에서 k를 소거하는 방법을 생각한다.

❶×❷=❸^{2}이므로

$$(a-b)a=b^2,\ b^2+ab-a^2=0$$

양변을 a^2으로 나누면

$$\left(\frac{b}{a}\right)^2+\frac{b}{a}-1=0$$

$\frac{b}{a}>0$이므로 $\frac{b}{a}=\frac{-1+\sqrt{5}}{2}$

22 ◆답 ⑤

▸ $a^3=b^4=c^6=k$로 놓고 a, b, c를 k로 나타낸 다음 ❶에 대입한다.
또는 $a^3=b^4=c^6$에서 $a^3=b^4$, $a^3=c^6$으로 나누고 b, c를 a로 나타낸 다음 ❶에 대입해도 된다.

(가)에서 $\log_2 abc=6$

$$\therefore\ abc=2^6 \qquad \cdots\text{❶}$$

(나)에서 $a^3=b^4=c^6=k$라 하면

$$a=k^{\frac{1}{3}},\ b=k^{\frac{1}{4}},\ c=k^{\frac{1}{6}}$$

❶에 대입하면

$$k^{\frac{1}{3}+\frac{1}{4}+\frac{1}{6}}=2^6,\ k^{\frac{3}{4}}=2^6$$

$$\therefore\ k=(2^6)^{\frac{4}{3}}=2^8$$

이때 $a=2^{\frac{8}{3}}$, $b=2^2$, $c=2^{\frac{4}{3}}$이므로

$$\log_2 a\times\log_2 b\times\log_2 c=\frac{8}{3}\times2\times\frac{4}{3}=\frac{64}{9}$$

23 · ◆답 50

(나)에서

$$\log a=\log \frac{2bc}{2b+c},\ a=\frac{2bc}{2b+c}$$

이 식에서 $\dfrac{1}{a}=\dfrac{2b+c}{2bc}=\dfrac{1}{2b}+\dfrac{1}{c}$ 로 변형하여 $a,\ b,\ c$의 관계를 찾을 수 있어야 한다.

(가)에서 $10^a=2^b=k^c=X$라 하면

$$10=X^{\frac{1}{a}},\ 2=X^{\frac{1}{b}},\ k=X^{\frac{1}{c}} \quad \cdots \mathbf{❶}$$

(나)에서

$$\log a=\log \frac{2bc}{2b+c},\ a=\frac{2bc}{2b+c}$$

$$\frac{1}{a}=\frac{2b+c}{2bc}=\frac{1}{2b}+\frac{1}{c}$$

이므로 $X^{\frac{1}{a}}=X^{\frac{1}{2b}+\frac{1}{c}}=X^{\frac{1}{2b}}X^{\frac{1}{c}}$

❶을 대입하면

$$10=2^{\frac{1}{2}}\times k \qquad \therefore k^2=50$$

24 · ◆답 ③

▶ $\log_a b,\ \log_b c,\ \log_c a$는 $a,\ b,\ c$가 순환하는 꼴이다.
이런 식은 곱하거나 더하면 간단한 꼴이 되는 경우가 많다.

$$xyz=\log_a b\times\log_b c\times\log_c a$$

$$=\frac{\log b}{\log a}\times\frac{\log c}{\log b}\times\frac{\log a}{\log c}=1$$

▶ $xyz=1$에서 $z=\dfrac{1}{xy}$로 변형하여 z를 소거하고 정리한다.
x나 y를 소거해도 된다.

$z=\dfrac{1}{xy}$을 대입하고 정리하면

$$\frac{x}{xy+x+1}+\frac{y}{yz+y+1}+\frac{z}{zx+z+1}$$

$$=\frac{x}{xy+x+1}+\frac{y}{y\times\frac{1}{xy}+y+1}+\frac{\frac{1}{xy}}{\frac{1}{xy}\times x+\frac{1}{xy}+1}$$

$$=\frac{x}{xy+x+1}+\frac{xy}{1+xy+x}+\frac{1}{x+1+xy}$$

$$=\frac{x+xy+1}{xy+x+1}=1$$

다른 풀이

▶ 다음과 같이 $\log_a b,\ \log_b c,\ \log_c a$를 각각 대입하고 정리할 수도 있다.

$$xy=\log_a b\times\log_b c=\frac{\log b}{\log a}\times\frac{\log c}{\log b}=\frac{\log c}{\log a}=\log_a c$$

$$yz=\log_b c\times\log_c a=\log_b a$$

$$zx=\log_c a\times\log_a b=\log_c b$$

이므로

$$\frac{x}{xy+x+1}+\frac{y}{yz+y+1}+\frac{z}{zx+z+1}$$

$$=\frac{\log_a b}{\log_a c+\log_a b+\log_a a}+\frac{\log_b c}{\log_b a+\log_b c+\log_b b}$$

$$\qquad +\frac{\log_c a}{\log_c b+\log_c a+\log_c c}$$

$$=\frac{\log_a b}{\log_a abc}+\frac{\log_b c}{\log_b abc}+\frac{\log_c a}{\log_c abc}$$

$$=\log_{abc} b+\log_{abc} c+\log_{abc} a$$

$$=\log_{abc} abc=1$$

25 · ◆답 3

▶ 두 양의 실근을 가지므로 $p,\ q$의 범위를 확인해야 한다.
$$D\geq0,\ \alpha+\beta>0,\ \alpha\beta>0$$

$\log_2(\alpha+\beta)=\log_2\alpha+\log_2\beta+1$에서

$$\log_2(\alpha+\beta)=\log_2 2\alpha\beta$$

$$\therefore \alpha+\beta=2\alpha\beta \quad \cdots \mathbf{❶}$$

$\alpha,\ \beta$가 $x^2+px+q=0$의 두 근이므로

$$\alpha+\beta=-p,\ \alpha\beta=q$$

❶에 대입하면 $-p=2q \quad \therefore p=-2q$

이때 이차방정식은 $x^2-2qx+q=0$이고 두 근이 양수이므로

(ⅰ) $\dfrac{D}{4}=q^2-q\geq0 \quad \therefore q\leq0$ 또는 $q\geq1$

(ⅱ) $\alpha+\beta=2q>0,\ \alpha\beta=q>0$

(ⅰ), (ⅱ)에서 $q\geq1$

따라서 $q-p=3q$의 최솟값은 $q=1$일 때 3이다.

26 · ◆답 ③

▶ $\log_{a^2} b=\dfrac{1}{2}\log_a b,\ \log_b a=\dfrac{1}{\log_a b}$임을 이용하여
밑이 a인 로그로 통일하고 정리한다.

조건식에서

$$\log_{a^2}\frac{b}{2}+\log_{a^2} 2=\frac{1}{2}\log_b a$$

$$\log_{a^2} b=\frac{1}{2}\log_b a,\ \frac{1}{2}\log_a b=\frac{1}{2}\log_b a$$

$$\log_a b=\frac{1}{\log_a b},\ (\log_a b)^2=1$$

$$\log_a b=1 \text{ 또는 } \log_a b=-1$$

$$\therefore b=a \text{ 또는 } b=\frac{1}{a}$$

$a\neq b$이므로 $b=\dfrac{1}{a}$

$a>0,\ b>0$이므로

$$16a+b=16a+\frac{1}{a}\geq2\sqrt{16a\times\frac{1}{a}}=8$$

$$\left(\text{단, 등호는 } 16a=\frac{1}{a}\text{일 때 성립}\right)$$

따라서 $16a+b$의 최솟값은 8이다.

27 답 ⑤

$\log_a b$가 유리수라는 것은 $\log_a b$를

$\dfrac{n}{m}$ (m, n은 서로소인 정수)

꼴로 나타낼 수 있다는 것이다.

$\dfrac{n}{m}$을 부등식에 대입하고 가능한 정수 쌍을 찾는다.

$\log_a b$가 유리수이므로 $\log_a b = \dfrac{n}{m}$ (m, n은 서로소)이라 하면

$$b = a^{\frac{n}{m}}$$

$1 < a < b < a^2 < 100$에 대입하면

$$1 < a < a^{\frac{n}{m}} < a^2 < 100 \qquad \cdots \text{❶}$$

$a > 1$, $a^2 < 100$이므로 $1 < a < 10$

또 $b = a^{\frac{n}{m}}$이 정수이므로 $a = p^m$ (p는 1보다 큰 정수) 꼴이다.

(i) $m=1$일 때 ❶은 $1 < a < a^n < a^2 < 100$

이 식을 만족시키는 정수 n은 없다.

(ii) $m=2$일 때 $1 < a < 10$이므로 $a = 2^2$ 또는 $a = 3^2$

❶에서 $n=3$이므로

$$b = 2^3 \text{ 또는 } b = 3^3$$

(iii) $m=3$일 때 $1 < a < 10$이므로 $a = 2^3$

❶에서 $n=4$ 또는 $n=5$이므로

$$b = 2^4 \text{ 또는 } b = 2^5$$

(iv) $m \geq 4$일 때 $1 < a < 10$이므로 가능한 a가 없다.

(i)~(iv)에서 모든 b의 값의 합은 $2^3 + 3^3 + 2^4 + 2^5 = 83$

28 답 502

$3\log_4 \dfrac{3}{2n+4} = k$로 놓고 유리수 지수로 고쳐서 n을 k로 나타낸다.

$3\log_4 \dfrac{3}{2n+4} = k$ (k는 정수)라 하면

$$\frac{3}{2}\log_2 \frac{3}{2n+4} = k$$

$$\frac{3}{2n+4} = 2^{\frac{2}{3}k}, \quad 2n+4 = 3 \times 2^{-\frac{2}{3}k}$$

$$\therefore n = 3 \times 2^{-\frac{2}{3}k-1} - 2$$

n은 자연수이므로 $-\dfrac{2}{3}k - 1$의 값은 0 또는 자연수이다.

이때 $-\dfrac{2}{3}k - 1 = 0$에서 $k = -\dfrac{3}{2}$이므로 조건을 만족하지 않는다.

따라서 k는 3의 배수에 음의 부호가 붙은 수이다.

(i) $k = -3$이면 $n = 3 \times 2 - 2 = 4$

(ii) $k = -6$이면 $n = 3 \times 2^3 - 2 = 22$

(iii) $k = -9$이면 $n = 3 \times 2^5 - 2 = 94$

(iv) $k = -12$이면 $n = 3 \times 2^7 - 2 = 382$

(v) $k = -15$이면 $n = 3 \times 2^9 - 2 = 1534 > 1000$

(i)~(v)에서 모든 n의 값의 합은 $4 + 22 + 94 + 382 = 502$

29 답 $\dfrac{2}{5}$

$a^2 = b^5 = c^{10} = k$로 놓고 a, b, c를 k로 나타내면 나머지 식을 정리할 수 있다.

$a^2 = b^5 = c^{10} = k$라 하면

$$a = k^{\frac{1}{2}}, \quad b = k^{\frac{1}{5}}, \quad c = k^{\frac{1}{10}}$$

$$\frac{ab}{c} = \frac{k^{\frac{1}{2}}k^{\frac{1}{5}}}{k^{\frac{1}{10}}} = k^{\frac{1}{2}+\frac{1}{5}-\frac{1}{10}} = k^{\frac{3}{5}}$$

이므로 $\log_3 \dfrac{ab}{c} = 3$에 대입하면

$$\log_3 k^{\frac{3}{5}} = 3, \quad \frac{3}{5}\log_3 k = 3, \quad \log_3 k = 5$$

곧, $k = 3^5$이므로 $a = 3^{\frac{5}{2}}$, $b = 3$, $c = 3^{\frac{1}{2}}$

$\log_m b \times \log_n c = 2$에 대입하면

$$\log_m 3 \times \log_n 3^{\frac{1}{2}} = 2, \quad \log_m 3 \times \log_n 3 = 4$$

$$\frac{1}{\log_3 m} \times \frac{1}{\log_3 n} = 4, \quad \log_3 m \times \log_3 n = \frac{1}{4}$$

$m > 1$, $n > 1$에서 $\log_3 m > 0$, $\log_3 n > 0$이므로

$$\log_a mn = \log_{3^{\frac{5}{2}}} mn = \frac{2}{5}\log_3 mn$$

$$= \frac{2}{5}(\log_3 m + \log_3 n)$$

$$\geq \frac{4}{5}\sqrt{\log_3 m \times \log_3 n} = \frac{2}{5}$$

(단, 등호는 $m=n$일 때 성립)

따라서 $\log_a mn$의 최솟값은 $\dfrac{2}{5}$이다.

30 답 ②

$\log_2 a$와 $\log_2 b$의 소수 부분이 같으므로 두 수의 차가 정수임을 이용한다.

두 로그에서 소수 부분이 같다. ⇨ 두 수의 차가 정수

소수 부분의 합이 1이다. ⇨ 두 수의 합이 정수

$$\log_2 b - \log_2 a = \log_2 \frac{b}{a} \text{는 정수이다.}$$

$10 < a < b < 50$이므로 $1 < \dfrac{b}{a} < 5$

$$\therefore \log_2 1 < \log_2 \frac{b}{a} < \log_2 5$$

$\log_2 \dfrac{b}{a}$는 정수이므로 $\log_2 \dfrac{b}{a} = 1$ 또는 $\log_2 \dfrac{b}{a} = 2$

(i) $\dfrac{b}{a} = 2$, 곧 $b = 2a$일 때 $a = 11, 12, \ldots, 24$

(ii) $\dfrac{b}{a} = 2^2$, 곧 $b = 4a$일 때 $a = 11, 12$

(i), (ii)에서 순서쌍 (a, b)의 개수는 $14 + 2 = 16$

31
답 ②

$k^n<M<k^{n+1}$이면 $n<\log_k M<n+1$이므로
$\log_k M$의 정수 부분은 n, 소수 부분은 $\log_k M-n$이다.

$2^6<77<2^7$이므로 $6<\log_2 77<7$
$$\therefore a=\log_2 77-6$$
$5^2<77<5^3$이므로 $2<\log_5 77<3$
$$\therefore b=\log_5 77-2$$
이때
$$2^{p+a}\times 5^{q+b}=2^{p-6+\log_2 77}\times 5^{q-2+\log_5 77}$$
$$=2^{p-6}\times 2^{\log_2 77}\times 5^{q-2}\times 5^{\log_5 77}$$
$$=2^{p-6}\times 77\times 5^{q-2}\times 77$$
$$=7^2\times 11^2\times 2^{p-6}\times 5^{q-2}$$
$250=2\times 5^3$이므로 $2^{p+a}\times 5^{q+b}$이 250의 배수이면
$$p-6\geq 1,\ q-2\geq 3\qquad \therefore p\geq 7,\ q\geq 5$$
따라서 $p+q$의 최솟값은 $p=7$, $q=5$일 때 $7+5=12$

32
답 26

N은 100 이하의 자연수이므로 $0\leq \log N\leq 2$이다.
이 부등식과 $\log N^3=3\log N$임을 이용하여 m의 값의 범위를 구한다.

$$m\leq \log N\leq m+1 \qquad \cdots ❶$$
$$m+2\leq \log N^3\leq m+3 \qquad \cdots ❷$$
N은 100 이하의 자연수이므로 $1\leq N\leq 100$
$$\therefore 0\leq \log N\leq 2 \qquad \cdots ❸$$
❷에서 $m+2\leq 3\log N\leq m+3$
$$\therefore \frac{m+2}{3}\leq \log N\leq \frac{m+3}{3} \qquad \cdots ❹$$
❶, ❸의 공통 부분이 있어야 하므로
$m\leq 2$이고 $m+1\geq 0$ $\quad\therefore -1\leq m\leq 2$
m은 정수이므로 $m=-1,\ 0,\ 1,\ 2$
$m=-1$일 때 ❶, ❸, ❹의 공통 부분이 없다.
$m=0$일 때 ❶, ❸, ❹의 공통 부분은 $\dfrac{2}{3}\leq \log N\leq 1$
$m=1$일 때 ❶, ❸, ❹의 공통 부분은 $1\leq \log N\leq \dfrac{4}{3}$
$m=2$일 때 ❶, ❸, ❹의 공통 부분이 없다.
따라서 $\dfrac{2}{3}\leq \log N\leq \dfrac{4}{3}$이면 정수 m이 존재한다.
이때 $10^{\frac{2}{3}}\leq N\leq 10^{\frac{4}{3}}$에서 $10^2\leq N^3\leq 10^4$
따라서 자연수 N의 최솟값은 5, 최댓값은 21이므로
합은 26이다.

33
답 ③

n이 100 이하의 자연수이므로 $0\leq \log n\leq 2$이다.
$f(n)=0, f(n)=1, f(n)=2$일 때로 나누어 생각한다.

n이 100 이하의 자연수이므로
$f(n)=0$ 또는 $f(n)=1$ 또는 $f(n)=2$
(i) $f(n)=0$일 때 $1\leq n<10$ $\qquad\cdots ❶$
$\quad f(2n+3)=f(n)+1$에서 $f(2n+3)=1$이므로
$$10\leq 2n+3<100,\ \frac{7}{2}\leq n<\frac{97}{2} \qquad \cdots ❷$$
$\quad$❶, ❷를 만족시키는 자연수 n은 4, 5, 6, 7, 8, 9이고 6개이다.
(ii) $f(n)=1$일 때 $10\leq n<100$ $\qquad\cdots ❸$
$\quad f(2n+3)=2$이므로
$$100\leq 2n+3<1000,\ \frac{97}{2}\leq n<\frac{997}{2} \qquad \cdots ❹$$
$\quad$❸, ❹를 만족시키는 자연수 n은 49, 50, $\cdots$, 99이고 51개이다.
(iii) $f(n)=2$일 때 $n=100$
$\quad f(2n+3)=f(203)=2$이므로 조건을 만족시키지 않는다.
(i), (ii), (iii)에서 n의 개수는 $6+51=57$

34
답 162

$\log n>0$일 때 $[\log n]$은 $\log n$의 정수 부분이다. 따라서
$$\log n=[\log n]+\alpha\ (0\leq \alpha<1)$$
로 나타낼 수 있다.
곧, $\log n=k+\alpha\ (k$는 정수)로 놓고 주어진 등식이 성립할 조건을 찾는다.

$[\log n]=k\ (k$는 정수)라 하면 n은 1000보다 작은 자연수이므로
$k=0$ 또는 $k=1$ 또는 $k=2$이고, $\log n=k+\alpha\ (0\leq \alpha<1)$로
놓을 수 있다.
$[\log n^5]=5[\log n]+2$이고, $\log n^5=5\log n=5k+5\alpha$이므로
$$[5k+5\alpha]=5k+2$$
$[5k+5\alpha]=5k+[5\alpha]$이므로 $[5\alpha]=2$
$$2\leq 5\alpha<3 \qquad \therefore 0.4\leq \alpha<0.6$$
(i) $k=0$일 때
$\quad \log n=\alpha$이므로 $0.4\leq \log n<0.6$
$\quad \log 2.51=0.4$, $\log 3.98=0.6$이므로
$$2.51\leq n<3.98$$
$\quad$따라서 자연수 n은 3이고 1개이다.
(ii) $k=1$일 때
$\quad \log n=1+\alpha$이므로 $1+0.4\leq \log n<1+0.6$
$$\log 10+\log 2.51\leq \log n<\log 10+\log 3.98$$
$$25.1\leq n<39.8$$
$\quad$따라서 자연수 n은 26, 27, $\cdots$, 39이고 14개이다.
(iii) $k=2$일 때
$\quad \log n=2+\alpha$이므로 $2+0.4\leq \log n<2+0.6$
$$\log 10^2+\log 2.51\leq \log n<\log 10^2+\log 3.98$$
$$251\leq n<398$$
$\quad$따라서 자연수 n은 251, 252, $\cdots$, 397이고 147개이다.
(i), (ii), (iii)에서 n의 개수는 $1+14+147=162$

35

답 ⑤

▮3^n이 10자리 자연수이므로

$$10^9 \le 3^n < 10^{10}, \ 9 \le \log 3^n < 10$$

또, $\log 3^n$의 정수 부분이 9임을 알 수도 있다.

$10^9 \le 3^n < 10^{10}$이므로 $\log 10^9 \le \log 3^n < \log 10^{10}$

$$9 \le 0.48n < 10, \ 18.75 \le n < 20.833\cdots$$

따라서 자연수 n은 19, 20이고 합은 39이다.

36

답 $m=7, \ n=24$

▮$\log A = 2.1173$이면

$$\log A = 2 + 0.1173$$

상용로그표에서 $\log 1.31 = 0.1173$이므로

$$\log A = 2 + \log 1.31 = \log(1.31 \times 10^2)$$

곧, $A = 1.31 \times 10^2$

이와 같이 $\log A = n + \alpha$ (n은 정수, $0 \le \alpha < 1$)일 때 $\log a = \alpha$인 a를 찾으면 $A = a \times 10^n$이다.

$$\log \frac{2^{50}}{3^{80}} = 50\log 2 - 80\log 3$$

$$= 50 \times 0.3010 - 80 \times 0.4771$$

$$= -23.118 = -24 + 0.882$$

상용로그표에서 $\log 7.62 = 0.882$이므로

$$\log \frac{2^{50}}{3^{80}} = -24 + \log 7.62$$

곧, $\dfrac{2^{50}}{3^{80}} = 7.62 \times 10^{-24}$이므로 소수점 아래 24째 자리에서 처음으로 0이 아닌 숫자 7이 나온다.

$$\therefore m = 7, \ n = 24$$

Think More

$7.62 \times 10^{-1} = 0.762 \Rightarrow$ 소수점 아래 첫째 자리에서 처음으로 0이 아닌 숫자 7이 나온다.

$7.62 \times 10^{-n} \Rightarrow$ 소수점 아래 n째 자리에서 처음으로 0이 아닌 숫자 7이 나온다.

C STEP 절대등급 완성 문제

18~19쪽

01 10	**02** 92	**03** ③	**04** 7	**05** 683	**06** 424
07 ③	**08** 78				

01

답 10

▮$x^n - 2^8 = 0$의 실근은 n이 짝수일 때 두 개, n이 홀수일 때 한 개이다.

(가)에서 이차방정식 $f(x) = 0$은 서로 다른 두 실근을 갖고, 이 두 근이 $x^n - 2^8 = 0$의 근이어야 한다.

$x^n - 2^8 = 0$이 두 실근을 가지므로 n은 짝수이고, 두 실근은 $\pm 2^{\frac{8}{n}}$이다.

곧, $f(x) = 0$의 두 실근이 $\pm 2^{\frac{8}{n}}$이므로

$$f(x) = -\left(x - 2^{\frac{8}{n}}\right)\left(x + 2^{\frac{8}{n}}\right) = -x^2 + 2^{\frac{16}{n}}$$

이차함수 $f(x)$의 최댓값은 $2^{\frac{16}{n}}$이므로 (나)에서

$$\log_{2^m} a = \log_{2^m} 2^{\frac{16}{n}} = \frac{16}{mn}$$

이 값이 정수이므로 mn은 16의 약수이다.

m, n은 자연수이고, n은 짝수이므로 가능한 순서쌍 (m, n)은

$(1, 16), (2, 8), (4, 4), (8, 2), (1, 8), (2, 4), (4, 2), (1, 4),$ $(2, 2), (1, 2)$이고 10개이다.

02

답 92

$$f(8) = \sqrt{8} = 2^{\frac{3}{2}}$$

$$f^2(8) = \left(2^{\frac{3}{2}}\right)^{-12} = 2^{-3^2 \times 2}$$

$$f^3(8) = \sqrt{2^{-2 \times 3^2}} = 2^{-3^2}$$

$$f^4(8) = \sqrt{2^{-3^2}} = 2^{-\frac{3^2}{2}}$$

$$f^5(8) = \left(2^{-\frac{3^2}{2}}\right)^{-12} = 2^{3^3 \times 2}$$

$$f^6(8) = \sqrt{2^{3^3 \times 2}} = 2^{3^3}$$

$$f^7(8) = 2^{\frac{3^3}{2}}$$

$$f^8(8) = 2^{-3^4 \times 2}$$

$$f^9(8) = 2^{-3^4}$$

$$f^{10}(8) = 2^{-\frac{3^4}{2}}$$

$$f^{11}(8) = 2^{3^5 \times 2}$$

$$f^{12}(8) = 2^{3^5}$$

곧, $f^{6n}(8) = 2^{3^{2n+1}}$이므로

$$f^{60}(8) = 2^{3^{21}}, \ f^{61}(8) = 2^{\frac{3^{21}}{2}}, \ f^{62}(8) = 2^{-3^{22} \times 2}$$

▮2^n이 유리수이면 n은 정수이다.

$\left\{f^{62}(8)\right\}^{\frac{1}{k}} = 2^{-\frac{3^{22} \times 2}{k}}$이 유리수이면 $-\dfrac{3^{22} \times 2}{k}$는 정수이므로

k는 $3^{22} \times 2$의 약수이거나 약수에 음의 부호가 붙은 수이다.

따라서 정수 k의 개수는 $2 \times (23 \times 2) = 92$

03 ⟨답⟩ ③

▶ C의 원소는 A와 B에 동시에 속하는 자연수이다.
B에서 b가 자연수이므로 B의 원소부터 조사하는 것이 좋다.

$\log_{\sqrt{2}} b = 2\log_2 b$이고 b가 자연수이므로
$b = 2^k$ (k는 자연수) 꼴일 때 $2\log_2 b$는 자연수이다.
곧, B의 자연수인 원소는 다음과 같다.

b	2	2^2	2^3	2^4	2^5	...
$\log_{\sqrt{2}} b$	2	4	6	8	10	...

$n(C) = 4$이므로 2, 4, 6, 8은 C의 원소이고
10은 C의 원소가 아니어야 한다.

▶ $8 \in B$, $10 \notin B$가 되는 k의 범위를 구해 보자.

$\log_{\sqrt{2}} b = 8$일 때, $b = 2^4 = 16$
$\log_{\sqrt{2}} b = 10$일 때, $b = 2^5 = 32$
k는 자연수이므로 $16 \le k \le 31$ ··· ❶

▶ $8 \in A$, $10 \notin A$가 되는 k의 범위를 구해 보자.

$\sqrt[3]{a^2} = 8$일 때
$a^{\frac{2}{3}} = 2^3$, $a = 2^{\frac{9}{2}} = \sqrt{512} = 22.\times\times\times$
$\sqrt[3]{a^2} = 10$일 때
$a^{\frac{2}{3}} = 10$, $a = 10^{\frac{3}{2}} = \sqrt{1000} = 31.\times\times\times$
k는 자연수이므로 $23 \le k \le 31$ ··· ❷
❶, ❷에서 $23 \le k \le 31$이므로 k의 개수는 9이다.

04 ⟨답⟩ 7

$A_8 = \{\log_8 x \mid x$는 100 이하의 자연수$\}$
$m \in M$이므로 $m = 2^k$ (k는 자연수)이라 하면
$A_m = \{\log_{2^k} y \mid y$는 100 이하의 자연수$\}$
$n(A_8 \cap A_m) \ge 3$이면 $\log_8 x = \log_{2^k} y$인 순서쌍 (x, y)가 3개 이상 존재한다.
$\log_8 x = \log_{2^k} y$에서
$\frac{1}{3}\log_2 x = \frac{1}{k}\log_2 y$, $k\log_2 x = 3\log_2 y$
$x^k = y^3$, $x = y^{\frac{3}{k}}$

▶ $1 \le x \le 100$, $1 \le y \le 100$에서 $x = y^{\frac{3}{k}}$이 성립하는 경우가 3개 이상인 경우를 찾는다.
x, y, k가 모두 자연수이므로 k가 3의 배수일 때와 아닐 때로 나누어 생각한다.

(i) k가 3의 배수가 아닐 때, $x = y^{\frac{3}{k}}$으로 가능한 순서쌍은
$(x, y) = (1^3, 1^k), (2^3, 2^k), (3^3, 3^k), (4^3, 4^k), \ldots$
$1 \le x \le 100$, $1 \le y \le 100$에서 순서쌍 (x, y)가 3개 이상이므로
$3^k \le 100$ $\therefore k \le 4$

(ii) $k = 3$일 때 $x = y$이므로
$(x, y) = (1, 1), (2, 2), (3, 3), \ldots, (100, 100)$

(iii) $k = 6$일 때 $x = y^{\frac{1}{2}}$이므로
$(x, y) = (1, 1), (2, 2^2), (3, 3^2), \ldots, (10, 10^2)$

(iv) $k = 9$일 때 $x = y^{\frac{1}{3}}$이므로
$(x, y) = (1, 1), (2, 2^3), (3, 3^3), (4, 4^3)$

(v) $k = 12$일 때 $x = y^{\frac{1}{4}}$이므로
$(x, y) = (1, 1), (2, 2^4), (3, 3^4)$

(vi) $k = 15$일 때 $x = y^{\frac{1}{5}}$이므로
$(x, y) = (1, 1), (2, 2^5)$

곧, $k = 3k'$ ($k' \ge 5$)일 때 $x = y^{\frac{1}{k'}}$에서 가능한 (x, y)의 쌍은 2개 이하이다.
(i)~(vi)에서 $k = 1, 2, 3, 4, 6, 9, 12$이고 m의 개수는 7이다.

05 ⟨답⟩ 683

▶ $[\log N]$은 $\log N$의 정수 부분이다.
$\log N - [\log N] = \alpha$라 하면
$\log N = [\log N] + \alpha$ $(0 \le \alpha < 1)$임을 이용한다.

$[\log N] = n$, $\log N - [\log N] = \alpha$라 하면
n은 정수이고 $0 \le \alpha < 1$이다.
$\log N^2 = 2\log N = 2n + 2\alpha$이므로
$[\log N^2] = [2n + 2\alpha] = 2n + [2\alpha]$
(가)에 대입하면 $n + 3 = 2n + [2\alpha]$ ··· ❶
$0 \le 2\alpha < 2$이므로 $[2\alpha] = 0$ 또는 $[2\alpha] = 1$

(i) $[2\alpha] = 0$일 때 $0 \le \alpha < \frac{1}{2}$이고 ❶에서 $n = 3$
(나)에 대입하면
$\alpha > 2(n + \alpha) - 2n$, $\alpha < 0$
따라서 조건을 만족하지 않는다.

(ii) $[2\alpha] = 1$일 때 $\frac{1}{2} \le \alpha < 1$이고 ❶에서 $n = 2$
(나)에 대입하면
$\alpha > 2(n + \alpha) - (2n + 1)$, $\alpha < 1$

(i), (ii)에서 $\log N = 2 + \alpha$, $\frac{1}{2} \le \alpha < 1$
곧, $\frac{5}{2} \le \log N < 3$, $10^{\frac{5}{2}} \le N < 10^3$
$316^2 < 10^5 < 317^2$이므로 $316 < 10^{\frac{5}{2}} < 317$
따라서 자연수 N은 317, 318, ..., 999이고 683개이다.

▰ $\log_8 A=n+\alpha$ (n은 정수, $0\le\alpha<1$)로 놓을 수 있다.
이때 n이 이차방정식의 해이므로 근과 계수의 관계를 이용하여 조건을 찾는다.

$A\ge10$이면 $\log_8 A\ge1$이다.
$\log_8 A$의 정수 부분을 n이라 하면

$$\log_8 A=n+\alpha\ (n\ge1,\ 0\le\alpha<1) \quad\cdots\ ❶$$

로 놓을 수 있다.
이차방정식 $2x^2-2x\log_8 A+k=0$의 두 근의 합은 $\log_8 A$
❶에서

$$\log_8 A=n+\alpha$$

n이 이 방정식의 근이므로 나머지 한 근은 α이다. $\quad\therefore\ p=\alpha$
두 근의 곱은 $\dfrac{k}{2}=n\alpha$이므로

$$k=2n\alpha$$

곧, $\dfrac{1}{2}(\log_8 A+p)<k\le4p$에서

$$\frac{1}{2}(n+\alpha+\alpha)<2n\alpha\le4\alpha$$
$$\frac{1}{2}n+\alpha<2n\alpha\le4\alpha \quad\cdots\ ❷$$

▰ n은 1 이상인 자연수이고 $0\le\alpha<1$임을 이용하여 ❷를 만족시키는 A의 범위를 구한다.
n에 1, 2, 3, …을 차례로 대입하여 ❷를 만족시키는 α의 범위를 구한다.

(i) $n=1$일 때 ❷에서 $\dfrac{1}{2}+\alpha<2\alpha\le4\alpha$이므로

$$\alpha>\frac{1}{2}$$

$0\le\alpha<1$이므로 $\dfrac{1}{2}<\alpha<1$

$\log_8 A=1+\alpha$이므로

$$\frac{3}{2}<\log_8 A<2 \quad\therefore\ 2^{\frac{9}{2}}<A<2^6$$

$2^{\frac{9}{2}}=\sqrt{512}=22.\times\times\times$, $2^6=64$이므로
자연수 A는 23, 24, …, 63이고 41개이다.

(ii) $n=2$일 때 ❷에서 $1+\alpha<4\alpha\le4\alpha$이므로

$$\alpha>\frac{1}{3}$$

$0\le\alpha<1$이므로 $\dfrac{1}{3}<\alpha<1$

$\log_8 A=2+\alpha$이므로

$$\frac{7}{3}<\log_8 A<3 \quad\therefore\ 2^7<A<2^9$$

자연수 A는 129, 130, …, 511이고 383개이다.

(iii) $n\ge3$일 때 $2n\alpha\le4\alpha$가 성립하지 않는다.

(i), (ii), (iii)에서 자연수 A의 개수는 $41+383=424$

▰ (나)에서 $\dfrac{1}{a}$은 a의 역수이고, $\log_a\dfrac{1}{b}=-\log_a b$, $\log_a 1=0$이므로
$\dfrac{1}{a}\le b<1$일 때와 $1<b\le a$일 때 $f(a)$의 값이 같다.

$b=1$일 때 $\log_a 1=0$이므로 (가), (나)를 만족시킨다.
$1<b\le a$일 때 (가)가 성립하면

$\dfrac{1}{a}\le\dfrac{1}{b}<1$이고 $\log_a\dfrac{1}{b}=-\log_a b$가 유리수이므로

$\dfrac{1}{b}$도 (가), (나)를 만족시킨다.

따라서 $1<b\le a$일 때 $\log_a b$가 유리수인 값의 개수를 $g(a)$라 하면 $f(a)=2g(a)+1$이므로 $g(a)\ge3$인 자연수 a의 개수를 찾아도 된다.

$\log_a b=\dfrac{p}{q}$ (p, q는 $p\le q$인 자연수)라 하면 $b=a^{\frac{p}{q}}$

$a=m^k$ (m, k는 자연수)라 하면 $a\le100$이므로 k의 최댓값은 $m=2$일 때 $k=6$이다.

(i) $k=6$일 때 $q=6$, $p=1, 2, 3, 4, 5, 6$이 가능하므로 $g(a)=6$
$$\therefore\ a=2^6$$

(ii) $k=5$일 때 $q=5$, $p=1, 2, 3, 4, 5$가 가능하므로 $g(a)=5$
$$\therefore\ a=2^5$$

(iii) $k=4$일 때 $q=4$, $p=1, 2, 3, 4$가 가능하므로 $g(a)=4$
$$\therefore\ a=2^4, 3^4$$

(iv) $k=3$일 때 $q=3$, $p=1, 2, 3$이 가능하므로 $g(a)=3$
$$\therefore\ a=2^3, 3^3, 4^3$$

그런데 $4^3=2^6$이므로 중복이다.

(v) $k=2$일 때 $q=2$, $p=1, 2$가 가능하므로 $g(a)=2$

(vi) $k=1$일 때 $q=1$, $p=1$이 가능하므로 $g(a)=1$

(i)~(vi)에서 $g(a)\ge3$인 a의 값은 $2^6, 2^5, 2^4, 3^4, 2^3, 3^3$이고 6개이다.

$\log_2(na-a^2)=\log_2(nb-b^2)=k$ (k는 자연수)라 하면
$$na-a^2=2^k,\ nb-b^2=2^k \quad\cdots\ ❶$$

▰ ❶의 두 식은 같은 식에 a, b를 대입한 꼴이므로
$f(x)=x^2-nx+2^k$이라 할 때 $f(a)=0, f(b)=0$인 식이다.
곧, 이차방정식 $f(x)=0$의 해가 a, b임을 이용하거나
$y=f(x)$의 그래프가 x축과 $x=a$, $x=b$에서 만남을 이용한다.

$f(x)=x^2-nx+2^k$이라 하면 $f(a)=f(b)=0$
곧, $y=f(x)$의 그래프가 x축과 만나는 점의 x좌표는 a, b이다.
그래프의 축 $x=\dfrac{n}{2}$에 대하여 두 직선 $x=a$, $x=b$는 대칭이고

$0<b-a\le\dfrac{n}{2}$이므로 $\dfrac{n}{2}-a\le\dfrac{n}{4}$

$$f\left(\frac{n}{2}\right)=2^k-\frac{n^2}{4}<0$$
$$f\left(\frac{n}{4}\right)=2^k-\frac{3}{16}n^2\ge0$$
$$\therefore\ 2^{k+2}<n^2\le\frac{2^{k+4}}{3}$$

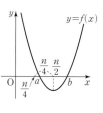

$2^9>20^2$이므로 $n\le20$이면 $k<7$이다.

(ⅰ) $k=1$일 때 $8<n^2\leq\dfrac{32}{3}$ $\therefore n=3$

(ⅱ) $k=2$일 때 $16<n^2\leq\dfrac{64}{3}$이므로 자연수 n은 없다.

(ⅲ) $k=3$일 때 $32<n^2\leq\dfrac{128}{3}$ $\therefore n=6$

(ⅳ) $k=4$일 때 $64<n^2\leq\dfrac{256}{3}$ $\therefore n=9$

(ⅴ) $k=5$일 때 $128<n^2\leq\dfrac{512}{3}$ $\therefore n=12$ 또는 $n=13$

(ⅵ) $k=6$일 때 $256<n^2\leq\dfrac{1024}{3}$ $\therefore n=17$ 또는 $n=18$

따라서 모든 n의 값의 합은

$$3+6+9+12+13+17+18=78$$

다른 풀이 1

❶, ❷와 같은 꼴은 두 식의 합과 차를 이용하여 정리할 수도 있다.

$$na-a^2=2^k \quad\cdots ❶ \qquad nb-b^2=2^k \quad\cdots ❷$$

❶-❷를 하면

$$na-a^2-nb+b^2=0,\ (a-b)(n-a-b)=0$$

$a\neq b$이므로 $n-a-b=0$

$b=n-a$를 $0<b-a\leq\dfrac{n}{2}$에 대입하면

$$0<n-2a\leq\dfrac{n}{2} \qquad \therefore \dfrac{n}{4}\leq a<\dfrac{n}{2}$$

❶에서 $f(x)=x^2-nx+2^k$이라 하면

$f(x)=0$이 $\dfrac{n}{4}\leq x<\dfrac{n}{2}$에서 실근을 가진다.

$f(x)=\left(x-\dfrac{n}{2}\right)^2+2^k-\dfrac{n^2}{4}$이므로

$$f\left(\dfrac{n}{2}\right)=2^k-\dfrac{n^2}{4}<0$$

$$f\left(\dfrac{n}{4}\right)=2^k-\dfrac{3}{16}n^2\geq 0$$

$$\therefore 2^{k+2}<n^2\leq\dfrac{2^{k+4}}{3}$$

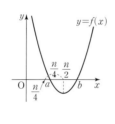

다른 풀이 2

❶에서 $f(x)=x^2-nx+2^k$이라 할 때

이차방정식 $f(x)=0$의 해가 $a,\ b$임을 이용하여 다음과 같이 풀 수 있다.

$$na-a^2=2^k,\ nb-b^2=2^k$$

이므로 $a,\ b$는 x에 대한 이차방정식 $nx-x^2=2^k$, 곧

$x^2-nx+2^k=0$의 서로 다른 두 실근이다.

$$D=n^2-4\times 2^k>0,\ n^2>2^{k+2} \qquad \cdots ❸$$

근과 계수의 관계에 의하여

$$a+b=n,\ ab=2^k$$

$0<b-a\leq\dfrac{n}{2}$에서

$$(b-a)^2\leq\dfrac{n^2}{4},\ (a+b)^2-4ab\leq\dfrac{n^2}{4}$$

$$n^2-4\times 2^k\leq\dfrac{n^2}{4},\ \dfrac{3}{4}n^2\leq 2^{k+2}$$

$$\therefore n^2\leq\dfrac{1}{3}\times 2^{k+4} \qquad \cdots ❹$$

곧, ❸, ❹에서 $2^{k+2}<n^2\leq\dfrac{1}{3}\times 2^{k+4}$

---

02 지수함수와 로그함수

A STEP   시험에 꼭 나오는 문제   21~26쪽

01 ③	**02** $a=\dfrac{1}{2}$, $b=2$	**03** 3	**04** 6	**05** ③
06 $m=9$, $n=-2$	**07** $m=3$, $n=3$	**08** ②	**09** -3
10 ⑤	**11** -5	**12** ④	**13** $p=-3$, $q=1$	**14** 51
15 ⑤	**16** 15	**17** ⑤	**18** 최댓값: 243, 최솟값: 3
19 ②	**20** 200	**21** $-\dfrac{1}{2}$	**22** ③	**23** $\dfrac{8}{7}$	**24** ④
25 71	**26** 10	**27** ⑤	**28** 64	**29** 4	**30** ③
31 $\dfrac{1}{3}$	**32** $7\sqrt{2}$	**33** 4	**34** $\sqrt{2}$	**35** 5	**36** 37
37 $\dfrac{5}{2}$	**38** ②	**39** 60	

---

01   답 ③

$8=2^3=4^{\frac{3}{2}}$이므로

$$y=4^{x+\frac{3}{2}}+3$$

따라서 그래프는 $y=4^x$의 그래프를

x축 방향으로 $-\dfrac{3}{2}$만큼, y축 방향으

로 3만큼 평행이동한 것이다.

① (참)

② (참)

③ (거짓)

④ $x=-1$을 대입하면 $y=4^{\frac{1}{2}}+3=5$ (참)

⑤ (참)

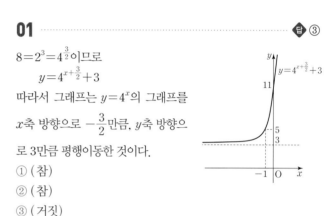

---

02   답 $a=\dfrac{1}{2}$, $b=2$

$y=a^{2x-1}+b$의 그래프의 점근선이 직선 $y=2$이므로 $b=2$이다.

$$\therefore y=a^{2x-1}+2$$

또 이 그래프를 y축에 대칭이동한 그래프의 식은

$$y=a^{-2x-1}+2$$

이 그래프가 점 $(1,\ 10)$을 지나므로

$$10=a^{-3}+2,\ a^{-3}=2^3$$

$$\therefore a=2^{-1}=\dfrac{1}{2}$$

Think More

$y=a^{2x-1}+b$의 그래프가 점 $(-1,\ 10)$을 지난다는 것을 이용해도 된다.

03

답 3

$y=a\times3^x$의 그래프를 원점에 대칭이동하면 $-y=a\times3^{-x}$
곧, $y=-a\times3^{-x}$의 그래프이다.
또 이 그래프를 x축 방향으로 2만큼, y축 방향으로 3만큼 평행이
동하면 $y-3=-a\times3^{-x+2}$의 그래프이다.
이 그래프가 점 $(1,\ -6)$을 지나므로
$$-9=-a\times3$$
$$\therefore a=3$$

04

답 6

▶보통 a의 값에 관계없이 지나는 점을 구할 때에는
a에 대해 정리한 다음, 계수가 0일 조건을 찾는다.
이때 지수함수에서는 $a^0=1$, 로그함수에서는 $\log_a 1=0$임을 이용할 수 있다.

$f(x)=a(x-4)+1$이다.
곧, $y=f(x)$의 그래프는 a의 값에 관계없이 점 $P(4, 1)$을 지나는
직선이다.
또 a의 값에 관계없이 $a^0=1$이므로 $g(1)=-2$이다.
곧, $y=g(x)$의 그래프는 점 $Q(1, -2)$를 지난다.
$h(x)=\log_a(x+4)-2$이고 a의 값에 관계없이 $\log_a 1=0$이므로
$h(-3)=-2$이다.
곧, $y=h(x)$의 그래프는
점 $R(-3, -2)$를 지난다.
따라서 삼각형 PQR의 넓이는
$$\frac{1}{2}\times4\times3=6$$

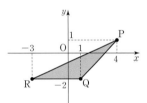

05

답 ③

$y=\log_2(x+3)$의 그래프가 점 $(a, 6)$을 지나므로
$$6=\log_2(a+3),\ a+3=2^6$$
$$\therefore a=61$$
점근선이 직선 $x=-3$이므로 $b=-3$
$$\therefore a+b=58$$

06

답 $m=9,\ n=-2$

$$y=\log_3\left(\frac{x}{9}-1\right)=\log_3\frac{x-9}{9}$$
$$=\log_3(x-9)-2$$
이므로 $y=\log_3\left(\frac{x}{9}-1\right)$의 그래프는 $y=\log_3 x$의 그래프를
x축 방향으로 9만큼, y축 방향으로 -2만큼 평행이동한 것이다.
$$\therefore m=9,\ n=-2$$

07

답 $m=3,\ n=3$

$y=\log_2 x$의 그래프를 x축 방향으로 m만큼, y축 방향으로 n만
큼 평행이동하면 $y=\log_2(x-m)+n$의 그래프이다.
점근선이 직선 $x=3$이므로 $m=3$
또 그래프가 점 $(5, 4)$를 지나므로
$$4=\log_2(5-3)+n,\ n=3$$

08

답 ②

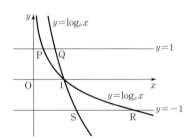

위 그림에서 기울기가 음수이므로 큰 순서는
직선 PR, QR, PS, QS이다.
$$\therefore \gamma<\alpha<\delta<\beta$$

09

답 -3

$g(x)$는 $f(x)$의 역함수이고
$g(9)=-2$이므로 $f(-2)=9$
$$2^{2+a}+1=9,\ a=1$$
$$\therefore f(x)=2^{-x+1}+1$$
$g(17)=k$라 하면 $f(k)=17$이므로
$$2^{-k+1}+1=17 \qquad \therefore k=-3$$

Think More

$y=2^{-x+a}+1$에서
$$y-1=2^{-x+a},\ -x+a=\log_2(y-1)$$
x, y를 바꾸면 $-y+a=\log_2(x-1)$
$$y=-\log_2(x-1)+a$$
$$\therefore g(x)=-\log_2(x-1)+a$$

10

답 ⑤

ㄱ. $y=\left(\frac{1}{3}\right)^x=3^{-x}$이므로 이 함수의 그래프를 y축에 대칭이동하
면 $y=3^x$의 그래프와 겹쳐진다.

ㄴ. $y=2\times3^x=3^{\log_3 2}\times3^x=3^{x+\log_3 2}$이므로 이 함수의 그래프를 x
축 방향으로 $\log_3 2$만큼 평행이동하면 $y=3^x$의 그래프와 겹
쳐진다.

ㄷ. $y=\log_3 5x=\log_3 x+\log_3 5$이므로 이 함수의 그래프를 y축
  방향으로 $-\log_3 5$만큼 평행이동한 후 직선 $y=x$에 대칭이동
  하면 함수 $y=3^x$의 그래프와 겹쳐진다.
따라서 $y=3^x$의 그래프와 겹쳐지는 것은 ㄱ, ㄴ, ㄷ이다.

해가 $x=\pm1$이므로

❶에 $x=-1$을 대입하면 $-1+m=\dfrac{1}{a}$ $\qquad\cdots$ ❷

❶에 $x=1$을 대입하면 $1+m=a$ $\qquad\cdots$ ❸

❷$-$❸을 하면 $-2=\dfrac{1}{a}-a,\ a^2-2a-1=0$

$a>1$이므로 $a=1+\sqrt{2}$

❸에 대입하면 $1+m=1+\sqrt{2},\ m=\sqrt{2}$

$\qquad\qquad\therefore a+m=1+2\sqrt{2}$

Think More

$-1+m=\dfrac{1}{a},\ 1+m=a$에서

a를 소거하여 m의 값부터 구해도 된다.

$\dfrac{1}{a}=\dfrac{1}{1+m}$이므로 $-1+m=\dfrac{1}{1+m},\ m^2-1=1$

$\qquad\qquad\therefore m=\pm\sqrt{2}$

11 $\qquad\qquad\qquad\qquad\qquad\qquad\qquad$ 답 -5

$y=2^{x-2}$에서

$\qquad x-2=\log_2 y,\ x=\log_2 y+2$

따라서 $y=f(x)$의 역함수는 $y=\log_2 x+2$이므로

x축 방향으로 -2만큼, y축 방향으로 k만큼 평행이동하면

$\qquad g(x)=\log_2(x+2)+k+2$

직선 $y=1$과 만나는 점 A, B의 x좌표를 각각 $a,\ b$라 하면

$f(a)=1$에서

$\qquad 2^{a-2}=1$ $\quad\therefore a=2$

$g(b)=1$에서

$\qquad \log_2(b+2)+k+2=1$

$\qquad \log_2(b+2)=-k-1$

$\qquad b+2=2^{-k-1}$ $\quad\therefore b=2^{-k-1}-2$

$A(2,1),\ B(2^{-k-1}-2,1)$이고, 선분 AB의 중점의 좌표가

$(8,1)$이므로

$\qquad \dfrac{2+2^{-k-1}-2}{2}=8,\ 2^{-k-1}=2^4$

$\qquad\qquad\therefore k=-5$

Think More

$A(2,1)$이고 선분 AB의 중점의 좌표가 $(8,1)$이므로 $B(14,1)$이다.
따라서 $g(14)=1$을 풀어도 된다.

13 $\qquad\qquad\qquad\qquad\qquad\qquad$ 답 $p=-3,\ q=1$

▮역함수 그래프에 대한 문제를 풀 때에는
원함수의 그래프와 역함수의 그래프가 직선 $y=x$에 대칭임을 이용할 수
있는지부터 확인한다.

$y=f(x)$와 $y=g(x)$의 그래프는 점 $(4,1)$을 지난다.

$f(4)=1,\ g(4)=1$이므로

$\qquad 1=\log_4(4+p)+q,\ 1=\log_{\frac{1}{2}}(4+p)+q$ $\quad\cdots$ ❶

밑에 관계없이 $\log_a 1=0$이므로 $4+p=1$

$\qquad\qquad\therefore p=-3$

❶에 대입하면 $q=1$

14 $\qquad\qquad\qquad\qquad\qquad\qquad\qquad\qquad$ 답 51

▮합성함수 $f(g(x))$의 최댓값, 최솟값을 구할 때에는
$g(x)=t$로 치환하고 t의 범위부터 구한다.

$0\le x\le3$에서 $a\le g(x)\le4+a$이고,

$f(x)$는 밑이 1보다 작으므로

$g(x)=4+a$일 때 $(f\circ g)(x)$는 최소이다.

최솟값이 $\dfrac{1}{16}=\left(\dfrac{1}{2}\right)^4$이므로

$\qquad \left(\dfrac{1}{2}\right)^{(4+a)-2}=\left(\dfrac{1}{2}\right)^4,\ 4+a-2=4$

$\qquad\qquad\therefore a=2,\ g(x)=(x-1)^2+2$

$-1\le x\le1$에서 $f(-1)=8,\ f(1)=2$이므로

$\qquad 2\le f(x)\le8$

따라서 $f(x)=8$일 때 $(g\circ f)(x)$는 최대이고,

최댓값은 $g(8)=7^2+2=51$

12 $\qquad\qquad\qquad\qquad\qquad\qquad\qquad\qquad$ 답 ④

▮역함수의 그래프와 원함수의 그래프는 직선 $y=x$에 대칭이다.
따라서 교점을 구할 때는 직선 $y=x$를 이용한다.

곡선 $y=f(x)$와 $y=f^{-1}(x)$는
직선 $y=x$에 대칭이고, 두 곡선
의 교점이 두 개이므로

$\qquad a>1$

또 두 곡선의 교점은 곡선
$y=f(x)$와 직선 $y=x$의 교점
이다.

$y=\log_a(x+m)$과 직선 $y=x$

에서

$\qquad \log_a(x+m)=x$ $\quad\therefore x+m=a^x$ $\quad\cdots$ ❶

15 .... 답 ⑤

$3^x = t$라 하면
$$y = t^2 - 6t = (t-3)^2 - 9$$
$-1 \leq x \leq 2$이므로 $\frac{1}{3} \leq t \leq 9$

따라서 $t = 9$일 때 y의 최댓값은 27
$t = 3$일 때 y의 최솟값은 -9
$$\therefore M + m = 18$$

16 .... 답 15

$y = 5 \times \left(\frac{1}{2}\right)^x$의 그래프를 x축 방향으로 a만큼, y축 방향으로 5만큼 평행이동하면
$$y = 5 \times \left(\frac{1}{2}\right)^{x-a} + 5$$
이 그래프를 y축에 대칭이동하면
$$y = 5 \times \left(\frac{1}{2}\right)^{-x-a} + 5$$
$$\therefore f(x) = 5 \times \left(\frac{1}{2}\right)^{-x-a} + 5$$
$y = f(x)$의 그래프가 점 $(1, 10)$을 지나므로
$$5 \times \left(\frac{1}{2}\right)^{-1-a} + 5 = 10$$
$$\left(\frac{1}{2}\right)^{-1-a} = 1$$
$$-1 - a = 0 \quad \therefore a = -1$$
이때 $f(x) = 5 \times \left(\frac{1}{2}\right)^{-x+1} + 5$이므로
$-3 \leq x \leq 2$에서 $f(x)$의 최댓값은
$$f(2) = 5 \times \left(\frac{1}{2}\right)^{-1} + 5 = 15$$

17 .... 답 ⑤

$\log_9 x^8 = 8\log_{3^2} x = 4\log_3 x$이므로
$\log_3 x = t$라 하면 t는 실수이고
$$y = t^2 - 4t + 3 = (t-2)^2 - 1$$
따라서 $t = 2$일 때 y의 최솟값은 -1이다. $\quad \therefore a = -1$
또 $\log_3 x = 2$에서 $x = 9$이다. $\quad \therefore b = 9$
$$\therefore a + b = 8$$

18 .... 답 최댓값: 243, 최솟값: 3

$f(x)$는 단항식이고 지수에 로그가 있다.
밑이 3이므로 $\log_3 f(x)$를 생각한다.

$f(x) = 9x^{-2+\log_3 x}$의 양변에 밑이 3인 로그를 잡으면
$$\log_3 f(x) = \log_3 9 + \log_3 x^{-2+\log_3 x}$$
$$= 2 + (-2 + \log_3 x)\log_3 x$$
$$= (\log_3 x)^2 - 2\log_3 x + 2$$
$\log_3 x = t$라 하면
$$\log_3 f(x) = t^2 - 2t + 2 = (t-1)^2 + 1$$
또 $\frac{1}{3} \leq x \leq 3$에서 $-1 \leq t \leq 1$이므로

$t = -1$일 때 $\log_3 f(x)$의 최댓값은 5이고
$f(x)$의 최댓값은 $3^5 = 243$이다.
$t = 1$일 때 $\log_3 f(x)$의 최솟값은 1이고
$f(x)$의 최솟값은 3이다.

19 .... 답 ②

$$\log_3\left(x + \frac{1}{y}\right) + \log_3\left(y + \frac{4}{x}\right)$$
$$= \log_3\left(x + \frac{1}{y}\right)\left(y + \frac{4}{x}\right)$$
$$= \log_3\left(xy + \frac{4}{xy} + 5\right) \quad \cdots ❶$$
$xy > 0$이므로
$$xy + \frac{4}{xy} \geq 2\sqrt{xy \times \frac{4}{xy}} = 4$$
$$\left(\text{단, 등호는 } xy = \frac{4}{xy}\text{일 때 성립}\right)$$
따라서 $xy + \frac{4}{xy}$의 최솟값은 4이고,
❶의 최솟값은 $\log_3(4+5) = 2$이다.

20 .... 답 200

$(\log x, \log y)$가 그림의 직선 위의 점이라고 생각할 수 있다.
직선의 방정식은 $Y = -X + 3$이므로
$$\log y = -\log x + 3$$
$$\log x + \log y = 3$$
$$\therefore xy = 10^3$$
산술평균과 기하평균의 관계에서
$$2x + 5y \geq 2\sqrt{2x \times 5y}$$
$$= 2\sqrt{10xy} = 2 \times 10^2 = 200$$
$$(\text{단, 등호는 } 2x = 5y\text{일 때 성립})$$
따라서 최솟값은 200이다.

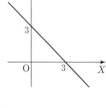

21 답 $-\dfrac{1}{2}$

$A_k(k, 2^k)$, $B_k(k, 2^{-k})$이므로

선분 A_kB_k를 $1:2$로 내분하는 점의 y좌표는

$$\dfrac{2^{-k}+2\times 2^k}{1+2}=\dfrac{2^{k+1}+2^{-k}}{3}$$

$2^{k+1}>0$, $2^{-k}>0$이므로

$$\dfrac{2^{k+1}}{3}+\dfrac{2^{-k}}{3}\geq 2\sqrt{\dfrac{2^{k+1}}{3}\times\dfrac{2^{-k}}{3}}=\dfrac{2\sqrt{2}}{3}$$

등호는 $\dfrac{2^{k+1}}{3}=\dfrac{2^{-k}}{3}$, 곧 $k+1=-k$, $k=-\dfrac{1}{2}$일 때 성립한다.

따라서 $k=-\dfrac{1}{2}$일 때 최소이고, 최솟값은 $\dfrac{2\sqrt{2}}{3}$이다.

22 답 ③

$A(a, 2^a)$, $B(b, 2^b)$이므로 선분 AB의 중점의 좌표는

$\left(\dfrac{a+b}{2}, \dfrac{2^a+2^b}{2}\right)$이다.

$\dfrac{a+b}{2}=0$에서 $a+b=0$ $\therefore b=-a$

$\dfrac{2^a+2^b}{2}=5$에서 $2^a+2^{-a}=10$ $\cdots$ ❶

$2^{2a}+2^{2b}=2^{2a}+2^{-2a}$이므로 ❶의 양변을 제곱하면

$$2^{2a}+2+2^{-2a}=10^2$$

$$\therefore 2^{2a}+2^{-2a}=98$$

Think More

$a+b=0$이므로 $2^{a+b}=1$, $2^a2^b=1$

$2^a+2^b=10$의 양변을 제곱하면

$2^{2a}+2\times 2^a2^b+2^{2b}=100$ $\therefore 2^{2a}+2^{2b}=98$

23 답 $\dfrac{8}{7}$

▶ P의 x좌표를 a라 하고, 나머지 좌표를 a로 나타낸다.

$P(a, 4^a)$이라 하면 선분 OP를 $1:3$으로 내분하는 점의 좌표는

$\left(\dfrac{a}{1+3}, \dfrac{4^a}{1+3}\right)$에서 $\left(\dfrac{a}{4}, 2^{2a-2}\right)$

이 점이 곡선 $y=2^x$ 위에 있으므로

$$2^{2a-2}=2^{\frac{a}{4}}, 2a-2=\dfrac{a}{4}$$

$$\therefore a=\dfrac{8}{7}$$

24 답 ③

B, D의 y좌표가 같으므로 $a^a=b$ $\cdots$ ❶

A, C의 y좌표가 같으므로

$$a^{\frac{b}{4}}=b^b, a^b=b^{4b}   \therefore a=b^4   \cdots ❷$$

❷를 ❶에 대입하면

$$(b^4)^b=b, b^{4b}=b, 4b^4=1$$

$$\therefore b^4=\dfrac{1}{4}, b^2=\dfrac{1}{2}$$

❷에 대입하면 $a=\dfrac{1}{4}$

$$\therefore a^2+b^2=\dfrac{1}{16}+\dfrac{1}{2}=\dfrac{9}{16}$$

25 답 71

▶ $y=2^x-1$과 $y=2^{-x}+\dfrac{a}{9}$를 연립하여 풀기 쉽지 않다.

삼각형의 넓이를 이용하여 교점의 좌표나 교점의 성질을 찾는다.

삼각형 AOB의 넓이가 16이고 $\overline{OB}=4$이므로 점 A의 y좌표는 8 이다.

따라서 $A(p, 8)$이라고 하면 A는 곡선 $y=2^x-1$ 위의 점이므로

$$2^p-1=8   \therefore p=\log_2 9$$

따라서 $A(\log_2 9, 8)$이고 A는 곡선 $y=2^{-x}+\dfrac{a}{9}$ 위의 점이므로

$$8=2^{-\log_2 9}+\dfrac{a}{9}, 8=9^{-\log_2 2}+\dfrac{a}{9}$$

$$8=\dfrac{1}{9}+\dfrac{a}{9}   \therefore a=71$$

26 답 10

▶ 두 함수의 그래프는 평행이동한 곡선이다.

넓이가 같은 부분을 찾아 넓이를 쉽게 구할 수 있는 꼴로 고친다.

곡선 $y=4^{x-3}-1$은 곡선 $y=4^x$을 x축 방향으로 3만큼, y축 방향으로 -1 만큼 평행이동한 것이므로 오른쪽 그림에서 색칠한 두 부분의 넓이가 같다.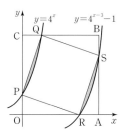

따라서 구하는 넓이는 평행사변형 PRSQ의 넓이와 같다.

$P(0, 1)$, $Q(1, 4)$, $R(3, 0)$, $S(4, 3)$ 이므로

$$\square PRSQ=16-\left(\dfrac{1}{2}\times 3\times 1\right)\times 4=10$$

Think More

사각형 PRSQ는 정사각형이고 $\overline{PQ}=\sqrt{10}$이므로

$\square PRSQ=10$

27 답 ⑤

곡선 $y=f(x)$와 $y=h(x)$는 y축에 대칭이고 R$(2, 2)$이므로
P$(-2, 2)$이다.

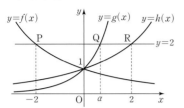

$\overline{PQ}=2\overline{QR}$이므로 점 Q의 x좌표를 a라 하면
$$a+2=2(2-a) \qquad \therefore a=\frac{2}{3}$$
$g(a)=2$이므로 $b^{\frac{2}{3}}=2$ $\qquad \therefore b=2^{\frac{3}{2}}$
$$\therefore g(4)=b^4=(2^{\frac{3}{2}})^4=2^6=64$$

28 답 64

$y=\log_a (x-1)-4$의 그래프는 $y=\log_a x$의 그래프를 x축 방향으로 1만큼, y축 방향으로 -4만큼 평행이동한 것이므로 a의 값에 관계없이 점 $(2, -4)$를 지난다.

$y=\log_a (x-1)-4$의 그래프는
점 $(2, -4)$를 지나므로 직사각형
ABCD와 만나면 $a>1$이다.
또 $y=\log_a x$의 그래프는 a가
커지면 x축에 가까워지므로
$y=\log_a (x-1)-4$의 그래프가
B를 지날 때 a는 최대이고,
D를 지날 때 a는 최소이다.
(i) B$(5, -1)$을 지날 때
$$-1=\log_a 4-4, \log_a 4=3, a^3=4$$
$$\therefore a=2^{\frac{2}{3}}$$
(ii) D$(3, 2)$를 지날 때
$$2=\log_a 2-4, \log_a 2=6, a^6=2$$
$$\therefore a=2^{\frac{1}{6}}$$
(i), (ii)에서 $M=2^{\frac{2}{3}}$, $N=2^{\frac{1}{6}}$이므로
$$\frac{M}{N}=2^{\frac{2}{3}-\frac{1}{6}}=2^{\frac{1}{2}} \qquad \therefore \left(\frac{M}{N}\right)^{12}=2^6=64$$

29 답 4

A의 x좌표를 a라 하면 A$(a, \log_3 a)$, B$(9a, \log_3 9a)$

직선 AB의 기울기가 $\frac{1}{2}$이므로
$$\frac{\log_3 9a-\log_3 a}{9a-a}=\frac{1}{2}, \frac{\log_3 9}{8a}=\frac{1}{2}$$
$$\frac{2}{8a}=\frac{1}{2}, a=\frac{1}{2}$$
$$\therefore \overline{CD}=9a-a=8a=4$$

30 답 ③

$\overline{AB}=\overline{AQ}$이므로 $2\overline{AP}=\overline{BQ}$
$\overline{AP}=\log_2 \frac{3}{2}+1=\log_2 3$이므로
$$\overline{BQ}=2\log_2 3$$
B의 y좌표가 $2\log_2 3$이므로
Q$(a, 0)$이라 하면 B$(a, 2\log_2 3)$
B는 $y=\log_2 x+1$의 그래프 위의 점이므로
$$2\log_2 3=\log_2 a+1$$
$$\log_2 a=\log_2 \frac{9}{2}, a=\frac{9}{2}$$
$$\therefore \triangle ABQ=\frac{1}{2}\times\left(\frac{9}{2}-\frac{3}{2}\right)\times 2\log_2 3=3\log_2 3$$

31 답 $\frac{1}{3}$

$0=\log_4 2x$에서 $2x=1, x=\frac{1}{2}$
$$\therefore A\left(\frac{1}{2}, 0\right)$$
B$(b, \log_4 2b)$, C$(c, \log_4 2c)$ $(b<c)$라 하면
삼각형 ABC의 무게중심이 G$\left(\frac{11}{6}, \frac{2}{3}\right)$이므로
$$\frac{\frac{1}{2}+b+c}{3}=\frac{11}{6} \qquad \cdots ❶$$
$$\frac{0+\log_4 2b+\log_4 2c}{3}=\frac{2}{3} \qquad \cdots ❷$$
❶에서 $b+c=5$ $\qquad \cdots ❸$
❷에서 $\log_4 4bc=2, 4bc=4^2$ $\quad \therefore bc=4$ $\quad \cdots ❹$
❸과 ❹를 연립하여 풀면 $b<c$이므로 $b=1, c=4$
B$\left(1, \frac{1}{2}\right)$, C$\left(4, \frac{3}{2}\right)$이므로 직선 BC의 기울기는
$$\frac{\frac{3}{2}-\frac{1}{2}}{4-1}=\frac{1}{3}$$

32 답 $7\sqrt{2}$

A의 x좌표를 a라 하고 필요한 점의 좌표를 a로 나타낸다.
(나)에서 $\overline{AD}\times\overline{CD}=\overline{DG}\times\overline{DE}$임을 이용해 보자.

$\overline{AD}:\overline{DE}=2:3$이고, 두 직사각형의 넓이가 같으므로
$$\overline{CD}:\overline{DG}=3:2$$
$\overline{DG}=1$이므로 $\overline{CD}=\frac{3}{2}$
$\overline{AB}=\frac{3}{2}$이므로 A의 x좌표를 a라 하면
$$\frac{3}{2}=\log_2 a \qquad \therefore a=2^{\frac{3}{2}}=2\sqrt{2}$$

또 $\overline{CG}=\dfrac{5}{2}$이므로 C의 x좌표를 c라 하면

$$\dfrac{5}{2}=\log_2 c \qquad \therefore c=2^{\frac{5}{2}}=4\sqrt{2}$$

이때 $\overline{AD}=c-a=2\sqrt{2}$, $\overline{DE}=\dfrac{3}{2}\overline{AD}=3\sqrt{2}$

따라서 E의 x좌표는 $c+3\sqrt{2}=7\sqrt{2}$

33   답 4

$A(4, \log_3 4)$이므로 $P(\log_3 4, \log_3 4)$
$$\therefore \overline{OP}=\sqrt{(\log_3 4)^2+(\log_3 4)^2}=\sqrt{2}\log_3 4$$
또 $2^x=3$에서 $x=\log_2 3$이므로

$\quad B(\log_2 3, 3)$, $Q(\log_2 3, \log_2 3)$
$$\therefore \overline{OQ}=\sqrt{(\log_2 3)^2+(\log_2 3)^2}=\sqrt{2}\log_2 3$$
$$\therefore \overline{OP}\times\overline{OQ}=(\sqrt{2}\log_3 4)\times(\sqrt{2}\log_2 3)$$
$$=2\sqrt{2}\log_3 2\times\dfrac{\sqrt{2}}{\log_3 2}=4$$

34   답 $\sqrt{2}$

▶ 지수함수와 로그함수의 그래프가 같이 있는 경우 역함수인지부터 확인한다. 역함수 그래프와의 교점은 직선 $y=x$의 교점을 생각한다.

$y=a^x$은 $y=\log_a x$의 역함수이므로 점 P, Q는 직선 $y=x$ 위에 있다.
또 두 사각형이 합동이므로 $P(k, k)$라 하면 $Q(2k, 2k)$이다.
따라서 $a^k=k$, $a^{2k}=2k$이고,
$a^{2k}=(a^k)^2$이므로 $2k=k^2$
$k>0$이므로 $k=2$
$$\therefore a^2=2, a=\sqrt{2}$$

35   답 5

▶ 지수함수와 로그함수의 그래프가 같이 있는 경우 역함수인지부터 확인한다. 역함수의 그래프는 직선 $y=x$에 대칭임을 이용한다.

$y=2^{x-2}+1$에서 $y-1=2^{x-2}$, $x-2=\log_2(y-1)$
x와 y를 바꾸면 $y=\log_2(x-1)+2$
따라서 $f(x)$는 $g(x)$의 역함수이고
$y=f(x)$와 $y=g(x)$의 그래프는
직선 $y=x$에 대칭이다.
$y=g(x)$의 그래프와 직선 $y=2$, $y=3$, y축으로 둘러싸인 부분의 넓이를 S_3이라 하면 $S_2=S_3$이다.
따라서 S_1+2S_2는 직사각형
OB_1BB_2에서 직사각형 OA_1AA_2를 뺀 부분의 넓이이므로
$$S_1+2S_2=9-4=5$$

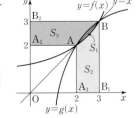

36   답 37

▶ 지수함수와 로그함수의 그래프가 같이 있는 경우 역함수인지부터 확인한다. 역함수 그래프와의 교점은 직선 $y=x$의 교점을 생각한다.

$y=\log_a(x+b)$에서 $x+b=a^y$
x와 y를 바꾸면 $y=a^x-b$
따라서 $y=\log_a(x+b)$는 $y=a^x-b$의 역함수이고, 두 함수의 그래프는 직선 $y=x$에 대칭이다.
교점의 x좌표가 0, 5이므로 오른쪽 그래프에서 교점의 좌표는 $(0, 0)$, $(5, 5)$이다.
$y=a^x-b$의 그래프가 점 $(0, 0)$을 지나므로
$$0=a^0-b \qquad \therefore b=1$$
$y=a^x-b$의 그래프가 점 $(5, 5)$를 지나므로
$$5=a^5-1 \qquad \therefore a^5=6$$
$$\therefore a^{10}+b^{10}=(a^5)^2+b^{10}=36+1=37$$

37   답 $\dfrac{5}{2}$

▶ 사각형 ABDC가 등변사다리꼴이므로
$\overline{AC}\parallel\overline{BD}$, $\overline{AB}=\overline{CD}$
또 삼각형 OAC와 삼각형 OBD는 닮음이고 삼각형 OBD의 넓이가 삼각형 OAC 넓이의 4배이므로 닮음비가 1 : 2이다.

선분 AC와 BD가 평행하므로 △OAC와 △OBD는 닮음이고, 넓이의 비가 1 : 4이므로 $\overline{OA}=\overline{AB}$이다.
따라서 A의 x좌표를 a라 하면 A, B가 직선 $y=mx$ 위의 점이므로 $A(a, am)$, $B(2a, 2am)$이다.
또 A, B가 곡선 $y=\log_2 x$ 위의 점이므로
$$am=\log_2 a, \quad 2am=\log_2 2a$$
두 식에서 $2\log_2 a=\log_2 2a$
$$\log_2 a^2=\log_2 2a, \quad a^2=2a$$
$a>0$이므로 $a=2$ $\therefore A(2, 2m)$
$y=2^x$과 $y=\log_2 x$의 그래프는 직선 $y=x$에 대칭이므로 C와 A는 직선 $y=x$에 대칭이다.
$$\therefore C(2m, 2)$$
C가 $y=2^x$ 위의 점이므로 $2=2^{2m}$
$$\therefore m=\dfrac{1}{2}$$
또 $C(1, 2)$가 직선 $y=nx$ 위의 점이므로 $n=2$
$$\therefore m+n=\dfrac{5}{2}$$

Think More

두 직선 $y=mx$와 $y=nx$가 직선 $y=x$에 대칭이므로 $n=\dfrac{1}{m}$이다.
이를 이용할 수도 있다.

38
답 ②

$a=15, b=60, f(60)=45$이므로

$$45=15+45\times2^{60K} \qquad \therefore 2^{60K}=\frac{2}{3}$$

따라서 120초 후 A의 온도는

$$f(120)=15+45\times2^{120K}$$
$$=15+45\times\left(\frac{2}{3}\right)^2=35$$

39
답 60

1 m 떨어진 지점에서

$$80=10\left(12+\log\frac{I}{1^2}\right) \qquad \therefore \log I=-4$$

10 m 떨어진 지점에서

$$a=10\left(12+\log\frac{I}{10^2}\right)=10(12+\log I-2)=60$$

---

01 ②	**02** ④	**03** ④	**04** ⑤	**05** ⑤	**06** ④
07 18	**08** ④	**09** ⑤	**10** ①	**11** ②	**12** ⑤
13 $-1, -2+\sqrt{10}$	**14** ④	**15** 10	**16** ④	**17** ②	
18 ③	**19** 190	**20** ③	**21** 1	**22** 81	**23** ④
24 ②	**25** ①	**26** 24	**27** 5	**28** 4	**29** $\frac{31}{4}$
30 $a_3=2, a_4=19$	**31** ③	**32** ②			

01
답 ②

$(a, b)\in G$이면 $b=6^a$ 또는 $a=\log_6 b$로 쓸 수 있다.
지수나 로그의 성질을 활용한다.

ㄱ. $(a, 2^b)\in G$이면 $2^b=6^a$
$$\therefore b=\log_2 6^a=a\log_2 6 \ (\text{참})$$

ㄴ. $(a, b)\in G$이면 $b=6^a$

이때 $\dfrac{1}{b}=\dfrac{1}{6^a}=6^{-a}$

$$\therefore \left(-a, \frac{1}{b}\right)\in G \ (\text{참})$$

ㄷ. $(a, b)\in G$이고 $(c, d)\in G$이면
$$b=6^a, d=6^c$$
이때 $bd=6^a\times6^c=6^{a+c}$이므로
$$(a+c, bd)\in G \ (\text{거짓})$$

따라서 옳은 것은 ㄱ, ㄴ이다.

02
답 ④

$y=\log_2 x$의 그래프는 $y=2^x$의 그래프를
직선 $y=x$에 대칭이동한 것이다.

ㄱ. $y=4\times\left(\dfrac{1}{2}\right)^x+3=2^{-(x-2)}+3$

이므로 이 그래프는 함수 $y=2^x$의 그래프를 y축에 대칭이동한
후 x축 방향으로 2만큼, y축 방향으로 3만큼 평행이동한
것이다.

ㄴ. $y=\log_4(x^2-2x+1)$

$=\dfrac{1}{2}\log_2(x-1)^2$

$=\log_2|x-1|$

이 그래프는 함수 $y=\log_2|x|$
의 그래프를 x축 방향으로 1만
큼 평행이동한 것이다.

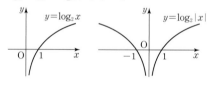

ㄷ. $y=\log_{\frac{1}{2}}(12-4x)=-\log_2 4(3-x)$

$=-\log_2\{-(x-3)\}-2$

이 그래프는 $y=-\log_2(-x)$의 그래프를 x축 방향으로 3만
큼, y축 방향으로 -2만큼 평행이동한 것이고
$y=-\log_2(-x)$의 그래프는 $y=2^x$의 그래프를 직선 $y=x$
에 대칭이동한 다음 원점에 대칭이동한 것이다.

따라서 $y=2^x$의 그래프와 겹쳐지는 것은 ㄱ, ㄷ이다.

Think More

$y=\log_2 x$와 $y=\log_2|x|$의 그래프

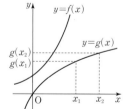

03
답 ④

ㄱ. $a>0$이므로 $y=f(x)$와 $y=g(x)$는 증가하는 함수이다.
그래프는 오른쪽 위로 향하고, 식으로는 다음과 같다.
$$x_1<x_2이면 f(x_1)<f(x_2)$$
$$f(x_1)<f(x_2)이면 x_1<x_2$$

$g(x_1)<g(x_2)$이면 $x_1<x_2$,

$x_1<x_2$이면 $f(x_1)<f(x_2)$

$\therefore g(f(x_1))<g(f(x_2)) \ (\text{참})$

ㄴ. $y=a\times2^x$의 그래프를
직선 $y=x$에 대칭이동하면
$$x=a\times2^y, \frac{x}{a}=2^y$$

$$\therefore y=\log_2 x-\log_2 a$$

이 함수의 그래프를 x축 방향으로 -1만큼, y축 방향으로
$\log_2 a$만큼 평행이동하면 $y=\log_2(x+1)$이다. (참)

ㄷ. $y=f(x)$의 그래프와 $y=g(x)$의 그래프가 항상 지나는 점을 찾고
두 그래프가 만나는 경우가 있는지 찾아본다.

$f(0)=a$이므로 $y=f(x)$의
그래프는 점 $(0, a)$를 지난다.
$g(0)=0$, $g(1)=1$이므로
$y=g(x)$의 그래프는 점
$(0, 0)$, $(1, 1)$을 지난다.
따라서 오른쪽 그림과 같이
$a<1$이면 두 그래프가 만난다. (거짓)

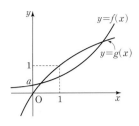

따라서 옳은 것은 ㄱ, ㄴ이다.

04 .... 답 ⑤

직선 $y=x$를 이용하여 c, d, e를 y축에 나타낸다.

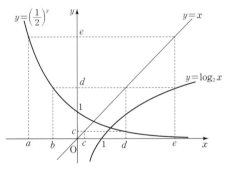

직선 $y=x$를 이용하여 c, d, e를 y축에 나타내면 그림과 같으므로

$$\left(\frac{1}{2}\right)^a=e \quad \cdots ❶ \qquad \left(\frac{1}{2}\right)^d=c \quad \cdots ❷$$

$$\left(\frac{1}{2}\right)^b=d \quad \cdots ❸ \qquad \log_2 e=d \quad \cdots ❹$$

ㄱ. ❷에서 $\left(\frac{1}{2}\right)^d=c$ (참)

ㄴ. ❶, ❹에서 $\log_2\left(\frac{1}{2}\right)^a=d$, $-a=d$

$\therefore a+d=0$ (참)

ㄷ. ❹에서 $e=2^d$이므로 ❷와 곱하면

$$ce=\left(\frac{1}{2}\right)^d\times 2^d=1 \text{ (참)}$$

따라서 옳은 것은 ㄱ, ㄴ, ㄷ이다.

05 .... 답 ⑤

$y=f(\log_2 x-1)$이라 할 때, x를 y로 나타낼 수 있으면 된다.
$f(g(x))=x$ 또는 $g(f(x))=x$를 이용한다.

$g(f(x))=x$이므로

$$g(f(\log_2 x-1))=\log_2 x-1$$

$y=f(\log_2 x-1)$이라 하면 $g(y)=\log_2 x-1$이므로

$$\log_2 x=g(y)+1, \quad x=2^{g(y)+1}$$

x와 y를 바꾸면 $y=2^{g(x)+1}$

다른 풀이

$h(x)=\log_2 x-1$이라 할 때, $f(h(x))$의 역함수를 구하는 것과
같다.
$(f\circ h)^{-1}=h^{-1}\circ f^{-1}$이고
$h^{-1}(x)=2^{x+1}$, $f^{-1}(x)=g(x)$이므로
$$\begin{aligned}(f\circ h)^{-1}(x)&=h^{-1}(f^{-1}(x))\\&=h^{-1}(g(x))=2^{g(x)+1}\end{aligned}$$

06 .... 답 ④

$3^x=t$로 놓고, 먼저 $t=(y$에 대한 식)으로 정리한다.

$y=3^x-3^{-x}$에서 $3^x=t$로 놓으면 $t>0$, $3^{-x}=\frac{1}{t}$이므로

$$y=t-\frac{1}{t}, \quad t^2-yt-1=0$$

$t>0$이므로 $t=\dfrac{y+\sqrt{y^2+4}}{2}$

$$3^x=\frac{y+\sqrt{y^2+4}}{2} \qquad \therefore x=\log_3\left(\frac{y+\sqrt{y^2+4}}{2}\right)$$

x와 y를 바꾸면 $y=\log_3\left(\dfrac{x+\sqrt{x^2+4}}{2}\right)$

$$\therefore a=2, b=4, a+b=6$$

07 .... 답 18

f의 역함수가 g이므로
$$f\circ(g\circ g)=(f\circ g)\circ g=g$$
$f\circ(g\circ g\circ g)$도 같은 방법으로 정리할 수 있다.

f와 g가 역함수이므로 $(f\circ g)(x)=x$이다.
$(g\circ g\circ g\circ g\circ g)(x)=-3$에서
$$(f\circ(g\circ g\circ g\circ g\circ g))(x)=f(-3)$$
$$\therefore (g\circ g\circ g\circ g)(x)=f(-3)$$
같은 이유로 $(g\circ g\circ g)(x)=(f\circ f)(-3)$
$$\vdots$$
$$\begin{aligned}x&=(f\circ f\circ f\circ f\circ f)(-3)\\&=(f\circ f\circ f\circ f)(f(-3))\\&=(f\circ f\circ f\circ f)(18)\\&=(f\circ f\circ f)(-3)\\&=(f\circ f)(18)=f(-3)=18\end{aligned}$$

08 ◆답 ④

ㄱ. $f\left(\dfrac{1}{15}\right)=\log_{\frac{1}{2}}\dfrac{\frac{1}{15}+1}{\frac{2}{15}}=\log_{\frac{1}{2}}8$

$\qquad =\log_{2^{-1}}2^3=-3$ (거짓)

ㄴ. $y=\log_{\frac{1}{2}}\left(\dfrac{x+1}{2x}\right)$이라 하면

$\qquad \left(\dfrac{1}{2}\right)^y=\dfrac{x+1}{2x},\ 2^{-y}=\dfrac{x+1}{2x},\ 2^{-y+1}=1+\dfrac{1}{x}$

$\qquad \dfrac{1}{x}=2^{-y+1}-1,\ x=\dfrac{1}{2^{-y+1}-1}$

x와 y를 바꾸면 $y=\dfrac{1}{2^{-x+1}-1}=\dfrac{2^x}{2-2^x}$

$\qquad \therefore g(x)=\dfrac{2^x}{2-2^x}$ (참)

ㄷ. ㄴ에서 $g(x)=\dfrac{2^x}{2-2^x}$이므로

$\qquad g(x)+g(2-x)=\dfrac{2^x}{2-2^x}+\dfrac{2^{2-x}}{2-2^{2-x}}\qquad \cdots$ ❶

▶오른쪽 항에 2^{2-x}이 있으므로 분자, 분모에 2^x를 곱한 후 정리해 보자.

$\qquad g(x)+g(2-x)=\dfrac{2^x}{2-2^x}+\dfrac{2^2}{2^{x+1}-2^2}$

$\qquad\qquad =\dfrac{2^x}{2-2^x}+\dfrac{2}{2^x-2}$

$\qquad\qquad =\dfrac{2^x-2}{2-2^x}=-1$ (참)

따라서 옳은 것은 ㄴ, ㄷ이다.

Think More

ㄷ. $(2-2^{2-x})\times 2^{x-1}=2^x-2$

이므로 ❶에서 오른쪽 항의 분자, 분모에 2^{x-1}을 곱하여 정리해도 된다.

09 ◆답 ⑤

$\qquad f(x)+2f\left(\dfrac{1}{x}\right)=\log_3 x^3\qquad \cdots$ ❶

ㄱ. ❶에 $x=1$을 대입하면

$\qquad f(1)+2f(1)=\log_3 1,\ 3f(1)=0$

$\qquad \therefore f(1)=0$ (참)

ㄴ. ▶주어진 식에 x 대신 $\dfrac{1}{x}$을 대입하면

좌변은 $f\left(\dfrac{1}{x}\right)+2f(x)$임을 이용한다.

❶에 x 대신 $\dfrac{1}{x}$을 대입하면

$\qquad f\left(\dfrac{1}{x}\right)+2f(x)=\log_3\left(\dfrac{1}{x}\right)^3\ \cdots$ ❷

❶+❷를 하면

$\qquad 3f(x)+3f\left(\dfrac{1}{x}\right)=3\log_3 x-3\log_3 x=0$

$\qquad \therefore f(x)+f\left(\dfrac{1}{x}\right)=0$ (참)

ㄷ. ㄴ에서 $f\left(\dfrac{1}{x}\right)=-f(x)$를 ❶에 대입하면

$\qquad f(x)-2f(x)=3\log_3 x,\ f(x)=-3\log_3 x$

$\qquad \therefore f(x^m)=-3\log_3 x^m=-3m\log_3 x=mf(x)$ (참)

따라서 옳은 것은 ㄱ, ㄴ, ㄷ이다.

10 ◆답 ①

▶$(2^{x-2}+2^{-x})\times 2^2=2^x+2^{-x+2}$이므로
$2^{x-2}+2^{-x}=t$로 놓고 식을 정리한다.
이때 t의 범위가 있음에 주의한다.

$2^{x-2}+2^{-x}=t$라 하면
$2^x+2^{-x+2}=4(2^{x-2}+2^{-x})$이므로

$\qquad y=t^2+4t+k=(t+2)^2+k-4\qquad \cdots$ ❶

그런데 $2^{x-2}>0,\ 2^{-x}>0$이므로

$\qquad t=2^{x-2}+2^{-x}\geq 2\sqrt{2^{x-2}\times 2^{-x}}=1$

$\qquad$ (단, 등호는 $2^{x-2}=2^{-x}$, 곧 $x-2=-x$, $x=1$일 때 성립)

따라서 $t=1$일 때 ❶은 최소이다.

이때 최솟값이 6이므로

$\qquad 9+k-4=6\qquad \therefore k=1$

11 ◆답 ②

▶$\log_2 x+\log_x 2=t$로 놓고 $f(x)$를 t로 나타낸다.
이때 t의 범위가 있음에 주의한다.

$\log_2 x+\log_x 2=t$라 하면
$\qquad t^2=(\log_2 x)^2+(\log_x 2)^2+2$
이므로

$\qquad f(x)=t^2-2-2t-1=(t-1)^2-4\qquad \cdots$ ❶

또 $x>1$에서 $\log_2 x>0$이므로

$\qquad t=\log_2 x+\log_x 2\geq 2\sqrt{\log_2 x\times \log_x 2}=2$

$\qquad$ (단, 등호는 $\log_2 x=\log_x 2$일 때 성립)

따라서 $t=2$일 때 ❶은 최소이다.

❶에서 최솟값은 $(2-1)^2-4=-3$

12 ◆답 ⑤

▶지수함수 $g(x)$의 밑이 문자 a이다.
a의 값에 따라 $g(x)$의 증감이 바뀌므로 a의 범위를 나누어 생각한다.

$\qquad f(x)=-(x-1)^2+2,\ g(x)=a^x$

(i) $a>1$일 때

$\qquad -1\leq x\leq 2$에서 $a^{-1}\leq g(x)\leq a^2$이고, $a^{-1}<1<a^2$이므로

$\qquad f(g(x))$의 최댓값은 $g(x)=1$일 때 $f(1)=2$이다.

또 $-1 \leq x \leq 2$에서 $-2 \leq f(x) \leq 2$이고

$g(f(x))=a^{f(x)}$의 밑이 1보다 크므로

$g(f(x))$의 최댓값은 $f(x)=2$일 때 $g(2)=a^2$이다.

최댓값이 같으므로 $2=a^2$

$a>1$이므로 $a=\sqrt{2}$

(ii) $0<a<1$일 때

$-1 \leq x \leq 2$에서 $a^2 \leq g(x) \leq a^{-1}$이고, $a^2<1<a^{-1}$이므로

$f(g(x))$의 최댓값은 $g(x)=1$일 때 $f(1)=2$이다.

또 $-1 \leq x \leq 2$에서 $-2 \leq f(x) \leq 2$이고

$g(f(x))=a^{f(x)}$의 밑이 1보다 작으므로

$g(f(x))$의 최댓값은 $f(x)=-2$일 때 $g(-2)=a^{-2}$이다.

최댓값이 같으므로 $2=a^{-2}$, $a^2=\dfrac{1}{2}$

$0<a<1$이므로 $a=\dfrac{\sqrt{2}}{2}$

따라서 모든 a의 값의 합은 $\sqrt{2}+\dfrac{\sqrt{2}}{2}=\dfrac{3\sqrt{2}}{2}$

13 ·· 답 -1, $-2+\sqrt{10}$

$y=f(x)$의 그래프는 오른쪽 그림과 같이 점 $(0, 1)$을 지난다.

▶ 점 $(0, 1)$이 가장 아래에 위치한다. $a \leq x \leq a+2$가 $x=0$을 포함할 때와 아닐 때로 나누어 생각한다.

(i) $a<-2$일 때

최댓값은 $f(a)$이고

최솟값은 $f(a+2)$이다.

$f(a)+f(a+2)=4$에서

$3^{-a}+3^{-a-2}=4$

$\dfrac{10}{9} \times 3^{-a}=4$

$3^{-a}=\dfrac{18}{5}$ ··· ❶

이때 $a=-2$이면

$3^2=9>\dfrac{18}{5}$이므로

$a<-2$에서 ❶을 만족시키는 a의 값은 없다.

(ii) $-2 \leq a \leq 0$일 때

최솟값은 $f(0)=1$이고

최댓값은 $f(a)=3$ 또는

$f(a+2)=3$이다.

① $f(a)=3$일 때

$3^{-a}=3$

$\therefore a=-1$

이때

$f(a+2)=f(1)=\log_3 6<f(a)$

이므로 가능하다.

② $f(a+2)=3$일 때

$\log_3 3(a+3)=3$, $a+3=9$, $a=6$

$a>0$이므로 가능하지 않다.

(iii) $a>0$일 때

최솟값은 $f(a)$이고

최댓값은 $f(a+2)$이다.

$f(a)+f(a+2)=4$에서

$\log_3 3(a+1)$

$+\log_3 3(a+3)=4$

$3^2(a+1)(a+3)=3^4$

$a^2+4a-6=0$, $a=-2 \pm \sqrt{10}$

$a>0$이므로 $a=-2+\sqrt{10}$

(i), (ii), (iii)에서 a의 값은 -1, $-2+\sqrt{10}$이다.

14 ·· 답 ④

▶ 조건식에 착안하여 $\log_2 x^2 y=k$로 놓고 k의 최댓값, 최솟값부터 구한다.

$\log_2 x=X$, $\log_2 y=Y$라 하면 주어진 식은

$X^2+Y^2=4X+2Y$

$\therefore (X-2)^2+(Y-1)^2=5$ ··· ❶

또 $\log_2 x^2 y=2\log_2 x+\log_2 y$이므로

$2X+Y=k$ ··· ❷

라 할 때 k의 최댓값, 최솟값을 구하면 $x^2 y$의 최댓값과 최솟값을 구할 수 있다.

▶ 변수 X, Y에 대해 ❶은 원의 방정식, ❷는 직선의 방정식이다. 원과 직선이 만날 조건을 찾는다.

직선 ❷와 원 ❶이 만나면 ❶의 중심 $(2, 1)$과 ❷ 사이의 거리가 반지름의 길이보다 작거나 같으므로

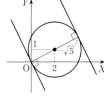

$\dfrac{|2 \times 2+1-k|}{\sqrt{2^2+1^2}} \leq \sqrt{5}$

$|k-5| \leq 5$

$\therefore 0 \leq k \leq 10$

곧, $0 \leq \log_2 x^2 y \leq 10$이므로

$2^0 \leq x^2 y \leq 2^{10}$

따라서 $x^2 y$의 최댓값은 2^{10}, 최솟값은 1이므로

$\log_2 mn=\log_2 2^{10}=10$

Think More

❷에서 $Y=-2X+k$이므로 ❶에 대입하여 정리한 다음 판별식을 이용해도 된다.

$5X^2-4kX+k^2-2k=0$이 실근을 가지므로

$\dfrac{D}{4} \geq 0$에서 $4k^2-5(k^2-2k) \geq 0$

$k(k-10) \leq 0$

$\therefore 0 \leq k \leq 10$

15
답 **10**

P(a, b)라 하고 $\overline{\text{PH}}$, $\overline{\text{PK}}$를 a, b로 나타낸다.

직선 AB의 방정식은 $y=-x+5$이므로

P(a, b)라 하면 $a+b=5$ ··· **❶**

이때 점 H의 x좌표는 $b=\log_2 x-1$에서 $x=2^{b+1}$

$\therefore \overline{\text{PH}}=2^{b+1}-a$

또 점 K의 y좌표는 $y=2^a-1$

$\therefore \overline{\text{PK}}=2^a-1-b$

$\therefore \overline{\text{PH}}+\overline{\text{PK}}=2^{b+1}-a+2^a-1-b$

❶에서 $b=5-a$이므로

$$\begin{aligned}\overline{\text{PH}}+\overline{\text{PK}}&=2^{6-a}+2^a-6\\&\geq 2\sqrt{2^{6-a}\times 2^a}-6\\&=2\sqrt{2^6}-6=10\end{aligned}$$

(단, 등호는 $6-a=a$일 때 성립)

따라서 $a=3$, $b=2$일 때 최소이고, 최솟값은 10이다.

16
답 ④

직선 $y=x$를 이용하여 y축 위에 표시되는 a_1, a_2, a_3을 x축 위에 나타낸다.

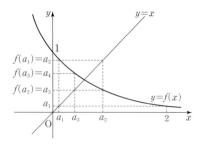

직선 $y=x$를 이용하여 x축에 a_1을 나타낸다.

$a_2=f(a_1)$을 y축에 나타내고 직선 $y=x$를 이용하여 a_2를 x축에 나타낸다.

$a_3=f(a_2)$를 y축에 나타내고 직선 $y=x$를 이용하여 a_3을 x축에 나타낸다.

$a_4=f(a_3)$을 y축에 나타낸다.

$\therefore a_3 < a_4 < a_2$

17
답 ②

$y=f(x)$의 그래프는 점 $(0, 0)$을 지나고,
$y=g(x)$의 그래프는 점 $(0, 1)$을 지난다.

$y=f(x)$의 그래프를 그리고, $y=g(x)$의 그래프는 밑 $\dfrac{a+1}{3}$의 범위를 나누어 생각한다.

$y=f(x)$의 그래프는 원점을 지나고, $y=g(x)$의 그래프는 점 $(0, 1)$을 지난다.

또 a는 자연수이므로 $\dfrac{a+1}{3}\geq\dfrac{2}{3}$이다.

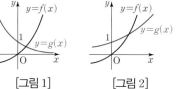

[그림 1]　　　　[그림 2] 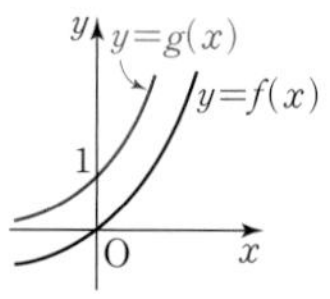　　　　[그림 3]

(i) $\dfrac{2}{3}\leq\dfrac{a+1}{3}<1$일 때

[그림 1]과 같으므로 한 점에서 만난다.

(ii) $\dfrac{a+1}{3}=1$일 때

$g(x)=1$이므로 $y=f(x)$와 $y=g(x)$의 그래프는 한 점에서 만난다.

(iii) $1<\dfrac{a+1}{3}<2$일 때

[그림 2]와 같으므로 한 점에서 만난다.

(iv) $\dfrac{a+1}{3}\geq 2$일 때

[그림 3]과 같으므로 만나지 않는다.

(i)~(iv)에서 $\dfrac{2}{3}\leq\dfrac{a+1}{3}<2$

따라서 자연수 a는 1, 2, 3, 4이고 합은 10이다.

18
답 ③

$y=3^{-x+1}+5$의 그래프는 점 $(0, 8)$을 지나며 점근선이 $y=5$이고 감소한다.

$f(0)=8$, $f(1)=6$이므로 $y=f(x)$ $(x<5)$의 그래프의 개형은 다음과 같다.

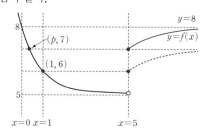

$0<x\leq 1$에서 $f(x)$의 값이 정수인 것은 6, 7이고,
$1<x<5$에서 $f(x)$의 값이 정수인 것은 없다.
따라서 $x\geq 5$에서 가능한 $f(x)$의 정숫값을 찾는다.

$A=\{f(x)\,|\,k\leq x<5\}$, $B=\{f(x)\,|\,x\geq 5\}$라 하자.

$0<x<1$에서 $f(x)=7$인 점을 $(p, 7)$이라 하면

(i) $0<k\leq p$일 때, A에는 정수 6, 7이 있으므로 B의 원소로 가능한 정수는 6과 7이다.

그런데 B에 6과 7의 정수 2개가 있으면 $k>1$인 경우에도 원소 중 정수가 2개가 된다.

즉, B에는 6과 7 중에서 1개만 들어가야 한다.

(ii) $p<k\leq 1$일 때, A에는 정수가 6뿐이므로 B에는 6이 아닌 정수가 1개 더 있어야 한다.

(i), (ii)에서 B의 원소 중 정수는 7뿐이다.

b는 자연수이고 직선 $y=b$는 $y=-2^{-x+a}+b$의 점근선이므로
$$b=8$$
또 $6<f(5)\leq7$이므로
$$6<-2^{-5+a}+8\leq7,\ 1\leq2^{-5+a}<2$$
a는 자연수이므로 $-5+a=0$, $a=5$
$$\therefore a+b=13$$

19

답 190

(가), (나), (다) 순서로 그래프를 그린다.
(나)에서 그래프는 원점에 대칭이고,
(다)에서 그래프는 직선 $x=2$에 대칭이다.

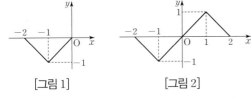

[그림 1]　　　　[그림 2]

(가)에서 $y=f(x)$ $(-2\leq x\leq0)$의 그래프는 [그림 1]과 같다.
(나)에서 $f(-x)=-f(x)$이므로 원점에 대칭이다.
곧, $-2\leq x\leq2$에서 그래프는 [그림 2]와 같다.
(다)에서 $y=f(x)$의 그래프는 직선 $x=2$에 대칭이므로 그래프는 다음과 같다.

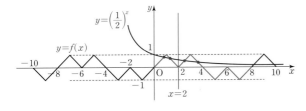

반복되는 그래프이므로 주기마다 교점이 몇 개인지 찾는다.

$y=\left(\dfrac{1}{2}\right)^x$의 그래프와 $y=f(x)$의 그래프는 직선 $x>0$에서만 만난다.
$y=f(x)$의 그래프는 $0\leq x\leq8$에서의 그래프가 반복되고
위의 그림과 같이 한 주기에서 교점은 4개씩이므로
$0\leq x\leq40$에서 교점은 20개이다.

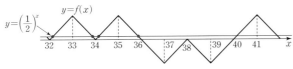

따라서 $36\leq n\leq40$이면 교점이 20개이므로
모든 자연수 n의 값의 합은
$$36+37+38+39+40=190$$

20

답 ③

a, b가 각각 1보다 클 때와 작을 때로 나누어 $y=a^x$, $y=b^x$의 그래프를 생각한다.

(i) $1<b<a$　　(ii) $0<b<1<a$　　(iii) $0<b<a<1$

ㄱ. 위 그래프에서 $n>0$이면 $a^n>b^n$ (참)
ㄴ. $0<b<a<1$일 때, $f(n)<g(-n)$일 수 있다. (거짓)
ㄷ. $f(n)=g(-n)$이면 $a^n=b^{-n}$이므로 $a=b^{-1}$
$$\therefore a^{\frac{1}{n}}=(b^{-1})^{\frac{1}{n}}=b^{-\frac{1}{n}} \text{ (참)}$$

따라서 옳은 것은 ㄱ, ㄷ이다.

21

답 1

$y=f(x)$와 $y=g(x)$의 그래프가
직선 $x=a$에 대칭이면
$$f(a+t)=g(a-t)$$
이고, 그 역도 성립한다.

$0<a<1$이고 $y=f(x)$와 $y=g(x)$의
그래프는 직선 $x=2$에 대칭이므로
$$f(2-t)=g(2+t)$$
$$a^{b(2-t)-1}=a^{1-b(2+t)}$$
$$b(2-t)-1=1-b(2+t)$$
$$\therefore b=\frac{1}{2}$$
$$\therefore f(x)=a^{\frac{1}{2}x-1},\ g(x)=a^{1-\frac{1}{2}x}$$

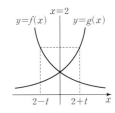

$f(4)=a$, $g(4)=a^{-1}$이므로 $a+a^{-1}=\dfrac{5}{2}$
$$2a^2-5a+2=0,\ (a-2)(2a-1)=0$$
$0<a<1$이므로 $a=\dfrac{1}{2}$
$$\therefore a+b=\frac{1}{2}+\frac{1}{2}=1$$

Think More

$y=f(x)$와 $y=g(x)$의 그래프가 직선 $x=2$에 대칭이므로
$f(2)=g(2)$이다.
$$a^{2b-1}=a^{1-2b},\ 2b-1=1-2b \qquad \therefore b=\frac{1}{2}$$

22 답 81

P, Q, R의 좌표를 구한 다음, 피타고라스 정리를 이용한다.

P(0, 1)

Q의 x좌표를 q라 하면 $3^q=3$, $q=1$

$\therefore$ Q(1, 3)

R의 x좌표를 r이라 하면 $a^r=3$, $r=\log_a 3$

$\therefore$ R($\log_a 3$, 3)

직각삼각형 PQR에서

$(1^2+2^2)+\{(\log_a 3)^2+2^2\}=(1-\log_a 3)^2$

$\log_a 3=-4$, $a^{-4}=3$

$\therefore \left(\dfrac{1}{a}\right)^{16}=(a^{-4})^4=3^4=81$

Think More

직선 PQ와 PR의 기울기의 곱이 -1임을 이용해도 된다.

23 답 ④

미지수를 포함하고 있지 않은 함수의 그래프이다.
좌표를 구할 수 있는지부터 확인한다.

A(0, 3)이므로 C의 y좌표는 3이다.

$y=2^x$에 대입하면 $3=2^x$, $x=\log_2 3$

$\therefore$ C($\log_2 3$, 3)

$y=3\times 2^x$과 $y=4^x$에서

$3\times 2^x=4^x$, $2^x(2^x-3)=0$

$2^x>0$이므로 $2^x=3$ $\therefore x=\log_2 3$

$y=3\times 2^x$에 대입하면 $y=3\times 2^{\log_2 3}=9$

$\therefore$ B($\log_2 3$, 9)

D의 y좌표가 9이므로 $y=2^x$에 대입하면

$9=2^x$, $x=\log_2 9=2\log_2 3$

$\therefore$ D($2\log_2 3$, 9)

$\overline{AC}\,/\!/\,\overline{BD}$이고, $\overline{AC}=\overline{BD}=\log_2 3$이므로 사각형 ACDB는
평행사변형이고 넓이는

$\log_2 3\times 6=6\log_2 3$

24 답 ②

지수함수나 로그함수의 그래프는 점근선도 같이 그린다.
절댓값 기호가 있는 경우에도 점근선을 생각한다.

$$f(0)=\left(\dfrac{1}{2}\right)^{-5}-64=2^5-64=-32$$

또 $f(x)=0$에서

$2^{-x+5}=2^6$, $-x+5=6$, $x=-1$

$y=f(x)$의 그래프의 점근선은 직선 $y=-64$이므로 $y=|f(x)|$
의 그래프는 다음 그림과 같다.

$y=|f(x)|$의 그래프와 직선
$y=k$가 제1사분면에서 만나면
$32<k<64$이므로 자연수 k의
개수는

$$64-32-1=31$$

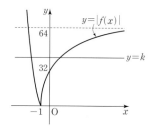

25 답 ①

$y=2^x$은 $y=\log_2 x$의 역함수이다.
따라서 이 그래프를 직선 $y=x$에 대칭이동하면 주어진 사다리꼴과
합동인 도형을 곡선 $y=f(x)$를 이용하여 나타낼 수 있다.

$y=2^x$은 $y=\log_2 x$의 역함수이므로
$y=f(x)$와 $y=\log_2 x$의 그래프는
직선 $y=x$에 대칭이다.
따라서 오른쪽 그림에서 색칠한 사각형
의 넓이를 구해도 된다.

$b=f(a)$

$c=f(b)=(f\circ f)(a)$

$d=f(c)=(f\circ f)(b)$

이므로 사다리꼴의 넓이는

$$\dfrac{1}{2}(b+c)(d-c)$$

$$=\dfrac{1}{2}\{f(a)+f(b)\}\{(f\circ f)(b)-(f\circ f)(a)\}$$

다른 풀이

$f(x)$가 $y=\log_2 x$의 역함수임을 이용하면
b, c, d를 f의 함숫값으로 나타낼 수 있다.

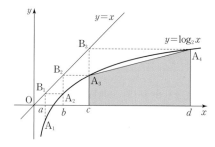

$f(x)$는 $y=\log_2 x$의 역함수이고

$\log_2 b=a$, $\log_2 c=b$, $\log_2 d=c$

이므로

$b=f(a)$

$c=f(b)=(f\circ f)(a)$

$d=f(c)=(f\circ f)(b)$

위 그림의 사다리꼴의 넓이는

$$\dfrac{1}{2}(b+c)(d-c)$$

$$=\dfrac{1}{2}\{f(a)+f(b)\}\{(f\circ f)(b)-(f\circ f)(a)\}$$

26 답 24

$y=3\log_2 x$의 그래프는 $y=\log_2 x$의 그래프를 y축 방향으로 3배한 꼴이므로 $\overline{BD}:\overline{FD}=\overline{CE}:\overline{GE}=3:1$이다.
길이의 비를 알면 넓이의 비도 알 수 있다는 것도 이용한다.

$\overline{AB}:\overline{AC}=1:3$이므로 $\triangle AEC=9\triangle ADB$

$\therefore \square BDEC=8\triangle ADB=8\times\dfrac{9}{2}=36$

또 $D(a,0)$이라 하면 F의 y좌표는 $\log_2 a$이다.
B의 y좌표는 $\log_2 a^3=3\log_2 a$이므로 $\overline{DB}=3\overline{DF}$
같은 이유로 $\overline{EC}=3\overline{EG}$

$\therefore \square BFGC=\dfrac{2}{3}\times\square BDEC=\dfrac{2}{3}\times 36=24$

27 답 5

A_n,B_n,C_n의 좌표부터 n으로 나타낸다.

A_n의 x좌표를 a라 하면
$\log_2 a+1=n$, $a=2^{n-1}$ $\therefore A_n(2^{n-1},n)$
B_n의 x좌표를 b라 하면
$\log_2 b=n$, $b=2^n$ $\therefore B_n(2^n,n)$
C_n의 x좌표를 c라 하면
$\log_2(c-4^n)=n$, $c=2^n+4^n$ $\therefore C_n(2^n+4^n,n)$
이때

$S_n=\dfrac{1}{2}\times n\times\overline{A_nB_n}=\dfrac{1}{2}n(2^n-2^{n-1})$

$=\dfrac{1}{2}n\times 2^{n-1}(2-1)=\dfrac{1}{2}n\times 2^{n-1}$

$T_n=\dfrac{1}{2}\times n\times\overline{B_nC_n}=\dfrac{1}{2}n(2^n+4^n-2^n)=\dfrac{1}{2}n\times 4^n$

$T_n=64S_n$이므로 $\dfrac{1}{2}n\times 4^n=64\times\dfrac{1}{2}n\times 2^{n-1}$

$4^n=64\times 2^{n-1}$, $2^{2n}=2^{n+5}$

$2n=n+5$ $\therefore n=5$

28 답 4

원의 방정식과 $y=\log_a x$를 연립하여 풀기 어려우므로 교점의 좌표를 미지수로 나타내고, 필요한 조건을 찾는다.
P, Q는 곡선 $y=\log_a x$ 위의 점이므로
$P(p,\log_a p)$, $Q(q,\log_a q)$로 놓는다.

$P(p,\log_a p)$, $Q(q,\log_a q)\,(p>q)$라 하자.
선분 PQ의 중점이 원의 중심 $\left(\dfrac{5}{4},0\right)$이므로

$\dfrac{p+q}{2}=\dfrac{5}{4}$, $\dfrac{\log_a p+\log_a q}{2}=0$

$p+q=\dfrac{5}{2}$, $\log_a pq=0$

곧, $p+q=\dfrac{5}{2}$, $pq=1$이므로

p,q는 이차방정식 $t^2-\dfrac{5}{2}t+1=0$의 실근이다.

$2t^2-5t+2=0$에서 $(2t-1)(t-2)=0$

$p>q$이므로 $p=2$, $q=\dfrac{1}{2}$

이때 $P(2,\log_a 2)$, $Q\left(\dfrac{1}{2},-\log_a 2\right)$이고,

원의 지름의 길이가 $\dfrac{\sqrt{13}}{2}$이므로

$\left(2-\dfrac{1}{2}\right)^2+\{\log_a 2-(-\log_a 2)\}^2=\left(\dfrac{\sqrt{13}}{2}\right)^2$

$(\log_a 4)^2=1$, $\log_a 4=\pm 1$

$a>1$이므로 $\log_a 4=1$ $\therefore a=4$

29 답 $\dfrac{31}{4}$

지수함수 $y=a^x$은 밑이 같은 로그함수 $y=\log_a x$의 역함수이므로 두 함수의 그래프는 직선 $y=x$에 대칭이다.
이를 이용하여 두 곡선 사이의 대칭축을 찾는다.

$$y=a^x+2,\quad y=\log_a(a^2 x)\quad\cdots\;❶$$

$y=\log_a(a^2 x)=\log_a x+2$이므로 ❶의 그래프는 각각 곡선 $y=a^x$, $y=\log_a x$를 y축 방향으로 2만큼 평행이동한 곡선이다.
한편, $y=a^x$은 $y=\log_a x$의 역함수이므로 두 함수의 그래프는 직선 $y=x$에 대칭이고, ❶의 두 그래프는 직선 $y=x+2$에 대칭이다.
이때 두 직선 $y=x+2$와 $y=-x+8$은 서로 수직이므로 두 직선의 교점 M은 선분 AB의 중점이다.

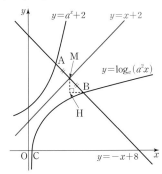

$y=-x+8$, $y=x+2$를 연립하여 풀면 $M(3,5)$
점 M을 지나고 y축과 평행한 직선이 점 B를 지나고 x축과 평행한 직선과 만나는 점을 H라 하면
$\overline{BM}=\sqrt{2}$이고 $\overline{BH}=\overline{MH}=1$이므로 $B(4,4)$
B는 곡선 $y=\log_a x+2$ 위의 점이므로

$4=\log_a 4+2$, $\log_a 4=2$, $a^2=4$

$a>1$이므로 $a=2$
$y=\log_2 x+2$에 $y=0$을 대입하면

$\log_2 x=-2$, $x=\dfrac{1}{4}$ $\therefore C\left(\dfrac{1}{4},0\right)$

삼각형 ABC의 밑변은 $\overline{AB}$, 높이는 점 C와 직선 AB 사이의 거리이다.

$C\left(\dfrac{1}{4},\,0\right)$과 직선 $x+y-8=0$ 사이의 거리는

$$\dfrac{\left|\dfrac{1}{4}-8\right|}{\sqrt{1^2+1^2}}=\dfrac{31}{4\sqrt{2}}$$

따라서 삼각형 ACB의 넓이는

$$\dfrac{1}{2}\times 2\sqrt{2}\times\dfrac{31}{4\sqrt{2}}=\dfrac{31}{4}$$

30 ························ 답 $a_3=2,\ a_4=19$

가능한 경우를 몇 가지 생각하면 다음과 같다.

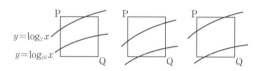

$y=\log_2 x$
$y=\log_{16} x$

$\log_{16} x=\dfrac{1}{4}\log_2 x$이므로 어느 경우든 점 P는 곡선 $y=\log_2 x$ 위쪽에 있고, 점 Q는 곡선 $y=\log_{16} x$ 아래쪽에 있다.

$a_3,\ a_4$에서 정사각형의 한 변의 길이는 3이거나 4이고, 꼭짓점의 좌표가 모두 자연수인 정사각형의 변은 좌표축에 평행하다.

(가)에서 정사각형의 꼭짓점의 좌표를 그림과 같이 놓을 수 있고, (나)에서 P는 곡선 $y=\log_2 x$의 위쪽에, Q는 곡선 $y=\log_{16} x$의 아래쪽에 있어야 한다.

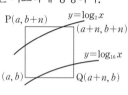

$$\log_2 a<b+n,\quad b<\log_{16}(a+n)$$
$$a<2^{b+n},\quad a+n>2^{4b}$$
$$\therefore 2^{4b}-n<a<2^{b+n}$$

(ⅰ) $n=3$일 때 $2^{4b}-3<a<2^{b+3}$
　　$b=1$이면 $16-3<a<16$ ∴ $a=14,\ 15$
　　$b\geq 2$이면 $2^{4b}-3>2^{b+3}$이므로 가능한 a는 없다.

(ⅱ) $n=4$일 때 $2^{4b}-4<a<2^{b+4}$
　　$b=1$이면 $16-4<a<32$ ∴ $a=13,\ \cdots,\ 31$
　　$b\geq 2$이면 $2^{4b}-4>2^{b+4}$이므로 가능한 a는 없다.

(ⅰ), (ⅱ)에서 $a_3=2,\ a_4=19$

31 ························ 답 ③

주어진 자료를 $V_2=V_1\times\left(\dfrac{H_2}{H_1}\right)^{\frac{2}{2-k}}$ 에 대입하면

A 지역에서 $8=2\times\left(\dfrac{36}{12}\right)^{\frac{2}{2-k}}$ ··· ❶

B 지역에서 $b=a\times\left(\dfrac{90}{10}\right)^{\frac{2}{2-k}}$ ··· ❷

❶에서 $3^{\frac{2}{2-k}}=4$

❷에서 $\dfrac{b}{a}=9^{\frac{2}{2-k}}=\left(3^2\right)^{\frac{2}{2-k}}=\left(3^{\frac{2}{2-k}}\right)^2=4^2=16$

32 ························ 답 ②

$K=30(만)$이고, 인구가 6만 명에서 10만 명이 될 때까지 10년이 걸렸으므로

$$10=C\log\dfrac{10(30-6)}{6(30-10)}\qquad\therefore C=\dfrac{10}{\log 2}$$

인구가 6만 명에서 15만 명이 될 때까지 걸리는 시간 T는

$$T=\dfrac{10}{\log 2}\times\log\dfrac{15(30-6)}{6(30-15)}$$
$$=\dfrac{10}{\log 2}\times 2\log 2=20$$

C STEP 절대등급 완성 문제 33~34쪽

01 512	02 ⑤	03 $3\sqrt{2}$	04 ③	05 ④	06 21
07 15	08 ④				

01 ························ 답 512

두 직선의 y절편부터 구한다.

두 점 $(a,\ \log_3 a),\ (b,\ \log_3 b)$를 지나는 직선의 방정식은

$$y=\dfrac{\log_3 b-\log_3 a}{b-a}(x-a)+\log_3 a$$

이 직선의 y절편은

$$-\dfrac{a(\log_3 b-\log_3 a)}{b-a}+\log_3 a \qquad\qquad ··· ❶$$

두 점 $(a,\ \log_9 a),\ (b,\ \log_9 b)$를 지나는 직선의 방정식은

$$y=\dfrac{\log_9 b-\log_9 a}{b-a}(x-a)+\log_9 a$$

이 직선의 y절편은

$$-\dfrac{a(\log_9 b-\log_9 a)}{b-a}+\log_9 a$$
$$=-\dfrac{1}{2}\times\dfrac{a(\log_3 b-\log_3 a)}{b-a}+\dfrac{1}{2}\log_3 a \quad ··· ❷$$

❶과 ❷가 같으므로

$$-\dfrac{a(\log_3 b-\log_3 a)}{b-a}+\log_3 a$$
$$=-\dfrac{1}{2}\times\dfrac{a(\log_3 b-\log_3 a)}{b-a}+\dfrac{1}{2}\log_3 a$$

정리하면 $\dfrac{1}{2}\times\log_3 a=\dfrac{1}{2}\times\dfrac{a(\log_3 b-\log_3 a)}{b-a}$

$$b\log_3 a=a\log_3 b\qquad\therefore a^b=b^a$$

$f(1)=32$이므로

$$a^b+b^a=32\qquad\therefore a^b=b^a=16$$
$$\therefore f(2)=a^{2b}+b^{2a}=16^2+16^2=512$$

02 답 ⑤

$P(a, 2a)$로 놓고, $S_1 : S_3 = 3 : 7$임을 이용하여 a의 값이나 a에 대한 식부터 구한다.

직선 $y = 2x$ 위의 점이므로
$P(a, 2a)$ $(a > 0)$라 하면
$A(a, 4^a)$, $B(4^a, 2a)$이므로

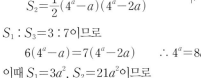

$$S_1 = \frac{1}{2}a(4^a - 2a)$$

$$S_3 = \frac{1}{2} \times 2a(4^a - a)$$

$$S_2 = \frac{1}{2}(4^a - a)(4^a - 2a)$$

$S_1 : S_3 = 3 : 7$이므로

$$6(4^a - a) = 7(4^a - 2a) \qquad \therefore 4^a = 8a$$

이때 $S_1 = 3a^2$, $S_2 = 21a^2$이므로

$S_1 : S_2 = 3 : k$에서 $k = 21$

03 답 $3\sqrt{2}$

기울기가 m, $-m$인 두 직선 PA, PB는 점 P를 지나고 x축 또는 y축에 평행한 직선에 대칭이고, 삼각형 PAB는 이등변삼각형이다. 이를 이용하여 선분의 길이를 구하고, 좌표의 관계도 구한다.

$3\overline{BP} = 2\overline{BC}$이므로
$\overline{BP} : \overline{BC} = 2 : 3$, $\overline{BP} : \overline{PC} = 2 : 1$
$3\overline{AQ} = 4\overline{BC}$이므로 $\overline{BC} : \overline{AQ} = 3 : 4$

적당한 선분의 길이를 k라 하고, 나머지 선분의 길이를 k로 나타내면 길이의 비를 쉽게 이용할 수 있다.

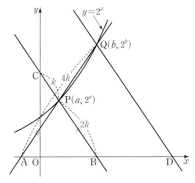

$\overline{PC} = k$라 하면
$\overline{BP} = 2k$, $\overline{BC} = 3k$, $\overline{AQ} = 4k$
또, 직선 PA의 기울기는 m, 직선 PB의 기울기는 $-m$이므로 두 직선은 점 P를 지나고 x축 또는 y축에 평행한 직선에 대칭이고, $\overline{AP} = \overline{BP}$이다.
곧, $\overline{AP} = 2k$이므로 $\overline{AQ} = 2\overline{AP}$이고, Q의 y좌표는 P의 y좌표의 2배이다.
$$\therefore 2^b = 2 \times 2^a, \quad b = a + 1$$
$$\therefore m = \frac{2^b - 2^a}{b - a} = 2^a \qquad \cdots \text{❶}$$
$\overline{BP} = 2k$, $\overline{BC} = 3k$에서 C와 P의 y좌표의 비가 $3 : 2$이므로
$$C\left(0, \frac{3}{2} \times 2^a\right) \qquad \cdots \text{❷}$$

직선 PC의 기울기는
$$-m = \frac{\frac{3}{2} \times 2^a - 2^a}{-a}, \quad m = \frac{2^a}{2a} \qquad \cdots \text{❸}$$

❶과 ❸을 비교하면 $a = \frac{1}{2}$, $b = \frac{3}{2}$

$P\left(\frac{1}{2}, \sqrt{2}\right)$, $Q\left(\frac{3}{2}, 2\sqrt{2}\right)$이고 $m = \sqrt{2}$이므로

직선 PQ의 방정식은 $y - \sqrt{2} = \sqrt{2}\left(x - \frac{1}{2}\right)$

$$\therefore A\left(-\frac{1}{2}, 0\right)$$

직선 QD의 방정식은 $y - 2\sqrt{2} = -\sqrt{2}\left(x - \frac{3}{2}\right)$

$$\therefore D\left(\frac{7}{2}, 0\right)$$

또 ❷에서 $C\left(0, \frac{3\sqrt{2}}{2}\right)$

따라서 삼각형 ADC의 넓이는

$$\frac{1}{2} \times 4 \times \frac{3\sqrt{2}}{2} = 3\sqrt{2}$$

04 답 ③

$f(x) - g(x) = a^{2x} - a^{x+1} + 2$이므로 함수 $y = h(x)$에 대한 성질을 바로 조사하기 쉽지 않다. $a^x = t$라 하면 $f(x) - g(x)$가 t에 대한 이차함수임을 이용한다.

$f(x) - g(x) = a^{2x} - a^{x+1} + 2$에서 $a^x = t$라 하면
$$f(x) - g(x) = t^2 - at + 2 \ (t > 0)$$

ㄱ. $a = 2\sqrt{2}$일 때
$$f(x) - g(x) = (t - \sqrt{2})^2 \geq 0$$
이때 $t = \sqrt{2}$이면 $(2\sqrt{2})^x = \sqrt{2}$ $\quad \therefore x = \frac{1}{3}$

$f(x) - g(x) \geq 0$이고 $f(x) - g(x) = 0$의 해가 $x = \frac{1}{3}$이므로
$y = h(x)$의 그래프는 x축과 한 점에서 만난다. (참)

ㄴ. $a = 4$일 때
$$f(x) - g(x) = (t - 2)^2 - 2$$
이므로 $y = h(t)$의 그래프는 그림과 같다.

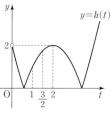

$x_1 < x_2 < \frac{1}{2}$에서 $4^{\frac{1}{2}} = 2$이므로

예를 들어 $t = 4^{x_1} = 1$, $t = 4^{x_2} = \frac{3}{2}$인 x_1, x_2를 잡으면

$h(x_1) < h(x_2)$이다. (거짓)

ㄷ. 참이려면 $y = t^2 - at + 2$의 그래프와 직선 $y = 1$이 한 점에서만 만나야 한다.

$t^2 - at + 2 = 1$에서 $t^2 - at + 1 = 0$
$$D = a^2 - 4 = 0$$
$a > 1$이므로 $a = 2$
따라서 $a = 2$일 때만 생각하면 충분하다.

$a=2$이면 $f(x)-g(x)=(t-1)^2+1$

이때 $t=2^x=1$에서 $x=0$

따라서 $x=0$일 때만 $f(x)-g(x)=1$이므로

$h(x)=1$의 해는 $x=0$뿐이다. (참)

따라서 옳은 것은 ㄱ, ㄷ이다.

05   답 ④

▶그래프를 그릴 수 있는 문제에서

부등식을 증명하거나 기울기를 비교할 때에는

직선의 기울기를 이용할 수 있는지 확인해야 한다.

ㄱ.▶각각 a, b에 대한 식으로 만들기 위해

양변을 ab로 나누면 $\dfrac{2^a-1}{a}$, $\dfrac{2^b-1}{b}$이므로 A(0, 1)이라 하면

좌변, 우변은 각각 직선 AP, AQ의 기울기이다.

$a<0$, $b>0$이므로 $b(2^a-1)>a(2^b-1)$이면

$$\dfrac{2^a-1}{a}<\dfrac{2^b-1}{b} \quad \cdots ❶$$

$\dfrac{2^a-1}{a}$은 두 점 A(0, 1),

P(a, 2^a)을 지나는 직선의 기울기

이고, $\dfrac{2^b-1}{b}$은 두 점 A(0, 1),

Q(b, 2^b)을 지나는 직선의 기울

기이므로 오른쪽 그림에서 ❶이

성립한다. (참)

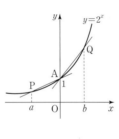

ㄴ.▶$\dfrac{2^{a+b}}{ab}=\dfrac{2^a}{a}\times\dfrac{2^b}{b}$로 생각하면 직선의 기울기를 이용할 수 있다.

$\dfrac{2^a}{a}$은 두 점 P(a, 2^a), O(0, 0)을 지나는 직선의 기울기이고,

$\dfrac{2^b}{b}$은 두 점 Q(b, 2^b), O(0, 0)을 지나는 직선의 기울기이다.

따라서 $\dfrac{2^{a+b}}{ab}=\dfrac{2^a}{a}\times\dfrac{2^b}{b}=-1$이

면 $\overline{\mathrm{OP}}\perp\overline{\mathrm{OQ}}$이다.

이때 점 P가 오른쪽 그림과 같이

점 (0, 1)에 충분히 가까우면

$\overline{\mathrm{OP}}\perp\overline{\mathrm{OQ}}$를 만족시키는 양수 b가

존재하지 않는다. (거짓)

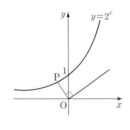

ㄷ. 모든 양수 b에 대하여 오른쪽 그림

과 같이 $\overline{\mathrm{OP}}\perp\overline{\mathrm{OQ}}$를 만족시키는

음수 a는 항상 존재한다. (참)

따라서 옳은 것은 ㄱ, ㄷ이다.

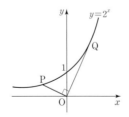

06   답 21

▶$y=\log_2(x+1)$, $y=2^x+3$은 밑이 2인 로그함수와 지수함수이므로 곡선

$y=\log_2(x+1)$을 직선 $y=x$에 대칭이동하면

곡선 $y=2^x+3$과 같은 꼴이다. (평행이동하면 겹쳐친다.)

따라서 A_n이나 B_n을 직선 $y=x$에 대칭이동하고 생각한다.

$y=\log_2(x+1)$에서 $x=2^y-1$이므로 $y=2^x-1$은

$y=\log_2(x+1)$의 역함수이다.

따라서 [그림 1]에서 색칠한 부분은 A_n과 같다.

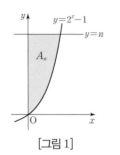 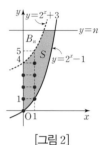

[그림 1]   [그림 2]

곧, $f(n)-g(n)$은 [그림 2]에서 색칠한 부분 S(실선 부분 포함,

점선 부분 제외)에 포함되고 좌표가 정수인 점의 개수이다.

그런데 곡선 $y=2^x+3$은 곡선 $y=2^x-1$을 y축 방향으로 4만큼

평행이동한 곡선이므로

$x=0$일 때, S에 속하고 y좌표가 정수인 점은 4개

$x=1$일 때, S에 속하고 y좌표가 정수인 점은 4개

$x=2$일 때, S에 속하고 y좌표가 정수인 점은 4개

$\qquad\qquad\qquad\vdots$

따라서

$16\leq f(n)-g(n)\leq 20$이면

오른쪽 그림에서

$\qquad 2^3+2\leq n<2^5-1$

n은 자연수이므로 개수는 21

이다.

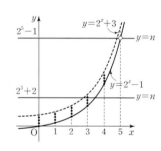

다른 풀이

$y=\log_2(x+1)$에서 $x=2^y-1$이므로

$y=2^x-1$은 $y=\log_2(x+1)$의 역함수

이다.

따라서 A_n은 [그림 3]에서 색칠한 도형과

같다.

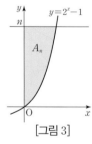

[그림 3]

이때 곡선 $y=2^x+3$은 곡선 $y=2^x-1$을

y축 방향으로 4만큼 평행이동한 것이므로

[그림 4]에서 B_n 부분과 연두색 부분의

도형의 합은 A_n과 같다.

곧, $f(n)=g(n+4)$

$16\leq f(n)-g(n)\leq 20$에서

$16\leq g(n+4)-g(n)\leq 20$이고

y좌표가 $n+1$, $n+2$, $n+3$, $n+4$이고

x좌표가 정수인 점의 개수가 16 이상 20

이하이다.

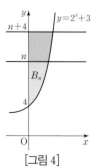

[그림 4]

$x=3$일 때, $2^x+3=11$이므로 좌표가 정수인 점은 4개

따라서 $n=11$이면 y좌표가 $n+1$, $n+2$, $n+3$, $n+4$이고 x좌표가 정수인 점의 개수는 4×4 이상이다.

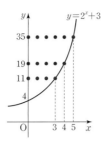

$x=4$일 때, $2^x+3=19$이므로 좌표가 정수인 점은 5개

$x=5$일 때, $2^x+3=35$이므로 좌표가 정수인 점은 6개

따라서 $n+4=35$이면 y좌표가 $n+1$, $n+2$, $n+3$, $n+4$이고 x좌표가 정수인 점의 개수는 $5\times3+6=21$이다.

그러므로 $n+1\geq11$이고 $n+4<35$에서 $10\leq n<31$이므로 개수는 21이다.

07 ⬥답 15

▸두 곡선과 직선 $y=1$의 교점은 $(0, 1)$, $(4, 1)$이다.

따라서 곡선을 그리고, 교점의 x좌표의 범위를 나누어 생각한다.

곡선 $y=4^x$과 직선 $y=1$의 교점은 $(0, 1)$,

곡선 $y=a^{-x+4}$과 직선 $y=1$의 교점은 $(4, 1)$이다.

$y=4^x$, $y=a^{-x+4}$의 교점의 x좌표를 k라 하고 $f(x)=a^{-x+4}$이라 하자.

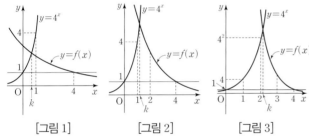

[그림 1]   [그림 2]   [그림 3]

(i) $0<k<1$일 때 [그림 1]

x가 1, 2, 3일 때 가능한 정수 y는 3개 이하이므로

x가 0, 1, 2, 3, 4일 때 정수 y의 개수는

$$1+3+3+3+1=11$$

이하이다. 따라서 가능한 a는 없다.

(ii) $1\leq k<2$일 때 [그림 2]

$f(1)\geq4$, $f(2)<4^2$이므로

$$a^3\geq4, \ a^2<4^2 \qquad \cdots ❶$$

x가 0, 1, 2, 3, 4일 때 정수 y의 개수는

$$1+4+a^2+a+1=a^2+a+6$$

따라서 $20\leq a^2+a+6\leq40$에서

$$14\leq a(a+1)\leq34 \qquad \cdots ❷$$

❶, ❷를 만족시키는 자연수 a는 없다.

(iii) $2\leq k<3$일 때 [그림 3]

$f(2)\geq4^2$, $f(3)<4^3$이므로

$$a^2\geq4^2, \ a<4^3 \qquad \cdots ❸$$

x가 0, 1, 2, 3, 4일 때 정수 y의 개수는

$$1+4+16+a+1=a+22$$

$20\leq a+22\leq40$에서

$$-2\leq a\leq18 \qquad \cdots ❹$$

❸, ❹를 만족시키는 자연수 a는 4, 5, 6, $\cdots$, 18이다.

(iv) $3\leq k<4$일 때

$f(3)\geq4^3$이므로 $a>4^3$ $\cdots ❺$

x가 0, 1, 2, 3, 4일 때 정수 y의 개수는

$$1+4+4^2+4^3+1>40$$

따라서 조건을 만족시키지 않는다.

(i)~(iv)에서 a의 개수는 15이다.

08 ⬥답 ④

$$f_1(x)=\frac{1}{2}x^2-4x+\frac{17}{2}=\frac{1}{2}(x-4)^2+\frac{1}{2}$$
$$f_2(x)=-2^{ax}+7$$

이라 하면 $x=1$ 또는 $x=7$일 때 $f_1(x)=5$이다.

▸$t<7$일 때 $f_1(x)$에서 $g(t)$를 구할 수 있다.

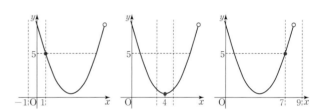

위의 그림에서 $-1\leq x<8$일 때 $t-1\leq x\leq t+1$에서 $f_1(x)$의 최솟값은 5 이하이다. 곧, $g(t)$의 최댓값은 5이다.

▸$t\geq7$일 때에는 $f_2(x)$를 알아야 $g(t)$를 구할 수 있다.

$g(t)$의 최댓값이 5임을 이용하여 $f_2(x)$에 대한 조건을 찾는다.

a의 부호에 따라 $y=-2^{ax}+7$의 증가와 감소가 바뀐다는 것에 주의한다.

(i) $a>0$일 때

$y=-2^{ax}+7$의 그래프는 점 $(0, 6)$을 지나며 점근선이 $y=7$이고 감소하므로 $f_2(x)<6$

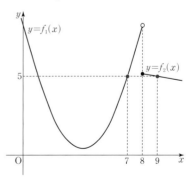

$8\leq t<9$일 때 $t-1\leq x<t$에서 $f_1(x)$의 최솟값은 $f_1(7)=5$보다 크므로

$8\leq x\leq t+1$에서 $f_2(x)$의 최솟값이 5 이하이어야 한다.

곧, $8\leq x\leq9$에서 $f_2(x)$의 최솟값이 5 이하이어야 하므로

$$f_2(9)=-2^{9a}+7\leq5, \ 2^{9a}\geq2$$
$$9a\geq1 \qquad \therefore a\geq\frac{1}{9}$$

(ii) $a<0$일 때

$y=-2^{ax}+7$의 그래프는 점 $(0, 6)$을 지나며 점근선이 $y=7$이고
증가하므로 $6<f_2(x)<7$

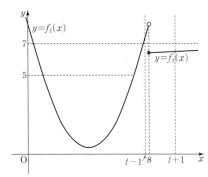

t가 커지면 $f_2(x)$의 최솟값이 6보다 크므로 모순이다.

(iii) $a=0$일 때 $f_2(x)=6$이다.

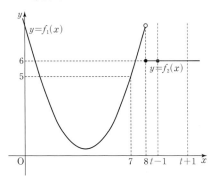

t가 커지면 $f_2(x)$의 최솟값이 6이므로 모순이다.

(i), (ii), (iii)에서 a의 최솟값은 $\dfrac{1}{9}$이다.

03 지수함수와 로그함수의 활용

A STEP 시험에 꼭 나오는 문제 36~39쪽

01 30	**02** ⑤	**03** ③	**04** 25	**05** 25	**06** ③
07 ④	**08** ⑤	**09** ⑤	**10** ③	**11** ①	**12** 2
13 ⑤	**14** 4	**15** ①	**16** 9	**17** ②	**18** ③
19 3	**20** 16	**21** 504	**22** $a=-17$, $b=72$		**23** 25
24 ①	**25** ②	**26** -3	**27** $\dfrac{1}{16}\leq a\leq 16$		**28** ③
29 ⑤	**30** ⑤	**31** ⑤	**32** ①		

01 ◆답 30

$$\left(\dfrac{1}{3}\right)^{x^2-3x}=\left(\dfrac{1}{3}\right)^{3x-3}, \ x^2-3x=3x-3$$

$$\therefore x^2-6x+3=0$$

근과 계수의 관계에서 $\alpha+\beta=6$, $\alpha\beta=3$이므로

$$\alpha^2+\beta^2=(\alpha+\beta)^2-2\alpha\beta=30$$

02 ◆답 ⑤

(i) $x=1$일 때 성립한다.

(ii) $x\neq 1$일 때

$$x^2=2x+8, \ (x-4)(x+2)=0$$

$$x>0$$이므로 $x=4$

(i), (ii)에서 방정식의 해의 합은 $1+4=5$

03 ◆답 ③

$2^x=3^{2x-1}$의 양변에 상용로그를 잡으면

$$\log 2^x=\log 3^{2x-1}$$

$$x\log 2=(2x-1)\log 3$$

$$x(\log 2-2\log 3)=-\log 3$$

$$\therefore x=\dfrac{\log 3}{2\log 3-\log 2}$$

04 ◆답 25

$2^x=t$라 하면 $4^{x+1}=4t^2$, $2^{x+2}=4t$이므로
주어진 방정식은

$$4t^2-12t-40=0, \ (t-5)(t+2)=0$$

$$t>0$$이므로 $t=5$

$2^x=5$이므로 $2^a=5$

$$\therefore 4^a=(2^a)^2=5^2=25$$

05

원 방정식의 해가 α,β일 때,
$5^x=t$로 치환한 방정식의 해는 $5^\alpha,5^\beta$이다.

$5^x=t$라 하면 $25^x=t^2$, $5^{x+1}=5t$이므로
주어진 방정식은
$$t^2-35t+k=0 \quad \cdots \ \text{❶}$$
주어진 방정식의 두 근을 α,β라 하면
❶의 두 근은 $5^\alpha,5^\beta$이므로 근과 계수의 관계에서
$$5^\alpha\times5^\beta=k,\ 5^{\alpha+\beta}=k$$
$\alpha+\beta=2$이므로 $k=5^2=25$

06
답 ③

$2^x=t$라 하면 주어진 방정식은
$$t^2-8t+a=0 \quad \cdots \ \text{❶}$$
$t>0$이므로 ❶이 서로 다른 두 양의 실근을 가진다.

(ⅰ) $\dfrac{D}{4}=16-a>0$에서 $a<16$

(ⅱ) (두 근의 합)$=8>0$

(ⅲ) (두 근의 곱)$=a>0$

(ⅰ), (ⅱ), (ⅲ)에서 $0<a<16$이므로 정수 a의 개수는 15이다.

07
답 ④

$$\log_{2^{-2}}(x-1)-1=\log_{2^{-1}}(x-4)$$
$$-\frac{1}{2}\log_2(x-1)-1=-\log_2(x-4)$$
$$\log_2(x-1)+2=2\log_2(x-4)$$
$$\log_2 4(x-1)=\log_2(x-4)^2$$
$$4(x-1)=(x-4)^2,\ x^2-12x+20=0$$
$$\therefore x=2\ \text{또는}\ x=10$$
진수 조건에서 $x-1>0$이고 $x-4>0$이므로 $x>4$
$$\therefore x=10$$

08
답 ⑤

$$(2-\log_3 x)(\log_3 x-1)+6=0$$
$\log_3 x=t$라 하면
$$(2-t)(t-1)+6=0,\ t^2-3t-4=0$$
$$\therefore t=-1\ \text{또는}\ t=4$$
$\log_3 x=-1$일 때 $x=3^{-1}$
$\log_3 x=4$일 때 $x=3^4$
따라서 두 근의 곱은 $3^3=27$

09
답 ⑤

양변이 단항식이고, 지수에 밑이 2인 로그가 있는 꼴이다.

$x^{\log_2 x}=8x^2$의 양변에 밑이 2인 로그를 잡으면
$$\log_2 x^{\log_2 x}=\log_2 8x^2$$
$$(\log_2 x)^2=2\log_2 x+3$$
$\log_2 x=t$라 하면
$$t^2-2t-3=0,\ (t+1)(t-3)=0$$
$$\therefore t=-1\ \text{또는}\ t=3$$
$\log_2 x=-1$일 때 $x=2^{-1}$
$\log_2 x=3$일 때 $x=2^3$
따라서 두 근의 곱은 $2^2=4$

10
답 ③

$3^y=Y$로 치환하면 $3^{y-1}=\dfrac{Y}{3}$이 되어 계산이 복잡하다.

$3^{y-1}=Y$로 치환한다.

$2^x=X$, $3^{y-1}=Y$라 하면
$$X-Y=5,\ 2X-3Y=-17$$
연립하여 풀면 $X=32$, $Y=27$
$2^x=32$, $3^{y-1}=27$이므로 $x=5$, $y=4$
$$\therefore ab=20$$

11
답 ①

$3^x=3^{2y}$에서 $x=2y$ $\quad\cdots\ \text{❶}$
$(\log_2 8x)(\log_2 4y)=-1$에 ❶을 대입하면
$$(\log_2 16y)(\log_2 4y)=-1$$
$$(4+\log_2 y)(2+\log_2 y)=-1$$
$$(\log_2 y)^2+6\log_2 y+9=0$$
$$(\log_2 y+3)^2=0,\ \log_2 y=-3$$
$y=2^{-3}=\dfrac{1}{8}$이므로 $x=\dfrac{1}{4}$
$$\therefore \frac{1}{ab}=32$$

12
답 **2**

$\dfrac{3a}{\log_a b}=\dfrac{3a+b}{3}$, $\dfrac{b}{2\log_b a}=\dfrac{3a+b}{3}$와 같이
두 방정식을 나눈 다음 연립하여 푸는 것이 쉽지 않다.
이런 경우 다음과 같이 k로 놓고 식을 정리한다.

$$\frac{3a}{\log_a b}=\frac{b}{2\log_b a}=\frac{3a+b}{3}=k\text{라 하면}$$

03 지수함수와 로그함수의 활용 **41**

$$3a = k \log_a b \quad \cdots \text{❶}$$
$$b = 2k \log_b a \quad \cdots \text{❷}$$
$$3a + b = 3k \quad \cdots \text{❸}$$

❶, ❷를 ❸에 대입하면
$$k \log_a b + 2k \log_b a = 3k, \ \log_a b + 2 \log_b a = 3$$
$\log_a b = t$라 하면
$$t + \frac{2}{t} = 3, \ t^2 - 3t + 2 = 0$$
$1 < a < b$에서 $t > 1$이므로 $t = 2$
$$\therefore \log_a b = 2$$

다른 풀이

$\dfrac{p}{q} = \dfrac{r}{s} = k$라 하면 $p = qk,\ r = sk$이므로
$$\frac{p+r}{q+s} = \frac{qk+sk}{q+s} = k \qquad \therefore \frac{p}{q} = \frac{r}{s} = \frac{p+r}{q+s}$$
이 성질을 이용하여 풀 수도 있다.

주어진 조건에서 $\dfrac{3a+b}{\log_a b + 2 \log_b a} = \dfrac{3a+b}{3}$
$$\therefore \log_a b + 2 \log_b a = 3$$

나머지 풀이는 위의 풀이와 같다.
$$\therefore \log_a b = 2$$

13 .... 답 ⑤

해의 범위나 부호에 대한 문제는 그래프로 생각한다.

$y = 2^x - 2$에서 $y = 0$이면 $x = 1$이다.
따라서 $y = |2^x - 2|$의 그래프는 그림과 같다.
이 그래프가 직선 $y = k$와 만나는 점의
x좌표가 $\alpha,\ \beta$이므로 $\alpha\beta < 0$이면
$$1 < k < 2$$

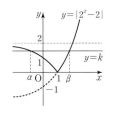

14 .... 답 4

A, B의 x좌표가 a이므로 $\mathrm{A}(a, 3^a)$, $\mathrm{B}\left(a, \left(\dfrac{1}{3}\right)^a\right)$
선분 AB의 중점의 y좌표가 $\sqrt{5}$이므로
$$\frac{3^a + 3^{-a}}{2} = \sqrt{5}, \ 3^a + 3^{-a} = 2\sqrt{5}$$
$\overline{\mathrm{AB}} = 3^a - 3^{-a}$이므로
$$\overline{\mathrm{AB}}^2 = (3^a - 3^{-a})^2 = (3^a + 3^{-a})^2 - 4 \times 3^a \times 3^{-a}$$
$$= 20 - 4 = 16$$
$$\therefore \overline{\mathrm{AB}} = 4$$

다른 풀이

$3^a + 3^{-a} = 2\sqrt{5}$에서 $3^{2a} - 2\sqrt{5} \times 3^a + 1 = 0$
$3^a = t$라 하면 $t^2 - 2\sqrt{5}t + 1 = 0$
$$\therefore t = \sqrt{5} \pm 2$$
$a > 0$에서 $3^a > 1$이므로 $t = \sqrt{5} + 2$
$$3^a = \sqrt{5} + 2, \ 3^{-a} = \frac{1}{\sqrt{5}+2} = \sqrt{5} - 2$$
$$\therefore \overline{\mathrm{AB}} = (\sqrt{5}+2) - (\sqrt{5}-2) = 4$$

15 .... 답 ①

$y = \left(\dfrac{1}{2}\right)^x = 2^{-x}$이므로 $y = 2^x$과 $y = \left(\dfrac{1}{2}\right)^x$의 그래프는 y축에 대칭이다.

$y = 2^x$과 $y = \left(\dfrac{1}{2}\right)^x$의 그래프가 y축에 대칭이고
$\mathrm{A}(k, 2^k)$이므로 $\mathrm{B}(-k, 2^k)$
또 $\mathrm{C}\left(k, \left(\dfrac{1}{2}\right)^k\right)$, $\mathrm{D}(0, 1)$이므로
$$\triangle \mathrm{ABD} = \frac{1}{2} \times 2k(2^k - 1)$$
$$\triangle \mathrm{ADC} = \frac{1}{2}k\left\{2^k - \left(\frac{1}{2}\right)^k\right\}$$
$\triangle \mathrm{ABD} : \triangle \mathrm{ADC} = 3 : 2$이므로
$$2 \times \frac{1}{2} \times 2k(2^k - 1) = 3 \times \frac{1}{2}k\left\{2^k - \left(\frac{1}{2}\right)^k\right\}$$
$k \neq 0$이므로 $4(2^k - 1) = 3(2^k - 2^{-k})$
$$2^k + 3 \times 2^{-k} - 4 = 0$$
$2^k = t$라 하면 $t + \dfrac{3}{t} - 4 = 0, \ t^2 - 4t + 3 = 0$
$k > 0$에서 $t > 1$이므로 $t = 3$
곧, $2^k = 3$이므로 $k = \log_2 3$

16 .... 답 9

$f(x) = k$와 $g(x) = k$를 풀어 A, B의 x좌표를 k로 나타낸다.

$2^{-x} + 6 = k$에서 $x = -\log_2 (k - 6)$
$$\therefore \mathrm{A}(-\log_2 (k-6), k)$$
$2^x = k$에서 $x = \log_2 k$
$$\therefore \mathrm{B}(\log_2 k, k)$$
선분 AB를 $1 : 2$로 내분하는 점이 y축 위에 있으므로
$$\frac{\log_2 k - 2\log_2 (k-6)}{1+2} = 0$$
$$\log_2 k = 2\log_2 (k-6)$$
$$k = (k-6)^2, \ k^2 - 13k + 36 = 0$$
진수 조건에서 $k - 6 > 0$이고 $k > 0$이므로 $k > 6$
$$\therefore k = 9$$

다른 풀이

A, B의 좌표를 각각 $(-p, k)$, $(2p, k)$로 놓고 대입하여 정리한다.

$A(-p, k)$, $B(2p, k)$라 하면

$$2^p + 6 = k, \ 2^{2p} = k$$

곧, $2^p + 6 = 2^{2p}$에서 $2^p = t$라 하면

$$t^2 - t - 6 = 0$$

$t > 0$이므로 $t = 3$ ∴ $p = \log_2 3$

∴ $k = 2^{2\log_2 3} = 3^2 = 9$

---

17 ⬥ 답 ②

$\left(\dfrac{1}{\sqrt{3}}\right)^{2x+6} = (3^{-\frac{1}{2}})^{2x+6} = 3^{-x-3}$이므로

$3^{-x-3} \leq 3^{-3x+6}$에서

$$-x - 3 \leq -3x + 6, \ x \leq \frac{9}{2}$$

따라서 자연수 x는 1, 2, 3, 4이고 합은 10이다.

---

18 ⬥ 답 ③

$3^x = t$라 하면 $3t + \dfrac{3}{t} \leq 10$

$t > 0$이므로 양변에 t를 곱하면 $3t^2 + 3 \leq 10t$

$$(3t-1)(t-3) \leq 0, \ \frac{1}{3} \leq t \leq 3$$

$$\frac{1}{3} \leq 3^x \leq 3, \ 3^{-1} \leq 3^x \leq 3^1$$

∴ $-1 \leq x \leq 1$

따라서 정수 x는 -1, 0, 1이고 3개이다.

---

19 ⬥ 답 3

$x^2 - (a+b)x + ab < 0$에서

$$(x-a)(x-b) < 0, \ a < x < b$$

∴ $A = \{x \mid a < x < b\}$

$2^{2x+2} - 9 \times 2^x + 2 < 0$에서 $2^x = t$라 하면

$$4t^2 - 9t + 2 < 0, \ \frac{1}{4} < t < 2$$

$$2^{-2} < 2^x < 2^1, \ -2 < x < 1$$

∴ $B = \{x \mid -2 < x < 1\}$

$A \subset B$이므로 $-2 \leq a$이고 $b \leq 1$

따라서 $b - a$의 최댓값은 $1 - (-2) = 3$

---

20 ⬥ 답 16

(ⅰ) 진수 조건에서

$x^2 > 0$, $5x - 8 > 0$이므로 $x > \dfrac{8}{5}$ ··· ❶

(ⅱ) $1 + \log_{\frac{1}{2}} x^2 > \log_{\frac{1}{2}}(5x-8)$에서

$$\log_{\frac{1}{2}} \frac{1}{2}x^2 > \log_{\frac{1}{2}}(5x-8)$$

밑이 1보다 작으므로

$$\frac{1}{2}x^2 < 5x - 8, \ x^2 - 10x + 16 < 0$$

∴ $2 < x < 8$ ··· ❷

❶, ❷에서 $2 < x < 8$

∴ $\alpha\beta = 2 \times 8 = 16$

---

21 ⬥ 답 504

$0 < \log_4 \{\log_3 (\log_2 x)\} \leq \dfrac{1}{2}$에서

$$4^0 < \log_3(\log_2 x) \leq 4^{\frac{1}{2}}, \ 1 < \log_3(\log_2 x) \leq 2$$

$$3^1 < \log_2 x \leq 3^2, \ 3 < \log_2 x \leq 9$$

∴ $2^3 < x \leq 2^9$

따라서 정수 x의 개수는 $2^9 - 2^3 = 512 - 8 = 504$

---

22 ⬥ 답 $a = -17$, $b = 72$

(ⅰ) 진수 조건에서

$f(x) > 0$, $g(x) > 0$이므로 $x > 8$ ··· ❶

(ⅱ) $\log_2 f(x) > \log_2 g(x)$에서

밑이 1보다 크므로 $f(x) > g(x)$

∴ $2 < x < 9$ ··· ❷

❶, ❷에서 $8 < x < 9$

따라서 이차부등식은

$$(x-8)(x-9) < 0, \ x^2 - 17x + 72 < 0$$

∴ $a = -17$, $b = 72$

---

23 ⬥ 답 25

(ⅰ) 진수 조건에서

$x^2 + x - 6 > 0$이므로 $x < -3$ 또는 $x > 2$ ··· ❶

또 $2 - x > 0$이므로 $x < 2$ ··· ❷

(ii) $\log_3(x^2+x-6)<\log_3(2-x)$에서
밑이 1보다 크므로 $x^2+x-6<2-x$
$x^2+2x-8<0$ $\therefore -4<x<2$ … ❸
❶, ❷, ❸에서 $-4<x<-3$
$\therefore \alpha^2+\beta^2=16+9=25$

24 ······ 답 ①

(i) $\left(\frac{1}{9}\right)^{3x+8}<3^{-x^2}$에서 $3^{-6x-16}<3^{-x^2}$
$-6x-16<-x^2$, $x^2-6x-16<0$
$\therefore -2<x<8$
(ii) $\log_2|x-1|\le 2$에서
$|x-1|\le 4$, $-3\le x\le 5$
$|x-1|\ne 0$이므로
$-3\le x<1$ 또는 $1<x\le 5$
(i), (ii)에서 $-2<x<1$ 또는 $1<x\le 5$이므로
정수 x는 -1, 0, 2, 3, 4, 5이고 6개이다.

25 ······ 답 ②

x에 대한 이차부등식 $x^2+px+q\ge 0$이 항상 성립하려면 $D\le 0$이어야 한다. 등호의 유무에 주의한다.

방정식 $x^2-2(3^a+1)x+10(3^a+1)=0$의 판별식을 D라 하면
$\frac{D}{4}=(3^a+1)^2-10(3^a+1)\le 0$
$(3^a+1)(3^a+1-10)\le 0$
$-1\le 3^a\le 9$
$3^a>0$이므로 $0<3^a\le 9$ $\therefore a\le 2$
따라서 a의 최댓값은 2이다.

26 ······ 답 -3

$3^x=t$라 하면
$t^2+3t-k-3>0$
이 부등식이 $t>0$에서 성립하면 된다.
$f(t)=t^2+3t-k-3$이라 하면
축이 $t=-\frac{3}{2}$이므로
$f(0)\ge 0$이면 부등식이 성립한다.
$-k-3\ge 0$ $\therefore k\le -3$
따라서 정수 k의 최댓값은 -3이다.

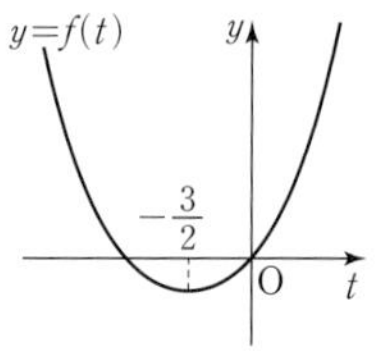

27 ······ 답 $\frac{1}{16}\le a\le 16$

$\left(\log_2\frac{x}{a}\right)\left(\log_2\frac{x^2}{a}\right)+2\ge 0$에서 $\log_2 x=t$라 하면
$(t-\log_2 a)(2t-\log_2 a)+2\ge 0$
$2t^2-3(\log_2 a)t+(\log_2 a)^2+2\ge 0$
x가 양의 실수이면 t는 실수이므로 이 부등식이 모든 실수 t에 대하여 성립한다.
$D=9(\log_2 a)^2-8\{(\log_2 a)^2+2\}\le 0$
$(\log_2 a)^2-16\le 0$, $-4\le \log_2 a\le 4$
$\therefore \frac{1}{16}\le a\le 16$

28 ······ 답 ③

밑과 진수가 모두 달라서 주어진 수를 바로 비교하기 어렵다. $0<a<b<1$에 착안하여 각 수의 크기를 0, 1과 비교한다.

$a<b<1$이므로 $\log_a a>\log_a b>\log_a 1$
$\therefore 0<\log_a b<1$ … ❶
$b<1$, $a+1>1$이므로 $\log_b(a+1)<0$ … ❷
$1<a+1<b+1$이므로
$\log_{a+1}(b+1)>1$ … ❸
❶, ❷, ❸에서
$\log_b(a+1)<\log_a b<\log_{a+1}(b+1)$
$\therefore B<A<C$

29 ······ 답 ⑤

$g(x)=\log_{\frac{1}{2}} x=-\log_2 x$
ㄱ. $g(x)=-f(x)$이므로 $|g(x)|=|f(x)|$
$\therefore f(|g(x)|)=f(|f(x)|)$ (참)
ㄴ. $1<a<b$일 때 $0<\log_2 a<\log_2 b$이고
$|g(a)|=|-\log_2 a|=\log_2 a$
$|g(b)|=|-\log_2 b|=\log_2 b$
이므로
$|g(a)|<|g(b)|$
$f(x)=\log_2 x$는 밑이 1보다 크므로
$f(|g(a)|)<f(|g(b)|)$ (참)
ㄷ. $1<a<b$일 때 $0<f(a)<f(b)$
$g(x)=\log_{\frac{1}{2}} x$는 밑이 1보다 작으므로
$g(f(a))>g(f(b))$ (참)
따라서 옳은 것은 ㄱ, ㄴ, ㄷ이다.

30 답 ⑤

ㄱ.

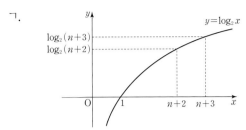

위의 그림에서 $\log_2(n+3) > \log_2(n+2)$ (참)

ㄴ.

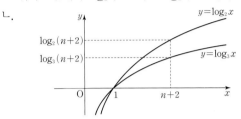

위의 그림에서 $\log_2(n+2) > \log_3(n+2)$ (참)

ㄷ.

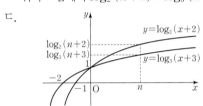

$y=\log_2(x+2)$, $y=\log_3(x+3)$의 그래프는 점 $(0,1)$을 지나고 위의 그림과 같다.

$$\therefore \log_2(n+2) > \log_3(n+3) \text{ (참)}$$

따라서 옳은 것은 ㄱ, ㄴ, ㄷ이다.

다른 풀이

그림에서 옳은 것은 ㄱ, ㄴ, ㄷ이다.

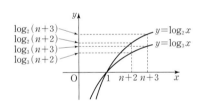

31 답 ⑤

1일 후 A의 체중은 $75 \times (1-0.003)$

2일 후 A의 체중은

$75 \times (1-0.003) \times (1-0.003) = 75 \times (1-0.003)^2$

⋮

n일 후 A의 체중은 $75 \times (1-0.003)^n$

또 n일 후 B의 체중은 $80 \times (1-0.005)^n$

n일 후 B의 체중이 A의 체중 이하가 된다고 하면

$$75 \times 0.997^n \geq 80 \times 0.995^n$$

양변에 상용로그를 잡으면

$$\log(75 \times 0.997^n) \geq \log(80 \times 0.995^n)$$

$$\log 75 + n \log 0.997 \geq \log 80 + n \log 0.995$$

$$n(\log 0.997 - \log 0.995) \geq \log 80 - \log 75$$

$$n(-1+0.999+1-0.998) \geq 5\log 2 - \log 3 - 1$$

$$0.001 \times n \geq 0.028, \ n \geq 28$$

따라서 28일 후부터이다.

32 답 ①

현재 가격이 A이고 매월 $a\%$씩 가격이 하락한다고 하면

1개월 후 가격은 $A\left(1-\dfrac{a}{100}\right)$

2개월 후 가격은 $A\left(1-\dfrac{a}{100}\right) \times \left(1-\dfrac{a}{100}\right) = A\left(1-\dfrac{a}{100}\right)^2$

⋮

n개월 후 가격은 $A\left(1-\dfrac{a}{100}\right)^n$

5개월 후 20 % 하락하였으므로

$$A\left(1-\dfrac{a}{100}\right)^5 = A \times 0.8 \qquad \therefore 1-\dfrac{a}{100} = 0.8^{\frac{1}{5}}$$

따라서 현재 가격이 100만 원인 휴대폰의 n개월 후 가격은

$$100\left(1-\dfrac{a}{100}\right)^n = 100 \times 0.8^{\frac{n}{5}} \text{ (만 원)}$$

가격이 50만 원 이하이면

$$100 \times 0.8^{\frac{n}{5}} \leq 50, \ 0.8^{\frac{n}{5}} \leq \dfrac{1}{2}$$

양변에 상용로그를 잡으면

$$\dfrac{n}{5}\log 0.8 \leq \log \dfrac{1}{2}, \ n(3\log 2 - 1) \leq -5\log 2$$

$$\therefore n \geq \dfrac{5\log 2}{1-3\log 2} = 15.5 \times \times$$

따라서 최소한 16개월이 지나야 한다.

Think More

일정한 비율로 가격이 내리므로 처음 가격을 A라 할 때, 1개월 후 가격은 Ar, 2개월 후 가격은 Ar^2, ..., n개월 후 가격은 Ar^n이다.

5개월 후 가격이 $0.8A$이므로

$$Ar^5 = 0.8A, \ r = 0.8^{\frac{1}{5}}$$

이를 이용하여 풀어도 된다.

B STEP 1등급 도전 문제 40~44쪽

01 ⑤	02 $x=10$ 또는 $x=100$	03 ③	04 ④
05 ①	06 $x=\dfrac{1}{2}$, $y=27$ 또는 $x=8$, $y=\dfrac{1}{3}$		07 ②

08 $\begin{cases} x=2 \\ y=5 \end{cases}$ 또는 $\begin{cases} x=5 \\ y=2 \end{cases}$ 또는 $\begin{cases} x=3 \\ y=3 \end{cases}$	09 ②	10 ②

11 ③	12 ③	13 63	

14 (1) $0 < x < \dfrac{1}{2}$ 또는 $x > 8$ (2) $2 < x \leq 5$ | 15 ④ | 16 91

17 $a=5$, $b=4$	18 ②	19 16	20 ④	21 ④
22 ⑤	23 5	24 ②	25 ⑤	26 $\dfrac{1}{4}$
27 $C < B < A$	28 ③	29 ④		

01 답 ⑤

$g(6)=k$로 놓고 $f(k)=6$을 만족시키는 k의 값을 구하면 된다.

$g(6)=k$라 하면 $f(k)=6$이므로
$$2^k-16\times 2^{-k}=6$$
$2^k=t$라 하면 $t-\dfrac{16}{t}=6$
$$t^2-6t-16=0,\ (t+2)(t-8)=0$$
$t>0$이므로 $t=8$
$2^k=8$이므로 $k=3$
$$\therefore g(6)=3$$

02 답 $x=10$ 또는 $x=100$

$a^{\log_b c}=c^{\log_b a}$을 공식처럼 기억하고 이용한다.

$2^{\log x}=x^{\log 2}$이므로 $2^{\log x}=t$라 하면
$$t^2-(t+5t)+8=0,\ t^2-6t+8=0$$
$$(t-2)(t-4)=0 \qquad \therefore t=2 \text{ 또는 } t=4$$
따라서 $2^{\log x}=2$ 또는 $2^{\log x}=4$이므로
$$\log x=1 \text{ 또는 } \log x=2$$
$$\therefore x=10 \text{ 또는 } x=100$$

03 답 ③

$10=2\times 5$이므로 주어진 방정식은
$$2^x\times 5^x+2\times(2^x)^2=(5^x)^2$$
따라서 양변을 $(2^x)^2$ 또는 $(5^x)^2$으로 나누어 정리할 수 있다.

$10^x=2^x\times 5^x$이므로 주어진 식의 양변을 5^{2x}으로 나누면
$$\dfrac{2^x}{5^x}+\dfrac{2^{2x+1}}{5^{2x}}=1,\ \left(\dfrac{2}{5}\right)^x+2\times\left(\dfrac{2}{5}\right)^{2x}=1$$
$\left(\dfrac{2}{5}\right)^x=t$라 하면
$$t+2t^2=1,\ (2t-1)(t+1)=0$$
$t>0$이므로 $t=\dfrac{1}{2}$
곧, $\left(\dfrac{2}{5}\right)^x=\dfrac{1}{2}$이므로
$$x=\log_{\frac{2}{5}}\dfrac{1}{2}=\log_{\frac{5}{2}}2$$

다른 풀이

$2^x=X,\ 5^x=Y$로 놓고 풀 수도 있다.

$10^x+2^{2x+1}=25^x$을 정리하면
$$2^x\times 5^x+2\times(2^x)^2=(5^x)^2$$
$2^x=X,\ 5^x=Y$라 하면
$$XY+2X^2=Y^2,\ (2X-Y)(X+Y)=0$$
$X>0,\ Y>0$이므로 $Y=2X$
곧, $5^x=2\times 2^x$이므로
$$\left(\dfrac{5}{2}\right)^x=2 \qquad \therefore x=\log_{\frac{5}{2}}2$$

04 답 ④

주어진 방정식이 $a^3+b^3=(a+b)^3$ 꼴임을 이용한다.

$\log_2 x-1=a,\ \log_3 x-1=b$라 하면
$$a^3+b^3=(a+b)^3$$
$$a^3+b^3=a^3+b^3+3ab(a+b)$$
$$ab(a+b)=0$$
$$\therefore (\log_2 x-1)(\log_3 x-1)(\log_2 x+\log_3 x-2)=0$$
(ⅰ) $\log_2 x=1$일 때 $x=2$
(ⅱ) $\log_3 x=1$일 때 $x=3$
(ⅲ) $\log_2 x+\log_3 x=2$일 때
$$\log_2 x+\dfrac{\log_2 x}{\log_2 3}=2$$
$$(\log_2 3+1)\log_2 x=2\log_2 3$$
$$\log_2 x^{\log_2 6}=\log_2 3^2,$$
$$x^{\log_2 6}=9$$
$$\therefore x=9^{\frac{1}{\log_2 6}}=9^{\log_6 2}$$

(ⅰ), (ⅱ), (ⅲ)에서 실근의 개수는 3이다.

05 답 ①

방정식 $f(x)=0$의 해가 α이면
$3^x=t$로 치환한 방정식의 해는 3^α이다.

$3^{2x}-k\times 3^{x+1}+3k+15=0$의 두 실근을 $\alpha,\ 2\alpha$라 하자.
$3^x=t$라 하면 주어진 방정식은
$$t^2-3kt+3k+15=0$$
이 방정식의 두 실근은 $3^\alpha,\ 3^{2\alpha}$이므로 근과 계수의 관계에서
$$3^\alpha+3^{2\alpha}=3k \qquad \cdots ❶$$
$$3^\alpha\times 3^{2\alpha}=3k+15 \qquad \cdots ❷$$
❷$-$❶을 하면
$$3^{3\alpha}-3^{2\alpha}-3^\alpha=15$$
$3^\alpha=s$라 하면
$$s^3-s^2-s-15=0$$
$$(s-3)(s^2+2s+5)=0$$
$s>0$이므로 $s=3,\ 3^\alpha=3$
❶에 대입하면
$$3k=3+3^2=12$$
$$\therefore k=4$$

06

답 $x=\dfrac{1}{2}$, $y=27$ 또는 $x=8$, $y=\dfrac{1}{3}$

첫 번째 식과 두 번째 식의 밑이 다르다.
두 번째 식의 $\log_3 x$, $\log_4 y$를 첫 번째 식의 $\log_2 x$, $\log_3 y$로 나타내고 간단히 할 수 있는지 확인한다.

$$(\log_3 x)(\log_4 y)=\dfrac{\log_2 x}{\log_2 3}\times\dfrac{\log_3 y}{\log_3 4}$$
$$=\dfrac{\log_2 x}{\log_2 3}\times\dfrac{\log_3 y}{\log_3 2^2}$$
$$=\dfrac{\log_2 x\times\log_3 y}{2}$$

이므로 주어진 방정식은

$$\begin{cases}\log_2 x+\log_3 y=2\\\log_2 x\times\log_3 y=-3\end{cases}$$

따라서 $\log_2 x$와 $\log_3 y$는 방정식 $t^2-2t-3=0$의 해이다.
이 방정식의 해가 $t=-1$ 또는 $t=3$이므로

$\log_2 x=-1$, $\log_3 y=3$일 때 $x=\dfrac{1}{2}$, $y=27$

또는 $\log_2 x=3$, $\log_3 y=-1$일 때 $x=8$, $y=\dfrac{1}{3}$

07

답 ②

$\log_{25}(a-b)=\log_9 a=\log_{15} b=k$로 놓고 k를 이용하여 식을 정리한다.

$\log_{25}(a-b)=\log_9 a=\log_{15} b=k$라 하면

$a-b=25^k=5^{2k}$ ⋯ ❶
$a=9^k=3^{2k}$, $b=15^k$ ⋯ ❷

❷를 ❶에 대입하면 $3^{2k}-15^k=5^{2k}$ ⋯ ❸

$\dfrac{b}{a}=\left(\dfrac{5}{3}\right)^k$이므로 ❸의 양변을 3^{2k}으로 나누면

$$1-\left(\dfrac{5}{3}\right)^k=\left\{\left(\dfrac{5}{3}\right)^k\right\}^2$$

$\left(\dfrac{5}{3}\right)^k=t$라 하면 $t^2+t-1=0$

$t>0$이므로 $t=\dfrac{\sqrt{5}-1}{2}$

08

답 $\begin{cases}x=2\\y=5\end{cases}$ 또는 $\begin{cases}x=5\\y=2\end{cases}$ 또는 $\begin{cases}x=3\\y=3\end{cases}$

문자가 2개이고 식이 하나이므로 x, y가 정수라는 조건을 이용해야 한다.
( )×( )=(정수) 꼴로 고친다.

$\log_2 x^2 y^2=\log_{2^{\frac{1}{2}}}(x+y+3)$
$\log_2 x^2 y^2=2\log_2(x+y+3)$
$x^2 y^2=(x+y+3)^2$

x, y는 양의 정수이므로 $xy=x+y+3$
$(x-1)(y-1)=4$

$\therefore \begin{cases}x=2\\y=5\end{cases}$ 또는 $\begin{cases}x=5\\y=2\end{cases}$ 또는 $\begin{cases}x=3\\y=3\end{cases}$

09

답 ②

$\log_3 x=t$라 하면 $t^2-|3t|-t=k$
좌변을 $f(t)$로 놓고 $y=f(t)$의 그래프와 직선 $y=k$의 교점을 생각한다.

$\log_3 x=t$라 하면
$t^2-|3t|-t=k$
$f(t)=t^2-3|t|-t$라 하면
$$f(t)=\begin{cases}t^2-4t & (t\geq 0)\\t^2+2t & (t<0)\end{cases}$$

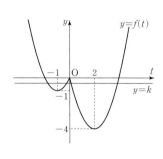

$y=f(t)$의 그래프가 직선
$y=k$와 네 점에서 만나려면
$-1<k<0$

t에 대한 방정식의 네 근을 α, β, γ, δ라 하면 원 방정식의 네 근은 3^α, 3^β, 3^γ, 3^δ이다. 따라서 $3^{\alpha+\beta+\gamma+\delta}$의 값을 구해야 한다.

교점의 t좌표를 α, β, γ, δ $(\alpha<\beta<\gamma<\delta)$라 하면
$\alpha+\beta=-2$, $\gamma+\delta=4$
$\therefore \alpha+\beta+\gamma+\delta=2$

이때 주어진 방정식의 네 실근은 3^α, 3^β, 3^γ, 3^δ이므로 네 실근의 곱은
$3^\alpha\times 3^\beta\times 3^\gamma\times 3^\delta=3^{\alpha+\beta+\gamma+\delta}=3^2=9$

10

답 ②

주어진 방정식의 두 근을 α, β라 하면
$2^x=t$로 치환한 방정식의 두 근은 2^α, 2^β이다.

주어진 방정식의 두 근을 α, β $(\alpha<0, \beta>0)$라 하자.
$2^x=t$라 하면 주어진 방정식은
$t^2+2kt+k^2-9=0$
이 방정식의 두 근은 2^α, 2^β이고 $0<2^\alpha<1$, $2^\beta>1$이다.
$f(t)=t^2+2kt+k^2-9$라 하면

(ⅰ) $f(0)>0$이므로
$k^2-9>0$
$\therefore k<-3$ 또는 $k>3$

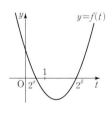

(ⅱ) $f(1)<0$이므로
$k^2+2k-8<0$
$\therefore -4<k<2$

(ⅰ), (ⅱ)에서 $-4<k<-3$

11

답 ③

$2^x-2^{-x}=t$라 하면
$t^2=2^{2x}-2+2^{-2x}$, $4^x+4^{-x}=t^2+2$
곧, 주어진 방정식은 $t^2+at+9=0$ ⋯ ❶

▼t의 값의 범위를 알아야 한다.
$y=2^x$과 $y=-2^{-x}$의 그래프를 그려 보자.

$y=2^x$과 $y=-2^{-x}$의 그래프를
이용하여 $y=2^x-2^{-x}$의 그래프를
그리면 그림과 같으므로
t는 실수 전체의 값을 가진다.
따라서 ❶이 실근을 가지면
$$D=a^2-36\ge0$$
이므로 양수 a의 최솟값은 6이다.

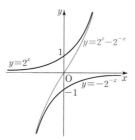

Think More

$y=2^x$과 $y=2^{-x}$의 그래프를 이용하여
$y=2^x+2^{-x}$의 그래프를 그리면 오른쪽과
같고,
$$2^x+2^{-x}\ge2$$
이다. 이 결과도 같이 기억하면 유용하다.

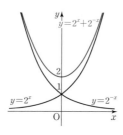

---

12 ·· 답 ③

$a>1$이므로 $a<b<a^2$에 밑이 a인 로그를 잡으면
$$1<\log_a b<2 \quad \cdots ❶$$

▼A, B의 대소를 비교할 때는 $A-B$의 부호를 조사한다.
$$A-B>0\Leftrightarrow A>B$$

$A=\log_a \sqrt{b}=\dfrac{1}{2}\log_a b$,

$B=\log_a \dfrac{b}{a}=\log_a b-\log_a a=\log_a b-1$이므로

$$A-B=\dfrac{1}{2}\log_a b-(\log_a b-1)$$
$$=-\dfrac{1}{2}\log_a b+1$$

❶에서 $-1<-\dfrac{1}{2}\log_a b<-\dfrac{1}{2}$이므로 $A-B>0$

$$\therefore A>B$$

$$A-C=\dfrac{1}{2}\log_a b-\dfrac{1}{2}(\log_a b)^2$$
$$=\dfrac{1}{2}(1-\log_a b)\log_a b$$

$-1<1-\log_a b<0$이므로 $A-C<0$

$$\therefore A<C$$

따라서 $B<A<C$이다.

다른 풀이

$$A-B=\log_a \sqrt{b}-\log_a \dfrac{b}{a}=\log_a \dfrac{\sqrt{b}}{\frac{b}{a}}=\log_a \dfrac{a}{\sqrt{b}}$$

$1<b<a^2$이므로 $\sqrt{b}<a$, $\dfrac{a}{\sqrt{b}}>1$

$\log_a \dfrac{a}{\sqrt{b}}>0$이므로 $A-B>0$, $A>B$

---

13 ··· 답 **63**

▼$2^x=t$라 할 때, 주어진 부등식은 이차부등식이므로
좌변이 인수분해 할 수 있는 꼴인지부터 확인한다.

$2^x=t$라 하면
$$2t^2-(2n+1)t+n\le0, (2t-1)(t-n)\le0$$
곧, $\dfrac{1}{2}\le t\le n$이므로 $2^{-1}\le2^x\le n$

이때 정수 x가 7개이므로 -1, 0, 1, $\cdots$, 5는 해이고
6은 해가 아니다.
따라서 $2^5\le n<2^6$이고 자연수 n의 최댓값은 63이다.

---

14 ·············· 답 (1) $0<x<\dfrac{1}{2}$ 또는 $x>8$ (2) $2<x\le5$

(1) ▼밑에 미지수가 있으므로 $0<(밑)<1$, $(밑)>1$, $(밑)=1$일 때로
나누어 푼다.

(ⅰ) $0<x+\dfrac{1}{2}<1$, 곧 $0<x<\dfrac{1}{2}$일 때 $\cdots$ ❶
$$x^2+2x<8(x+2), x^2-6x-16<0$$
$$\therefore -2<x<8 \quad \cdots ❷$$

❶, ❷의 공통부분은 $0<x<\dfrac{1}{2}$

(ⅱ) $x+\dfrac{1}{2}>1$, 곧 $x>\dfrac{1}{2}$일 때 $\cdots$ ❸
$$x^2+2x>8(x+2), x^2-6x-16>0$$
$$\therefore x<-2 \text{ 또는 } x>8 \quad \cdots ❹$$

❸, ❹의 공통부분은 $x>8$

(ⅲ) $x+\dfrac{1}{2}=1$일 때
(좌변)$=1$, (우변)$=1$이므로 성립하지 않는다.

(ⅰ), (ⅱ), (ⅲ)에서 $0<x<\dfrac{1}{2}$ 또는 $x>8$

(2) ▼진수와 밑 조건부터 확인한 후 $0<(밑)<1$, $(밑)>1$일 때로
나누어 푼다.

진수 조건에서 $2x^2-5x+2>0$, $5x+2>0$
밑 조건에서 $x>0$, $x\ne1$
$$\therefore 0<x<\dfrac{1}{2} \text{ 또는 } x>2$$

(ⅰ) $0<x<\dfrac{1}{2}$일 때 $\cdots$ ❶
$$2x^2-5x+2\ge5x+2, 2x^2-10x\ge0$$
$$\therefore x\le0 \text{ 또는 } x\ge5 \quad \cdots ❷$$

❶, ❷의 공통부분은 없다.

(ⅱ) $x>2$일 때 $\cdots$ ❸
$$2x^2-5x+2\le5x+2, 2x^2-10x\le0$$
$$\therefore 0\le x\le5 \quad \cdots ❹$$

❸, ❹의 공통부분은 $2<x\le5$

(ⅰ), (ⅱ)에서 $2<x\le5$

15 ··· 답 ④

$$\left(\frac{1}{2}\right)^{f(x)g(x)} \geq \left(\frac{1}{8}\right)^{g(x)}$$ 에서

$$\left(\frac{1}{2}\right)^{f(x)g(x)} \geq \left(\frac{1}{2}\right)^{3g(x)}$$

$$f(x)g(x) \leq 3g(x), \ g(x)\{f(x)-3\} \leq 0$$

▶ 그래프를 해석하여 부등식의 해를 구한다.
$f(x)$와 $g(x)$를 직접 구하지 않아도 된다.

(i) $g(x) \leq 0$, $f(x)-3 \geq 0$일 때
$\quad g(x) \leq 0$에서 $x \leq 3$
$\quad f(x) \geq 3$에서 $x \leq 1$ 또는 $x \geq 5$
$\qquad \therefore x \leq 1$

(ii) $g(x) \geq 0$, $f(x)-3 \leq 0$일 때
$\quad g(x) \geq 0$에서 $x \geq 3$
$\quad f(x) \leq 3$에서 $1 \leq x \leq 5$
$\qquad \therefore 3 \leq x \leq 5$

(i), (ii)에서 모든 자연수 x의 값의 합은
$\quad 1+3+4+5=13$

16 ··· 답 91

▶ $A_k(k, \log_9 k)$의 x좌표, y좌표가 모두 정수이므로 $\log_9 k=p$로 놓고, 두 점 B_k, C_k의 좌표를 p로 나타낸다.

$A_k(k, \log_9 k)$의 y좌표 $\log_9 k$가 정수이므로
$k=9^p$ (p는 0 또는 자연수) 꼴이다.

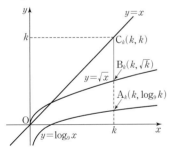

이때 $B_k(9^p, 3^p)$, $C_k(9^p, 9^p)$이므로 $\overline{B_k C_k} \leq 420$이면
$\quad 9^p - 3^p \leq 420$
$3^p=t$라 하면 $t^2-t \leq 420$
$\quad t^2-t-420 \leq 0, \ (t+20)(t-21) \leq 0$
$t>0$이므로 $0<t \leq 21$
곧, $0<3^p \leq 21$에서 $p=0, 1, 2$
따라서 모든 자연수 k의 값의 합은
$\quad 9^0+9^1+9^2=91$

17 ··· 답 $a=5, b=4$

$2^{2x}-2^{x+1}-8<0$에서 $(2^x)^2-2\times 2^x-8<0$
$\quad (2^x-4)(2^x+2)<0$
$2^x+2>0$이므로 $2^x-4<0, \ x<2$
$\qquad \therefore A=\{x \mid x<2\}$
$A \cap B=\varnothing$, $A \cup B=\{x \mid x \leq 16\}$이므로
$\quad B=\{x \mid 2 \leq x \leq 16\}$

▶ $(\log_2 x)^2-a\log_2 x+b \leq 0$의 해가 $\alpha \leq x \leq \beta$일 때
$\log_2 x=t$로 치환하면 해는 $\log_2 \alpha \leq t \leq \log_2 \beta$이다.

$$(\log_2 x)^2-a\log_2 x+b \leq 0 \qquad \cdots \text{❶}$$
에서 $\log_2 x=t$라 하면
$$t^2-at+b \leq 0 \qquad \cdots \text{❷}$$
❶의 해가 $2 \leq x \leq 16$이므로 ❷의 해는
$\log_2 2 \leq t \leq \log_2 16$, 곧 $1 \leq t \leq 4$이다.
따라서 $(t-1)(t-4) \leq 0$이 $t^2-at+b \leq 0$과 같으므로
$\quad a=5, \ b=4$

18 ··· 답 ②

▶ 양변이 단항식이고 지수에 $\log_2 x$가 있으므로
양변에 밑이 2인 로그를 잡는다.

(i) $a=0$일 때 $x^{\log_2 x} \geq 0$은 항상 성립한다.

(ii) $a \neq 0$일 때
$\quad x^{\log_2 x} \geq a^2 x^2$의 양변에 밑이 2인 로그를 잡으면
$\qquad (\log_2 x)^2 \geq 2\log_2 x+\log_2 a^2$
$\quad \log_2 x=t$라 하면 $t^2-2t-\log_2 a^2 \geq 0$
$\quad x$가 양수이면 t는 실수이므로 이 부등식은 모든 실수 t에 대하여 성립한다.
$\quad \dfrac{D}{4}=1+\log_2 a^2 \leq 0$이므로

$\qquad \log_2 a^2 \leq -1, \ a^2 \leq \dfrac{1}{2}$

$\qquad \therefore -\dfrac{\sqrt{2}}{2} \leq a \leq \dfrac{\sqrt{2}}{2}$ (단, $a \neq 0$)

(i), (ii)에서 a의 최댓값은 $\dfrac{\sqrt{2}}{2}$이다.

19 ··· 답 16

$$\left(\log_2 \frac{x}{a}\right)\left(\log_2 \frac{b}{x}\right)=1$$ 에서
$$(\log_2 x-\log_2 a)(\log_2 b-\log_2 x)=1$$
$\log_2 x=t$라 하면
$\quad (t-\log_2 a)(\log_2 b-t)=1$
$\quad t^2-(\log_2 a+\log_2 b)t+\log_2 a \times \log_2 b+1=0$

이때 주어진 등식을 만족시키는 양수 x가 있으면 이 방정식의 해가 있으므로

$$D=(\log_2 a+\log_2 b)^2-4(\log_2 a \times \log_2 b+1)\geq 0$$

$$(\log_2 a-\log_2 b)^2-2^2\geq 0$$

$$\left(\log_2 \frac{a}{b}-2\right)\left(\log_2 \frac{a}{b}+2\right)\geq 0$$

$$\log_2 \frac{a}{b}\geq 2 \text{ 또는 } \log_2 \frac{a}{b}\leq -2$$

$$\therefore \frac{a}{b}\geq 4 \text{ 또는 } \frac{a}{b}\leq \frac{1}{4}$$

(i) $\frac{a}{b}\geq 4$일 때

  $b=1$이면 $a=4, 5, \cdots, 9$

  $b=2$이면 $a=8, 9$

  $b\geq 3$이면 가능한 a는 없다.

(ii) $\frac{a}{b}\leq \frac{1}{4}$일 때

  $a=1$이면 $b=4, 5, \cdots, 9$

  $a=2$이면 $b=8, 9$

  $a\geq 3$이면 가능한 b는 없다.

(i), (ii)에서 순서쌍 (a, b)의 개수는 16이다.

20 ◆ 답 ④

▶ 부등식 $\left|\log_3 \frac{m}{15}\right|\leq -\log_3 \frac{n}{3}$을 푼다.

이때 $\log_3 \frac{n}{3}\leq 0$이어야 함에 주의한다.

$\left|\log_3 \frac{m}{15}\right|\leq -\log_3 \frac{n}{3}$에서

$\log_3 \frac{n}{3}\leq 0$이고, $\log_3 \frac{n}{3}\leq \log_3 \frac{m}{15}\leq -\log_3 \frac{n}{3}$

(i) $\log_3 \frac{n}{3}\leq 0$에서 $0<\frac{n}{3}\leq 1$이므로

  자연수 n은 1, 2, 3이다.

(ii) $\log_3 \frac{n}{3}\leq \log_3 \frac{m}{15}\leq -\log_3 \frac{n}{3}$에서

  $\frac{n}{3}\leq \frac{m}{15}\leq \frac{3}{n}$, $5n\leq m\leq \frac{45}{n}$

  $n=1$일 때 $5\leq m\leq 45$이므로 자연수 m은 41개

  $n=2$일 때 $10\leq m\leq \frac{45}{2}$이므로 자연수 m은 13개

  $n=3$일 때 $15\leq m\leq 15$이므로 자연수 m은 1개

따라서 순서쌍 (m, n)의 개수는 55이다.

21 ◆ 답 ④

▶ $y=2^x$과 $y=\log_2 x$의 그래프는 직선 $y=x$에 대칭이다.
따라서 평행이동한 그래프도 적당히 대칭을 이용할 수 있다.

$y=2^x$과 $y=\log_2 x$의 그래프를
각각 평행이동한 그래프의 식은
$y=2^{x-k}$, $y=\log_2 x+k$이다.
이때 두 함수는 역함수 관계이므로
그래프는 직선 $y=x$에 대칭이다.

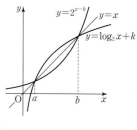

교점을 (a, a), (b, b) $(a<b)$라
하면 두 점 사이의 거리가 $2\sqrt{2}$이므로

$$\sqrt{(b-a)^2+(b-a)^2}=2\sqrt{2}, \sqrt{2}(b-a)=2\sqrt{2}$$

$$\therefore b=a+2$$

따라서 교점은 (a, a), $(a+2, a+2)$이다.
두 점이 곡선 $y=2^{x-k}$ 위에 있으므로

$$a=2^{a-k} \qquad \cdots ❶$$

$$a+2=2^{a+2-k} \qquad \cdots ❷$$

❷에서 $a+2=2^2 \times 2^{a-k}$이므로 ❶을 대입하면

$$a+2=4\times a \qquad \therefore a=\frac{2}{3}$$

❶에 대입하면 $\frac{2}{3}=2^{\frac{2}{3}-k}$, $\log_2 \frac{2}{3}=\frac{2}{3}-k$

$$\therefore k=\frac{2}{3}-\log_2 \frac{2}{3}=\frac{2}{3}-(1-\log_2 3)$$

$$=-\frac{1}{3}+\log_2 3$$

Think More

점 (a, a), $(a+2, a+2)$가 곡선 $y=\log_2 x+k$ 위에 있으므로
  $a=\log_2 a+k$, $a+2=\log_2 (a+2)+k$
이 식을 연립하여 풀어도 된다.

22 ◆ 답 ⑤

$y=2^x$, $y=-\left(\frac{1}{2}\right)^x+k$에서

$$2^x=-\left(\frac{1}{2}\right)^x+k$$

$$2^{2x}-k\times 2^x+1=0$$

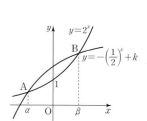

▶ 해를 바로 구할 수 없으므로 해를 α, β
라 하고, 점 A, B를 α, β로 나타낸다.

이 방정식의 두 근을 α, β $(\alpha<\beta)$라 하면 교점은
$A(\alpha, 2^\alpha)$, $B(\beta, 2^\beta)$이라 할 수 있다.
선분 AB의 중점이 $\left(0, \frac{5}{4}\right)$이므로

$$\frac{\alpha+\beta}{2}=0 \qquad \cdots ❶$$

$$\frac{2^\alpha+2^\beta}{2}=\frac{5}{4} \qquad \cdots ❷$$

❶에서 $\beta = -\alpha$

❷에 대입하면 $2^\alpha + 2^{-\alpha} = \dfrac{5}{2}$

$2^\alpha = t$라 하면 $t + \dfrac{1}{t} = \dfrac{5}{2}$

$\qquad 2t^2 - 5t + 2 = 0$, $(2t-1)(t-2) = 0$

$\alpha < 0$이므로 $t < 1$ $\qquad \therefore t = \dfrac{1}{2}$

$2^\alpha = \dfrac{1}{2}$에서 $\alpha = -1$이므로 교점은 $\left(-1, \dfrac{1}{2}\right)$, $(1, 2)$이다.

$(1, 2)$가 곡선 $y = -\left(\dfrac{1}{2}\right)^x + k$ 위의 점이므로

$\qquad 2 = -\dfrac{1}{2} + k \qquad \therefore k = \dfrac{5}{2}$

23 ⎯⎯⎯⎯⎯⎯⎯⎯⎯⎯⎯⎯ 답 5

B, C가 제1사분면 위의 점이다.
$\overline{AB} : \overline{BC} : \overline{CD} = 1 : 2 : 2$이므로
B, C, D의 x좌표를 각각 k, $3k$, $5k$로
놓을 수 있다.

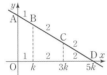

$\overline{AB} : \overline{BC} : \overline{CD} = 1 : 2 : 2$이므로 B, C, D의 x좌표를 각각
k, $3k$, $5k$라 할 수 있다.

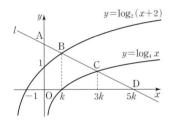

B와 C의 y좌표의 비가 $2 : 1$이므로

$\qquad \dfrac{1}{2}\log_2 (k+2) = \log_4 3k$

$\qquad \dfrac{1}{2}\log_2 (k+2) = \dfrac{1}{2}\log_2 3k$

$\qquad k+2 = 3k \qquad \therefore k = 1$

따라서 D의 x좌표는 $5k = 5$

다른 풀이

$D(a, 0)$, $A(0, b)$로 놓고 B, C의 좌표를 구한 다음
B, C가 각 곡선 위에 있음을 이용해도 된다.

$D(a, 0)$, $A(0, b)$라 하면

$\overline{AB} : \overline{BD} = 1 : 4$이므로 $B\left(\dfrac{a}{5}, \dfrac{4b}{5}\right)$

$\overline{AC} : \overline{CD} = 3 : 2$이므로 $C\left(\dfrac{3a}{5}, \dfrac{2b}{5}\right)$

B는 곡선 $y = \log_2 (x+2)$ 위의 점이므로

$\qquad \dfrac{4b}{5} = \log_2 \left(\dfrac{a}{5} + 2\right)$, $\dfrac{4b}{5} = \log_2 \dfrac{a+10}{5}$ $\quad \cdots$ ❶

C는 곡선 $y = \log_4 x$ 위의 점이므로

$\qquad \dfrac{2b}{5} = \log_4 \dfrac{3a}{5}$, $\dfrac{4b}{5} = \log_2 \dfrac{3a}{5}$ $\quad \cdots$ ❷

❶, ❷를 연립하여 풀면 $a = 5$
따라서 D의 x좌표는 5이다.

24 ⎯⎯⎯⎯⎯⎯⎯⎯⎯⎯⎯⎯ 답 ②

$f(x) = \log x$, $g(x) = ax + b$라 하면
$y = |f(x)|$와 $y = g(x)$의 그래프가 세 점에서 만나므로 그림과
같다.

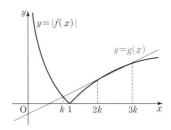

한 점은 $y = -f(x)$와 $y = g(x)$ 그래프의 교점이고,
나머지 두 점은 $y = f(x)$와 $y = g(x)$ 그래프의 교점이다.

세 실근의 비가 $1 : 2 : 3$이므로
교점의 x좌표를 각각 k, $2k$, $3k$ $(k > 0)$라 하면

$\qquad -\log k = ak + b$ $\qquad \cdots$ ❶
$\qquad \log 2k = 2ak + b$ $\qquad \cdots$ ❷
$\qquad \log 3k = 3ak + b$ $\qquad \cdots$ ❸

a, b, k에 대한 연립방정식이라 생각할 수 있다.
적당히 한 문자씩 소거하면 방정식을 풀 수 있다.

❷－❶을 하면 $\log 2k^2 = ak$

❸－❷를 하면 $\log \dfrac{3}{2} = ak$

두 식을 연립하면 $\log 2k^2 = \log \dfrac{3}{2}$, $k^2 = \dfrac{3}{4}$

$k > 0$이므로 $k = \dfrac{\sqrt{3}}{2}$이고 세 실근의 합은 $6k = 3\sqrt{3}$

25 ⎯⎯⎯⎯⎯⎯⎯⎯⎯⎯⎯⎯ 답 ⑤

부등식을 바로 풀기 어려우므로 $y = a^{x-m}$과 $y = \log_a x + m$의 그래프를
이용한다.
이때 두 함수는 밑이 a인 지수함수와 로그함수이므로
역함수 관계를 이용할 수 있는지 확인한다.

$f(x) = a^{x-m}$, $g(x) = \log_a x + m$이라 하면
$g(x)$는 $f(x)$의 역함수이다.
곧, $y = f(x)$와 $y = g(x)$의
그래프의 교점은 직선 $y = x$ 위에
있다.
$f(x) < g(x)$의 해가 $1 < x < 3$이
므로 교점의 x좌표는 1, 3이고
교점은 $(1, 1)$, $(3, 3)$이다.
$y = f(x)$에 대입하면

$\qquad 1 = a^{1-m}$, $3 = a^{3-m}$

첫 번째 식에서 $m = 1$
두 번째 식에서 $a^2 = 3$
$a > 1$이므로 $a = \sqrt{3}$

$\qquad \therefore a + m = \sqrt{3} + 1$

26

$2^x-1=0$에서 $x=0$이므로 $y=|2^x-1|$의 그래프는 그림과 같다.

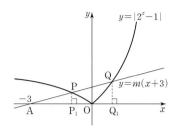

❛ P, Q의 x좌표는 다음을 이용하여 나타낼 수 있다.
　① 곡선 $y=-2^x+1$, $y=2^x-1$ 위의 점임을 이용
　② 직선 $y=m(x+3)$ 위의 점임을 이용
보통은 직선 위의 점임을 이용하지만, 이 문제에서는 미지수가 없는 ①을 이용한다.

$P(a, 1-2^a)$, $Q(b, 2^b-1)$ $(a<0, b>0)$이라 하자.
$\triangle AP_1P$와 $\triangle AQ_1Q$는 닮음이고 넓이의 비가 $1:4$이므로 닮음비는 $1:2$이다.
$\overline{AQ_1}=2\,\overline{AP_1}$이므로
　$b+3=2(a+3)$ 　 … ❶
$\overline{QQ_1}=2\,\overline{PP_1}$이므로
　$2^b-1=2(1-2^a)$ 　 … ❷
❶에서 $b=2a+3$을 ❷에 대입하면
　$2^{2a+3}-1=2(1-2^a)$
$2^a=t$라 하면
　$8t^2-1=2(1-t)$, $(2t-1)(4t+3)=0$
$t>0$이므로 $t=\dfrac{1}{2}$

곧, $2^a=\dfrac{1}{2}$에서 $a=-1$이므로
　$P\left(-1, \dfrac{1}{2}\right)$
P가 직선 $y=m(x+3)$ 위의 점이므로
　$\dfrac{1}{2}=2m$ 　　∴ $m=\dfrac{1}{4}$

27

❛ 그래프 위의 점 $P(a, \log_2 a)$, $Q(b, \log_2 b)$를 이용하는 문제이다.
$\log_2 A$, $\log_2 B$, $\log_2 C$의 값부터 비교해 보자.

$$\log_2 A=\log_2 a^{\frac{1}{a-1}}=\frac{\log_2 a}{a-1}$$

$$\log_2 B=\log_2 b^{\frac{1}{b-1}}=\frac{\log_2 b}{b-1}$$

$$\log_2 C=\log_2 \left(\frac{b}{a}\right)^{\frac{1}{b-a}}=\frac{\log_2 b-\log_2 a}{b-a}$$

$P(a, \log_2 a)$, $Q(b, \log_2 b)$, $R(1, 0)$이라 하면

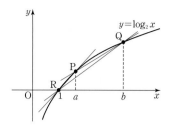

　$\log_2 A$는 직선 RP의 기울기
　$\log_2 B$는 직선 RQ의 기울기
　$\log_2 C$는 직선 PQ의 기울기
이므로
　$\log_2 C<\log_2 B<\log_2 A$
　∴ $C<B<A$

28

ㄱ. ❛ $\dfrac{f(a)}{f(b)}<\dfrac{b}{a}$에서 $af(a)<bf(b)$이므로
　$af(a)$와 $bf(b)$가 그래프에서 의미하는 바를 찾는다.

그림에서 사각형의 넓이를 생각하면
　$af(a)<bf(b)$
　∴ $\dfrac{f(a)}{f(b)}<\dfrac{b}{a}$ (참)

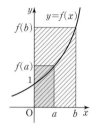

ㄴ. ❛ $\dfrac{a+b}{2}$는 a와 b의 평균, $\dfrac{f(a)+f(b)}{2}$는 $f(a)$와 $f(b)$의 평균이다.

$\dfrac{a+b}{2}$는 a와 b의 평균이고
$\dfrac{f(a)+f(b)}{2}$는 $f(a)$와
$f(b)$의 평균이므로 그림에서
　$f\left(\dfrac{a+b}{2}\right)<\dfrac{f(a)+f(b)}{2}$
　　　　　　　　　　(거짓)

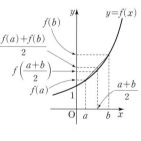

ㄷ. ❛ $f(0)=1$이므로 $\dfrac{f(a)-1}{a}$은 두 점 $(0, 1)$, $(a, f(a))$를 지나는 직선의 기울기이다.

두 점 $(0, 1)$, $(a, f(a))$를 지나는
직선의 기울기는
　$\dfrac{f(a)-1}{a}$
두 점 $(0, 1)$, $(b, f(b))$를 지나는
직선의 기울기는
　$\dfrac{f(b)-1}{b}$
이므로 그림에서
　$\dfrac{f(a)-1}{a}<\dfrac{f(b)-1}{b}$ (참)

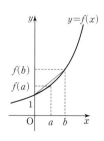

따라서 옳은 것은 ㄱ, ㄷ이다.

29 ······· 답 ④

▼ $y=f(x)$의 그래프와 직선 $y=x$를 이용하여 두 점을 잡고, 직선의 기울기를 이용한다.

ㄱ. 그림에서 $0<a<1$이면
$$f(a)<a \ (참)$$

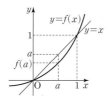

ㄴ. $A(a, f(a))$, $B(b, f(b))$라 하면
직선 AB의 기울기는
$$\frac{f(b)-f(a)}{b-a}=\frac{2^b-1-(2^a-1)}{b-a}$$
$$=\frac{2^b-2^a}{b-a}$$

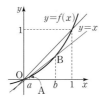

그림과 같이 $0<a<b<1$이면
직선 AB의 기울기가 1보다 작으므로
$$\frac{2^b-2^a}{b-a}<1 \quad \therefore 2^b-2^a<b-a \ (거짓)$$

ㄷ. 그림에서
$\dfrac{2^a-1}{a}$은 직선 OA의 기울기이고,

$\dfrac{2^b-1}{b}$은 직선 OB의 기울기이므로
$$\frac{2^a-1}{a}<\frac{2^b-1}{b}$$
$$\therefore b(2^a-1)<a(2^b-1) \ (참)$$

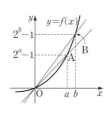

따라서 옳은 것은 ㄱ, ㄷ이다.

ㄱ에서 $a>1$이면 $f(a)>a$이다.

A를 직선 $y=x$에 대칭이동한 점 (b, a)는 곡선 $y=3^{x+k}-1$ 위의 점이므로
$$a=3^{b+k}-1 \qquad \cdots ②$$

▼ ❶, ❷를 a, b에 대한 연립방정식이라 생각할 때, 해가 한 쌍일 조건을 찾는다.

❶, ❷를 연립하면
$$9^{b+1}=3^{b+k}-1, \ 9^{b+1}-3^{b+k}+1=0$$
$3^b=t$라 하면
$$9t^2-3^k t+1=0 \qquad \cdots ③$$
$t>0$이므로 A가 하나뿐이려면 ❸의 양수인 근이 한 개여야 한다.
그런데 ❸의 두 근의 합과 곱은 모두 양수이므로 양수인 근이 한 개이려면 중근을 가져야 한다.
$$D=3^{2k}-4\times9=0, \ 3^{2k}=36$$
$$2k=\log_3 36 \quad \therefore k=\log_3 6$$
❸은 $(3t-1)^2=0$이므로 $t=\dfrac{1}{3}$

$3^b=\dfrac{1}{3}$에서 $b=-1$

❶에 대입하면 $a=1$
따라서 $A(1, -1)$이다.

다른 풀이

▼ 점 A가 곡선 $y=g(x)$ 위에 있을 때 A를 직선 $y=x$에 대칭이동한 점은 곡선 $y=g^{-1}(x)$ 위에 있다.
따라서 두 곡선 $y=f(x)$, $y=g^{-1}(x)$가 한 점에서 만날 조건을 구하는 것과 같다.

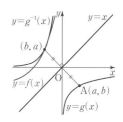

$g(x)=\log_9 x-1$의 역함수는
$$x=\log_9 y-1, \ \log_9 y=x+1, \ y=9^{x+1}$$
$$\therefore g^{-1}(x)=9^{x+1}$$
두 곡선 $y=f(x)$, $y=g^{-1}(x)$가 한 점에서 만나려면
방정식 $f(x)=g^{-1}(x)$의 해가 한 개이므로
$3^{x+k}-1=9^{x+1}$의 해가 한 개여야 한다.

▼ 나머지 풀이는 위의 풀이와 같다.

$$\therefore k=\log_3 6, \ A(1, -1)$$

STEP 절대등급 완성 문제   45~46쪽

01 $k=\log_3 6$, $A(1, -1)$	**02** ②	**03** ③	**04** ④
05 ③	**06** ⑤	**07** 7	**08** 3, 4, 9, 10

---

01 ······· 답 $k=\log_3 6$, $A(1, -1)$

▼ 점 $A(a, b)$를 직선 $y=x$에 대칭이동한 점의 좌표는 (b, a)이다.
점이 직선 위에 있을 조건을 이용하여 a, b의 관계를 구한다.

$A(a, b)$라 하면 곡선 $y=\log_9 x-1$ 위의 점이므로
$$b=\log_9 a-1, \ a=9^{b+1} \qquad \cdots ❶$$

---

02 ······· 답 ②

▼ $k>0$이면 Q가 P의 위쪽에 있고, $k<0$이면 P가 Q의 위쪽에 있다.

그림에서 $P(k, a^k)$, $Q(k, a^{2k})$, $R(k, k)$이다.
$k=2$이면 $R(2, 2)$이고, Q와 R이 일치하므로
$$2=a^4$$
$a>1$이므로 $a=\sqrt[4]{2}$

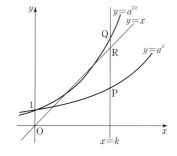

따라서 두 곡선은 $y=2^{\frac{x}{4}}$, $y=2^{\frac{x}{2}}$이고

$P\left(k, 2^{\frac{k}{4}}\right)$, $Q\left(k, 2^{\frac{k}{2}}\right)$, $R(k, k)$이다.

ㄱ. $k=4$이면 $2^{\frac{4}{2}}=4$이므로 $Q(4, 4)$이다.

또 $R(4, 4)$이므로 Q와 R은 일치한다. (참)

ㄴ. $k<0$이면 $\overline{PQ}<1$이므로 $\overline{PQ}=12$이면 $k>0$이고

$$\overline{PQ}=2^{\frac{k}{2}}-2^{\frac{k}{4}}=12$$

$2^{\frac{k}{4}}=t$라 하면

$$t^2-t-12=0$$

$t>0$이므로

$$t=4, \; 2^{\frac{k}{4}}=4$$

$$\therefore k=8$$

곧, $Q(8, 16)$, $R(8, 8)$이므로 $\overline{QR}=8$ (참)

ㄷ. ▰방정식 $\left|2^{\frac{k}{2}}-2^{\frac{k}{4}}\right|=\dfrac{1}{8}$의 해의 개수에 대한 문제이므로 그래프를
이용한다. $2^{\frac{k}{4}}=t$로 치환하여 그래프를 그려 보자.

$\overline{PQ}=\left|2^{\frac{k}{2}}-2^{\frac{k}{4}}\right|$에서 $2^{\frac{k}{4}}=t$라 하면

$t>0$이고 $\overline{PQ}=|t^2-t|$

$$f(t)=|t^2-t|$$

$$=\left|\left(t-\frac{1}{2}\right)^2-\frac{1}{4}\right|$$

이라 하면 $y=f(t)$의 그래프는 그림과 같이 직선 $y=\dfrac{1}{8}$과
$t>0$에서 서로 다른 세 점에서 만난다.

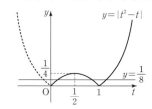

곧, $\overline{PQ}=\dfrac{1}{8}$을 만족시키는 양의 실수 t는 3개이므로

실수 k의 값도 3개이다. (거짓)

따라서 옳은 것은 ㄱ, ㄴ이다.

03
답 ③

ㄱ. 점 $\left(\dfrac{1}{2}, \dfrac{1}{2}\right)$이 곡선 $y=\log_a x$ 위의 점이므로

$$\frac{1}{2}=\log_a \frac{1}{2}, \; a^{\frac{1}{2}}=\frac{1}{2}$$

$$\therefore a=\left(\frac{1}{2}\right)^2=\frac{1}{4} \; (참)$$

ㄴ. 점 (b, d), (c, b)가 곡선 $y=\log_a x$ 위의 점이므로

$$\log_a b=d, \; \log_a c=b$$

곧, $a^d=b$, $a^b=c$

두 식을 곱하면 $a^{b+d}=bc$ (참)

ㄷ. ▰이런 형태의 부등식은 직선의 기울기를 비교하는 경우가 많다.
우선 a^c을 포함하는 좌표를 좌표평면에 나타내고,
기울기를 비교할 수 있는 좌표를 찾는다.

$c=\log_a a^c$이므로 (a^c, c)는
곡선 $y=\log_a x$ 위의 점이다.
c를 y축에 나타내고, a^c을 x축
에 나타내면 그림과 같다.

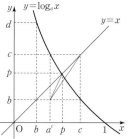

$\dfrac{p-b}{p-a^c}$는 점 (a^c, b), (p, p)를
지나는 직선의 기울기이고

$\dfrac{c-b}{c-a^c}$는 점 (a^c, b), (c, c)를 지나는 직선의 기울기이다.

$$\therefore \frac{p-b}{p-a^c} > \frac{c-b}{c-a^c} \; (거짓)$$

따라서 옳은 것은 ㄱ, ㄴ이다.

04
답 ④

ㄱ. ▰a_2이므로 직선 $y=-x+2$와 곡선 $y=|\log_2 x|$를 그리고
교점을 좌표평면에 나타낸다.

직선 $y=-x+2$와
곡선 $y=|\log_2 x|$에서

$\left|\log_2 \dfrac{1}{4}\right|=2$이므로

$$a_2 > \frac{1}{4} \; (거짓)$$

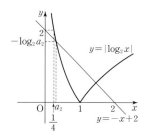

ㄴ. ▰두 직선 $y=-x+n$, $y=-x+n+1$과 곡선 $y=|\log_2 x|$를 그리고
교점의 x좌표를 비교한다.

오른쪽 그림에서

$a_n > a_{n+1} > 0$이고 $a_n>0$이므로

$$0 < \frac{a_{n+1}}{a_n} < 1 \; (참)$$

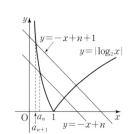

ㄷ. ▰직선 $y=-x+n$과 곡선 $y=|\log_2 x|$를 그려 $1, n, \log_2 n$을
좌표평면에 나타내고, 비교 가능한 꼴을 만든다.

$1<b_n<n$이므로 $\dfrac{b_n}{n}<1$

$y=-x+n$에서 $y=\log_2 n$이면

$\quad x=n-\log_2 n$

오른쪽 그림에서

$$n-\log_2 n < b_n$$

$$1-\frac{\log_2 n}{n} < \frac{b_n}{n}$$

$$\therefore 1-\frac{\log_2 n}{n} < \frac{b_n}{n} < 1 \; (참)$$

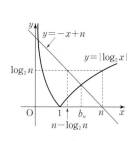

따라서 옳은 것은 ㄴ, ㄷ이다.

05

$f_1(x)=\log_2 x$, $f_2(x)=-\log_2 x$, $g(x)=\left(\dfrac{1}{2}\right)^x=2^{-x}$,

$h(x)=2^x$이라 하자.

ㄱ. 그림에서 x좌표가 $\dfrac{1}{2}$인 점, y좌표가 $\dfrac{1}{2}$인 점을 표시한다.

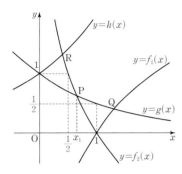

$f_2\left(\dfrac{1}{2}\right)=1$, $g(1)=\dfrac{1}{2}$이므로 $\dfrac{1}{2}<x_1<1$ (참)

ㄴ. $Q(x_2, y_2)$는 두 곡선 $y=f_1(x)$, $y=g(x)$의 교점이고,
   $R(x_3, y_3)$은 두 곡선 $y=f_2(x)$, $y=h(x)$의 교점이다.

$h(x)$는 $f_1(x)$의 역함수이고, $g(x)$는 $f_2(x)$의 역함수이다.
따라서 두 곡선 $y=f_1(x)$, $y=g(x)$의 교점과
두 곡선 $y=h(x)$, $y=f_2(x)$의 교점은 직선 $y=x$에 대칭이다.
곧, $Q(x_2, y_2)$, $R(x_3, y_3)$이 직선 $y=x$에 대칭이므로
$$x_3=y_2 , \quad y_3=x_2$$
$$\therefore x_2 y_2 - x_3 y_3 = 0 \text{ (참)}$$

ㄷ. 점에 대한 식으로 생각하기 위해 x_1과 y_1, x_2와 y_2로 묶어 정리하면
$$\frac{x_1-1}{y_1}>\frac{y_2-1}{x_2}$$
좌변과 우변은 각각 두 점을 지나는 직선의 기울기로 생각할 수 있다.

$x_2(x_1-1)>y_1(y_2-1)$의 양변을 $y_1 x_2$로 나누면
$$\frac{x_1-1}{y_1}>\frac{y_2-1}{x_2}$$
$A(1, 0)$, $B(0, 1)$이라 하고, 직선 AP의 기울기를 m_1,
직선 BQ의 기울기를 m_2라 하면
$$\frac{x_1-1}{y_1-0}=\frac{1}{m_1}, \quad \frac{y_2-1}{x_2-0}=m_2$$

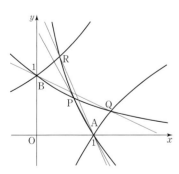

R과 Q, A와 B가 각각 직선 $y=x$에 대칭이므로

직선 AR의 기울기는 $\dfrac{1}{m_2}$

그림에서 직선 AR과 직선 AP의 기울기를 비교하면
$$m_1>\frac{1}{m_2}$$

이때 $m_1<0$, $m_2<0$이므로 $\dfrac{1}{m_1}<m_2$

곧, $\dfrac{x_1-1}{y_1}<\dfrac{y_2-1}{x_2}$ 이므로 $x_2(x_1-1)<y_1(y_2-1)$ (거짓)

따라서 옳은 것은 ㄱ, ㄴ이다.

Think More

ㄴ에서 $x_3=y_2$, $y_3=x_2$이므로
ㄷ의 $x_2(x_1-1)>y_1(y_2-1)$에 대입하면
$$y_3(x_1-1)>y_1(x_3-1)$$
$0<x_1<1$, $0<x_3<1$이므로 $\dfrac{y_3}{x_3-1}>\dfrac{y_1}{x_1-1}$

이 식이 성립하는지 확인해도 된다.

06

곡선 $y=\log_{\frac{1}{2}} x$와 직선 $y=x-2$의 교점은 제4사분면에 있고,
곡선 $y=\log_3(-x)$와 직선 $y=x+2$의 교점은 제2사분면에 있다.
따라서 대칭을 이용하여 제2사분면이나 제4사분면에서 생각해 보자.

곡선 $y=\log_{\frac{1}{2}} x=-\log_2 x$와
$y=\log_2(-x)$는 원점에 대칭
이고,
직선 $y=x-2$와 $y=x+2$는
원점에 대칭이다.
따라서 $y=\log_2(-x)$의 그래프
와 직선 $y=x+2$의 교점은
$(-x_1, -y_1)$이다.

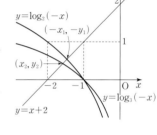

ㄱ. $x_1>1$, $y_2<1$이므로 $x_1>y_2$ (참)

ㄴ. 두 점 $(-x_1, -y_1)$, (x_2, y_2)를 지나는 직선의 기울기가
   1이므로
$$\frac{y_2+y_1}{x_2+x_1}=1 \qquad \therefore x_1+x_2=y_1+y_2 \text{ (참)}$$

ㄷ. $y_1=x_1-2$, $y_2=x_2+2$이므로
$$x_2 y_2 - x_1 y_1 = x_2(x_2+2)-x_1(x_1-2)$$
$$=(x_2-x_1+2)(x_2+x_1)$$
$-2<x_2<-x_1<-1$이므로
$$x_2-x_1+2<0, \quad x_2+x_1<0$$
$$\therefore x_2 y_2 - x_1 y_1 > 0, \quad x_2 y_2 > x_1 y_1 \text{ (참)}$$
따라서 옳은 것은 ㄱ, ㄴ, ㄷ이다.

다른 풀이

ㄷ. $x_1 y_1$, $x_2 y_2$가 나타내는 기하적인 성질을 찾는다.

그림에서 $-x_1 y_1$, $-x_2 y_2$는
두 직사각형의 넓이이고
$-2<x_2<-x_1<-1$이므로
$$-x_1 y_1 > -x_2 y_2$$
$$\therefore x_1 y_1 < x_2 y_2 \text{ (참)}$$

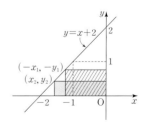

07

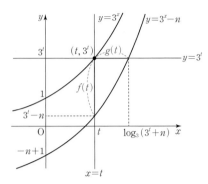

직선 $x=t$와 곡선 $y=3^x$, $y=3^x-n$이 만나는 점은
각각 $(t, 3^t)$, $(t, 3^t-n)$이므로
$$f(t)=3^t-(3^t-n)=n$$
직선 $y=3^t$과 곡선 $y=3^x$, $y=3^x-n$이 만나는 점은
각각 $(t, 3^t)$, $(\log_3 (3^t+n), 3^t)$이므로
$$g(t)=\log_3 (3^t+n)-t$$
$30\leq f(t)+g(t)\leq 40$이므로
$$30\leq n+\log_3 (3^t+n)-t\leq 40$$
$$3^{30+t-n}\leq 3^t+n\leq 3^{40+t-n}$$
(i) $3^{30+t-n}\leq 3^t+n$에서
$$3^t(3^{30-n}-1)\leq n$$

▸모든 양수 t에 대하여 성립하므로 3^t이 한없이 클 때도 성립하는
자연수 n이 있어야 한다.
$3^{30-n}-1\leq 0$이면 모든 t에 대하여 성립하고
$3^{30-n}-1>0$이면 모든 t에 대하여 성립하는 n은 없다.
따라서 $3^{30-n}\leq 1$에서 $3^{30-n}\leq 3^0$
$$\therefore n\geq 30$$
(ii) $3^t+n\leq 3^{40+t-n}$에서
$$n\leq 3^t(3^{40-n}-1)$$

▸모든 양수 t에 대하여 성립하므로 $3^t>1$일 때 성립하는 자연수 n이
있어야 한다.

$3^{40-n}-1\leq 0$이면 성립하지 않으므로 $n<40$

이때 $\dfrac{n}{3^{40-n}-1}\leq 3^t$에서 $\dfrac{n}{3^{40-n}-1}\leq 1$이어야 하므로
$n=30$부터 대입하면 $n=30, 31, \ldots, 36$일 때 성립한다.
따라서 자연수 n은 7개이다.

08

$g(x)=-(x+3)^2+n$ $(x\leq 0)$,
$h(x)=\log_2 (x+25)-n$ $(x>0)$이라 하면
직선 $y=t$가 곡선 $y=|g(x)|$, $y=|h(x)|$와 만나는 점의 개수
는 다음과 같다.

▸$g(0)=-9+n$이므로 곡선 $y=|g(x)|$는 $1\leq n\leq 8$일 때와 $n\geq 9$일 때의
모양이 다르다.

직선 $y=t$와 곡선 $y=|g(x)|$의 교점은
$1\leq n\leq 8$일 때 최대 4개이고
$n\geq 9$일 때 최대 3개이다.

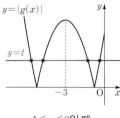 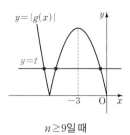

| $1\leq n\leq 8$일 때 | $n\geq 9$일 때 |

▸$h(x)=\log_2 (x+25)-n$에서 $4<\log_2 25<5$이므로
곡선 $y=|h(x)|$는 $1\leq n\leq 4$일 때와 $n\geq 5$일 때의 모양이 다르다.

직선 $y=t$와 곡선 $y=|h(x)|$의 교점은
$1\leq n\leq 4$일 때 최대 1개이고
$n\geq 5$일 때 최대 2개이다.

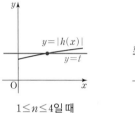 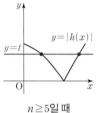

| $1\leq n\leq 4$일 때 | $n\geq 5$일 때 |

따라서 $k(t)$의 최댓값이 5일 때는 다음의 두 가지 경우이다.
(i) $1\leq n\leq 4$일 때
$|g(-3)|>|h(0)|$이고, $|g(0)|>|h(0)|$인 경우

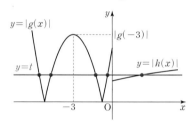

① $|g(0)|>|h(0)|$에서
$$9-n>\log_2 25-n, \quad 9>\log_2 25$$
이므로 $1\leq n\leq 4$이면 항상 성립한다.
② $|g(-3)|>|h(0)|$에서
$$n>\log_2 25-n \qquad \therefore n>\dfrac{\log_2 25}{2}=2.\times\times\times$$
①, ②에서 자연수 n은 3, 4이다.
(ii) $n\geq 9$일 때 $|g(0)|<|h(0)|$인 경우

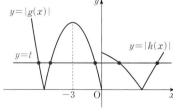

$|g(0)|<|h(0)|$에서
$$-9+n<-\log_2 25+n, \quad -9<-\log_2 25$$
이므로 $n\geq 9$이면 항상 성립한다.
(i), (ii)에서 10 이하의 자연수 n은 3, 4, 9, 10이다.

Ⅱ. 삼각함수

04 삼각함수의 정의

01 ②	**02** ①	**03** ④	**04** $\frac{8}{9}\pi$	**05** 96π	**06** ⑤
07 ②	**08** ⑤	**09** ④	**10** ①	**11** $\frac{5}{4}\pi$	**12** ⑤
13 ①	**14** ④	**15** $2-\sqrt{3}$	**16** ①	**17** 2	**18** ③
19 $\frac{8}{3}$	**20** ①	**21** ②	**22** ②	**23** 1	**24** ②
25 ④	**26** ③	**27** ④	**28** -1	**29** ⑤	**30** ③
31 ③	**32** $\frac{9}{2}$				

01
답 ②

반지름의 길이를 r이라 하자.

넓이가 $\frac{4}{3}\pi$이므로 $\frac{1}{2}r^2 \times \frac{3}{2}\pi = \frac{4}{3}\pi$

$$\therefore r = \frac{4}{3} \ (r > 0)$$

따라서 호의 길이는 $\frac{4}{3} \times \frac{3}{2}\pi = 2\pi$

02
답 ①

중심각의 크기를 θ라 하자.

부채꼴의 둘레의 길이는 $5\theta + 2 \times 5 = 5\theta + 10$이고,

원의 둘레의 길이는 $2\pi \times 5 = 10\pi$이므로

$$5\theta + 10 = 10\pi \qquad \therefore \theta = 2\pi - 2$$

03
답 ④

넓이가 20인 부채꼴의 반지름의 길이를 r, 호의 길이를 l이라 하자.

$\frac{1}{2}rl = 20$에서 $l = \frac{40}{r}$이므로 부채꼴의 둘레의 길이는

$$2r + l = 2r + \frac{40}{r}$$

$r > 0$이므로 산술평균과 기하평균의 관계에서

$$2r + \frac{40}{r} \geq 2\sqrt{2r \times \frac{40}{r}} = 8\sqrt{5}$$

$$(\text{단, 등호는 } r = 2\sqrt{5}\text{일 때 성립})$$

따라서 최솟값은 $8\sqrt{5}$이다.

04
답 $\frac{8}{9}\pi$

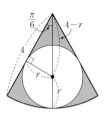

내접원의 반지름의 길이를 r이라 하자.

그림에서

$$\sin\frac{\pi}{6} = \frac{r}{4-r}$$

$\frac{\pi}{6} = \frac{\pi}{6} \times \frac{180°}{\pi} = 30°$이므로

$$\frac{1}{2} = \frac{r}{4-r} \qquad \therefore r = \frac{4}{3}$$

따라서 색칠한 부분의 넓이는

　(부채꼴의 넓이) $-$ (원의 넓이)

$$= \frac{1}{2} \times 4^2 \times \frac{\pi}{3} - \pi \times \left(\frac{4}{3}\right)^2 = \frac{8}{9}\pi$$

05
답 96π

그림에서 원뿔의 밑면의 반지름의 길이를 r이라 하자.

밑면의 둘레의 길이가 부채꼴의 호의 길이이므로

$$2\pi r = 10 \times \frac{6}{5}\pi, \ r = 6$$

$$\therefore \overline{\text{OH}} = \sqrt{10^2 - 6^2} = 8$$

따라서 원뿔의 부피는

$$\frac{1}{3} \times \pi \times 6^2 \times 8 = 96\pi$$

06
답 ⑤

바뀐 부채꼴의 넓이를 θ와 r로 나타내면 넓이를 비교할 수 있다.

부채꼴 OAB의 넓이 S는 $S = \frac{1}{2}r^2\theta$

θ는 40 % 늘고, r은 10 % 줄일 때 생기는 부채꼴의 넓이 S'은

$$S' = \frac{1}{2} \times \left(\frac{9}{10}r\right)^2 \times \frac{14}{10}\theta$$

$$= \frac{1134}{1000} \times \frac{1}{2}r^2\theta = 1.134S$$

따라서 넓이는 13.4 % 늘어난다.

07
답 ②

$1125° = 360° \times 3 + 45°$이므로 $45°$를 호도법으로 나타내면

$$45° = 45 \times \frac{\pi}{180} = \frac{\pi}{4}$$

08

답 ⑤

θ가 제4사분면의 각이라 해서

$$\frac{3}{2}\pi < \theta < 2\pi \text{ 또는 } 270° < \theta < 360°$$

로 생각하면 안 된다. θ를 일반각으로 나타내야 한다.

각 θ가 제4사분면의 각이므로

$$2n\pi + \frac{3}{2}\pi < \theta < 2n\pi + 2\pi \ (n\text{은 정수})$$

$$\therefore \frac{2n}{3}\pi + \frac{\pi}{2} < \frac{\theta}{3} < \frac{2n}{3}\pi + \frac{2}{3}\pi$$

(i) $n = 3k$ (k는 정수)일 때

$$2k\pi + \frac{\pi}{2} < \frac{\theta}{3} < 2k\pi + \frac{2}{3}\pi$$

$\frac{\theta}{3}$는 제2사분면의 각이다.

(ii) $n = 3k+1$ (k는 정수)일 때

$$2k\pi + \frac{7}{6}\pi < \frac{\theta}{3} < 2k\pi + \frac{4}{3}\pi$$

$\frac{\theta}{3}$는 제3사분면의 각이다.

(iii) $n = 3k+2$ (k는 정수)일 때

$$2k\pi + \frac{11}{6}\pi < \frac{\theta}{3} < 2k\pi + 2\pi$$

$\frac{\theta}{3}$는 제4사분면의 각이다.

(i), (ii), (iii)에서 $\frac{\theta}{3}$는 제2사분면 또는 제3사분면 또는 제4사분면의 각이다.

09

답 ④

$\frac{\sqrt{\sin\theta}}{\sqrt{\cos\theta}} = -\sqrt{\frac{\sin\theta}{\cos\theta}}$ 이므로 $\sin\theta > 0$, $\cos\theta < 0$이다.

따라서 θ는 제2사분면의 각이므로

$$2n\pi + \frac{\pi}{2} < \theta < 2n\pi + \pi \ (n\text{은 정수})$$

$$\therefore \frac{2n}{3}\pi + \frac{\pi}{6} < \frac{\theta}{3} < \frac{2n}{3}\pi + \frac{\pi}{3}$$

(i) $n = 3k$ (k는 정수)일 때

$$2k\pi + \frac{\pi}{6} < \frac{\theta}{3} < 2k\pi + \frac{\pi}{3}$$

$\frac{\theta}{3}$는 제1사분면의 각이다.

(ii) $n = 3k+1$ (k는 정수)일 때

$$2k\pi + \frac{5}{6}\pi < \frac{\theta}{3} < 2k\pi + \pi$$

$\frac{\theta}{3}$는 제2사분면의 각이다.

(iii) $n = 3k+2$ (k는 정수)일 때

$$2k\pi + \frac{3}{2}\pi < \frac{\theta}{3} < 2k\pi + \frac{5}{3}\pi$$

$\frac{\theta}{3}$는 제4사분면의 각이다.

(i), (ii), (iii)에서 $\frac{\theta}{3}$는 제1사분면 또는 제2사분면 또는 제4사분면의 각이다.

10

답 ①

일반각이므로 $2n\pi$ 또는 $360° \times n$을 생각한다.

$\frac{1}{2}\theta$와 3θ의 동경이 일치하므로

$$3\theta - \frac{1}{2}\theta = 2n\pi \ (n\text{은 정수})$$

$$\frac{5}{2}\theta = 2n\pi, \ \theta = \frac{4n}{5}\pi$$

$0 < \theta < \pi$이므로

$$n = 1, \ \theta = \frac{4}{5}\pi$$

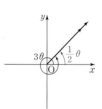

11

답 $\frac{5}{4}\pi$

일반각이므로 $2n\pi$ 또는 $360° \times n$을 생각한다.

θ와 7θ의 동경이 x축에 대칭이므로

$$\theta + 7\theta = 2n\pi \ (n\text{은 정수})$$

$$8\theta = 2n\pi, \ \theta = \frac{n}{4}\pi$$

$\pi < \theta < \frac{3}{2}\pi$이므로

$$n = 5, \ \theta = \frac{5}{4}\pi$$

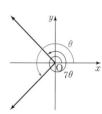

12

답 ⑤

$\overline{OP} = 5$이므로

$$\sin\theta + \cos\theta + \tan\theta$$

$$= \frac{-4}{5} + \frac{3}{5} + \frac{-4}{3}$$

$$= -\frac{23}{15}$$

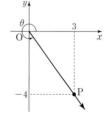

13 ······················· 답 ①

▶ $\sin\theta = \dfrac{12}{13}$이므로 좌표평면에서 빗변의 길이가 13, 한 변의 길이가 12인

직각삼각형을 이용한다.

$\dfrac{\pi}{2} < \theta < \pi$이므로

오른쪽 그림과 같이 생각한다.

$\overline{\text{OH}} = 5$이므로

$$\tan\theta = -\frac{12}{5}$$

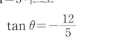

다른 풀이

▶ $\sin\theta$, $\cos\theta$, $\tan\theta$ 중 한 값을 알고 나머지 값을 구할 때는

다음과 같은 삼각함수 사이의 관계를 이용할 수 있다.

$$\sin^2\theta + \cos^2\theta = 1, \ \tan\theta = \frac{\sin\theta}{\cos\theta}$$

$\sin^2\theta + \cos^2\theta = 1$이므로

$$\left(\frac{12}{13}\right)^2 + \cos^2\theta = 1, \ \cos^2\theta = \left(\frac{5}{13}\right)^2$$

$\dfrac{\pi}{2} < \theta < \pi$에서 $\cos\theta < 0$이므로 $\cos\theta = -\dfrac{5}{13}$

$$\therefore \tan\theta = \frac{\sin\theta}{\cos\theta} = -\frac{12}{5}$$

14 ······················· 답 ④

▶ $\tan\theta = \dfrac{1}{4}$이므로 좌표평면에서 빗변이 아닌 두 변의 길이가 4와 1인

직각삼각형을 생각한다.

그림과 같이 θ의 동경이 제1사분면

또는 제3사분면에 있다.

$\overline{\text{OP}} = \sqrt{17}$이므로

(i) 제1사분면에 있을 때

$$\sin\theta = \frac{1}{\sqrt{17}}, \ \cos\theta = \frac{4}{\sqrt{17}}$$

(ii) 제3사분면에 있을 때

$$\sin\theta = -\frac{1}{\sqrt{17}}, \ \cos\theta = -\frac{4}{\sqrt{17}}$$

(i), (ii)에서 $\sin\theta\cos\theta = \dfrac{4}{17}$

다른 풀이

$\tan\theta = \dfrac{1}{4}$이므로 $\dfrac{\sin\theta}{\cos\theta} = \dfrac{1}{4}$, $\cos\theta = 4\sin\theta$

$\sin^2\theta + \cos^2\theta = 1$에 대입하면

$$\sin^2\theta + 16\sin^2\theta = 1, \ \sin^2\theta = \frac{1}{17}$$

$$\therefore \sin\theta = \frac{1}{\sqrt{17}}, \ \cos\theta = \frac{4}{\sqrt{17}}$$

$$\text{또는 } \sin\theta = -\frac{1}{\sqrt{17}}, \ \cos\theta = -\frac{4}{\sqrt{17}}$$

$$\therefore \sin\theta\cos\theta = \frac{4}{17}$$

15 ······················· 답 $2-\sqrt{3}$

▶ 적당한 한 변의 길이를 a로 놓는다.

삼각비는 길이의 비이므로 변의 길이를 a 대신 1로 놓아도 된다.

$\angle\text{CAD} = 60°$, $\angle\text{CAB} = 30° - 15° = 15°$이므로

삼각형 ABC에서

$$\overline{\text{AC}} = \overline{\text{BC}}$$

직각삼각형 ACD에서 $\overline{\text{AD}} = 1$이라 하면

$$\overline{\text{BC}} = \overline{\text{AC}} = 2, \ \overline{\text{CD}} = \sqrt{3}$$

$$\therefore \tan 15° = \frac{\overline{\text{AD}}}{\overline{\text{BD}}} = \frac{1}{2+\sqrt{3}} = 2-\sqrt{3}$$

Think More

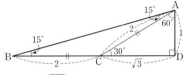

$$\tan 75° = \frac{\overline{\text{BD}}}{\overline{\text{AD}}} = 2+\sqrt{3}$$

$$\overline{\text{AB}}^2 = \overline{\text{AD}}^2 + \overline{\text{BD}}^2$$
$$= 1^2 + (2+\sqrt{3})^2 = 8+4\sqrt{3}$$
$$= 8+2\sqrt{12} = (\sqrt{6}+\sqrt{2})^2$$

곧, $\overline{\text{AB}} = \sqrt{6}+\sqrt{2}$이므로

$$\sin 15° = \cos 75° = \frac{\overline{\text{AD}}}{\overline{\text{AB}}} = \frac{1}{\sqrt{6}+\sqrt{2}} = \frac{\sqrt{6}-\sqrt{2}}{4}$$

$$\sin 75° = \cos 15° = \frac{\overline{\text{BD}}}{\overline{\text{AB}}} = \frac{2+\sqrt{3}}{\sqrt{6}+\sqrt{2}} = \frac{\sqrt{6}+\sqrt{2}}{4}$$

16 ······················· 답 ①

$\sin\theta > 0$, $\cos\theta < 0$, $\tan\theta < 0$이므로

$\sin\theta - \cos\theta > 0$, $\cos\theta + \tan\theta < 0$

$\therefore -|\sin\theta| + |\tan\theta| + \sqrt{(\sin\theta - \cos\theta)^2} - \sqrt{(\cos\theta + \tan\theta)^2}$

$= -\sin\theta - \tan\theta + (\sin\theta - \cos\theta) + (\cos\theta + \tan\theta)$

$= 0$

17
답 2

▼ $\tan\theta=\dfrac{\sin\theta}{\cos\theta}$ 를 이용하여 $\sin\theta$ 와 $\cos\theta$ 에 대한 식으로 정리한다.

θ 가 제1사분면의 각이므로

$\sqrt{\cos^2\theta}=\cos\theta$

$\sqrt{1-\cos^2\theta}=\sqrt{\sin^2\theta}=\sin\theta$

또

$$1+\tan^2\theta=1+\dfrac{\sin^2\theta}{\cos^2\theta}=\dfrac{\cos^2\theta+\sin^2\theta}{\cos^2\theta}=\dfrac{1}{\cos^2\theta}$$

$$1+\dfrac{1}{\tan^2\theta}=1+\dfrac{\cos^2\theta}{\sin^2\theta}=\dfrac{\sin^2\theta+\cos^2\theta}{\sin^2\theta}=\dfrac{1}{\sin^2\theta}$$

이므로

$$\sqrt{1+\tan^2\theta}=\dfrac{1}{\cos\theta},\ \sqrt{1+\dfrac{1}{\tan^2\theta}}=\dfrac{1}{\sin\theta}$$

$$\therefore\ \sqrt{\cos^2\theta}\sqrt{1+\tan^2\theta}+\sqrt{1-\cos^2\theta}\sqrt{1+\dfrac{1}{\tan^2\theta}}$$

$$=\cos\theta\times\dfrac{1}{\cos\theta}+\sin\theta\times\dfrac{1}{\sin\theta}$$

$$=2$$

18
답 ③

$$\cos^2 A=1-\sin^2 A=1-\left(\dfrac{1}{2}\right)^2=\dfrac{3}{4}$$

$$\sin^2 B=1-\cos^2 B=1-\left(\dfrac{1}{3}\right)^2=\dfrac{8}{9}$$

이므로

$$\cos^2 A+\sin^2 B=\dfrac{3}{4}+\dfrac{8}{9}=\dfrac{59}{36}$$

19
답 $\dfrac{8}{3}$

▼ $\sin\theta+\cos\theta$ 또는 $\sin\theta-\cos\theta$ 의 값이 주어진 경우 양변을 제곱하여 $\sin^2\theta+\cos^2\theta=1$ 임을 이용한다.

$\sin\theta-\cos\theta=-\dfrac{1}{2}$ 의 양변을 제곱하면

$$\sin^2\theta+\cos^2\theta-2\sin\theta\cos\theta=\dfrac{1}{4}$$

$$1-2\sin\theta\cos\theta=\dfrac{1}{4}$$

$$\therefore\ \sin\theta\cos\theta=\dfrac{3}{8}$$

$$\therefore\ \tan\theta+\dfrac{1}{\tan\theta}=\dfrac{\sin\theta}{\cos\theta}+\dfrac{\cos\theta}{\sin\theta}$$

$$=\dfrac{\sin^2\theta+\cos^2\theta}{\sin\theta\cos\theta}=\dfrac{1}{\dfrac{3}{8}}=\dfrac{8}{3}$$

20
답 ①

근과 계수의 관계에서

$$\sin\theta+\cos\theta=-\dfrac{1}{5},\ \sin\theta\cos\theta=-\dfrac{a}{5}$$

$\sin\theta+\cos\theta=-\dfrac{1}{5}$ 의 양변을 제곱하면

$$\sin^2\theta+\cos^2\theta+2\sin\theta\cos\theta=\dfrac{1}{25}$$

$$1+2\times\left(-\dfrac{a}{5}\right)=\dfrac{1}{25}\qquad\therefore\ a=\dfrac{12}{5}$$

21
답 ②

$$\tan\dfrac{5}{6}\pi=-\tan\dfrac{\pi}{6}=-\dfrac{\sqrt{3}}{3}$$

$$\cos\dfrac{5}{6}\pi=-\cos\dfrac{\pi}{6}=-\dfrac{\sqrt{3}}{2}$$

이므로

$$\sqrt{2+3\tan\dfrac{5}{6}\pi}\times\sqrt{1-\cos\dfrac{5}{6}\pi}$$

$$=\sqrt{2-3\times\dfrac{\sqrt{3}}{3}}\times\sqrt{1+\dfrac{\sqrt{3}}{2}}$$

$$=\sqrt{\dfrac{(2-\sqrt{3})(2+\sqrt{3})}{2}}=\dfrac{\sqrt{2}}{2}$$

22
답 ②

$$\sin\left(-\dfrac{\pi}{3}\right)=-\sin\dfrac{\pi}{3}=-\dfrac{\sqrt{3}}{2}$$

$$\cos\dfrac{13}{6}\pi=\cos\left(2\pi+\dfrac{\pi}{6}\right)=\cos\dfrac{\pi}{6}=\dfrac{\sqrt{3}}{2}$$

$$\tan\left(-\dfrac{13}{4}\pi\right)=\tan\left(-4\pi+\dfrac{3}{4}\pi\right)$$

$$=\tan\dfrac{3}{4}\pi$$

$$=-\tan\dfrac{\pi}{4}=-1$$

이므로

$$\sin\left(-\dfrac{\pi}{3}\right)+\cos\dfrac{13}{6}\pi+\tan\left(-\dfrac{13}{4}\pi\right)$$

$$=-\dfrac{\sqrt{3}}{2}+\dfrac{\sqrt{3}}{2}-1=-1$$

23 　　　　　　　　　　　　　답 ①

$\sin{(2\pi-\theta)}=-\sin\theta$, $\cos{(2\pi-\theta)}=\cos\theta$,
$\cos{(-\theta)}=\cos\theta$
이므로
$\sin^2{(2\pi-\theta)}+\cos^2{(2\pi-\theta)}+\tan\theta\cos{(-\theta)}+\sin{(2\pi-\theta)}$
$=\sin^2\theta+\cos^2\theta+\tan\theta\cos\theta-\sin\theta$
$=1+\dfrac{\sin\theta}{\cos\theta}\times\cos\theta-\sin\theta$
$=1$

24 　　　　　　　　　　　　　답 ②

$\sin{(\pi-\theta)}=\sin\theta$, $\tan{(2\pi-\theta)}=-\tan\theta$,
$\cos{\left(\dfrac{3}{2}\pi+\theta\right)}=\sin\theta$, $\sin{\left(\dfrac{3}{2}\pi-\theta\right)}=-\cos\theta$,
$\sin{\left(\dfrac{\pi}{2}+\theta\right)}=\cos\theta$, $\cos{(-\theta)}=\cos\theta$
이므로

$\dfrac{\sin{(\pi-\theta)}\tan^2{(2\pi-\theta)}}{\cos{\left(\dfrac{3}{2}\pi+\theta\right)}}+\dfrac{\sin{\left(\dfrac{3}{2}\pi-\theta\right)}}{\sin{\left(\dfrac{\pi}{2}+\theta\right)}\cos^2{(-\theta)}}$

$=\dfrac{\sin\theta\tan^2\theta}{\sin\theta}+\dfrac{-\cos\theta}{\cos\theta\cos^2\theta}$

$=\tan^2\theta-\dfrac{1}{\cos^2\theta}=\dfrac{\sin^2\theta}{\cos^2\theta}-\dfrac{1}{\cos^2\theta}$

$=\dfrac{\sin^2\theta-1}{\cos^2\theta}=\dfrac{-\cos^2\theta}{\cos^2\theta}$

$=-1$

25 　　　　　　　　　　　　　답 ④

$\cos{\left(\dfrac{\pi}{2}-\theta\right)}=\sin\theta$, $\cos{(\pi-\theta)}=-\cos\theta$,
$\cos{\left(\dfrac{\pi}{2}+\theta\right)}=-\sin\theta$, $\cos{(2\pi-\theta)}=\cos\theta$
이므로

$\dfrac{\cos{\left(\dfrac{\pi}{2}-\theta\right)}}{1+\cos{(\pi-\theta)}}-\dfrac{\cos{\left(\dfrac{\pi}{2}+\theta\right)}}{1+\cos{(2\pi-\theta)}}$

$=\dfrac{\sin\theta}{1-\cos\theta}+\dfrac{\sin\theta}{1+\cos\theta}$

$=\dfrac{\sin\theta(1+\cos\theta)+\sin\theta(1-\cos\theta)}{(1-\cos\theta)(1+\cos\theta)}$

$=\dfrac{2\sin\theta}{1-\cos^2\theta}=\dfrac{2}{\sin\theta}$

$=\dfrac{2}{\dfrac{1}{2}}=4$

26 　　　　　　　　　　　　　답 ③

$\left(1+\dfrac{1}{\cos\theta}\right)\left(\cos\theta+\dfrac{1}{\tan\theta}\right)(\sin\theta-\tan\theta)\left(1-\dfrac{1}{\sin\theta}\right)$

$=\left(1+\dfrac{1}{\cos\theta}\right)\left(\cos\theta+\dfrac{\cos\theta}{\sin\theta}\right)\left(\sin\theta-\dfrac{\sin\theta}{\cos\theta}\right)\left(1-\dfrac{1}{\sin\theta}\right)$

$=\dfrac{\cos\theta+1}{\cos\theta}\times\dfrac{\cos\theta(\sin\theta+1)}{\sin\theta}$

$\qquad\times\dfrac{\sin\theta(\cos\theta-1)}{\cos\theta}\times\dfrac{\sin\theta-1}{\sin\theta}$

$=\dfrac{(\cos^2\theta-1)(\sin^2\theta-1)}{\sin\theta\cos\theta}$

$=\dfrac{(-\sin^2\theta)(-\cos^2\theta)}{\sin\theta\cos\theta}=\sin\theta\cos\theta$

$\sin\theta+\cos\theta=\dfrac{1}{2}$의 양변을 제곱하면

$\qquad\sin^2\theta+\cos^2\theta+2\sin\theta\cos\theta=\dfrac{1}{4}$

$\qquad 1+2\sin\theta\cos\theta=\dfrac{1}{4}$　　$\therefore \sin\theta\cos\theta=-\dfrac{3}{8}$

27 　　　　　　　　　　　　　답 ④

▶ $198°=180°+18°$임을 이용한다.

$\sin^2 18°+\cos^2 18°=1$이므로 $a^2+\cos^2 18°=1$
$\cos 18°>0$이므로 $\cos 18°=\sqrt{1-a^2}$
$\qquad\therefore \tan 198°=\tan{(180°+18°)}=\tan 18°$
$\qquad\qquad=\dfrac{\sin 18°}{\cos 18°}=\dfrac{a}{\sqrt{1-a^2}}$

28 　　　　　　　　　　　　　답 −1

$\cos{(180°-x°)}=-\cos x°$이므로
$\qquad\cos{(180°-x°)}+\cos x°=0$
$\therefore$ (주어진 식)
$\quad=(\cos 1°+\cos 179°)+(\cos 2°+\cos 178°)+\cdots$
$\qquad+(\cos 89°+\cos 91°)+\cos 90°+\cos 180°$
$\quad=-1$

29 　　　　　　　　　　　　　답 ⑤

$\sin{(90°-x°)}=\cos x°$이므로
$\qquad\sin^2 x°+\sin^2{(90°-x°)}=\sin^2 x°+\cos^2 x°=1$
$\therefore$ (주어진 식)
$\quad=(\sin^2 3°+\sin^2 87°)+(\sin^2 6°+\sin^2 84°)+\cdots$
$\qquad+(\sin^2 42°+\sin^2 48°)+\sin^2 45°+\sin^2 90°$
$\quad=1\times 14+\left(\dfrac{\sqrt{2}}{2}\right)^2+1^2=\dfrac{31}{2}$

30
답 ③

$\sin(\pi+\theta)=-\sin\theta$이므로

$\quad\sin\theta+\sin(\pi+\theta)=\sin\theta-\sin\theta=0$

이때 $8\theta=\pi$이므로

$\quad(\sin\theta+\sin9\theta)+(\sin2\theta+\sin10\theta)+\cdots$

$\quad\quad+(\sin7\theta+\sin15\theta)+\sin8\theta+\sin16\theta$

$\quad=\sin\pi+\sin2\pi=0$

31
답 ③

$\tan(90°-x°)=\dfrac{1}{\tan x°}$이므로

$\quad\log(\tan x°)+\log\{\tan(90°-x°)\}$

$\quad=\log\left(\tan x°\times\dfrac{1}{\tan x°}\right)$

$\quad=\log1=0$

$\therefore$ (주어진 식)

$\quad=\{\log(\tan1°)+\log(\tan89°)\}$

$\quad\quad+\{\log(\tan2°)+\log(\tan88°)\}+\cdots$

$\quad\quad+\{\log(\tan44°)+\log(\tan46°)\}+\log(\tan45°)$

$\quad=\log1=0$

32
답 $\dfrac{9}{2}$

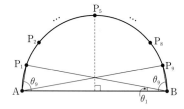

$\angle AP_1B=\dfrac{\pi}{2}$, $\triangle ABP_1\equiv\triangle BAP_9$ (RHS 합동)이므로

$\quad\theta_9=\dfrac{\pi}{2}-\theta_1$

$\therefore\cos^2\theta_1+\cos^2\theta_9=\cos^2\theta_1+\cos^2\left(\dfrac{\pi}{2}-\theta_1\right)$

$\quad\quad\quad\quad\quad\quad\quad\quad=\cos^2\theta_1+\sin^2\theta_1=1$

같은 방법으로

$\quad\cos^2\theta_2+\cos^2\theta_8=\cos^2\theta_3+\cos^2\theta_7$

$\quad\quad\quad\quad\quad\quad\quad=\cos^2\theta_4+\cos^2\theta_6=1$

또 $\cos^2\theta_5=\cos^2\dfrac{\pi}{4}=\dfrac{1}{2}$이므로

$\quad(\cos^2\theta_1+\cos^2\theta_9)+\cdots+(\cos^2\theta_4+\cos^2\theta_6)+\cos^2\theta_5$

$\quad=1\times4+\dfrac{1}{2}=\dfrac{9}{2}$

 Think More

원주각의 크기는 중심각의 크기의 $\dfrac{1}{2}$이므로

$\quad\theta_1=\dfrac{1}{2}\times\dfrac{\pi}{10}=\dfrac{\pi}{20}$

원주각의 크기는 호의 길이에 정비례하므로

$\quad\theta_n=n\theta_1$

따라서 $\theta_1+\theta_9=\theta_2+\theta_8=\cdots=\dfrac{\pi}{2}$라 해도 된다.

B STEP 1등급 도전 문제   53~56쪽

01 3	02 ④	03 ⑤	04 $18\pi+18\sqrt{3}$	05 2
06 $\dfrac{2}{3}\pi+\dfrac{3\sqrt{3}}{2}$	07 ①	08 ④	09 ⑤	10 ④
11 $1-\sqrt{2}$	12 ③	13 ③	14 ①	15 ③
16 $\left(\dfrac{7\sqrt{3}}{2},\dfrac{7}{2}\right)$	17 $-\dfrac{\sqrt{3}}{2}$	18 ④	19 ④	20 ②
21 -2	22 $\dfrac{2\sqrt{2}+1}{3}$	23 ③	24 $P_{111}(1,0)$	

01
답 3

호도법에서 중심각의 크기는 호의 길이를 반지름의 길이로 나눈 값이다.

반지름의 길이를 r이라 하면 $\overset{\frown}{AC}=\overline{AB}=2r$이므로

$\quad\angle AOC=\dfrac{2r}{r}=2$

부채꼴 OAC의 넓이가 9이므로

$\quad\dfrac{1}{2}r^2\times2=9$ $\quad\therefore r=3$

02
답 ④

반지름의 길이와 중심각의 크기를 이용하여 색칠한 도형의 둘레의 길이와 넓이를 나타낸다.

$\overline{OA'}=r$이라 하면 $\overline{OA}=2r$

중심각의 크기를 θ라 하면 색칠한 도형의 둘레의 길이가 48이므로

$\quad2r+2r\theta+r\theta=48$

$\quad2r+3r\theta=48$ … ❶

또 색칠한 도형의 넓이 S는

$\quad S=\dfrac{1}{2}\times(2r)^2\times\theta-\dfrac{1}{2}r^2\theta=\dfrac{3}{2}r^2\theta$

❶에서 $3r\theta=48-2r$이므로

$\quad S=\dfrac{1}{2}r(48-2r)=-(r-12)^2+144$

따라서 $r=12$일 때 넓이의 최댓값은 144이다.

이때 ❶은 $24+36\theta=48$, $\theta=\dfrac{2}{3}=b$

$\quad\therefore ab=144\times\dfrac{2}{3}=96$

03
답 ⑤

▷ $\angle APB$가 일정할 때, 움직이는 점 P에 대한 문제이다.
한 호에 대한 원주각의 크기가 같음을 이용한다.

점 P는 그림과 같이 선분 AB가 현이고, 현 AB에 대한 원주각의 크기가 $\dfrac{\pi}{3}$인 원 위를 움직인다. (단, 점 A, B는 제외)

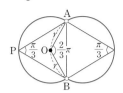 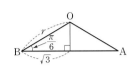

한 원의 중심을 O, 반지름의 길이를 r이라 하면
$$r\cos\frac{\pi}{6}=\sqrt{3},\ r=2$$
따라서 P가 그리는 도형의 길이는
$$2\times\left(2\times\frac{4}{3}\pi\right)=\frac{16}{3}\pi$$

04
답 $18\pi+18\sqrt{3}$

▷ 벨트의 직선 부분은 원의 접선이다.
원의 중심에서 직선 부분에 수선을 그어 보자.

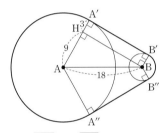

그림에서 $\overline{HA}=9$, $\overline{AB}=18$이므로 직각삼각형 ABH에서
$$\angle HAB=\frac{\pi}{3},\ \angle ABH=\frac{\pi}{6},\ \overline{BH}=9\sqrt{3}$$
따라서 벨트의 길이는
$$\overparen{A'A''}+\overparen{B'B''}+\overline{A'B'}+\overline{A''B''}$$
$$=12\times\left(2\pi-\frac{2}{3}\pi\right)+3\times\left(2\pi-\pi-\frac{\pi}{3}\right)+9\sqrt{3}+9\sqrt{3}$$
$$=18\pi+18\sqrt{3}$$

05
답 2

▷ 직선 PO는 $\angle AOB$를 이등분하고,
색칠한 두 부분의 넓이를 각각 이등분한다.

원의 반지름의 길이를 r이라 하면
$\overline{PB}=r\tan\theta$이므로
$$\triangle PBO=\frac{1}{2}\times r^2\tan\theta$$
그림에서 색칠한 두 부분의 넓이가 같으므로
$$\frac{1}{2}r^2\tan\theta-\frac{1}{2}r^2\theta=\frac{1}{2}r^2\theta$$
$$\tan\theta=2\theta\qquad\therefore\frac{\tan\theta}{\theta}=2$$

06
답 $\dfrac{2}{3}\pi+\dfrac{3\sqrt{3}}{2}$

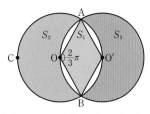

그림과 같이 색칠한 부분을 S_1, S_2, S_3으로 나누면
$$S_1=2\times\left(\frac{1}{2}\times1\times1\times\sin\frac{2}{3}\pi\right)=\frac{\sqrt{3}}{2}$$
$$S_2=(부채꼴\ OACB의\ 넓이)+S_1$$
$$\qquad-(부채꼴\ O'AOB의\ 넓이)$$
$$=\left(\frac{1}{2}\times1^2\times\frac{4}{3}\pi\right)+\frac{\sqrt{3}}{2}-\left(\frac{1}{2}\times1^2\times\frac{2}{3}\pi\right)$$
$$=\frac{\pi}{3}+\frac{\sqrt{3}}{2}$$
$S_2=S_3$이므로 색칠한 부분의 넓이는
$$S_1+S_2+S_3=\frac{2}{3}\pi+\frac{3\sqrt{3}}{2}$$

07
답 ①

▷ $70°=2\times35°$임을 이용하여 $70°$를 포함한 직각삼각형을 만든다.

변 AB 위에 $\angle ACD=35°$인
점 D를 잡으면
$$\angle CDB=70°$$
또 $\overline{AD}=x$라 하면
$$\overline{DB}=1-x,\ \overline{CD}=x$$
이므로 직각삼각형 BCD에서
$$a^2+(1-x)^2=x^2$$
$$x=\frac{1+a^2}{2},\ 1-x=\frac{1-a^2}{2}$$
$$\therefore\tan70°=\frac{a}{1-x}=\frac{2a}{1-a^2}$$

08
답 ④

▷ $AB>0$이면 $\begin{cases}A>0\\B>0\end{cases}$ 또는 $\begin{cases}A<0\\B<0\end{cases}$

$AB<0$이면 $\begin{cases}A>0\\B<0\end{cases}$ 또는 $\begin{cases}A<0\\B>0\end{cases}$

$\sin(-\theta)\cos(-\theta)>0$에서
$$-\sin\theta\cos\theta>0,\ \sin\theta\cos\theta<0$$
이므로 $(\sin\theta>0,\ \cos\theta<0)$ 또는 $(\sin\theta<0,\ \cos\theta>0)$
따라서 θ는 제2사분면 또는 제4사분면에 속한다.

09

답 ⑤

▶ 동경이 반대 방향으로 일직선이면 두 각의 차가 π 또는 $180°$이므로 $2n\pi+\pi$ 또는 $360°\times n+180°$를 생각해야 한다.

동경이 반대 방향으로 일직선이므로
$$9\theta-\theta=2n\pi+\pi \ (n\text{은 정수}) \quad \cdots \text{❶}$$
$4\pi<8\theta<8\pi$이므로
$$4\pi<2n\pi+\pi<8\pi \qquad \therefore n=2 \text{ 또는 } n=3$$
❶에 대입하면 $8\theta=5\pi, 7\pi$

(i) $\theta=\dfrac{5}{8}\pi$일 때 $\cos\left(\theta+\dfrac{\pi}{8}\right)=\cos\dfrac{3}{4}\pi=-\dfrac{\sqrt{2}}{2}$

(ii) $\theta=\dfrac{7}{8}\pi$일 때 $\cos\left(\theta+\dfrac{\pi}{8}\right)=\cos\pi=-1$

(i), (ii)에서 모든 $\cos\left(\theta+\dfrac{\pi}{8}\right)$의 값의 곱은 $\dfrac{\sqrt{2}}{2}$

10

답 ④

$$\dfrac{\cos\theta}{1+\sin\theta}+\dfrac{1+\sin\theta}{\cos\theta}$$
$$=\dfrac{\cos^2\theta+(1+\sin\theta)^2}{(1+\sin\theta)\cos\theta}$$
$$=\dfrac{(\cos^2\theta+\sin^2\theta)+1+2\sin\theta}{(1+\sin\theta)\cos\theta}$$
$$=\dfrac{2(1+\sin\theta)}{(1+\sin\theta)\cos\theta}=\dfrac{2}{\cos\theta}$$
이므로
$$\dfrac{2}{\cos\theta}=4 \qquad \therefore \cos\theta=\dfrac{1}{2}$$
θ가 제1사분면의 각이므로
$$\sin\theta=\sqrt{1-\cos^2\theta}=\sqrt{1-\dfrac{1}{4}}=\dfrac{\sqrt{3}}{2}$$
$$\therefore \sin\theta+\cos\theta=\dfrac{\sqrt{3}+1}{2}$$

11

답 $1-\sqrt{2}$

$\sin\theta+\cos\theta=\sin\theta\cos\theta$의 양변을 제곱하면
$$\sin^2\theta+\cos^2\theta+2\sin\theta\cos\theta=(\sin\theta\cos\theta)^2$$
$$1+2\sin\theta\cos\theta=(\sin\theta\cos\theta)^2$$

▶ $-1\leq\sin\theta\leq1$이고 $-1\leq\cos\theta\leq1$이므로
$\quad -1\leq\sin\theta\cos\theta\leq1$
정확히는 $-\sqrt{2}\leq\sin\theta+\cos\theta\leq\sqrt{2}$이고, $-\dfrac{1}{2}\leq\sin\theta\cos\theta\leq\dfrac{1}{2}$이다.

$\sin\theta\cos\theta=t$라 하면
$$t^2-2t-1=0 \qquad \therefore t=1\pm\sqrt{2}$$
$-1\leq\sin\theta\leq1, -1\leq\cos\theta\leq1$이므로
$$\sin\theta\cos\theta=1-\sqrt{2}$$

12

답 ③

▶ $\sin^2\theta-\cos^2\theta=(\sin\theta+\cos\theta)(\sin\theta-\cos\theta)$이므로 $\sin\theta-\cos\theta$의 값을 구한다.

$\sin\theta+\cos\theta=\dfrac{1}{3}$의 양변을 제곱하면
$$\sin^2\theta+\cos^2\theta+2\sin\theta\cos\theta=\dfrac{1}{9}$$
$$1+2\sin\theta\cos\theta=\dfrac{1}{9} \qquad \therefore \sin\theta\cos\theta=-\dfrac{4}{9}$$
이때
$$(\sin\theta-\cos\theta)^2=\sin^2\theta+\cos^2\theta-2\sin\theta\cos\theta$$
$$=1+\dfrac{8}{9}=\dfrac{17}{9}$$
$\sin\theta>0, \cos\theta<0$이므로
$$\sin\theta-\cos\theta=\dfrac{\sqrt{17}}{3}$$
$$\therefore \sin^2\theta-\cos^2\theta=(\sin\theta+\cos\theta)(\sin\theta-\cos\theta)$$
$$=\dfrac{1}{3}\times\dfrac{\sqrt{17}}{3}=\dfrac{\sqrt{17}}{9}$$

13

답 ③

▶ $\dfrac{1}{x}-\dfrac{1}{y}=\sqrt{2}, x^2+y^2=1$일 때 x^3-y^3의 값을 구하는 것과 같다.

$\dfrac{1}{\sin\theta}-\dfrac{1}{\cos\theta}=\sqrt{2}$에서
$$\dfrac{\cos\theta-\sin\theta}{\sin\theta\cos\theta}=\sqrt{2}$$
$$\cos\theta-\sin\theta=\sqrt{2}\sin\theta\cos\theta$$
양변을 제곱하면
$$\sin^2\theta+\cos^2\theta-2\sin\theta\cos\theta=2\sin^2\theta\cos^2\theta$$
$$1-2\sin\theta\cos\theta=2\sin^2\theta\cos^2\theta \qquad \cdots \text{❶}$$
$\sin\theta\cos\theta=t$라 하면
$$2t^2+2t-1=0, t=\dfrac{-1\pm\sqrt{3}}{2}$$
$-1\leq\sin\theta\leq1, -1\leq\cos\theta\leq1$이므로
$$\sin\theta\cos\theta=\dfrac{-1+\sqrt{3}}{2}$$
$$\therefore \cos^3\theta-\sin^3\theta$$
$$=(\cos\theta-\sin\theta)(\cos^2\theta+\sin\theta\cos\theta+\sin^2\theta)$$
$$=(\cos\theta-\sin\theta)(1+\sin\theta\cos\theta)$$
$$=\sqrt{2}\sin\theta\cos\theta(1+\sin\theta\cos\theta) \qquad \cdots \text{❷}$$
$$=\sqrt{2}\times\dfrac{-1+\sqrt{3}}{2}\times\dfrac{1+\sqrt{3}}{2}=\dfrac{\sqrt{2}}{2}$$

Think More

❶에서 $\sin\theta\cos\theta(\sin\theta\cos\theta+1)=\dfrac{1}{2}$이므로
❷에 바로 대입하여 풀 수도 있다.

14

답 ①

▎동경 OP가 나타내는 각의 크기를 θ라 하고 θ_1, θ_2, θ_3을 θ로 나타낸다.

동경 OP가 나타내는 각의 크기를
θ라 하면 그림에서

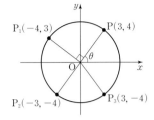

$\theta_1 = \dfrac{\pi}{2} + \theta$, $\theta_2 = \pi + \theta$,

$\theta_3 = -\theta$

$\sin\theta = \dfrac{4}{5}$, $\cos\theta = \dfrac{3}{5}$,

$\tan\theta = \dfrac{4}{3}$이므로

$\cos\theta_1 + \sin\theta_2 + \tan\theta_3$

$= \cos\left(\dfrac{\pi}{2} + \theta\right) + \sin(\pi + \theta) + \tan(-\theta)$

$= -\sin\theta - \sin\theta - \tan\theta$

$= -\dfrac{4}{5} - \dfrac{4}{5} - \dfrac{4}{3} = -\dfrac{44}{15}$

Think More

$P_1(-4, 3)$, $P_2(-3, -4)$, $P_3(3, -4)$이므로 그림에서

$\cos\theta_1 = -\dfrac{4}{5}$, $\sin\theta_2 = -\dfrac{4}{5}$, $\tan\theta_3 = -\dfrac{4}{3}$

로 바로 구할 수도 있다.

15

답 ③

▎우선 A의 좌표를 θ로 나타낸다.

A의 좌표는 $(\cos\theta, \sin\theta)$이고 $\cos(\pi - \theta) = -\cos\theta$

$A(\cos\theta, \sin\theta)$를 원점에 대칭이동하면

$\quad C(-\cos\theta, -\sin\theta)$

이므로 $-\cos\theta$는 C의 x좌표와 같다.

16

답 $\left(\dfrac{7\sqrt{3}}{2}, \dfrac{7}{2}\right)$

▎반직선 OC'과 x축이 이루는 각의 크기를 알면
C'의 좌표를 삼각함수를 이용하여 나타낼 수 있다.
이때 각의 크기는 호의 길이를 이용하여 구할 수 있다.

원 C가 반원과 접하는 점을 A,
한 바퀴 굴러간 원 C'이 접하는
점을 B라 하자.
원 C의 둘레의 길이가 2π이므
로 $\overset{\frown}{AB} = 2\pi$
반원의 반지름의 길이를 r이라
하면 $r = 6$이므로

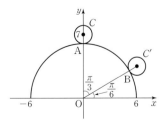

$\quad \angle AOB = \dfrac{\overset{\frown}{AB}}{r} = \dfrac{2\pi}{6} = \dfrac{\pi}{3}$

따라서 동경 OB가 나타내는 각의 크기가 $\dfrac{\pi}{6}$이므로

한 바퀴 굴러간 원 C'의 중심의 좌표는

$\left(7\cos\dfrac{\pi}{6},\ 7\sin\dfrac{\pi}{6}\right) = \left(\dfrac{7\sqrt{3}}{2}, \dfrac{7}{2}\right)$

17

답 $-\dfrac{\sqrt{3}}{2}$

▎$\sin^2\theta + \cos^2\theta = 1$을 이용할 수 있는 꼴로 정리한다.

$\dfrac{\cos\theta - \sin\theta}{\cos\theta + \sin\theta} = 2 + \sqrt{3}$에서

$\cos\theta - \sin\theta = (2 + \sqrt{3})(\cos\theta + \sin\theta)$

$(3 + \sqrt{3})\sin\theta = (-1 - \sqrt{3})\cos\theta$

$\therefore \sin\theta = \dfrac{-1 - \sqrt{3}}{3 + \sqrt{3}}\cos\theta = -\dfrac{\sqrt{3}}{3}\cos\theta$

$\sin^2\theta + \cos^2\theta = 1$이므로

$\quad \dfrac{1}{3}\cos^2\theta + \cos^2\theta = 1$, $\cos^2\theta = \dfrac{3}{4}$

$\dfrac{\pi}{2} \le \theta \le \dfrac{3}{2}\pi$이므로 $\cos\theta = -\dfrac{\sqrt{3}}{2}$

18

답 ④

▎$160° = 90° + 70°$임을 이용한다.

$70° = x$라 하면 $160° = 90° + x$

$\sin(90° + x) = \cos x$이므로

$\tan^2 70° + (1 - \tan^4 70°)\sin^2 160°$

$= \tan^2 x + (1 - \tan^4 x)\cos^2 x$

$= \tan^2 x + (1 + \tan^2 x)(1 - \tan^2 x)\cos^2 x$

$= \dfrac{\sin^2 x}{\cos^2 x} + \left(1 + \dfrac{\sin^2 x}{\cos^2 x}\right)\left(1 - \dfrac{\sin^2 x}{\cos^2 x}\right)\cos^2 x$

$= \dfrac{\sin^2 x}{\cos^2 x} + \dfrac{\cos^2 x + \sin^2 x}{\cos^2 x}\left(1 - \dfrac{\sin^2 x}{\cos^2 x}\right)\cos^2 x$

$= \dfrac{\sin^2 x}{\cos^2 x} + 1 - \dfrac{\sin^2 x}{\cos^2 x} = 1$

다른 풀이

▎$70° = x$로 치환하지 않고 풀어도 된다.

$\tan^2 70° + (1 - \tan^4 70°)\sin^2 160°$

$= \tan^2 70° + (1 - \tan^4 70°)\sin^2(90° + 70°)$

$= \tan^2 70° + (1 + \tan^2 70°)(1 - \tan^2 70°)\cos^2 70°$

$= \tan^2 70° + \left(1 + \dfrac{\sin^2 70°}{\cos^2 70°}\right)(1 - \tan^2 70°)\cos^2 70°$

$= \tan^2 70° + \dfrac{\cos^2 70° + \sin^2 70°}{\cos^2 70°}(1 - \tan^2 70°)\cos^2 70°$

$= \tan^2 70° + 1 - \tan^2 70° = 1$

19 답 ④

▶연립방정식 $\begin{cases} x^2+y^2=1 \\ 2x-1=y \end{cases}$ 를 푼다고 생각하면

$\sin\theta$와 $\cos\theta$의 값을 구할 수 있다.

$$2\sin\theta-1=\cos\theta \quad \cdots ❶$$

를 $\sin^2\theta+\cos^2\theta=1$에 대입하면

$$\sin^2\theta+(2\sin\theta-1)^2=1$$
$$5\sin^2\theta-4\sin\theta=0, \ \sin\theta(5\sin\theta-4)=0$$

$\sin\theta>0$이므로 $\sin\theta=\dfrac{4}{5}$

❶에 대입하면 $\cos\theta=\dfrac{3}{5}$

$$\therefore \tan\theta=\dfrac{\sin\theta}{\cos\theta}=\dfrac{4}{3}$$

20 답 ②

▶θ는 오른쪽 그림과 같으므로
$\tan\theta$는 직선의 기울기이다.

$x-3y-3=0$에서 $y=\dfrac{1}{3}x-1$이므로

$$\tan\theta=\dfrac{1}{3}$$

$$\therefore \cos(\pi+\theta)+\sin\left(\dfrac{\pi}{2}-\theta\right)+\tan(-\theta)$$
$$=-\cos\theta+\cos\theta-\tan\theta$$
$$=-\tan\theta=-\dfrac{1}{3}$$

21 답 -2

▶$\tan\theta$의 값이 주어진 경우 $\sin\theta$, $\cos\theta$의 값을 구하는 방법은
다음의 2가지이다.

1. $\tan\theta=\dfrac{b}{a}$이면 θ는 점 (a,b) 또는 점 $(-a,-b)$를 지나는 반직선이
 x축의 양의 방향과 이루는 각의 크기이다.

2. $\sin^2\theta+\cos^2\theta=1$에서 양변을 $\cos^2\theta$로 나누면
 $\tan^2\theta+1=\dfrac{1}{\cos^2\theta}$이므로 이 식에서 $\cos\theta$의 값부터 구한다.

$$(주어진 식)=\dfrac{\sin^2\theta}{a-\cos\theta}+\dfrac{\sin^2\theta}{a+\cos\theta}$$
$$=\dfrac{\sin^2\theta(a+\cos\theta)+\sin^2\theta(a-\cos\theta)}{(a-\cos\theta)(a+\cos\theta)}$$
$$=\dfrac{2a\sin^2\theta}{a^2-\cos^2\theta}$$

한편 $\sin^2\theta+\cos^2\theta=1$에서

$$\dfrac{\sin^2\theta}{\cos^2\theta}+1=\dfrac{1}{\cos^2\theta}, \ \tan^2\theta+1=\dfrac{1}{\cos^2\theta}$$

$\tan\theta=\sqrt{\dfrac{1-a}{a}}$를 대입하면

$$\dfrac{1-a}{a}+1=\dfrac{1}{\cos^2\theta}, \ \dfrac{1}{a}=\dfrac{1}{\cos^2\theta}$$

$$\therefore \cos^2\theta=a$$

이때 $\sin^2\theta=1-a$이므로

$$(주어진 식)=\dfrac{2a(1-a)}{a^2-a}=-2$$

Think More

$\tan\theta=\dfrac{\sqrt{1-a}}{\sqrt{a}}$이고

그림에서 $\overline{OP}=1$이므로
$\sin\theta=\sqrt{1-a}, \ \cos\theta=\sqrt{a}$
또는
$\sin\theta=-\sqrt{1-a},$
$\cos\theta=-\sqrt{a}$

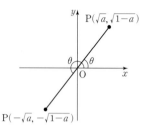

22 답 $\dfrac{2\sqrt{2}+1}{3}$

▶삼각형의 내각의 크기의 합은 $180°$이므로 $A+B+C=\pi$이다.

$\cos\dfrac{C}{2}=\dfrac{1}{3}>0$이므로 $\dfrac{C}{2}<90°$이고

$$\sin\dfrac{C}{2}=\sqrt{1-\left(\dfrac{1}{3}\right)^2}=\dfrac{2\sqrt{2}}{3}$$

$A+B+C=\pi$이므로

$$\sin\dfrac{A+B+\pi}{2}+\cos\dfrac{A+B-\pi}{2}$$
$$=\sin\dfrac{\pi-C+\pi}{2}+\cos\dfrac{\pi-C-\pi}{2}$$
$$=\sin\left(\pi-\dfrac{C}{2}\right)+\cos\left(-\dfrac{C}{2}\right)$$
$$=\sin\dfrac{C}{2}+\cos\dfrac{C}{2}$$
$$=\dfrac{2\sqrt{2}+1}{3}$$

23 답 ③

▶$\theta=\dfrac{\pi}{50}$부터 $100\theta=2\pi$까지 sin, cos에 대한 문제이다.

다음을 이용하여 소거되는 꼴이 있는지 찾는다.

$$\sin(\pi+\theta)=-\sin\theta, \ \cos(\pi+\theta)=-\cos\theta$$

$\theta = \dfrac{\pi}{50}$일 때 $50\theta = \pi$이고

$\sin(\pi+\theta) = -\sin\theta$, $\cos(\pi+\theta) = -\cos\theta$이므로

$\qquad \sin 51\theta + \sin 52\theta + \cdots + \sin 100\theta$
$\qquad = -\sin\theta - \sin 2\theta - \cdots - \sin 50\theta$
$\qquad \cos 51\theta + \cos 52\theta + \cdots + \cos 100\theta$
$\qquad = -\cos\theta - \cos 2\theta - \cdots - \cos 50\theta$

$\qquad \therefore f\left(\dfrac{\pi}{50}\right) + g\left(\dfrac{\pi}{50}\right) = 0$

24   답 $P_{111}(1,\ 0)$

▶ 반지름의 길이는 일정한 값이 반복된다.
각의 크기도 일정한 값이 반복되므로 먼저 주기를 찾아보자.

$\qquad r_n = 2 + \sin\dfrac{n\pi}{2}, \ \theta_n = \dfrac{2n\pi}{3} \qquad \cdots$ ❶

라 하면

$\qquad P_n(r_n\cos\theta_n, \ r_n\sin\theta_n) \qquad \cdots$ ❷

또 $\sin\dfrac{(n+4)\pi}{2} = \sin\dfrac{n\pi}{2}$이므로 $r_{n+4} = r_n$

$\theta_{n+3} = \theta_n + 2\pi$이므로 θ_{n+3}과 θ_n의 동경이 일치한다.

$r_{n+12} = r_n$이고 θ_{n+12}와 θ_n의 동경이 일치하므로

$\qquad P_{n+12} = P_n$

따라서 $P_{111} = P_{12\times9+3} = P_3$이므로

❶에 $n=3$을 대입하면

$\qquad r_3 = 2 + \sin\dfrac{3}{2}\pi = 1, \ \theta_3 = 2\pi$

❷에서 $r_3\cos\theta_3 = \cos 2\pi = 1$, $r_3\sin\theta_3 = \sin 2\pi = 0$이므로

$\qquad P_{111}(1,\ 0)$

Think More

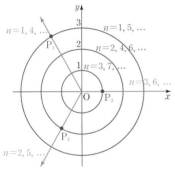

$n = 1, 2, 3, \ldots$을 차례로 대입해 보면 그림과 같이
r_n은 3, 2, 1, 2의 네 가지 값이 반복되고, θ_n의 동경은 세 가지 형태가 반복된다.
반지름의 길이와 동경을 각각 생각하면

$\qquad r_{111} = r_{4\times27+3} = r_3 = 1$
$\qquad \theta_{111} = \theta_{3\times37} = \theta_3 = 0$

임을 알 수 있다.

01   답 ④

▶ 그림에서 직선 AP_0은 접선이다.
$\angle OAP_0 = \theta$, $\overline{OP_0} = r$이라 하고 줄의 길이를 나타낸다.

(i) A 지점에서 B 지점까지 줄을 당길 때

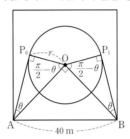

삼각형 AOB는 직각이등변삼각형이므로 $\overline{OA} = 20\sqrt{2}$ m

직선 AP_0은 원의 접선이므로 $\angle AP_0O = \dfrac{\pi}{2}$

원 O의 반지름의 길이를 r, $\angle OAP_0 = \theta$라 하면

$\qquad \overline{AP_0} = 20\sqrt{2}\cos\theta$ m

$\angle AOP_0 = \angle BOP_1 = \dfrac{\pi}{2} - \theta$이므로

$\qquad \angle P_0OP_1 = \dfrac{\pi}{2} + 2\theta$, $\overarc{P_0P_1} = r\left(\dfrac{\pi}{2} + 2\theta\right)$ m

따라서 A 지점에서 B 지점까지의 줄의 길이는

$\qquad \left\{2 \times 20\sqrt{2}\cos\theta + r\left(\dfrac{\pi}{2} + 2\theta\right)\right\}$ m $\qquad \cdots$ ❶

(ii) A 지점에서 C 지점까지 줄을 당길 때

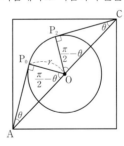

$\angle COP_2 = \dfrac{\pi}{2} - \theta$이므로

$\qquad \angle P_0OP_2 = 2\theta$, $\overarc{P_0P_2} = 2r\theta$ m

따라서 A 지점에서 C 지점까지의 줄의 길이는

$\qquad (2 \times 20\sqrt{2}\cos\theta + 2r\theta)$ m $\qquad \cdots$ ❷

❶−❷의 길이가 $5\sqrt{2}\pi$ m이므로

$\qquad \dfrac{\pi}{2}r = 5\sqrt{2}\pi \qquad \therefore r = 10\sqrt{2}$ m

직각삼각형 AOP_0에서 $\overline{OA} = 20\sqrt{2}$ m, $\overline{OP_0} = 10\sqrt{2}$ m이므로

$\qquad \overline{AP_0} = 10\sqrt{6}$ m

곧, $\cos\theta = \dfrac{\sqrt{3}}{2}$이므로 $\theta = \dfrac{\pi}{6}$

❷에 대입하면 A 지점에서 C 지점까지의 줄의 길이는

$\qquad \left(20\sqrt{6} + \dfrac{10\sqrt{2}}{3}\pi\right)$ m

Think More

원의 반지름의 길이는 다음과 같이 구할 수도 있다.

(i), (ii)의 차이는

원의 둘레의 $\dfrac{1}{4}$이므로

$$2\pi r \times \dfrac{1}{4} = 5\sqrt{2}\pi$$

$$\therefore r = 10\sqrt{2}$$

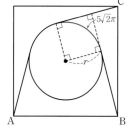

02 ··· 답 **10**

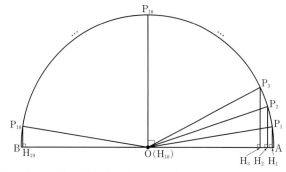

부채꼴 AOP_n의 중심각의 크기를 θ_n이라 하면

중심각의 크기는 호의 길이에 비례하므로 $\theta_n = \dfrac{n\pi}{20}$

$$\overline{\mathrm{P_1H_1}}^2 + \overline{\mathrm{P_2H_2}}^2 + \cdots + \overline{\mathrm{P_{19}H_{19}}}^2$$
$$= \sin^2 \theta_1 + \sin^2 \theta_2 + \cdots + \sin^2 \theta_{19} \qquad \cdots \text{❶}$$

▸ $\theta_n + \theta_{20-n} = \pi$임을 이용하여 식을 정리한다.

$\sin(\pi - \theta) = \sin\theta$이고

$$\theta_{19} = \pi - \theta_1, \ldots, \theta_{11} = \pi - \theta_9, \theta_{10} = \dfrac{\pi}{2}$$

이므로 ❶은

$$2(\sin^2 \theta_1 + \sin^2 \theta_2 + \cdots + \sin^2 \theta_9) + 1 \qquad \cdots \text{❷}$$

▸ $\sin^2\theta$에 대한 식이므로 합이 0이 되는 꼴은 생각할 수 없다.
$\sin^2\theta + \cos^2\theta = 1$을 이용할 수 있는 꼴로 정리한다.

$\sin^2\left(\dfrac{\pi}{2} - \theta\right) = \cos^2\theta$이고

$$\theta_9 = \dfrac{\pi}{2} - \theta_1, \ldots, \theta_6 = \dfrac{\pi}{2} - \theta_4, \theta_5 = \dfrac{\pi}{4}$$

이므로

$$\sin^2 \theta_1 + \sin^2 \theta_9 = \sin^2 \theta_1 + \cos^2 \theta_1 = 1$$
$$\vdots$$
$$\sin^2 \theta_4 + \sin^2 \theta_6 = \sin^2 \theta_4 + \cos^2 \theta_4 = 1$$

따라서 ❷의 값은 $2 \times \left(1 \times 4 + \dfrac{1}{2}\right) + 1 = 10$

다른 풀이

▸ $\overline{\mathrm{P_nH_n}}^2$을 n으로 나타내어 풀 수도 있다.

$\angle \mathrm{AOP}_n = \dfrac{n\pi}{20}$이고 $\overline{\mathrm{P_nH_n}} = \sin\dfrac{n\pi}{20}$이므로

$$\overline{\mathrm{P_nH_n}}^2 = \sin^2 \dfrac{n\pi}{20}$$

이때

$$\overline{\mathrm{P_nH_n}}^2 + \overline{\mathrm{P_{n+10}H_{n+10}}}^2 = \sin^2 \dfrac{n\pi}{20} + \sin^2 \left(\dfrac{\pi}{2} + \dfrac{n\pi}{20}\right)$$
$$= \sin^2 \dfrac{n\pi}{20} + \cos^2 \dfrac{n\pi}{20}$$
$$= 1$$

이므로

$$\overline{\mathrm{P_1H_1}}^2 + \overline{\mathrm{P_2H_2}}^2 + \cdots + \overline{\mathrm{P_{19}H_{19}}}^2$$
$$= (\overline{\mathrm{P_1H_1}}^2 + \overline{\mathrm{P_{11}H_{11}}}^2) + (\overline{\mathrm{P_2H_2}}^2 + \overline{\mathrm{P_{12}H_{12}}}^2) + \cdots$$
$$+ (\overline{\mathrm{P_9H_9}}^2 + \overline{\mathrm{P_{19}H_{19}}}^2) + \overline{\mathrm{P_{10}H_{10}}}^2$$
$$= 1 \times 9 + 1^2 = 10$$

03 ··· 답 **②**

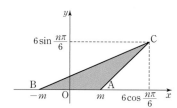

삼각형 ABC의 넓이를 S라 하면

$$S = \dfrac{1}{2} \times 2m \times 6 \left| \sin\dfrac{n\pi}{6}\right|$$
$$= 6m \left| \sin\dfrac{n\pi}{6}\right|$$

▸ n이 자연수이므로 가능한 $\left|\sin\dfrac{n\pi}{6}\right|$의 값은 $0, \dfrac{1}{2}, \dfrac{\sqrt{3}}{2}, 1$뿐이다.
이를 이용하여 경우를 나눈다.

(i) $\left|\sin\dfrac{n\pi}{6}\right| = 0$일 때, 삼각형이 되지 않는다.

(ii) $\left|\sin\dfrac{n\pi}{6}\right| = \dfrac{1}{2}$일 때

　$n = 1, 5, 7, 11$이고 $S = 3m$

　$S \le 12$이려면 $m = 1, 2, 3, 4$

　가능한 (m, n)의 개수는 $4 \times 4 = 16$

(iii) $\left|\sin\dfrac{n\pi}{6}\right| = \dfrac{\sqrt{3}}{2}$일 때

　$n = 2, 4, 8, 10$이고 $S = 3\sqrt{3}m$

　$S \le 12$이려면 $m = 1, 2$

　가능한 (m, n)의 개수는 $4 \times 2 = 8$

(iv) $\left|\sin\dfrac{n\pi}{6}\right| = 1$일 때

　$n = 3, 9$이고 $S = 6m$

　$S \le 12$이려면 $m = 1, 2$

　가능한 (m, n)의 개수는 $2 \times 2 = 4$

(i)~(iv)에서 순서쌍 (m, n)의 개수는 $16 + 8 + 4 = 28$

04

답 $k=\dfrac{\sqrt{3}}{2}$, $P_1\left(-\dfrac{\sqrt{3}}{2}, \dfrac{1}{2}\right)$

▶ $P_1(\cos(\pi-\theta), \sin(\pi-\theta))$이다.
직각삼각형을 이용하여 나머지 점의 좌표도 차례로 구해 보자.

$\overline{OP_1}=1$, $\angle AOP_1=\theta$이므로
$$P_1(\cos(\pi-\theta), \sin(\pi-\theta))=P_1(-\cos\theta, \sin\theta)$$

그림과 같이 세 점 H_1, H_2, H_3을 잡으면 $\angle P_2P_1H_1=\dfrac{\pi}{3}$이므로

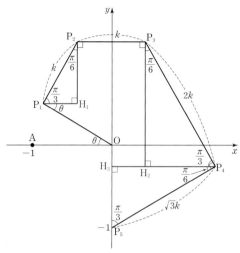

$$P_2\left(-\cos\theta+k\cos\frac{\pi}{3}, \sin\theta+k\sin\frac{\pi}{3}\right)$$
$$=P_2\left(-\cos\theta+\frac{k}{2}, \sin\theta+\frac{\sqrt{3}}{2}k\right)$$
$$P_3\left(-\cos\theta+\frac{k}{2}+k, \sin\theta+\frac{\sqrt{3}}{2}k\right)$$
$$=P_3\left(-\cos\theta+\frac{3}{2}k, \sin\theta+\frac{\sqrt{3}}{2}k\right)$$

$\angle P_3P_4H_2=\dfrac{\pi}{3}$이므로
$$P_4\left(-\cos\theta+\frac{3}{2}k+2k\cos\frac{\pi}{3}, \sin\theta+\frac{\sqrt{3}}{2}k-2k\sin\frac{\pi}{3}\right)$$
$$=P_4\left(-\cos\theta+\frac{5}{2}k, \sin\theta-\frac{\sqrt{3}}{2}k\right)$$

$\angle P_5P_4H_3=\dfrac{\pi}{6}$이므로
$$P_5\left(-\cos\theta+\frac{5}{2}k-\sqrt{3}k\cos\frac{\pi}{6}, \sin\theta-\frac{\sqrt{3}}{2}k-\sqrt{3}k\sin\frac{\pi}{6}\right)$$
$$=P_5\left(-\cos\theta+k, \sin\theta-\sqrt{3}k\right)$$
$P_5(0, -1)$이므로 $\cos\theta=k$, $\sin\theta=\sqrt{3}k-1$ ··· ❶
$\sin^2\theta+\cos^2\theta=1$이므로
$$(\sqrt{3}k-1)^2+k^2=1, \quad 2k^2-\sqrt{3}k=0$$
$$k(2k-\sqrt{3})=0$$
$k>0$이므로 $k=\dfrac{\sqrt{3}}{2}$

❶에 대입하면 $\cos\theta=\dfrac{\sqrt{3}}{2}$, $\sin\theta=\dfrac{1}{2}$
$$\therefore k=\frac{\sqrt{3}}{2}, \; P_1\left(-\frac{\sqrt{3}}{2}, \frac{1}{2}\right)$$

05 삼각함수의 그래프

59~62쪽

A STEP 시험에 꼭 나오는 문제

01 ④	**02** ①	**03** $-\dfrac{1}{3}$	**04** $-\dfrac{\sqrt{2}}{2}$	**05** ④	**06** 3
07 ④	**08** $a=2$, $b=2$		**09** $\dfrac{\pi}{2}$		
10 $x=0$, $x=\dfrac{\pi}{2}$, $x=\pi$			**11** ②, ③	**12** ①	**13** ⑤
14 ④	**15** ⑤	**16** ③	**17** 19	**18** ③	**19** ③
20 ①	**21** ⑤	**22** ③			
23 $x=0$ 또는 $x=\dfrac{\pi}{2}$ 또는 $x=\pi$ 또는 $x=\dfrac{3}{2}\pi$				**24** $\dfrac{3}{4}$	
25 ⑤	**26** ④	**27** $\dfrac{5}{4}\pi \le x \le \dfrac{7}{4}\pi$		**28** ①	
29 $\dfrac{2}{3}\pi < x < \pi$		**30** $-\dfrac{\pi}{2} < \theta < \dfrac{\pi}{2}$		**31** ②	

01

답 ④

$f(x)=\sin x+1$이라 하자.
①, ② $-1 \le \sin x \le 1$이므로 $0 \le f(x) \le 2$
곧 최댓값은 2, 최솟값은 0이다. (참)
③ $y=\sin x$와 주기가 같으므로 주기는 2π이다. (참)
④ $f(-x)=\sin(-x)+1=-\sin x+1$
이므로 $f(-x) \ne f(x)$
따라서 그래프는 y축에 대칭이 아니다. (거짓)
⑤ (참)
따라서 옳지 않은 것은 ④이다.

02

답 ①

▶ a, c는 최댓값, 최솟값에서 알 수 있고,
b는 주기에서 알 수 있다.

$a>0$이고 최댓값 4, 최솟값이 -2이므로
$$a+c=4, \quad -a+c=-2$$
연립하여 풀면 $a=3$, $c=1$
$b>0$이고 주기가 π이므로 $\dfrac{2\pi}{b}=\pi$, $b=2$
$$\therefore abc=6$$

03

답 $-\dfrac{1}{3}$

▶ a, c는 최댓값, 최솟값에서 알 수 있고,
b는 x축 방향의 평행이동이나 좌표에서 찾는다.

$a>0$이고 최댓값 3, 최솟값이 -1이므로
$$a+c=3, \quad -a+c=-1$$
연립하여 풀면 $a=2$, $c=1$

점 $(0, 0)$을 지나므로 $2\sin b\pi+1=0$, $\sin b\pi=-\dfrac{1}{2}$

$-\dfrac{\pi}{2}<b\pi<\dfrac{\pi}{2}$이므로 $b\pi=-\dfrac{\pi}{6}$ $\therefore b=-\dfrac{1}{6}$

$\qquad \therefore abc=-\dfrac{1}{3}$

---

04   답 $-\dfrac{\sqrt{2}}{2}$

주기가 8이고 $a>0$이므로 $\dfrac{2\pi}{a}=8$ $\therefore a=\dfrac{\pi}{4}$

$f(3)=1$이므로 $\sin\left(\dfrac{\pi}{4}\times3+b\right)=1$

$-\dfrac{\pi}{2}<b<0$이므로 $\dfrac{\pi}{4}<\dfrac{3}{4}\pi+b<\dfrac{3}{4}\pi$

$\qquad \therefore \dfrac{3}{4}\pi+b=\dfrac{\pi}{2}$, $b=-\dfrac{\pi}{4}$

$\qquad \therefore f(0)=\sin\left(-\dfrac{\pi}{4}\right)=-\dfrac{\sqrt{2}}{2}$

---

05   답 ④

ㄱ. $-1\le\cos\left(3x-\dfrac{\pi}{3}\right)\le1$이므로 $-1\le f(x)\le3$이다. (참)

ㄴ. $f(x)$의 주기는 $\dfrac{2\pi}{3}$이므로 $f\left(x+\dfrac{2\pi}{3}\right)=f(x)$이다. (거짓)

ㄷ. 곡선 $y=\cos x$는 y축에 대칭이다.
    곡선과 대칭축의 평행이동을 함께 생각한다.

$f(x)=2\cos\left(3x-\dfrac{\pi}{3}\right)+1=2\cos 3\left(x-\dfrac{\pi}{9}\right)+1$의 그래프

는 $y=2\cos 3x$의 그래프를 x축 방향으로 $\dfrac{\pi}{9}$만큼, y축 방향

으로 1만큼 평행이동한 것이다.

그런데 $y=2\cos 3x+1$의 그래프는 직선 $x=0$에 대칭이므로

$y=f(x)$의 그래프는 직선 $x=\dfrac{\pi}{9}$에 대칭이다. (참)

따라서 옳은 것은 ㄱ, ㄷ이다.

Think More

곡선 $y=f(x)$가 직선 $x=a$에 대칭이면
$f(x)=f(2a-x)$가 성립한다.

따라서 $f(x)=f\left(\dfrac{2}{9}\pi-x\right)$가 성립하는지 확인해도 된다.

---

06   답 3

a, c는 최댓값, 최솟값에서 알 수 있고,
b는 주기에서 알 수 있다.

$a>0$이고 최댓값이 4, 최솟값이 0이므로
$\qquad a+c=4$, $-a+c=0$

연립하여 풀면 $a=2$, $c=2$

$b>0$이고 주기가 4π이므로 $\dfrac{2\pi}{b}=4\pi$, $b=\dfrac{1}{2}$

$f(x)=2\cos\dfrac{x}{2}+2$이므로

$\qquad f\left(\dfrac{2}{3}\pi\right)=2\cos\dfrac{\pi}{3}+2=3$

---

07   답 ④

$f^{-1}\left(-\dfrac{1}{2}\right)=a$라 하면

$\qquad f(a)=-\dfrac{1}{2}$, $\cos a=-\dfrac{1}{2}$

$0\le a\le\pi$이므로 $a=\dfrac{2}{3}\pi$

$\qquad \therefore f^{-1}\left(-\dfrac{1}{2}\right)=\dfrac{2}{3}\pi$

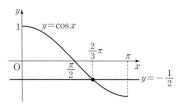

---

08   답 $a=2$, $b=2$

$y=a\sin x$의 최댓값이 2, 최솟값이 -2이므로 $a=2$

$y=\dfrac{1}{2}\cos bx$의 주기가 $y=a\sin x$ 주기의 반이므로

주기가 π이다.

$\qquad \therefore \dfrac{2\pi}{b}=\pi$, $b=2$

---

09   답 $\dfrac{\pi}{2}$

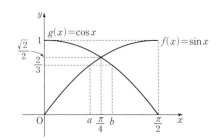

$f(a)=g(b)=\dfrac{2}{3}$에서 $\sin a=\cos b$

$y=f(x)$와 $y=g(x)$의 그래프는 직선 $x=\dfrac{\pi}{4}$에 대칭이므로

$\qquad a+b=\dfrac{\pi}{2}$

10

$y=\tan\left(2x+\dfrac{\pi}{2}\right)=\tan 2\left(x+\dfrac{\pi}{4}\right)$이므로 $y=\tan 2x$의

그래프를 x축 방향으로 $-\dfrac{\pi}{4}$만큼 평행이동한 그래프이다.

$y=\tan 2x$ 그래프의 점근선은 직선

$\quad x=\pm\dfrac{\pi}{4}$, $x=\pi\pm\dfrac{\pi}{4}$, $\cdots$

이므로 $y=\tan\left(2x+\dfrac{\pi}{2}\right)$ 그래프의 점근선은 위의 직선을 x축

방향으로 $-\dfrac{\pi}{4}$만큼 평행이동한 직선이다.

$0\le x\le\pi$이므로 점근선의 방정식은 $x=0$, $x=\dfrac{\pi}{2}$, $x=\pi$이다.

11

① 주기가 2π이므로 성립하지 않는다.

② 주기가 $\dfrac{\pi}{2}$이므로

$\quad f(x+\pi)=f\left(x+\dfrac{\pi}{2}+\dfrac{\pi}{2}\right)=f\left(x+\dfrac{\pi}{2}\right)=f(x)$

③ 주기가 π이므로 $f(x)=f(x+\pi)$

④ 주기가 $\dfrac{2\pi}{5}$이므로 성립하지 않는다.

⑤ 주기가 $\dfrac{2\pi}{\frac{1}{2}}=4\pi$이므로 성립하지 않는다.

12

$\sin x=t$라 하면 $-1\le t\le 1$이고
$y=|2t+1|-1$의 그래프가 그림과
같으므로

$\quad$ 최댓값은 $t=1$일 때 2,

$\quad$ 최솟값은 $t=-\dfrac{1}{2}$일 때 -1

따라서 최댓값과 최솟값의 합은
1이다.

다른 풀이

$-1\le\sin x\le 1$이므로

$\quad -1\le 2\sin x+1\le 3$

$\quad 0\le|2\sin x+1|\le 3$

$\quad \therefore -1\le|2\sin x+1|-1\le 2$

13

▌$\sin^2 x+\cos^2 x=1$을 이용하여 한 종류의 삼각함수로 통일한다.

$\quad y=-2(1-\sin^2 x)+3\sin x+1$

$\qquad =2\sin^2 x+3\sin x-1$

에서 $\sin x=t$라 하면

$\quad y=2t^2+3t-1=2\left(t+\dfrac{3}{4}\right)^2-\dfrac{17}{8}$

$-1\le t\le 1$이므로

$t=-\dfrac{3}{4}$일 때 최솟값은 $-\dfrac{17}{8}$,

$t=1$일 때 최댓값은 $2+3-1=4$

$\quad \therefore M-m=\dfrac{49}{8}$

14

$\sin\left(x+\dfrac{\pi}{2}\right)=\cos x$, $\cos(x+\pi)=-\cos x$이므로

$\quad f(x)=\cos^2 x-3\sin^2 x-4\cos x+5$

$\cos x=t$라 하면

$\quad y=t^2-3(1-t^2)-4t+5=4t^2-4t+2$

$\qquad =4\left(t-\dfrac{1}{2}\right)^2+1$

$0\le x\le\pi$일 때 $-1\le t\le 1$이므로

$\quad$ 최솟값은 $t=\dfrac{1}{2}$일 때 1,

$\quad$ 최댓값은 $t=-1$일 때 10

따라서 최댓값과 최솟값의 합은 11이다.

15

$\cos x=t$라 하면 $-1\le t\le 1$이고

$\quad y=\dfrac{-t+a}{t+3}=-1+\dfrac{3+a}{t+3}$

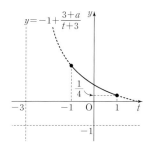

$a>-3$이므로 그래프는 그림과
같다.

$t=1$일 때 최소이고, 최솟값이 $\dfrac{1}{4}$

이므로

$\quad \dfrac{-1+a}{4}=\dfrac{1}{4}$ $\qquad \therefore a=2$

16
답 ③

$\sin x = t$라 하면

$$y = \frac{16t^2 + 9}{2t} = 8t + \frac{9}{2t}$$

$0 < x < \pi$에서 $t > 0$이므로 산술평균과 기하평균의 관계를 이용하면

$$y \geq 2\sqrt{8t \times \frac{9}{2t}} = 12$$

등호는 $8t = \frac{9}{2t}$, $16t^2 = 9$, $t = \frac{3}{4}$일 때 성립한다.

▶$\sin x = \frac{3}{4}$인 x의 값의 범위를 구하면 되므로

$t = \sin x$의 그래프와 직선 $t = \frac{3}{4}$의 교점을 생각한다.

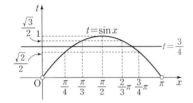

$\frac{\sqrt{2}}{2} < \frac{3}{4} < \frac{\sqrt{3}}{2}$이므로

$$\frac{\pi}{4} < \alpha < \frac{\pi}{3} \text{ 또는 } \frac{2}{3}\pi < \alpha < \frac{3}{4}\pi$$

17
답 19

▶$(g \circ f)(x) = g(f(x))$에서 $f(x)$의 범위부터 구한다.

$f(x) = \sin x + a = t$라 하면

$$g(f(x)) = g(t) = (t+3)^2 - 6 \quad \cdots ❶$$

$-1 \leq \sin x \leq 1$이므로 $a - 1 \leq t \leq a + 1$

이때 $-1 \leq a \leq 3$이므로 $-2 \leq t \leq 4$

❶은 $t = a - 1$에서 최소이고, 최솟값이 3이므로

$$(a+2)^2 - 6 = 3 \qquad \therefore a = 1$$

또 ❶은 $t = a + 1 = 2$에서 최대이므로 최댓값은

$$(2+3)^2 - 6 = 19$$

18
답 ③

$x = \frac{\pi}{6}$가 해이므로

$$a \sin \frac{5}{6}\pi + b \cos \frac{\pi}{6} = 1, \ \frac{a}{2} + \frac{\sqrt{3}}{2}b = 1 \quad \cdots ❶$$

$x = \frac{\pi}{3}$가 해이므로

$$a \sin \frac{5}{3}\pi + b \cos \frac{\pi}{3} = 1, \ -\frac{\sqrt{3}}{2}a + \frac{b}{2} = 1 \quad \cdots ❷$$

❶, ❷를 연립하여 풀면

$$a = \frac{1 - \sqrt{3}}{2}, \ b = \frac{1 + \sqrt{3}}{2}$$

$$\therefore a + b = 1$$

19
답 ③

$2 \sin \left(\frac{1}{2}x + \frac{\pi}{6} \right) - 1 = 0$에서 $\sin \left(\frac{1}{2}x + \frac{\pi}{6} \right) = \frac{1}{2}$이므로

$$\frac{\pi}{6} \leq \frac{1}{2}x + \frac{\pi}{6} \leq \frac{7}{6}\pi$$

$$\frac{1}{2}x + \frac{\pi}{6} = \frac{\pi}{6} \text{ 또는 } \frac{1}{2}x + \frac{\pi}{6} = \frac{5}{6}\pi$$

$$\therefore x = 0 \text{ 또는 } x = \frac{4}{3}\pi$$

따라서 모든 근의 합은 $\frac{4}{3}\pi$이다.

20
답 ①

$\sin^2 x + \cos^2 x = 1$이므로

$(\sin x + \cos x)^2 = \sqrt{3} \sin x + 1$에서

$$1 + 2 \sin x \cos x = \sqrt{3} \sin x + 1$$

$$\sin x (2 \cos x - \sqrt{3}) = 0$$

$$\therefore \sin x = 0 \text{ 또는 } \cos x = \frac{\sqrt{3}}{2}$$

$0 \leq x \leq \pi$이므로

$\sin x = 0$일 때, $x = 0$ 또는 $x = \pi$

$\cos x = \frac{\sqrt{3}}{2}$일 때, $x = \frac{\pi}{6}$

따라서 모든 근의 합은 $\frac{7}{6}\pi$이다.

21
답 ⑤

▶접하면 판별식이나 꼭짓점의 y좌표를 생각한다.

접하므로

$$\frac{D}{4} = 4 \cos^2 \theta - \sin^2 \theta = 0$$

$$4 \cos^2 \theta - (1 - \cos^2 \theta) = 0, \ \cos^2 \theta = \frac{1}{5}$$

$$\therefore \cos \theta = \pm \frac{\sqrt{5}}{5}$$

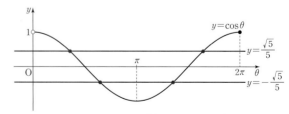

$y = \cos \theta$의 그래프와 직선 $y = \frac{\sqrt{5}}{5}$ 또는 $y = -\frac{\sqrt{5}}{5}$의 교점은

4개이므로 θ는 4개이다.

22

답 ③

$\cos^2\theta=1-\sin^2\theta$이므로

$\cos^2\theta=\sin\theta(1+\sin\theta)$에서

$1-\sin^2\theta=\sin\theta(1+\sin\theta)$, $2\sin^2\theta+\sin\theta-1=0$

$(\sin\theta+1)(2\sin\theta-1)=0$

$\therefore \sin\theta=-1$ 또는 $\sin\theta=\dfrac{1}{2}$

$0<\theta<2\pi$이므로

$\sin\theta=-1$일 때, $\theta=\dfrac{3}{2}\pi$

$\sin\theta=\dfrac{1}{2}$일 때, $\theta=\dfrac{\pi}{6}$ 또는 $\theta=\dfrac{5}{6}\pi$

따라서 θ의 개수는 3이다.

23

답 $x=0$ 또는 $x=\dfrac{\pi}{2}$ 또는 $x=\pi$ 또는 $x=\dfrac{3}{2}\pi$

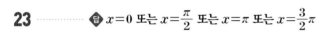

$-\pi\leq\pi\cos x\leq\pi$이므로

$\sin(\pi\cos x)=0$에서 $\pi\cos x=-\pi,\ 0,\ \pi$

$\therefore \cos x=-1,\ 0,\ 1$

$0\leq x<2\pi$이므로

$x=0$ 또는 $x=\dfrac{\pi}{2}$ 또는 $x=\pi$ 또는 $x=\dfrac{3}{2}\pi$

24

답 $\dfrac{3}{4}$

$y=\cos x+\dfrac{1}{4}$의 그래프는 $y=\cos x$의 그래프를 y축 방향으로

$\dfrac{1}{4}$만큼 평행이동한 그래프이다.

$-\dfrac{3}{4}\leq\cos x+\dfrac{1}{4}\leq\dfrac{5}{4}$이고 $y=\left|\cos x+\dfrac{1}{4}\right|$의 그래프는 그림

과 같다.

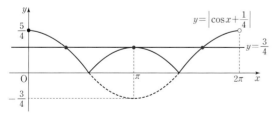

$y=\left|\cos x+\dfrac{1}{4}\right|$의 그래프와 직선 $y=k$가 서로 다른 세 점에서

만나면 $k=\dfrac{3}{4}$이다.

25

답 ⑤

$f(x)=\sin\pi x$라 할 때, $y=f(x)$의 그래프와 직선 $y=\dfrac{3}{10}x$가

만나는 점의 개수를 구한다.

$-1\leq f(x)\leq 1$이므로

$-1\leq\dfrac{3}{10}x\leq 1$, 곧 $-\dfrac{10}{3}\leq x\leq\dfrac{10}{3}$

에서만 생각하면 된다.

$\sin\pi x$의 주기는 2이므로 $y=f(x)$의 그래프는 다음과 같다.

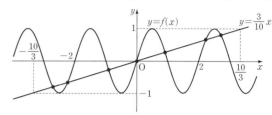

직선 $y=\dfrac{3}{10}x$와 교점은 7개이므로

$\sin\pi x=\dfrac{3}{10}x$의 근도 7개이다.

26

답 ④

$\sin x=t$라 하면 $-1\leq t\leq 1$이므로

이차방정식 $t^2-t=1-k$가 $-1\leq t\leq 1$에서 실근을 가진다.

$t^2-t-1=-k$에서 $f(t)=t^2-t-1$이라 하면

$$f(t)=\left(t-\dfrac{1}{2}\right)^2-\dfrac{5}{4}$$

이므로 $-1\leq t\leq 1$에서 $y=f(t)$의

그래프는 그림과 같다.

이 그래프가 직선 $y=-k$와 만나면

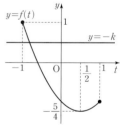

$-\dfrac{5}{4}\leq -k\leq 1$

$\therefore -1\leq k\leq\dfrac{5}{4}$

따라서 k의 최댓값은 $\dfrac{5}{4}$, 최솟값은 -1이므로 합은 $\dfrac{1}{4}$이다.

27

답 $\dfrac{5}{4}\pi\leq x\leq\dfrac{7}{4}\pi$

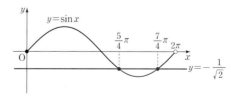

위 그래프에서 부등식의 해는 $\dfrac{5}{4}\pi\leq x\leq\dfrac{7}{4}\pi$

28 답 ①

$x+\dfrac{\pi}{6}=t$라 하면

$$2\cos t \le -\sqrt{3}, \ \cos t \le -\dfrac{\sqrt{3}}{2}$$

$\dfrac{\pi}{6}\le t<\dfrac{13}{6}\pi$에서 $y=\cos t$의 그래프는 다음과 같다.

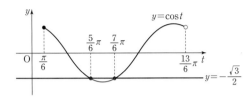

위 그래프에서 부등식의 해는 $\dfrac{5}{6}\pi \le t \le \dfrac{7}{6}\pi$

$\dfrac{2}{3}\pi \le x \le \pi$이므로

$$b-a=\pi-\dfrac{2}{3}\pi=\dfrac{\pi}{3}$$

---

29 답 $\dfrac{2}{3}\pi<x<\pi$

$\cos x=t$라 하면

$$2(1-t^2)-3t>3, \ (t+1)(2t+1)<0$$

$$\therefore -1<t<-\dfrac{1}{2}$$

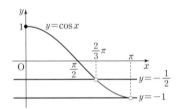

$-1<\cos x<-\dfrac{1}{2}$이므로 $\dfrac{2}{3}\pi<x<\pi$

---

30 답 $-\dfrac{\pi}{2}<\theta<\dfrac{\pi}{2}$

모든 실수 x에 대하여 이차부등식이 성립하므로

$$\dfrac{D}{4}=\cos^2\theta-2\cos\theta<0, \ \cos\theta(\cos\theta-2)<0$$

$-1\le\cos\theta\le1$이므로 $0<\cos\theta\le1$

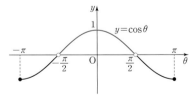

$$\therefore -\dfrac{\pi}{2}<\theta<\dfrac{\pi}{2}$$

---

31 답 ②

$\cos x=t$라 하면 $-1\le t\le1$이고

$$t^2-4t-a+6\ge0$$

$f(t)=t^2-4t-a+6$이라 하면

$$f(t)=(t-2)^2-a+2$$

$y=f(t)$의 그래프가 오른쪽과 같으면 되므로

$$f(1)\ge0, \ -a+3\ge0$$

$$\therefore a\le3$$

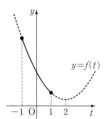

---

 shown in right.

B STEP **1등급 도전 문제** 63~67쪽

01 ①	**02** ③	**03** ④	**04** ⑤	**05** $\dfrac{3}{2}\pi$	**06** ③
07 ①	**08** $1+\sqrt{2}$	**09** ①	**10** $\dfrac{\sqrt{3}}{4}$	**11** ㄱ, ㄷ	
12 ㄱ, ㄷ	**13** $k=-\dfrac{3}{2}, x=\dfrac{3}{2}\pi$		**14** 최댓값: $2+\sqrt{3}$, 최솟값: 0		
15 ②	**16** $\dfrac{4}{9}$	**17** ④	**18** ⑤	**19** ⑤	**20** 8
21 0, $\dfrac{\sqrt{2}}{2}$, $\dfrac{\sqrt{3}}{2}$		**22** ④	**23** $k<-8$ 또는 $k>8$		**24** ②
25 ②	**26** ②	**27** $x=-\pi$ 또는 $-\dfrac{\pi}{3}\le x\le\pi$			**28** 12
29 11	**30** ⑤				

---

01 답 ①

$\sin(-x)=-\sin x, \ \cos(-x)=\cos x, \ \tan(-x)=-\tan x$

① $-\sin(-x)=\sin x$이므로 일치한다.

② $\cos(-x)=\cos x$이므로 두 그래프는 x축에 대칭이다.

③ $y=\tan|x|$는

$\quad x\ge0$일 때 $y=\tan x$

$\quad x<0$일 때 $y=\tan(-x)=-\tan x$

이므로 일치하지 않는다.

④ $|\sin x|\ge0$이고,

$\quad \pi<x<2\pi$일 때 $\sin|x|=\sin x<0$

이므로 일치하지 않는다.

⑤ $|\cos x|\ge0$이고,

$\quad \dfrac{\pi}{2}<x<\dfrac{3}{2}\pi$일 때 $\cos|x|=\cos x<0$

이므로 일치하지 않는다.

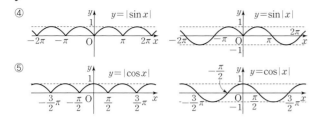

④

⑤

02 .... 답 ③

$\cos(x+\pi)=-\cos x$이므로

$\cos(x+p)=-\cos x$를 만족시키는 최소의 양수 p는 π이다.

$$f\left(x+\frac{\pi}{3}\right)=\cos k\left(x+\frac{\pi}{3}\right)=\cos\left(kx+\frac{k}{3}\pi\right)$$

이므로 $-f(x)=-\cos kx$와 같아지는 양수 k의 최솟값은

$\dfrac{k}{3}\pi=\pi$에서 $k=3$

03 .... 답 ④

(나)에서 $f(x)$의 주기는 2이다. 곧

$f(2000)=f(1998)=f(1996)=\cdots$임을 이용한다.

$$f\left(2000-\frac{\pi}{6}\right)=f\left(1998-\frac{\pi}{6}\right)=f\left(1996-\frac{\pi}{6}\right)=\cdots$$
$$=f\left(2-\frac{\pi}{6}\right)$$

$\dfrac{\pi}{6}=\dfrac{3.14\cdots}{6}$이므로 $1\leq2-\dfrac{\pi}{6}<2$

$$\therefore f\left(2-\frac{\pi}{6}\right)=\sin\left\{2-\left(2-\frac{\pi}{6}\right)\right\}$$
$$=\sin\frac{\pi}{6}=\frac{1}{2}$$

04 .... 답 ⑤

$f(x)=\cos(\sin x)$라 하면

ㄱ. $f(-x)=f(x)$이면 그래프는 y축에 대칭이다.

$$f(-x)=\cos\{\sin(-x)\}=\cos(-\sin x)$$
$$=\cos(\sin x)=f(x)$$

이므로 그래프는 y축에 대칭이다. (참)

ㄴ. $f(x+p)=f(x)$인 p를 찾으면 된다.

$\sin x$, $\cos x$의 주기가 모두 2π이므로 $f(x+2\pi)$부터 정리한다.

$$f(x+2\pi)=\cos\{\sin(x+2\pi)\}$$
$$=\cos(\sin x)=f(x)$$

이므로 주기함수이다. (참)

ㄷ. $-1\leq\sin x\leq1$이고 $\sin x=t$라 하면

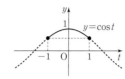

$-1\leq t\leq1$일 때 $y=\cos t$의 범위는 $\cos 1\leq y\leq1$이다. (참)

따라서 옳은 것은 ㄱ, ㄴ, ㄷ이다.

ㄴ은 다음과 같이 설명할 수도 있다.

$$f(x+\pi)=\cos\{\sin(x+\pi)\}=\cos(-\sin x)$$
$$=\cos(\sin x)=f(x)$$

05 .... 답 $\dfrac{3}{2}\pi$

a, d는 최대, 최소에서, b는 주기에서,

c는 평행이동이나 좌표에서 찾는다.

최댓값이 3, 최솟값이 -1이고 $a>0$이므로

$$a+d=3, \quad -a+d=-1$$

연립하여 풀면 $a=2$, $d=1$

주기가 $2\times\left(\dfrac{7}{12}\pi-\dfrac{\pi}{4}\right)=\dfrac{2}{3}\pi$이고 $b>0$이므로

$$\frac{2\pi}{b}=\frac{2}{3}\pi \qquad \therefore b=3$$

$$\therefore y=2\cos(3x+c)+1 \qquad \cdots ❶$$

$x=\dfrac{\pi}{4}$일 때 $y=-1$이므로

$$2\cos\left(\frac{3}{4}\pi+c\right)+1=-1, \quad \cos\left(\frac{3}{4}\pi+c\right)=-1$$

$-\pi<c<\pi$이므로 $\dfrac{3}{4}\pi+c=\pi \qquad \therefore c=\dfrac{\pi}{4}$

$$\therefore abcd=\frac{3}{2}\pi$$

❶에서 $y=2\cos 3\left(x+\dfrac{c}{3}\right)+1$이고, 주어진 그래프는 $y=2\cos 3x+1$의 그래프

를 x축 방향으로 $-\left(\dfrac{2}{3}\pi-\dfrac{7}{12}\pi\right)$만큼 평행이동한 꼴임을 이용할 수도 있다.

06 ·········· 답 ③

$0 \leq kx \leq \dfrac{5}{2}\pi$이므로 주어진 범위에서 $y=f(x)$의 그래프는 다음

과 같고, 직선 $y=\dfrac{3}{4}$과 세 점에서 만난다.

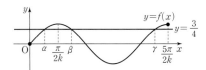

교점의 x좌표를 차례로 α, β, γ라 하자.

▶대칭을 이용하여 $\alpha+\beta+\gamma$를 간단히 나타낸다.

α, β는 직선 $x=\dfrac{\pi}{2k}$에 대칭이므로 $\alpha+\beta=\dfrac{\pi}{k}$

$S=\alpha+\beta+\gamma=\dfrac{\pi}{k}+\gamma$이므로

$$f(S)=f\left(\dfrac{\pi}{k}+\gamma\right)=\sin(\pi+k\gamma)$$

$$=-\sin k\gamma=-f(\gamma)=-\dfrac{3}{4}$$

07 ·········· 답 ①

▶대칭을 이용하여 B, C의 좌표를 α로 나타내고
정사각형이라는 조건을 이용한다.

두 점 A, B는 직선 $x=\dfrac{\pi}{2}$에 대칭이므로

B의 x좌표를 β라 하면

$$\dfrac{\alpha+\beta}{2}=\dfrac{\pi}{2}, \beta=\pi-\alpha$$

C의 y좌표는 $y=\sin(\pi-\alpha)=\sin\alpha$

$\overline{AB}=\beta-\alpha=\pi-2\alpha$이고 $\overline{AB}=\overline{BC}$이므로

$$\sin\alpha=\pi-2\alpha$$

08 ·········· 답 $1+\sqrt{2}$

▶주기를 찾으면 b의 값을 구할 수 있다.

삼각형 OAB의 넓이가 3이므로 $\overline{AB}=3$
삼각형 OBC의 넓이가 1이므로 $\overline{BC}=1$

선분 AC의 길이가 주기이므로 $\dfrac{2\pi}{b\pi}=4$, $b=\dfrac{1}{2}$

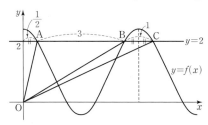

곧, $A\left(\dfrac{1}{2}, 2\right)$이므로

$$2=a\cos\dfrac{\pi}{4}+1, 2=\dfrac{a\sqrt{2}}{2}+1$$

$$\therefore a=\sqrt{2}$$

따라서 $f(x)$의 최댓값은 $f(0)=1+\sqrt{2}$이다.

09 ·········· 답 ①

▶$y=\tan x$의 그래프는 같은 모양이 반복되는 꼴이므로
넓이를 구할 수 있게 옮겨 보자.

그림에서 빗금친 두 부분의 넓
이가 같으므로 구하는 넓이는
직사각형 OABC의 넓이와 같
다. 따라서

$$\pi \times \tan a=3\pi$$

$\tan a=3$이므로

$$\dfrac{\sin a}{\cos a}=3, \sin a=3\cos a$$

$\sin^2 a+\cos^2 a=1$에 대입하면

$$9\cos^2 a+\cos^2 a=1 \qquad \therefore \cos^2 a=\dfrac{1}{10}$$

10 ·········· 답 $\dfrac{\sqrt{3}}{4}$

▶$y=\tan x$는 주기가 π인 함수이고,
그래프는 원점에 대칭인 곡선임을 이용한다.

정삼각형 ABC의 넓이가 $9\sqrt{3}$이므로 $\overline{AC}=k$라 하면

$$\dfrac{\sqrt{3}}{4}k^2=9\sqrt{3} \qquad \therefore k=6$$

선분 AC의 길이가 $f(x)$의 주기이므로

$$\dfrac{\pi}{b\pi}=6 \qquad \therefore b=\dfrac{1}{6}, f(x)=a\tan\dfrac{\pi}{6}x$$

▶정삼각형의 한 내각의 크기가 $\dfrac{\pi}{3}$임을 이용한다.

직선 AC가 x축에 평행하므로 직선 AB의 기울기는

$$\tan\dfrac{\pi}{3}=\sqrt{3}$$

또 $y=f(x)$의 그래프는 원점에 대칭이므로 A와 B도 원점에
대칭이다.

$$A(-p, -\sqrt{3}p), B(p, \sqrt{3}p) \ (p>0)$$

라 하면 $\overline{AB}=6$이므로

$$\sqrt{(2p)^2+(2\sqrt{3}p)^2}=6, 4p=6 \qquad \therefore p=\dfrac{3}{2}$$

$B\left(\dfrac{3}{2}, \dfrac{3\sqrt{3}}{2}\right)$은 곡선 $y=f(x)$ 위의 점이므로

$$\dfrac{3\sqrt{3}}{2}=a\tan\dfrac{\pi}{4} \qquad \therefore a=\dfrac{3\sqrt{3}}{2}$$

$$\therefore ab=\dfrac{\sqrt{3}}{4}$$

다른 풀이

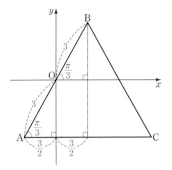

정삼각형 ABC는 한 변의 길이가 6이므로

$$A\left(-\frac{3}{2},\ -\frac{3\sqrt{3}}{2}\right),\ B\left(\frac{3}{2},\ \frac{3\sqrt{3}}{2}\right)$$

이것을 대입해서 풀어도 된다.

11   답 ㄱ, ㄷ

▸ $y=\sin x,\ y=\cos x$의 그래프를 그리고
$\sin \alpha=\cos \beta$일 때, α와 β의 관계를 조사한다.

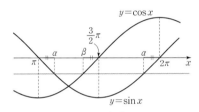

그림에서 $\sin \alpha=\cos \beta$이면

$$\alpha+\beta=\frac{5}{2}\pi\ \text{또는}\ \alpha-\beta=\frac{\pi}{2}$$

ㄱ. $\sin \alpha=\cos \beta$이므로
$\cos^2 \alpha+\cos^2 \beta=\cos^2 \alpha+\sin^2 \alpha=1$ (참)

ㄴ. [반례] $\alpha=\frac{7}{4}\pi,\ \beta=\frac{5}{4}\pi$이면

$\sin \alpha=\cos \beta$이지만
$\sin (\alpha+\beta)=\sin 3\pi=0$ (거짓)

ㄷ. (i) $\alpha+\beta=\frac{5}{2}\pi$이면 $\cos (\alpha+\beta)=\cos \frac{5}{2}\pi=0$

(ii) $\alpha-\beta=\frac{\pi}{2}$이면 $\cos (\alpha-\beta)=\cos \frac{\pi}{2}=0$

(i), (ii)에서 $\cos (\alpha+\beta)\cos (\alpha-\beta)=0$ (참)

따라서 옳은 것은 ㄱ, ㄷ이다.

Think More

$\cos \beta=\sin \left(\frac{\pi}{2}-\beta\right)$이므로 $\sin \alpha=\cos \beta$에서

$$\sin \alpha=\sin \left(\frac{\pi}{2}-\beta\right)$$

따라서 n이 정수일 때,

$$\alpha=\frac{\pi}{2}-\beta+2n\pi\ \text{또는}\ \pi-\alpha=\frac{\pi}{2}-\beta+2n\pi,$$

$$\alpha+\beta=2n\pi+\frac{\pi}{2}\ \text{또는}\ \alpha-\beta=-2n\pi+\frac{\pi}{2}$$

이 문제에서는 $\pi<\alpha<2\pi,\ \pi<\beta<2\pi$이므로

$$\alpha+\beta=2\pi+\frac{\pi}{2}\ \text{또는}\ \alpha-\beta=\frac{\pi}{2}$$

12   답 ㄱ, ㄷ

▸ 주어진 그래프를 활용해야 한다.
먼저 곡선 위에 x좌표가 $\alpha,\ \beta$인 점을 잡는다.

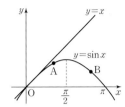

$A(\alpha,\ \sin \alpha),\ B(\beta,\ \sin \beta)$라 하자.

ㄱ. 직선 OA의 기울기가 직선 OB의 기울기보다 크므로

$$\frac{\sin \alpha}{\alpha}>\frac{\sin \beta}{\beta}\qquad \therefore \alpha \sin \beta<\beta \sin \alpha\ \text{(참)}$$

ㄴ. 직선 AB의 기울기는 1보다 작으므로

$$\frac{\sin \beta-\sin \alpha}{\beta-\alpha}<1,\ \sin \beta-\sin \alpha<\beta-\alpha$$

$$\therefore \sin \alpha-\alpha>\sin \beta-\beta\ \text{(거짓)}$$

ㄷ. $0<\sin \alpha<1,\ 0<2\alpha<\pi$이므로

$$0<2\alpha \sin \alpha<\pi\ \text{(참)}$$

따라서 옳은 것은 ㄱ, ㄷ이다.

Think More

직선 $y=x$는 원점에서 곡선 $y=\sin x$에 접한다.
이에 관해서는 [미적분 Ⅱ] 과목에서 공부한다.

13   답 $k=-\frac{3}{2},\ x=\frac{3}{2}\pi$

$\sin x=t$라 하면 $-1\leq t\leq 1$이고

$$y=1-t^2+2kt-1+4k$$

$$=-(t-k)^2+k^2+4k$$

$f(t)=-(t-k)^2+k^2+4k$라 하자.

▸ 곡선 $y=f(t)$의 축이 직선 $t=k$이므로
축이 $-1\leq t\leq 1$에 포함되는 경우와 아닌 경우로 나누어 생각한다.

(i) $k\leq-1$	(ii) $-1<k<1$	(iii) $k\geq1$

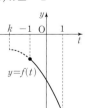 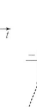 

(i) $k\leq-1$일 때

$t=-1$일 때 최대이므로 $f(-1)=-4$

$$2k-1=-4,\ k=-\frac{3}{2}$$

이때 $\sin x=-1,\ x=\frac{3}{2}\pi$

(ii) $-1<k<1$일 때

    $t=k$일 때 최대이므로 $f(k)=-4$

        $k^2+4k=-4$, $(k+2)^2=0$

    $-1<k<1$이므로 가능한 k는 없다.

(iii) $k\geq 1$일 때

    $t=1$일 때 최대이므로 $f(1)=-4$

        $6k-1=-4$, $k=-\dfrac{1}{2}$

    $k\geq 1$에 모순이다.

따라서 $k=-\dfrac{3}{2}$이고 이때 $x=\dfrac{3}{2}\pi$이다.

14

답 최댓값: $2+\sqrt{3}$, 최솟값: 0

$\cos x\neq 0$이므로 분모, 분자를 $\cos x$로 나누면

$$y=\dfrac{1+\dfrac{\sin x}{\cos x}}{1-\dfrac{\sin x}{\cos x}}=\dfrac{1+\tan x}{1-\tan x}$$

$\tan x=t$라 하면

$$y=\dfrac{1+t}{1-t}=-1-\dfrac{2}{t-1}$$

$-\dfrac{\pi}{4}\leq x\leq\dfrac{\pi}{6}$이므로 $-1\leq t\leq\dfrac{1}{\sqrt{3}}$

$y=\dfrac{1+t}{1-t}$의 그래프는 그림과 같으므로

최솟값은 $t=-1$일 때 0

최댓값은 $t=\dfrac{1}{\sqrt{3}}$일 때

$$\dfrac{1+\dfrac{1}{\sqrt{3}}}{1-\dfrac{1}{\sqrt{3}}}=\dfrac{\sqrt{3}+1}{\sqrt{3}-1}=2+\sqrt{3}$$

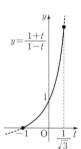

15

답 ②

▉ 분수꼴이므로 유리함수의 그래프를 그리거나
산술평균과 기하평균의 관계를 이용한다.

$$f(x)=\dfrac{9}{4-2\sin x}+2-\sin x-2$$

에서 $4-2\sin x>0$이므로

$$f(x)\geq 2\sqrt{\dfrac{9}{4-2\sin x}\times(2-\sin x)}-2$$

$$=2\sqrt{\dfrac{9}{2}}-2=3\sqrt{2}-2$$

등호는 $\dfrac{9}{4-2\sin x}=2-\sin x$일 때 성립한다.

곧, $\dfrac{9}{2}=(2-\sin x)^2$, $2-\sin x=\pm\dfrac{3\sqrt{2}}{2}$

$-1\leq\sin x\leq 1$이므로

$$2-\sin x=\dfrac{3\sqrt{2}}{2}, \sin x=2-\dfrac{3\sqrt{2}}{2}$$

따라서 $\sin x=2-\dfrac{3\sqrt{2}}{2}$인 x에서 최소이고 최솟값은 $3\sqrt{2}-2$이다.

$$\therefore a=-2, b=3, a+b=1$$

16

답 $\dfrac{4}{9}$

▉ $\angle OPA=\dfrac{\pi}{2}$이므로 P는 $\overline{OA}$를
지름으로 하는 원 위의 점이다.
$\angle POA=\theta$라 하고 P, Q의 좌표를
θ로 나타내 보자.

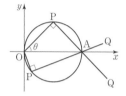

P의 y좌표가 양수라고 해도 된다.

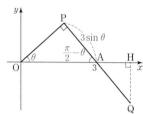

$\angle POA=\theta$라 하면 직각삼각형 POA에서 $\overline{OA}=3$이므로

$$\overline{OP}=3\cos\theta, \overline{AP}=3\sin\theta$$

Q에서 x축에 내린 수선의 발을 H라 하자.

$\overline{QA}=\overline{PQ}-\overline{AP}=4-3\sin\theta$이고,

$\angle QAH=\angle PAO=\dfrac{\pi}{2}-\theta$이므로

$$\overline{AH}=(4-3\sin\theta)\cos\left(\dfrac{\pi}{2}-\theta\right)$$

$$=4\sin\theta-3\sin^2\theta$$

$$=-3\left(\sin\theta-\dfrac{2}{3}\right)^2+\dfrac{4}{3}$$

$\overline{AH}$가 최대일 때 Q의 x좌표가 최대이다.

곧, $\sin\theta=\dfrac{2}{3}$일 때이므로

$$\sin^2(\angle POA)=\sin^2\theta=\dfrac{4}{9}$$

17

답 ④

$f(x)=a\cos b\pi(x-c)+4.5$라 하자.

만조 시각인 4시 30분은 4.5시이고, 17시 00분은 17시이므로
만조와 만조 사이의 시간은 $17-4.5=12.5$

따라서 $f(x)$의 주기는 12.5이다.

$$12.5=\dfrac{2\pi}{b\pi}\qquad\therefore b=\dfrac{4}{25}$$

조차는 $f(x)$의 최댓값과 최솟값의 차이다.

$$(a+4.5)-(-a+4.5)=8\qquad\therefore a=4$$

이때 $f(x)=4\cos\left(\dfrac{4}{25}\pi(x-c)\right)+4.5$

$f(x)$는 만조 시각인 $x=4.5$일 때 최대이고
$\cos x$는 $x=0,\ 2\pi,\ 4\pi,\ \cdots$일 때 최대이므로

$$\dfrac{4}{25}\pi(4.5-c)=0,\ 2\pi,\ 4\pi,\ \cdots$$

$0<c<6$이므로 $c=4.5$

$$\therefore a+100b+10c=65$$

Think More

$f(x)$는 $x=17$일 때도 최대이고 이때

$$\dfrac{4}{25}\pi(17-c)=2\pi,\ c=4.5$$

18 ◆답 ⑤

▌$\sin^2 x+\cos^2 x=1$과 연립하여 푼다.

$$\cos x=1-\sin x \qquad \cdots ❶$$

를 $\sin^2 x+\cos^2 x=1$에 대입하면

$$\sin^2 x+(1-\sin x)^2=1$$
$$\sin x(\sin x-1)=0$$
$$\therefore \sin x=0 \text{ 또는 } \sin x=1$$

$\sin x=0$일 때 ❶에서 $\cos x=1$이므로 $x=0$

$\sin x=1$일 때 ❶에서 $\cos x=0$이므로 $x=\dfrac{\pi}{2}$

따라서 모든 근의 합은 $0+\dfrac{\pi}{2}=\dfrac{\pi}{2}$

Think More

$\sin x=0$에서 $x=0$ 또는 $x=\pi$라 하면 안 된다는 것에 주의한다.

19 ◆답 ⑤

▌해의 범위에 관한 문제이다.
그래프를 그리고 교점의 x좌표가 해임을 이용한다.

$\sin x=\dfrac{4}{\pi}x-2$의 해는 곡선 $y=\sin x$와 직선 $y=\dfrac{4}{\pi}x-2$의

교점의 x좌표이고, $\cos x=\dfrac{4}{\pi}x-1$의 해는 곡선 $y=\cos x$와

직선 $y=\dfrac{4}{\pi}x-1$의 교점의 x좌표이므로 α, β는 그림과 같다.

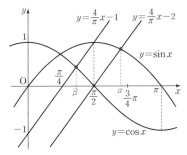

따라서 ①, ②, ④는 참이다.

③ $y=\dfrac{4}{\pi}x-2$는 $x=\dfrac{3}{4}\pi$일 때 1이고,

$y=\sin x$는 $x=\dfrac{3}{4}\pi$일 때 $\dfrac{\sqrt{2}}{2}<1$이므로

$$\alpha<\dfrac{3}{4}\pi \text{ (참)}$$

⑤ $\alpha>\dfrac{\pi}{2}$, $\beta>\dfrac{\pi}{4}$이므로 $\alpha+\beta>\dfrac{3}{4}\pi$ (거짓)

20 ◆답 8

$\cos(|\cos 2x|)=\dfrac{\sqrt{3}}{2}$에서

$0\le|\cos 2x|\le1$이므로 $|\cos 2x|=\dfrac{\pi}{6}$

$$\therefore \cos 2x=\pm\dfrac{\pi}{6}$$

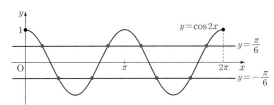

$y=\cos 2x$의 그래프와 직선 $y=\dfrac{\pi}{6}$ 또는 $y=-\dfrac{\pi}{6}$의 교점은

8개이므로 방정식의 근은 8개이다.

Think More

$y=|\cos 2x|$의 그래프와 직선 $y=\dfrac{\pi}{6}$의 교점을 생각해도 된다.

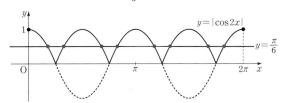

21 ◆답 0, $\dfrac{\sqrt{2}}{2}$, $\dfrac{\sqrt{3}}{2}$

▌한 근과 두 배인 근을 α, 2α라 하고 대입하면 $\sin\alpha$와 $\sin 2\alpha$의 관계를 찾기 쉽지 않다.
주어진 식을 인수분해 하여 쉽게 구할 수 있는 근이 있는지 찾아본다.

$\sin^2 x-(k+1)\sin x+k=0$에서

$$(\sin x-1)(\sin x-k)=0$$
$$\therefore \sin x=1 \text{ 또는 } \sin x=k \qquad \cdots ❶$$

$0\le x\le\pi$에서 $\sin x=1$의 해는 $x=\dfrac{\pi}{2}$

▌$\sin x=1$이 한 근을 가지므로 $\sin x=k$는 두 근을 가진다.
두 배인 근이 나오는 경우를 생각해 본다.

한 근이 다른 근의 2배인 경우는 다음의 세 가지이다.

(i) $x=\dfrac{\pi}{4}$가 $\sin x=k$의 근인 경우

$$k=\sin\dfrac{\pi}{4}=\dfrac{\sqrt{2}}{2}$$

이때 ❶의 근은 $x=\dfrac{\pi}{2},\ \dfrac{\pi}{4},\ \dfrac{3}{4}\pi$의 세 개이므로 성립한다.

(ii) $x=\pi$가 $\sin x=k$의 근인 경우

$$k=\sin\pi=0$$

이때 ❶의 근은 $x=\dfrac{\pi}{2}$, 0, π의 세 개이므로 성립한다.

(iii) $\sin x=k$의 두 근이 α, 2α 꼴인 경우

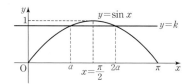

직선 $x=\alpha$, $x=2\alpha$는 직선 $x=\dfrac{\pi}{2}$에 대칭이므로

$$\dfrac{\alpha+2\alpha}{2}=\dfrac{\pi}{2} \qquad \therefore \alpha=\dfrac{\pi}{3}$$

이때 $k=\sin\dfrac{\pi}{3}=\dfrac{\sqrt{3}}{2}$

(i), (ii), (iii)에서 k의 값은 0, $\dfrac{\sqrt{2}}{2}$, $\dfrac{\sqrt{3}}{2}$이다.

22 답 ④

$y=\sin x-|\sin x|$의 그래프와 직선 $y=ax-2$의 교점이 3개일 때의 모양을 그려 보자.

$f(x)=\sin x-|\sin x|$라 하면
$\sin x\geq0$일 때 $f(x)=0$,
$\sin x<0$일 때 $f(x)=2\sin x$
이므로 $y=f(x)$의 그래프는 그림과 같다.

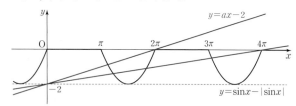

$y=f(x)$의 그래프가 직선 $y=ax-2$와 서로 다른 세 점에서 만나면 직선은 x축과 $2\pi<x<4\pi$에서 만난다.

직선 $y=ax-2$가 점 $(2\pi, 0)$을 지날 때 $a=\dfrac{1}{\pi}$

직선 $y=ax-2$가 점 $(4\pi, 0)$을 지날 때 $a=\dfrac{1}{2\pi}$

이므로 $\dfrac{1}{2\pi}<a<\dfrac{1}{\pi}$

Think More

$a>0$이고, $y=ax-2$의 y절편이 -2이므로
$y=f(x)$의 그래프와 $y=ax-2$는 $x<0$에서 만나지 않는다.

23 답 $k<-8$ 또는 $k>8$

$0\leq x\leq\pi$이므로 $\cos x=t$라 하면
$-1\leq t\leq1$을 만족시키는 t의 개수가 x의 개수와 같다.

$\cos x=t$라 하면 $|kt^2-kt|=2$
이 방정식의 해가 $-1\leq t\leq1$을 만족시키면 이에 대응하는 x의 값도 1개이다. 따라서 $-1\leq t\leq1$에서 이 방정식의 해가 3개이면 된다.

$f(t)=t^2-t$라 하면 $|kf(t)|=2$이고
$$k>0일\ 때\ |f(t)|=\dfrac{2}{k}, \qquad k<0일\ 때\ |f(t)|=-\dfrac{2}{k}$$
이므로 $k>0$일 때와 $k<0$일 때로 나누어 그래프를 그려 본다.

$f(t)=t^2-t$라 하자.

(i) $k=0$일 때 성립하지 않는다.

(ii) $k>0$일 때 $|f(t)|=\dfrac{2}{k}$

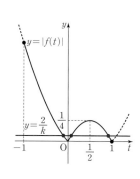

$f(t)=\left(t-\dfrac{1}{2}\right)^2-\dfrac{1}{4}$이므로
$-1\leq t\leq1$에서 $y=|f(t)|$의
그래프가 직선 $y=\dfrac{2}{k}$와 서로
다른 세 점에서 만나려면

$$0<\dfrac{2}{k}<\dfrac{1}{4} \qquad \therefore k>8$$

(iii) $k<0$일 때 $|f(t)|=-\dfrac{2}{k}$

위 그림에서 $0<-\dfrac{2}{k}<\dfrac{1}{4}$

$$\therefore k<-8$$

(i), (ii), (iii)에서 $k<-8$ 또는 $k>8$

24 답 ②

두 곡선 $y=\sin n\pi x$, $y=\log_2\dfrac{x}{n}$의 교점의 개수를 구해야 한다.
우선 $|\sin n\pi x|\leq1$임을 이용하여 그래프의 범위를 구한다.

방정식 $\sin n\pi x-\log_2\dfrac{x}{n}=0$의 해의 개수는

두 곡선 $y=\sin n\pi x$, $y=\log_2\dfrac{x}{n}$가 만나는 점의 개수와 같다.

$f(x)=\sin n\pi x$, $g(x)=\log_2\dfrac{x}{n}$라 하면

$$-1\leq f(x)\leq1$$
$$g(n)=0,\ g(2n)=1,\ g\left(\dfrac{n}{2}\right)=-1$$

이므로 $\dfrac{n}{2}\leq x\leq2n$에서만 두 곡선이 만난다.

또, $f(x)$의 주기는 $\dfrac{2\pi}{n\pi}=\dfrac{2}{n}$

$n=4$이면 그래프는 그림과 같다.

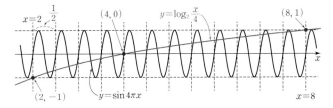

$2 \le x < \frac{5}{2}$에서 교점이 2개, $\frac{5}{2} \le x < 3$에서 교점이 2개, …이다.

$2 \le x \le 8$에서 주기 $\frac{1}{2}$은 12번 반복되고, 주기마다 2개의 교점이 생긴다.

이때 $\frac{7}{2} \le x < 4$에서만 교점이 1개이므로

교점의 개수는 $2 \times 12 - 1 = 23$

$$\therefore h(4) = 23$$

25 $\qquad$ 답 ②

▶ 반지름의 길이가 1이므로 호의 길이가 중심각의 크기이다.
중심각의 크기를 이용하여 P, Q의 y좌표부터 구한다.

P, Q가 t초 동안 호를 따라 움직인 거리는 각각 $\frac{2}{3}\pi t$, $\frac{4}{3}\pi t$이므로 동경 OP, OQ가 나타내는 각의 크기도 각각 $\frac{2}{3}\pi t$, $\frac{4}{3}\pi t$이다.

P, Q의 y좌표를 각각 $f(t)$, $g(t)$라 하면

$$f(t) = \sin \frac{2}{3}\pi t, \quad g(t) = \sin \frac{4}{3}\pi t$$

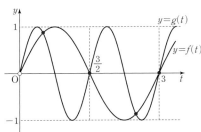

그림에서 출발하고 3초 동안 $f(t)$, $g(t)$의 값이 4회 같으므로 99초가 될 때까지 132회 같다.
따라서 100초가 될 때까지는 133회 같다.

Think More

$f(t)$의 주기는 3, $g(t)$의 주기는 $\frac{3}{2}$이므로 3초까지의 그래프가 반복된다.

26 $\qquad$ 답 ②

▶ $\sin^2 x$, $\cos^2 x$, $\sin x \cos x$만 포함한 식은 $\cos^2 x$로 나누어 $\tan x$로 나타낸다.

$\cos x \ne 0$이므로 양변을 $\cos^2 x$로 나누면

$$\tan^2 x + (\sqrt{3} - 1)\tan x - \sqrt{3} \le 0$$
$$(\tan x + \sqrt{3})(\tan x - 1) \le 0$$
$$\therefore -\sqrt{3} \le \tan x \le 1$$

$-\frac{\pi}{2} < x < \frac{\pi}{2}$이므로 $-\frac{\pi}{3} \le x \le \frac{\pi}{4}$

$$\therefore \alpha = -\frac{\pi}{3}, \ \beta = \frac{\pi}{4}, \ \alpha + \beta = -\frac{\pi}{12}$$

27 $\qquad$ 답 $x = -\pi$ 또는 $-\frac{\pi}{3} \le x \le \pi$

▶ 각의 크기가 달라 $\sin^2 \theta + \cos^2 \theta = 1$을 이용할 수는 없다.
$\left(x + \frac{\pi}{6}\right) - \left(x - \frac{\pi}{3}\right) = \frac{\pi}{2}$임을 이용한다.

$x + \frac{\pi}{6} = t$라 하면 주어진 방정식은

$$2\sin^2 t - \cos\left(t - \frac{\pi}{2}\right) - 1 \le 0$$
$$2\sin^2 t - \sin t - 1 \le 0, \ (2\sin t + 1)(\sin t - 1) \le 0$$
$$\therefore -\frac{1}{2} \le \sin t \le 1$$

$-\pi \le x \le \pi$에서 $-\frac{5}{6}\pi \le t \le \frac{7}{6}\pi$이므로

$$t = -\frac{5}{6}\pi \ \text{또는} \ -\frac{\pi}{6} \le t \le \frac{7}{6}\pi$$
$$x + \frac{\pi}{6} = -\frac{5}{6}\pi \ \text{또는} \ -\frac{\pi}{6} \le x + \frac{\pi}{6} \le \frac{7}{6}\pi$$
$$\therefore x = -\pi \ \text{또는} \ -\frac{\pi}{3} \le x \le \pi$$

28 $\qquad$ 답 12

▶ $x < 3$일 때 $3\sin \frac{\pi x}{2} > -x + 3$, $x \ge 3$일 때 $3\sin \frac{\pi x}{2} > x - 3$이지만 바로 풀기 힘드므로 $y = 3\sin \frac{\pi x}{2}$와 $y = |x - 3|$의 그래프에서 대칭을 이용하여 해의 관계를 생각해 본다.

$y = 3\sin \frac{\pi x}{2}$와 $y = |x - 3|$의 그래프는 그림과 같다.

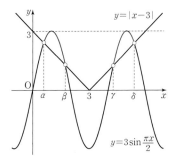

α와 δ, β와 γ는 직선 $x=3$에 대칭이므로

$$\frac{\alpha+\delta}{2}=3,\ \frac{\beta+\gamma}{2}=3$$

$$\therefore \alpha+\beta+\gamma+\delta=12$$

29 　　　　　　　　　　　　　　　　답 11

▶ $\alpha+\beta=\pi-\gamma$이므로

$$9\sin^2(\pi+\alpha+\beta)+9\cos\gamma=9\sin^2(2\pi-\gamma)+9\cos\gamma$$

이 식의 최댓값을 구하기 위해서는

$a^2+b^2=3ab\cos\gamma$에서 $\cos\gamma$나 γ의 값의 범위를 구해야 함을 알 수 있다.

$\alpha+\beta=\pi-\gamma$이므로

$$\sin(\pi+\alpha+\beta)=\sin(2\pi-\gamma)=-\sin\gamma$$

$$\therefore 9\sin^2(\pi+\alpha+\beta)+9\cos\gamma$$

$$=9\sin^2\gamma+9\cos\gamma$$

$$=9(1-\cos^2\gamma)+9\cos\gamma$$

$$=-9(\cos^2\gamma-\cos\gamma)+9$$

$$=-9\left(\cos\gamma-\frac{1}{2}\right)^2+\frac{45}{4} \quad \cdots \text{❶}$$

$a^2+b^2=3ab\cos\gamma$의 양변을 ab로 나누면

$$3\cos\gamma=\frac{a}{b}+\frac{b}{a}$$

a, b는 양수이므로 산술평균과 기하평균의 관계에서

$$3\cos\gamma\geq 2\sqrt{\frac{a}{b}\times\frac{b}{a}}=2\left(\text{단, 등호는 }\frac{a}{b}=\frac{b}{a}\text{일 때 성립}\right)$$

$$\therefore \frac{2}{3}\leq\cos\gamma\leq 1$$

이 범위에서 ❶은 $\cos\gamma=\frac{2}{3}$일 때 최대이고 최댓값은 11이다.

30 　　　　　　　　　　　　　　　　답 ⑤

$\cos x=t$라 하고 $f(t)=t^2-\frac{a}{2}t-\frac{1}{2}$이라 하면 $-1\leq t\leq 1$

$\frac{\pi}{2}<x<\frac{3}{2}\pi$이면 $-1\leq t<0$이므로

모든 해는 $-1\leq t<0$을 만족시켜야 한다. $\cdots$ ❶

(i) $a\leq 0$일 때

$$f(0)=-\frac{1}{2},$$

$$f(1)=\frac{1-a}{2}\geq 0$$

이므로 $0\leq t\leq 1$인 해가 존재하여
❶에 모순이다.

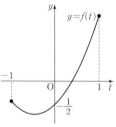

(ii) $a>0$일 때

$$f(0)=-\frac{1}{2}$$

$$f(-1)=\frac{a+1}{2}>0$$

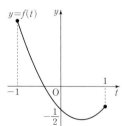

❶을 만족시키려면
$f(1)<0$이어야 하므로

$$\frac{1-a}{2}<0 \quad \therefore a>1$$

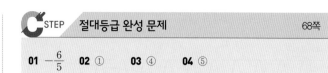
01 　　　　　　　　　　　　　　　　답 $-\dfrac{6}{5}$

▶ $\sin x$, $\cos x$가 같이 있어 정리하기 쉽지 않다.

$\cos x=X$, $\sin x=Y$라 하면

(X, Y)는 원 $X^2+Y^2=1$ 위의 점이다.

따라서 곡선 $y=\dfrac{2Y-1}{2X+3}$과 원이 만날 조건을 찾는다.

$\cos x=X$, $\sin x=Y$라 하면

$$y=\frac{2Y-1}{2X+3} \quad \cdots \text{❶}$$

또 $X^2+Y^2=1$이므로 (X, Y)는 반지름이 1인 원 위의 점이다.

❶에서 $2yX+3y=2Y-1$

$$2yX-2Y+3y+1=0$$

$$y(2X+3)-2Y+1=0$$

이 직선은 y의 값에 관계없이

점 $\left(-\dfrac{3}{2}, \dfrac{1}{2}\right)$을 지나고

직선과 원의 교점이 있으므로
원점과 이 직선 사이의 거리가
1 이하이다.

$$\frac{|3y+1|}{\sqrt{4y^2+4}}\leq 1$$

양변에 $\sqrt{4y^2+4}$를 곱하고 제곱하면

$$9y^2+6y+1\leq 4y^2+4$$

$$5y^2+6y-3\leq 0$$

$5y^2+6y-3=0$의 두 근을 α, β라 하면

부등식의 해는 $\alpha\leq y\leq\beta$이므로 최댓값은 β, 최솟값은 α이다.

$$\therefore M+m=\beta+\alpha=-\frac{6}{5}$$

02 　　　　　　　　　　　　　　　　답 ①

$A(\cos\theta, \sin\theta)$라 하자.

직선 OA의 기울기가 $\tan\theta$이므로 원 $x^2+y^2=1$ 위의 점 A에서의
접선의 방정식은

$$y-\sin\theta=-\frac{1}{\tan\theta}(x-\cos\theta)$$

$$y-\sin\theta=-\frac{\cos\theta}{\sin\theta}(x-\cos\theta)$$

양변에 $\sin\theta$를 곱하고 정리하면

$$x\cos\theta+y\sin\theta=1$$

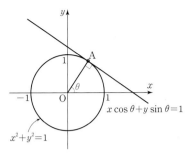

곧, $y=\dfrac{1}{\sin\theta}(-x\cos\theta+1)$을 $(x+2)^2+y^2=9$에 대입하여

정리하면

$$(x+2)^2+\dfrac{1}{\sin^2\theta}(x^2\cos^2\theta-2x\cos\theta+1)=9$$

$$(\sin^2\theta)(x+2)^2+(x^2\cos^2\theta-2x\cos\theta+1)=9\sin^2\theta$$

$$x^2+(4\sin^2\theta-2\cos\theta)x-5\sin^2\theta+1=0$$

이 방정식의 두 근이 α, β이므로

$$\alpha+\beta=-4\sin^2\theta+2\cos\theta$$

$$\therefore f(\theta)=-4\sin^2\theta+2\cos\theta$$

$\cos\theta=t$라 하면

$$f(\theta)=-4(1-t^2)+2t=4t^2+2t-4$$

$$=4\left(t+\dfrac{1}{4}\right)^2-\dfrac{17}{4}$$

$-1<t<1$이므로 $t=-\dfrac{1}{4}$일 때 최솟값은 $-\dfrac{17}{4}$이다.

---

03 ··· 답 ④

▸ $k=1, \cdots, 6$일 때 $y=f(x)$의 그래프를 그리면 $g(k)$의 값을 구할 수 있다.
$y=2\sin\left(\dfrac{k}{6}\pi\right)-\sin x$의 그래프는 $y=\sin x$를 x축에 대칭이동한 후
y축 방향으로 평행이동하여 그린다.

(i) $k=1$일 때, $g(1)=3$

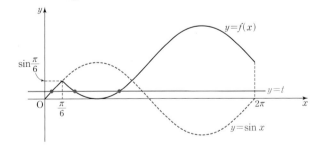

(ii) $k=2$일 때, $g(2)=3$

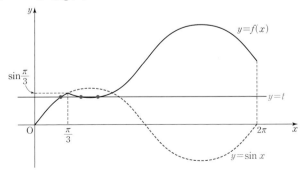

(iii) $k=3$일 때, $g(3)=2$

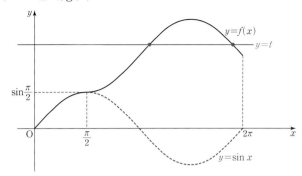

(iv) $k=4$일 때, $g(4)=3$

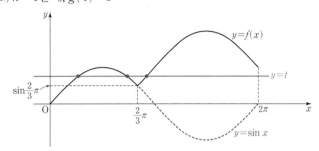

(v) $k=5$일 때, $g(5)=3$

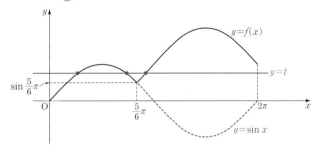

(vi) $k=6$일 때, $g(6)=4$

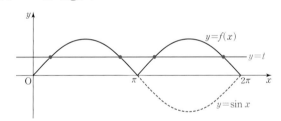

(i)~(vi)에서 $g(1)+g(2)+g(3)+\cdots+g(6)=18$

---

04 ··· 답 ⑤

$$\left(\sin\dfrac{\pi x}{6}-t\right)\left(\cos\dfrac{\pi x}{6}+t\right)=0$$에서

$$\sin\dfrac{\pi x}{6}=t \text{ 또는 } \cos\dfrac{\pi x}{6}=-t$$

▸ $-\cos\dfrac{\pi x}{6}=t$라 하면
곡선 $y=\sin\dfrac{\pi x}{6}$, $y=-\cos\dfrac{\pi x}{6}$와 직선 $y=t$의 교점의 x좌표가
$A(t)$의 원소이다.

$\alpha(t)$, $\beta(t)$는 곡선 $y=\sin\dfrac{\pi x}{6}$, $y=-\cos\dfrac{\pi x}{6}$와 직선 $y=t$가
만나는 점의 x좌표 중 하나이다.

또 곡선 $y=-\cos\dfrac{\pi x}{6}$와 곡선 $y=\sin\dfrac{\pi x}{6}$는 주기가 12이다.

ㄱ. $0<t\le1$이면 $\alpha(t)$는 곡선 $y=\sin\dfrac{\pi x}{6}$와의 교점에서 생기고,

$\beta(t)$는 곡선 $y=-\cos\dfrac{\pi x}{6}$와의 교점에서 생긴다.

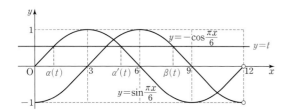

곡선 $y=\sin\dfrac{\pi x}{6}$와 직선 $y=t$가 만나는 점의 x좌표 중

$\alpha(t)$가 아닌 값을 $\alpha'(t)$라 하면

$\qquad \alpha'(t)=\beta(t)-3$

$\alpha(t)$와 $\alpha'(t)$는 직선 $x=3$에 대칭이므로

$\qquad \alpha(t)+\alpha'(t)=6$

$\qquad \therefore \alpha(t)+\beta(t)=\alpha(t)+\alpha'(t)+3=9$ (참)

ㄴ. $\alpha(0)=0$, $\beta(0)=9$이므로 $\beta(0)-\alpha(0)=9$

$\beta(t)-\alpha(t)=9$인 t의 값의 범위를 찾으면 된다.

(ⅰ) $t=0$일 때, $\beta(t)-\alpha(t)=9$

(ⅱ) $t>0$일 때

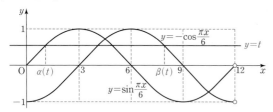

$\qquad \beta(t)<9$이므로 $\beta(t)-\alpha(t)<9$

$\qquad \therefore \beta(t)-\alpha(t)\ne9$

(ⅲ) $-\dfrac{\sqrt2}{2}<t<0$일 때

$\quad$ ▸$\alpha(t)$는 곡선 $y=-\cos\dfrac{\pi x}{6}$와의 교점에서 생기고,

$\quad \beta(t)$는 곡선 $y=\sin\dfrac{\pi x}{6}$와의 교점에서 생긴다.

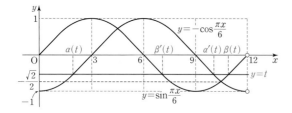

곡선 $y=-\cos\dfrac{\pi x}{6}$와 직선 $y=t$의 교점의 x좌표 중

$\alpha(t)$가 아닌 값을 $\alpha'(t)$라 하자.

또 곡선 $y=\sin\dfrac{\pi x}{6}$와 직선 $y=t$의 교점의 x좌표 중

$\beta(t)$가 아닌 값을 $\beta'(t)$라 하자.

$\alpha(t)$와 $\alpha'(t)$는 직선 $x=6$에 대칭이고,

$\beta'(t)$와 $\beta(t)$는 직선 $x=9$에 대칭이므로

$\qquad \alpha(t)+\alpha'(t)=12,\ \beta'(t)+\beta(t)=18$

평행이동을 생각하면 $\alpha'(t)=\beta'(t)+3$이므로

$\qquad \alpha(t)+\beta'(t)+3=12,\ \beta'(t)+\beta(t)=18$

두 식을 변변 빼면

$\qquad \alpha(t)-\beta(t)+3=-6$

$\qquad \therefore \beta(t)-\alpha(t)=9$

(ⅳ) $t=-\dfrac{\sqrt2}{2}$일 때

$\qquad \alpha(t)=\dfrac{3}{2},\ \beta(t)=\dfrac{21}{2}$이므로 $\beta(t)-\alpha(t)=9$

(ⅴ) $-1\le t<-\dfrac{\sqrt2}{2}$일 때

$\quad$ ▸$\alpha(t),\ \beta(t)$는 곡선 $y=-\cos\dfrac{\pi x}{6}$와의 교점에서 생긴다.

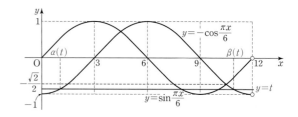

$\quad \alpha(t)<\dfrac{3}{2},\ \beta(t)>12-\dfrac{3}{2}$이므로 $\beta(t)-\alpha(t)>9$

$\qquad \therefore \beta(t)-\alpha(t)\ne9$

(ⅰ)～(ⅴ)에서

$\qquad \{t\,|\,\beta(t)-\alpha(t)=9\}=\left\{t\,\Big|\,-\dfrac{\sqrt2}{2}\le t\le0\right\}$ (참)

ㄷ.

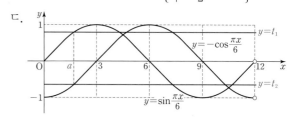

$\alpha(t_1)=\alpha(t_2)=a$라 하자.

$\sin\dfrac{a\pi}{6}=t_1,\ -\cos\dfrac{a\pi}{6}=t_2$라 해도 된다.

$\left(\sin\dfrac{a\pi}{6}\right)^2+\left(-\cos\dfrac{a\pi}{6}\right)^2=1$에서 $t_1{}^2+t_2{}^2=1$이고,

조건에서 $t_1-t_2=\dfrac{5}{4}$이다.

$\quad$ ▸$(a-b)^2=a^2-2ab+b^2$에서 $ab=-\dfrac{(a-b)^2-(a^2+b^2)}{2}$임을 이용하자.

$\qquad \therefore t_1\times t_2=-\dfrac{(t_1-t_2)^2-(t_1{}^2+t_2{}^2)}{2}$

$\qquad\qquad =-\dfrac{\dfrac{25}{16}-1}{2}=-\dfrac{9}{32}<-\dfrac{1}{4}$ (참)

따라서 옳은 것은 ㄱ, ㄴ, ㄷ이다.

06 삼각함수의 활용

STEP A 시험에 꼭 나오는 문제 70~73쪽

01 ⑤	**02** $\sqrt{6}$	**03** 32	**04** ②	**05** ⑤

06 C_1의 반지름의 길이: $4\sqrt{3}$, C_2의 반지름의 길이: 12

07 2	**08** $50\sqrt{7}\pi$	**09** 68	**10** ③	**11** ②	**12** $\dfrac{3\sqrt{3}}{14}$
13 ⑤	**14** ④	**15** ②	**16** $\sqrt{6}+\sqrt{2}$	**17** $25(\sqrt{3}+1)\,\mathrm{m}$
18 ②	**19** $\angle A=\dfrac{\pi}{2}$ 또는 $\angle B=\dfrac{\pi}{2}$인 직각삼각형	**20** ④
21 ②	**22** $\dfrac{12\sqrt{3}}{5}$	**23** 6	**24** ③	**25** $\dfrac{3+\sqrt{3}}{4}$	**26** 16
27 5	**28** ③	**29** $\dfrac{111\sqrt{3}}{4}$	**30** $2\sqrt{6}$	**31** ④

01 답 ⑤

외접원의 반지름의 길이를 R이라 하면 사인법칙에서

$$2R=\frac{5}{\sin\frac{2}{3}\pi}=\frac{5}{\frac{\sqrt{3}}{2}}=\frac{10\sqrt{3}}{3}$$

$$\therefore R=\frac{5\sqrt{3}}{3}$$

02 답 $\sqrt{6}$

$$A=\pi\times\frac{3}{12}=\frac{\pi}{4},\ B=\pi\times\frac{4}{12}=\frac{\pi}{3}$$

이므로 사인법칙에서

$$\frac{2}{\sin\frac{\pi}{4}}=\frac{b}{\sin\frac{\pi}{3}}$$

$$\therefore b=\frac{2\times\sin\frac{\pi}{3}}{\sin\frac{\pi}{4}}=\frac{2\times\frac{\sqrt{3}}{2}}{\frac{\sqrt{2}}{2}}=\sqrt{6}$$

03 답 32

$\angle BDA=\angle BCA=\dfrac{\pi}{6}$이므로 삼각형 ABD에서 사인법칙을 이용하면

$$\frac{16\sqrt{2}}{\sin\frac{\pi}{6}}=\frac{\overline{AD}}{\sin\frac{\pi}{4}}$$

$$\therefore \overline{AD}=\frac{16\sqrt{2}\times\sin\frac{\pi}{4}}{\sin\frac{\pi}{6}}=\frac{16\sqrt{2}\times\frac{\sqrt{2}}{2}}{\frac{1}{2}}=32$$

04 답 ②

$A+B+C=\pi$이므로

$$\sin(B+C)=\sin(\pi-A)=\sin A \quad\cdots\ ❶$$

외접원의 반지름의 길이가 1이므로 사인법칙에서

$$2\times1=\frac{a}{\sin A} \qquad \therefore \sin A=\frac{a}{2} \quad\cdots\ ❷$$

❶, ❷를 $4\sin(B+C)\sin A=1$에 대입하면

$$4\times\frac{a^2}{4}=1,\ a^2=1$$

$a>0$이므로 $a=1$

05 답 ⑤

수선의 길이를 각각 $2h$, $3h$, $4h$라 하자.
삼각형 ABC의 넓이를 생각하면

$$\frac{1}{2}a\times2h=\frac{1}{2}b\times3h=\frac{1}{2}c\times4h$$

$$2a=3b=4c$$

$$\therefore a:b:c=6:4:3$$

사인법칙에서

$$\sin A:\sin B:\sin C=\frac{a}{2R}:\frac{b}{2R}:\frac{c}{2R}$$

$$=6:4:3$$

06 답 C_1의 반지름의 길이: $4\sqrt{3}$, C_2의 반지름의 길이: 12

원 C_1, C_2의 반지름의 길이를 각각 R_1, R_2라 하자.
원 C_1에 내접하는 삼각형에서

$$\frac{12}{\sin\frac{\pi}{3}}=2R_1 \qquad \therefore R_1=4\sqrt{3}$$

원 C_2에 내접하는 삼각형에서

$$\frac{12}{\sin\frac{\pi}{6}}=2R_2 \qquad \therefore R_2=12$$

07 답 2

$\overline{BC}=x$라 하고 코사인법칙을 이용하면

$$(\sqrt{7})^2=x^2+1^2-2\times x\times\cos\frac{2}{3}\pi$$

$$x^2+x-6=0,\ (x+3)(x-2)=0$$

$x>0$이므로 $x=2$

08 답 $50\sqrt{7}\pi$

두 반원의 반지름의 길이를 각각 r_1, r_2라 하면 수로의 길이는

$$\frac{1}{2} \times 2\pi \times r_1 + \frac{1}{2} \times 2\pi \times r_2 = \pi(r_1+r_2) \quad \cdots \text{❶}$$

$\overline{AB} = 2(r_1+r_2)$이므로 삼각형 APB에서 코사인법칙을 이용하면

$$4(r_1+r_2)^2 = 100^2 + 200^2 - 2 \times 100 \times 200 \times \cos\frac{2}{3}\pi$$

$$= 70000$$

$$\therefore r_1+r_2 = 50\sqrt{7} \quad \cdots \text{❷}$$

❷를 ❶에 대입하면 수로의 길이는

$$\pi(r_1+r_2) = 50\sqrt{7}\pi$$

09 답 68

두 대각선의 교점을 O라 하면
O는 두 대각선을 이등분하므로

$$\overline{OA} = \overline{OC} = 3$$
$$\overline{OB} = \overline{OD} = 5$$

삼각형 ABO에서 코사인법칙을 이용하면

$$\overline{AB}^2 = 3^2 + 5^2 - 2 \times 3 \times 5 \times \cos\frac{\pi}{3} = 19$$

삼각형 AOD에서 코사인법칙을 이용하면

$$\overline{AD}^2 = 3^2 + 5^2 - 2 \times 3 \times 5 \times \cos\frac{2}{3}\pi = 49$$

$$\therefore \overline{AB}^2 + \overline{AD}^2 = 68$$

10 답 ③

삼각형 ABD에서 코사인법칙을 이용하면

$$\overline{BD}^2 = (8\sqrt{3})^2 + (5\sqrt{3})^2 - 2 \times 8\sqrt{3} \times 5\sqrt{3} \times \cos\frac{\pi}{3}$$

$$= 147$$

내접하는 사각형에서 대각의 크기의 합은 π이므로

$$\angle BCD = \frac{2}{3}\pi$$

$\overline{BC} = \overline{CD} = x$라 하고 삼각형 BCD에서 코사인법칙을 이용하면

$$\overline{BD}^2 = x^2 + x^2 - 2 \times x \times x \times \cos\frac{2}{3}\pi$$

$$147 = 3x^2, \; x^2 = 49$$

$x > 0$이므로 $x = 7$

11 답 ②

$$\overline{AN} = \sqrt{3^2+4^2} = 5, \; \overline{NM} = \sqrt{1^2+3^2} = \sqrt{10},$$
$$\overline{AM} = \sqrt{1^2+4^2} = \sqrt{17}$$

이므로 삼각형 AMN에서 코사인법칙을 이용하면

$$\cos\theta = \frac{5^2 + (\sqrt{17})^2 - (\sqrt{10})^2}{2 \times 5 \times \sqrt{17}} = \frac{16}{5\sqrt{17}} = \frac{16\sqrt{17}}{85}$$

12 답 $\dfrac{3\sqrt{3}}{14}$

▶변의 길이를 아는 경우 $\cos x$부터 구한다.

$\overline{AB} = 3a$라 하면

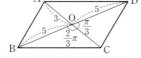

$$\overline{AD} = \overline{DE} = \overline{EC} = a$$

삼각형 ABD에서 코사인법칙을 이용하면

$$\overline{BD}^2 = (3a)^2 + a^2$$

$$- 2 \times 3a \times a \times \cos\frac{\pi}{3}$$

$$= 7a^2$$

$$\therefore \overline{BE} = \overline{BD} = \sqrt{7}a$$

삼각형 DBE에서 코사인법칙을 이용하면

$$\cos x = \frac{7a^2 + 7a^2 - a^2}{2 \times \sqrt{7}a \times \sqrt{7}a} = \frac{13}{14}$$

$$\therefore \sin x = \sqrt{1 - \cos^2 x} = \sqrt{1 - \left(\frac{13}{14}\right)^2} = \frac{3\sqrt{3}}{14}$$

13 답 ⑤

코사인법칙에서

$$\cos B = \frac{2^2 + 3^2 - 4^2}{2 \times 2 \times 3} = -\frac{1}{4}$$

$$\therefore \sin B = \sqrt{1 - \cos^2 B} = \sqrt{1 - \left(-\frac{1}{4}\right)^2} = \frac{\sqrt{15}}{4}$$

외접원의 반지름의 길이를 R이라 하면 사인법칙에서

$$\frac{4}{\sin B} = 2R$$

$$\therefore R = \frac{4}{2 \times \frac{\sqrt{15}}{4}} = \frac{8\sqrt{15}}{15}$$

14 답 ④

▶반지름의 길이는 사인법칙부터 생각한다.

삼각형 ABC에서 코사인법칙을 이용하면

$$\overline{AC}^2 = 2^2 + 1^2 - 2 \times 2 \times 1 \times \cos\frac{2}{3}\pi = 7$$

$$\therefore \overline{AC} = \sqrt{7}$$

원의 반지름의 길이를 R이라 하면 사인법칙에서

$$\frac{\sqrt{7}}{\sin\frac{2}{3}\pi} = 2R$$

$$\therefore R = \frac{\sqrt{7}}{2 \times \frac{\sqrt{3}}{2}} = \frac{\sqrt{21}}{3}$$

15
답 ②

▶ 사인법칙에서 $\sin A : \sin B : \sin C = a : b : c$가 성립한다.

사인법칙에서

$$\sin A = \frac{a}{2R}, \sin B = \frac{b}{2R}, \sin C = \frac{c}{2R}$$

이므로

$$\frac{a}{2R} : \frac{b}{2R} : \frac{c}{2R} = 3 : 5 : 7, a : b : c = 3 : 5 : 7$$

따라서 C가 가장 큰 각이다.

$a = 3k, b = 5k, c = 7k$라 하면

$$\cos C = \frac{9k^2 + 25k^2 - 49k^2}{2 \times 3k \times 5k} = -\frac{1}{2}$$

$$\therefore C = \frac{2}{3}\pi$$

16
답 $\sqrt{6} + \sqrt{2}$

▶ $\angle C = 75°$이므로 $\sin 75°$의 값을 알면 바로 사인법칙으로 구할 수 있다. $\sin 75°$의 값을 모르면 C에서 $\overline{AB}$에 수선을 긋는다.

사인법칙에서

$$\frac{a}{\sin 45°} = \frac{b}{\sin 60°} = 2 \times 2$$

이므로

$$a = 4\sin 45° = 4 \times \frac{\sqrt{2}}{2} = 2\sqrt{2}$$

$$b = 4\sin 60° = 4 \times \frac{\sqrt{3}}{2} = 2\sqrt{3}$$

C에서 변 AB에 내린 수선의 발을 H라 하면

$$\overline{AB} = \overline{AH} + \overline{BH}$$
$$= 2\sqrt{3}\cos 45° + 2\sqrt{2}\cos 60°$$
$$= 2\sqrt{3} \times \frac{\sqrt{2}}{2} + 2\sqrt{2} \times \frac{1}{2} = \sqrt{6} + \sqrt{2}$$

Think More

$\sin 75° = \frac{\sqrt{6} + \sqrt{2}}{4}$임을 알면 $\frac{\overline{AB}}{\sin C} = 2 \times 2$에서 $\overline{AB}$를 구할 수도 있다.

17
답 $25(\sqrt{3} + 1)$ m

▶ 삼각형의 변의 길이나 각의 크기를 구할 때에는 수선을 그어 직각삼각형을 만든다.

나무의 위치를 P라 하고 P에서 도로에 내린 수선의 발을 H라 하자.
$\overline{PH} = a$라 하면 $\overline{BH} = a$이므로
삼각형 AHP에서 $\overline{AH} = \sqrt{3}a$

$$50 + a = \sqrt{3}a,$$
$$(\sqrt{3} - 1)a = 50$$
$$\therefore a = \frac{50}{\sqrt{3} - 1} = 25(\sqrt{3} + 1)$$

18
답 ②

▶ 최단 거리는 전개도를 생각한다.

주어진 사면체의 전개도는 그림과 같으므로 최단 거리는 $\overline{AR}$이다.

$$\angle AOR = 3 \times 40° = 120°,$$
$$\overline{OR} = 2$$

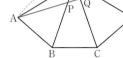

이므로 삼각형 AOR에서 코사인 법칙을 이용하면

$$\overline{AR}^2 = 6^2 + 2^2 - 2 \times 6 \times 2 \times \cos 120° = 52$$
$$\therefore \overline{AR} = 2\sqrt{13}$$

19
답 $\angle A = \frac{\pi}{2}$ 또는 $\angle B = \frac{\pi}{2}$인 **직각삼각형**

▶ 코사인법칙을 이용하여 각을 변에 대한 식으로 바꾼다.

$$a \times \frac{b^2 + c^2 - a^2}{2bc} + b \times \frac{c^2 + a^2 - b^2}{2ca} = c \times \frac{a^2 + b^2 - c^2}{2ab}$$

양변에 $2abc$를 곱하면

$$a^2(b^2 + c^2 - a^2) + b^2(c^2 + a^2 - b^2) = c^2(a^2 + b^2 - c^2)$$
$$a^4 + b^4 - 2a^2b^2 - c^4 = 0$$
$$(a^2 - b^2)^2 - c^4 = 0$$
$$(a^2 - b^2 + c^2)(a^2 - b^2 - c^2) = 0$$
$$\therefore a^2 + c^2 = b^2 \text{ 또는 } b^2 + c^2 = a^2$$

따라서 $\angle A = \frac{\pi}{2}$ 또는 $\angle B = \frac{\pi}{2}$인 직각삼각형이다.

20
답 ④

처음 삼각형의 두 변의 길이를 a, b라 하고 끼인각의 크기를 θ라 하자.

처음 삼각형의 넓이 S는 $S = \frac{1}{2}ab\sin\theta$

a가 20 % 늘어나면 $\frac{120}{100}a = \frac{6}{5}a$

b가 30 % 줄어들면 $\frac{70}{100}b = \frac{7}{10}b$

이므로 새로운 삼각형의 넓이는

$$\frac{1}{2} \times \frac{6}{5}a \times \frac{7}{10}b \times \sin\theta = \frac{1}{2}ab\sin\theta \times \frac{42}{50} = \frac{84}{100}S$$

따라서 처음 넓이에서 16 % 줄어든다.

21   ②

$\cos(B+C)=\dfrac{1}{3}$에서

$$\cos(\pi-A)=\dfrac{1}{3},\ \cos A=-\dfrac{1}{3}$$

$\sin A>0$이므로

$$\sin A=\sqrt{1-\cos^2 A}$$
$$=\sqrt{1-\dfrac{1}{9}}=\dfrac{2\sqrt{2}}{3}$$

따라서 삼각형 ABC의 넓이는

$$\dfrac{1}{2}\times 6\times 8\times\dfrac{2\sqrt{2}}{3}=16\sqrt{2}$$

22 $\dfrac{12\sqrt{3}}{5}$

$$\angle\mathrm{BAD}=\angle\mathrm{CAD}=\dfrac{1}{2}\angle\mathrm{A}=\dfrac{\pi}{6}$$

$\overline{\mathrm{AD}}=x$라 하자.

$\triangle\mathrm{ABC}=\triangle\mathrm{ABD}+\triangle\mathrm{ACD}$이므로

$$\dfrac{1}{2}\times 4\times 6\times\sin\dfrac{\pi}{3}=\dfrac{1}{2}\times 4x\times\sin\dfrac{\pi}{6}+\dfrac{1}{2}\times 6x\times\sin\dfrac{\pi}{6}$$

$$6\sqrt{3}=x+\dfrac{3}{2}x\qquad\therefore x=\dfrac{12\sqrt{3}}{5}$$

23   6

▶끼인각의 사인값을 알면 넓이를 구할 수 있다.

직각삼각형에서 $\sin\alpha=\dfrac{4}{5}$

또 $\beta=2\pi-\left(\dfrac{\pi}{2}+\dfrac{\pi}{2}+\alpha\right)$

$$=\pi-\alpha$$

이므로

$$\sin\beta=\sin(\pi-\alpha)$$
$$=\sin\alpha=\dfrac{4}{5}$$

따라서 색칠한 삼각형의 넓이는

$$\dfrac{1}{2}\times 5\times 3\times\dfrac{4}{5}=6$$

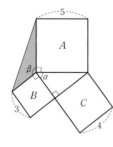

24   ③

$$\overline{\mathrm{BD}}=\sqrt{3^2+1^2}=\sqrt{10}$$
$$\overline{\mathrm{BG}}=\sqrt{3^2+2^2}=\sqrt{13}$$
$$\overline{\mathrm{DG}}=\sqrt{1^2+2^2}=\sqrt{5}$$

이므로 코사인법칙을 이용하면

$$\cos(\angle\mathrm{BDG})=\dfrac{10+5-13}{2\times\sqrt{10}\times\sqrt{5}}=\dfrac{1}{\sqrt{50}}$$

$$\therefore\sin(\angle\mathrm{BDG})=\sqrt{1-\left(\dfrac{1}{\sqrt{50}}\right)^2}=\dfrac{7}{\sqrt{50}}$$

$$\therefore\triangle\mathrm{BGD}=\dfrac{1}{2}\times\sqrt{10}\times\sqrt{5}\times\dfrac{7}{\sqrt{50}}=\dfrac{7}{2}$$

25 $\dfrac{3+\sqrt{3}}{4}$

▶외접원의 중심이 주어져 있으므로
삼각형 OAB, OBC, OCA로 나누어 생각한다.

$$\angle\mathrm{AOB}=2\pi\times\dfrac{3}{12}=\dfrac{\pi}{2}$$
$$\angle\mathrm{BOC}=2\pi\times\dfrac{4}{12}=\dfrac{2}{3}\pi$$
$$\angle\mathrm{COA}=2\pi\times\dfrac{5}{12}=\dfrac{5}{6}\pi$$

이므로

$$\triangle\mathrm{AOB}=\dfrac{1}{2}\times 1^2\times\sin\dfrac{\pi}{2}=\dfrac{1}{2}$$
$$\triangle\mathrm{BOC}=\dfrac{1}{2}\times 1^2\times\sin\dfrac{2}{3}\pi=\dfrac{\sqrt{3}}{4}$$
$$\triangle\mathrm{COA}=\dfrac{1}{2}\times 1^2\times\sin\dfrac{5}{6}\pi=\dfrac{1}{4}$$

$$\therefore\triangle\mathrm{ABC}=\dfrac{1}{2}+\dfrac{\sqrt{3}}{4}+\dfrac{1}{4}=\dfrac{3+\sqrt{3}}{4}$$

26 16

삼각형 ABC의 넓이는

$$\dfrac{1}{2}\times 8\times 8\times\sin A=32\sin A$$

사각형 ADPE에서

$$\angle\mathrm{DPE}=2\pi-\dfrac{\pi}{2}-\dfrac{\pi}{2}-A=\pi-A$$

이므로 삼각형 PED의 넓이는

$$\dfrac{1}{2}xy\sin(\pi-A)=\dfrac{1}{2}xy\sin A$$

조건에서 $\triangle\mathrm{ABC}=4\triangle\mathrm{PDE}$이므로

$$32\sin A=4\times\dfrac{1}{2}xy\sin A$$

$$\therefore xy=16$$

27

답 5

> 삼각형 ALN, BML, CNM의 넓이는 모두
> 삼각형 ABC의 넓이로 나타낼 수 있다.

삼각형 ABC의 넓이가 18이므로

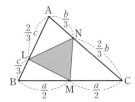

$$\frac{1}{2}bc\sin A = \frac{1}{2}ca\sin B$$
$$= \frac{1}{2}ab\sin C$$
$$= 18$$

$$\triangle \text{ALN} = \frac{1}{2} \times \frac{2}{3}c \times \frac{b}{3} \times \sin A$$
$$= \frac{1}{2}bc\sin A \times \frac{2}{9} = 4$$

$$\triangle \text{BML} = \frac{1}{2} \times \frac{a}{2} \times \frac{c}{3} \times \sin B$$
$$= \frac{1}{2}ca\sin B \times \frac{1}{6} = 3$$

$$\triangle \text{CNM} = \frac{1}{2} \times \frac{a}{2} \times \frac{2}{3}b \times \sin C$$
$$= \frac{1}{2}ab\sin C \times \frac{1}{3} = 6$$

$$\therefore \triangle \text{LMN} = \triangle \text{ABC} - (\triangle \text{ALN} + \triangle \text{BML} + \triangle \text{CNM})$$
$$= 18 - (4 + 3 + 6) = 5$$

다른 풀이

다음과 같이 구할 수도 있다.

$$\triangle \text{ALN} = 18 \times \frac{1}{3} \times \frac{2}{3} = 4, \quad \triangle \text{BML} = 18 \times \frac{1}{3} \times \frac{1}{2} = 3$$

$$\triangle \text{CNM} = 18 \times \frac{2}{3} \times \frac{1}{2} = 6$$

28

답 ③

> 사각형의 넓이는 대각선을 그어 두 삼각형의 넓이의 합으로 생각한다.

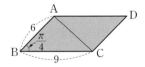

$$\angle \text{B} = \pi - \frac{3}{4}\pi = \frac{\pi}{4}$$

이므로 평행사변형 ABCD의 넓이는

$$2 \times \triangle \text{ABC} = 2 \times \left(\frac{1}{2} \times 6 \times 9 \times \sin\frac{\pi}{4} \right) = 27\sqrt{2}$$

29

답 $\dfrac{111\sqrt{3}}{4}$

> $\overline{\text{AC}}$의 길이를 구하면 $\overline{\text{AB}}$의 길이도 구할 수 있다.

삼각형 ADC에서 코사인법칙을 이용하면

$$\overline{\text{AC}}^2 = 6^2 + 9^2 - 2 \times 6 \times 9 \times \cos\frac{2}{3}\pi = 171 \qquad \cdots ❶$$

$\overline{\text{AB}} = \overline{\text{BC}} = x$라 하고 삼각형 ABC에서 코사인법칙을 이용하면

$$\overline{\text{AC}}^2 = x^2 + x^2 - 2 \times x \times x \times \cos\frac{2}{3}\pi = 3x^2 \qquad \cdots ❷$$

❶과 ❷가 같으므로 $x^2 = 57$

$$\therefore \square \text{ABCD} = \triangle \text{ADC} + \triangle \text{ABC}$$
$$= \frac{1}{2} \times 6 \times 9 \times \sin\frac{2}{3}\pi + \frac{1}{2} \times x \times x \times \sin\frac{2}{3}\pi$$
$$= \frac{54\sqrt{3}}{4} + \frac{57\sqrt{3}}{4} = \frac{111\sqrt{3}}{4}$$

30

답 $2\sqrt{6}$

> 원에 내접하는 사각형은 마주 보는 대각의 크기의 합이 π이다.
> 네 변의 길이도 알고 있으므로 이를 이용하여 코사인값을 구한다.

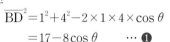

$\angle \text{BAD} = \theta$라 하면 $\angle \text{BCD} = \pi - \theta$
삼각형 ABD에서 코사인법칙을 이용하면

$$\overline{\text{BD}}^2 = 1^2 + 4^2 - 2 \times 1 \times 4 \times \cos\theta$$
$$= 17 - 8\cos\theta \qquad \cdots ❶$$

삼각형 BCD에서 코사인법칙을 이용하면

$$\overline{\text{BD}}^2 = 2^2 + 3^2 - 2 \times 2 \times 3 \times \cos(\pi - \theta)$$
$$= 13 + 12\cos\theta \qquad \cdots ❷$$

❶과 ❷가 같으므로

$$17 - 8\cos\theta = 13 + 12\cos\theta, \quad \cos\theta = \frac{1}{5}$$

$$\therefore \sin\theta = \sqrt{1 - \cos^2\theta} = \frac{2\sqrt{6}}{5}$$

$$\therefore \square \text{ABCD} = \triangle \text{ABD} + \triangle \text{BCD}$$
$$= \frac{1}{2} \times 1 \times 4 \times \frac{2\sqrt{6}}{5} + \frac{1}{2} \times 2 \times 3 \times \frac{2\sqrt{6}}{5}$$
$$= \frac{4\sqrt{6}}{5} + \frac{6\sqrt{6}}{5} = 2\sqrt{6}$$

31

답 ④

> 사각형에서 두 대각선의 길이가 a, b이고,
> 두 대각선이 이루는 각의 크기가 θ이면
> 사각형의 넓이는 $\frac{1}{2}ab\sin\theta$이다.

등변사다리꼴에서 두 대각선의 길이는
같다.

대각선의 길이를 a라 하면 사다리꼴의
넓이가 10이므로

$$\frac{1}{2} \times a \times a \times \sin\frac{\pi}{6} = 10, \quad a^2 = 40$$

$$\therefore a = 2\sqrt{10}$$

01 ②	**02** 2	**03** ⑤	**04** ④	**05** ③	**06** ②
07 ②	**08** ②				

09 $b=c$인 이등변삼각형 또는 $\angle A=\dfrac{2}{3}\pi$인 삼각형

10 $\dfrac{9}{5}$	**11** ③	**12** ②	**13** ②	**14** ④
15 $\dfrac{\sqrt{2}-1}{2}$		**16** 2	**17** ④	**18** $\dfrac{7\sqrt{7}}{96}$	**19** ④
20 ④	**21** $5\sqrt{5}$	**22** $8\sqrt{3}$	**23** ④	**24** $2\sqrt{2},\ 4\sqrt{2}$
25 $\dfrac{9}{2}\pi$	**26** ①	**27** 4	**28** ①	**29** $\dfrac{45\sqrt{3}}{52}$	**30** ②

01

▶ 직선 DB가 원의 접선이므로
$$\angle BAC=\angle CBD$$
이다. 접선의 기본 성질로 기억하자.

$$\angle ACB=\frac{\pi}{6}+\frac{\pi}{12}=\frac{\pi}{4}$$

$$\angle BAC=\angle CBD=\frac{\pi}{6}$$

이므로 삼각형 ABC에서

$$\frac{10}{\sin\frac{\pi}{6}}=\frac{\overline{AB}}{\sin\frac{\pi}{4}}$$

$$\therefore\ \overline{AB}=\frac{10}{\sin\frac{\pi}{6}}\times\sin\frac{\pi}{4}=\frac{10}{\frac{1}{2}}\times\frac{\sqrt{2}}{2}=10\sqrt{2}$$

02

▶ $\angle AOB$를 구할 수 있다.
$\overline{OA}=a$로 놓고 사인법칙이나 코사인법칙을 생각한다.

직선 $y=\sqrt{3}x$와 직선 $y=\dfrac{\sqrt{3}}{3}x$가 x축과 이루는 각의 크기는 각각

$\dfrac{\pi}{3}$, $\dfrac{\pi}{6}$이므로 $\angle AOB=\dfrac{\pi}{6}$

$\overline{OA}=a$라 하면 삼각형 AOB에서

$$\frac{a}{\sin B}=\frac{1}{\sin\frac{\pi}{6}},\ a=2\sin B$$

이때 $\angle B=\dfrac{\pi}{2}$일 때 $\sin B$가 최대이므로 a의 값도 최대이다.

따라서 a의 최댓값은 $2\sin\dfrac{\pi}{2}=2$

03

▶ 직각삼각형이 주어진 경우
빗변이 지름인 외접원을 생각하고 사인법칙을 쓸 수 있다.
기본 풀이법으로 기억하자.

$$\angle AQP=\angle ARP=\frac{\pi}{2}$$이므로

A, Q, P, R은 선분 AP가 지름인
원 위의 점이다.
곧 삼각형 AQR의 외접원의 지름의
길이가 $\overline{AP}=6$이므로

$$\frac{\overline{QR}}{\sin A}=6$$

$$\overline{QR}=6\sin A \quad\cdots❶$$

삼각형 ABC는 직각삼각형이므로

$$\sin A=\frac{6}{10}=\frac{3}{5}$$

❶에 대입하면 $\overline{QR}=\dfrac{18}{5}$

04

삼각형 ADC에서

$$\overline{AC}^2=1^2+(2\sqrt{2})^2-2\times1\times2\sqrt{2}\times\cos\frac{\pi}{4}=5$$

$$\therefore\ \overline{AC}=\sqrt{5}$$

$\angle ADB=\dfrac{3}{4}\pi$이므로 삼각형 ABD에서

$$\overline{AB}^2=2^2+(2\sqrt{2})^2-2\times2\times2\sqrt{2}\times\cos\frac{3}{4}\pi=20$$

$$\therefore\ \overline{AB}=2\sqrt{5}$$

또 삼각형 ADC에서

$$\frac{2\sqrt{2}}{\sin C}=\frac{\sqrt{5}}{\sin\frac{\pi}{4}}\qquad\therefore\ \sin C=\frac{2}{\sqrt{5}}$$

삼각형 ABC의 외접원의 반지름의 길이를 R이라 하면

$$\frac{\overline{AB}}{\sin C}=2R,\ \frac{2\sqrt{5}}{\frac{2}{\sqrt{5}}}=2R$$

$$\therefore\ R=\frac{5}{2}$$

Think More

$\cos C$의 값을 이용하여 변 AB의 길이를 구할 수도 있다.
삼각형 ADC에서

$$\cos C=\frac{1+5-8}{2\times1\times\sqrt{5}}=-\frac{1}{\sqrt{5}}$$

$$\therefore\ \sin C=\sqrt{1-\cos^2 C}=\frac{2}{\sqrt{5}}$$

삼각형 ABC에서

$$\overline{AB}^2=3^2+(\sqrt{5})^2-2\times3\times\sqrt{5}\times\left(-\frac{1}{\sqrt{5}}\right)=20$$

$$\therefore\ \overline{AB}=2\sqrt{5}$$

05

각의 이등분선이므로
$$\overline{AB} : \overline{AC} = \overline{BD} : \overline{DC}$$
이다. 세 변의 길이나 길이의 비를 알면 각의 코사인값도 구할 수 있다.

선분 AD가 ∠A의 이등분선이므로
$$\overline{AB} : \overline{AC} = \overline{BD} : \overline{CD} = 5 : 4$$
$$\therefore \overline{BD} = 5, \ \overline{CD} = 4$$

삼각형 ABC에서
$$\cos B = \frac{10^2 + 9^2 - 8^2}{2 \times 10 \times 9} = \frac{13}{20}$$

따라서 삼각형 ABD에서
$$\overline{AD}^2 = 10^2 + 5^2 - 2 \times 10 \times 5 \times \cos B = 60$$
$$\therefore \overline{AD} = 2\sqrt{15}$$

다른 풀이

$\overline{AD} = x$, $\angle BAD = \angle CAD = \theta$라 하자.

삼각형 ABD에서
$$\cos\theta = \frac{10^2 + x^2 - 5^2}{2 \times 10 \times x} = \frac{x^2 + 75}{20x} \quad \cdots \ \boldsymbol{❶}$$

삼각형 ACD에서
$$\cos\theta = \frac{8^2 + x^2 - 4^2}{2 \times 8 \times x} = \frac{x^2 + 48}{16x} \quad \cdots \ \boldsymbol{❷}$$

❶과 ❷가 같으므로 $\dfrac{x^2 + 75}{20x} = \dfrac{x^2 + 48}{16x}$
$$x^2 = 60 \qquad \therefore x = 2\sqrt{15}$$

06

평행선과 이등변삼각형 ABC가 있다.
적당한 각, 예를 들어 ∠CAB=θ라 할 때, 크기가 같은 모든 각을 찾고 $\cos\theta$나 $\sin\theta$를 이용해 본다.

∠CAB=θ라 하자.
변 AB와 변 CD는 평행하므로
$$\angle ACD = \theta$$
$\overline{AC} = \overline{AD}$이므로 $\angle ADC = \theta$

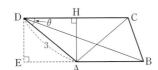

삼각형 ABC에서
$$\cos\theta = \frac{3^2 + 3^2 - 2^2}{2 \times 3 \times 3} = \frac{7}{9}$$
∠CAD=π−2θ, ∠DAB=π−θ이고
$$\cos(\pi - \theta) = -\cos\theta = -\frac{7}{9}$$
이므로 삼각형 ABD에서
$$\overline{BD}^2 = 3^2 + 3^2 - 2 \times 3 \times 3 \times \cos(\pi - \theta) = 32$$
$$\therefore \overline{BD} = 4\sqrt{2}$$

다른 풀이

A에서 변 CD에 내린 수선의 발을 H라 하면
$$\overline{DH} = 3 \times \cos\theta = \frac{7}{3}$$

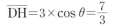

$$\sin\theta = \sqrt{1 - \cos^2\theta} = \frac{4\sqrt{2}}{9}$$
이므로
$$\overline{DE} = \overline{AH} = 3 \times \sin\theta = \frac{4\sqrt{2}}{3}$$
따라서 직각삼각형 DEB에서
$$\overline{BD}^2 = \left(\frac{4\sqrt{2}}{3}\right)^2 + \left(\frac{7}{3} + 3\right)^2 \qquad \therefore \overline{BD} = 4\sqrt{2}$$

07

$\overline{AD} = \overline{BD} = \overline{CD}$이므로 점 D는 삼각형 ABC의 외심이다.

$\overline{AD} = \overline{BD} = \overline{CD}$이므로 점 D는 삼각형 ABC의 외심이다.
따라서 선분 AD의 길이는 삼각형 ABC의 외접원의 반지름의 길이 R과 같다.

삼각형 ABC에서
$$\overline{AC}^2 = 10^2 + 6^2 - 2 \times 10 \times 6 \times \cos\frac{2}{3}\pi = 196$$
$$\therefore \overline{AC} = 14$$
또 삼각형 ABC에서
$$\frac{14}{\sin\frac{2}{3}\pi} = 2R, \ \frac{14}{\frac{\sqrt{3}}{2}} = 2R \qquad \therefore R = \frac{14\sqrt{3}}{3}$$

08

내접원의 반지름의 길이 r은 삼각형의 넓이를 이용하여 구한다.
$$\triangle ABC = \frac{1}{2}(ar + br + cr)$$

그림과 같이 삼각형의 꼭짓점을 A, B, C라 하자.
내접원의 중심을 I, 반지름의 길이를 r이라 하면

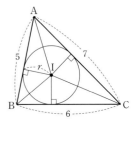

$$\triangle ABC$$
$$= \triangle IAB + \triangle IBC + \triangle ICA$$
$$= \frac{1}{2} \times 5r + \frac{1}{2} \times 6r + \frac{1}{2} \times 7r$$
$$= 9r \quad \cdots \ \boldsymbol{❶}$$

세 변의 길이가 주어진 삼각형은 각의 코사인값을 구할 수 있으므로 넓이도 구할 수 있다.

$$\cos B = \frac{5^2 + 6^2 - 7^2}{2 \times 5 \times 6} = \frac{1}{5}$$
이므로
$$\sin B = \sqrt{1 - \cos^2 B} = \frac{2\sqrt{6}}{5}$$
삼각형 ABC의 넓이는
$$\frac{1}{2} \times 5 \times 6 \times \frac{2\sqrt{6}}{5} = 6\sqrt{6}$$
❶에 대입하면 $6\sqrt{6} = 9r$ $\qquad \therefore r = \dfrac{2\sqrt{6}}{3}$

09 ----- 답 $b=c$인 이등변삼각형 또는 $\angle A=\dfrac{2}{3}\pi$인 삼각형

$\cos A=\dfrac{b^2+c^2-a^2}{2bc},\ \cos B=\cdots,\ \cos C=\cdots$

를 대입하여 제곱하기는 쉽지 않다.
외접원의 반지름의 길이를 R이라 하고, $\sin A,\ \sin B,\ \sin C$를 이용한다.

외접원의 반지름의 길이를 R이라 하자.

$$(b-c)(1-\sin^2 A)=b(1-\sin^2 B)-c(1-\sin^2 C)$$
$$(b-c)\sin^2 A=b\sin^2 B-c\sin^2 C$$
$$(b-c)\times\dfrac{a^2}{4R^2}=b\times\dfrac{b^2}{4R^2}-c\times\dfrac{c^2}{4R^2}$$
$$(b-c)a^2=b^3-c^3,\ (b-c)(b^2+bc+c^2)-(b-c)a^2=0$$
$$(b-c)(b^2+bc+c^2-a^2)=0$$

(i) $b-c=0$일 때 $b=c$인 이등변삼각형

(ii) $b^2+bc+c^2-a^2=0$일 때

$$\cos A=\dfrac{b^2+c^2-a^2}{2bc}=\dfrac{-bc}{2bc}=-\dfrac{1}{2}$$

따라서 $\angle A=\dfrac{2}{3}\pi$인 삼각형이다.

10 ----- 답 $\dfrac{9}{5}$

문제에서 알 수 있는 것은 다음 두 가지이다.
1. 삼각형 ABD와 BCD의 공통변 BD는 사인법칙을 이용하면 $\sin\alpha$와 $\sin\beta$로 나타낼 수 있다.
2. 세 변의 길이를 알고 있으므로 각의 코사인값을 구할 수 있다.

삼각형 ABD에서

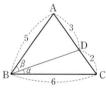

$$\dfrac{3}{\sin\beta}=\dfrac{\overline{BD}}{\sin A}$$
$$\sin\beta=\dfrac{3\sin A}{\overline{BD}}\qquad\cdots\ \text{❶}$$

삼각형 BCD에서

$$\dfrac{2}{\sin\alpha}=\dfrac{\overline{BD}}{\sin C},\ \sin\alpha=\dfrac{2\sin C}{\overline{BD}}\qquad\cdots\ \text{❷}$$

삼각형 ABC에서

$$\cos A=\dfrac{5^2+5^2-6^2}{2\times5\times5}=\dfrac{7}{25}$$
$$\therefore\ \sin A=\sqrt{1-\cos^2 A}=\dfrac{24}{25}$$
$$\cos C=\dfrac{5^2+6^2-5^2}{2\times5\times6}=\dfrac{3}{5}$$
$$\therefore\ \sin C=\sqrt{1-\cos^2 C}=\dfrac{4}{5}\qquad\cdots\ \text{❸}$$

❶, ❷에서 $\dfrac{\sin\beta}{\sin\alpha}=\dfrac{3\sin A}{2\sin C}=\dfrac{3\times\dfrac{24}{25}}{2\times\dfrac{4}{5}}=\dfrac{9}{5}$

Think More

$\overline{AB}=\overline{AC}$이므로 ❸은 다음과 같이 구할 수도 있다.
A에서 변 BC에 내린 수선의 발을 H라 하면
$\overline{CH}=3$
$\overline{AH}=4$이므로 $\sin C=\dfrac{4}{5}$

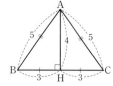

11 ----- 답 ③

$\cos A$를 알고 있으므로 삼각형 ABC에서 변 BC의 길이도 구할 수 있다.
삼각형 ABD에서 $\overline{AB}=\overline{BD}$이므로 변 AD의 길이를 알 수 있다.

B, E에서 변 AC에 내린 수선의 발을 각각 H, H′이라 하자.

$\cos A=\dfrac{1}{4}$이므로 $\overline{AH}=1$

삼각형 ABD는 이등변삼각형이므로
$\overline{BD}=\overline{AB}=4,\ \overline{AD}=2$
$\therefore\ \overline{CD}=\overline{AC}-\overline{AD}=4$

또 삼각형 ABC에서
$\overline{BC}^2=4^2+6^2-2\times4\times6\times\cos A=40$
$\therefore\ \overline{BC}=2\sqrt{10}$

직각삼각형 BCH에서 $\overline{BH}=\sqrt{(2\sqrt{10})^2-5^2}=\sqrt{15}$이므로
$$\sin C=\dfrac{\sqrt{15}}{2\sqrt{10}}=\dfrac{\sqrt{6}}{4}$$

삼각형 CDE는 이등변삼각형이므로 $\overline{CH'}=2$
$\triangle CBH\circlearrowleft\triangle CEH'$이고, 닮음비는 $\overline{CH}:\overline{CH'}=5:2$이므로

$$\overline{CE}=\overline{CB}\times\dfrac{2}{5}$$
$$=2\sqrt{10}\times\dfrac{2}{5}=\dfrac{4\sqrt{10}}{5}$$

$\overline{DE}=\overline{CE}=\dfrac{4\sqrt{10}}{5}$이므로 삼각형 CDE의 외접원의 반지름의 길이를 R이라 하면

$$2R=\dfrac{\overline{DE}}{\sin C}=\dfrac{\dfrac{4\sqrt{10}}{5}}{\dfrac{\sqrt{6}}{4}}=\dfrac{16\sqrt{15}}{15}$$

$$\therefore\ R=\dfrac{8\sqrt{15}}{15}$$

12 ----- 답 ②

$\overline{PC}=h$라 하면
삼각형 PAC에서 $\overline{AC}=\dfrac{h}{\sqrt{3}}$
삼각형 PBC에서 $\overline{BC}=h$
$\angle BAC=120°$이므로 삼각형 BAC에서

$$h^2=5^2+\dfrac{h^2}{3}-2\times5\times\dfrac{h}{\sqrt{3}}\times\cos120°$$
$$2h^2-5\sqrt{3}h-75=0$$
$$h=\dfrac{5\sqrt{3}\pm\sqrt{675}}{4}=\dfrac{5\sqrt{3}\pm15\sqrt{3}}{4}$$

$h>0$이므로 $h=5\sqrt{3}$

13

답 ②

▸세 변의 길이의 합의 최솟값을 구하는 문제이다.
정점 P를 변 OA, OB에 대칭이동한 점을 생각한다.

점 P를 선분 OA, OB에 대칭이
동한 점을 각각 P′, P″이라 하자.
$\overline{QP}=\overline{QP'}$, $\overline{RP}=\overline{RP''}$이므로
R, Q가 직선 P′P″ 위의 점일 때
$\overline{PQ}+\overline{QR}+\overline{RP}$가 최소이고
최솟값은 선분 P′P″의 길이이다.

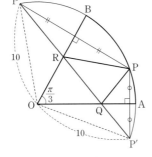

$$\angle P'OP''=2\angle ROQ$$
$$=\frac{2}{3}\pi$$

이므로 삼각형 OP′P″에서

$$\overline{P'P''}^2=10^2+10^2-2\times10\times10\times\cos\frac{2}{3}\pi=300$$

$$\therefore \overline{P'P''}=10\sqrt{3}$$

14

답 ④

▸전개도를 그리고 내리막길인 구간부터 구한다.

원뿔 옆면의 전개도에서 내리막길은
선분 CB 부분이다.
밑면의 둘레의 길이가 40π이므로

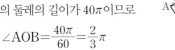

$$\angle AOB=\frac{40\pi}{60}=\frac{2}{3}\pi$$

삼각형 OAB에서

$$\overline{AB}^2=60^2+50^2-2\times60\times50\times\cos\frac{2}{3}\pi=9100$$

$$\therefore \overline{AB}=10\sqrt{91}$$

삼각형 OAB의 넓이에서

$$\frac{1}{2}\times10\sqrt{91}\times h=\frac{1}{2}\times60\times50\times\sin\frac{2}{3}\pi$$

$$\therefore h=\frac{150\sqrt{3}}{\sqrt{91}}$$

직각삼각형 OCB에서

$$\overline{CB}^2=50^2-\left(\frac{150\sqrt{3}}{\sqrt{91}}\right)^2=\frac{2500\times64}{91}$$

$$\therefore \overline{CB}=\frac{400}{\sqrt{91}}$$

15

답 $\dfrac{\sqrt{2}-1}{2}$

▸세 호의 길이의 비를 알고 있으므로 각 호에 대한 중심각이나 원주각의
크기를 알 수 있다.

그림에서 $\angle AOB$는 호 AB에 대한
중심각이므로

$$\angle AOB=2\pi\times\frac{1}{8}=\frac{\pi}{4}$$

$\angle ABC$는 호 CDA에 대한 원주각
이므로

$$\angle ABC=\pi\times\frac{6}{8}=\frac{3}{4}\pi$$

삼각형 OAB에서

$$\overline{AB}^2=1^2+1^2-2\times1\times1\times\cos\frac{\pi}{4}=2-\sqrt{2}$$

$\overline{BC}=\overline{AB}$이므로 삼각형 ABC의 넓이는

$$\frac{1}{2}\times\overline{AB}\times\overline{BC}\times\sin\frac{3}{4}\pi=\frac{1}{2}\times(2-\sqrt{2})\times\frac{\sqrt{2}}{2}$$

$$=\frac{\sqrt{2}-1}{2}$$

16

답 2

▸$\angle A$를 공유하는 삼각형 ABC와 삼각형 ABD에서 코사인법칙을 생각한다.

$\overline{BC}=2k$, $\overline{CD}=k$라 하자.
삼각형 ABC에서

$$\cos A=\frac{4^2+4^2-4k^2}{2\times4\times4}=\frac{8-k^2}{8} \qquad \cdots ❶$$

삼각형 ABD에서

$$\cos A=\frac{4^2+(4+k)^2-28}{2\times4\times(k+4)}=\frac{k^2+8k+4}{8(k+4)} \qquad \cdots ❷$$

❶과 ❷가 같으므로

$$\frac{8-k^2}{8}=\frac{k^2+8k+4}{8(k+4)}$$

$$(8-k^2)(k+4)=k^2+8k+4,\ k^3+5k^2-28=0$$

$$(k-2)(k^2+7k+14)=0$$

k는 실수이므로 $k=2$

다른 풀이

▸삼각형 ABC가 이등변삼각형이므로 $\angle BCD=\dfrac{\pi}{2}+\dfrac{A}{2}$를 이용한다.

$\overline{BC}=2k$, $\overline{CD}=k$라 하자.

$\angle ACB=\dfrac{\pi-A}{2}$이므로

$$\angle BCD=\frac{\pi}{2}+\frac{A}{2}$$

따라서 $\cos(\angle BCD)=-\sin\dfrac{A}{2}$

A에서 변 BC에 내린 수선의 발을 H라 하면

$$\overline{BH}=k,\ \sin\frac{A}{2}=\frac{k}{4}$$

삼각형 BCD에서

$$(2\sqrt{7})^2=(2k)^2+k^2-2\times2k\times k\times\left(-\frac{k}{4}\right)$$

$$k^3+5k^2-28=0 \qquad \therefore k=2$$

17

답 ④

$\overline{BP}=x$, $\overline{BQ}=y$라 하고 주어진 조건을 x, y로 나타낸다.

$\overline{BP}=x$, $\overline{BQ}=y$라 하자.

$\triangle ABC=2\triangle PBQ$이므로

$$\frac{1}{2}\times 10\times 6\times \sin B=2\times \frac{1}{2}xy\sin B$$

$$\therefore xy=30$$

삼각형 ABC의 둘레의 길이가 선분 BP와 BQ의 길이의 합의 2배이므로

$$10+6+8=2(x+y) \qquad \therefore x+y=12$$

삼각형 ABC에서 $\cos B=\frac{3}{5}$이므로

$$\begin{aligned}\overline{PQ}^2&=x^2+y^2-2xy\cos B\\&=x^2+y^2-\frac{6}{5}xy\\&=(x+y)^2-\frac{16}{5}xy\\&=12^2-\frac{16}{5}\times 30=48\end{aligned}$$

$$\therefore \overline{PQ}=4\sqrt{3}$$

18

답 $\dfrac{7\sqrt{7}}{96}$

$\overline{PF}$의 길이와 $\sin(\angle FPE)$의 값을 알아야 한다.
$\overline{PF}$의 길이는 $\overline{PF}$, $\overline{PE}$, $\overline{PD}$가 모두 수선이므로 삼각형의 넓이를 이용한다.
$\sin(\angle FPE)$의 값은 $\angle FPE=\pi-\angle A$를 이용한다.

삼각형 ABC에서 $\cos A=\dfrac{6^2+5^2-4^2}{2\times 6\times 5}=\dfrac{3}{4}$이므로

$$\sin A=\sqrt{1-\cos^2 A}=\frac{\sqrt{7}}{4}$$

따라서 삼각형 ABC의 넓이는

$$\frac{1}{2}\times 6\times 5\times \frac{\sqrt{7}}{4}=\frac{15\sqrt{7}}{4}$$

$\overline{PF}=x$라 하면

$$\triangle ABC=\triangle PAB+\triangle PBC+\triangle PCA$$

이므로

$$\frac{15\sqrt{7}}{4}=\frac{1}{2}\Big(6x+4\sqrt{7}+\frac{5\sqrt{7}}{2}\Big)$$

$$\therefore x=\frac{\sqrt{7}}{6}$$

사각형 AFPE에서 $\angle FPE=\pi-A$이므로
삼각형 EFP의 넓이는

$$\begin{aligned}\frac{1}{2}\times \frac{\sqrt{7}}{6}\times \frac{\sqrt{7}}{2}\times \sin(\pi-A)&=\frac{7}{24}\times \sin A\\&=\frac{7\sqrt{7}}{96}\end{aligned}$$

19

답 ④

삼각형 ABC의 넓이가 9이므로

$$\frac{1}{2}ca\sin \frac{\pi}{6}=9 \qquad \therefore ca=36 \qquad \cdots ❶$$

코사인법칙에서

$$b^2=c^2+a^2-2ca\cos \frac{\pi}{6}=c^2+a^2-36\sqrt{3}$$

산술평균과 기하평균의 관계에서

$$c^2+a^2\geq 2\sqrt{c^2a^2}=2ca$$

(등호는 $c^2=a^2$, 곧 $c=a$일 때 성립한다.)

이므로 b는 $c=a$일 때 최소이다.

이때 ❶에서 $c=a=6$이므로

$$\overline{AB}+\overline{BC}=c+a=12$$

20

답 ④

$\overline{AB}\,/\!/\,\overline{DC}$이므로 동위각이나 엇각을 찾는다.
또, 닮은 삼각형을 찾아 길이의 비를 이용할 수 있는지도 확인한다.

$\triangle CDE\infty \triangle ABE$이므로 $3:5=2:\overline{AE}$이므로

$$\therefore \overline{AE}=\frac{10}{3}, \overline{AC}=\frac{16}{3}$$

$\angle BAE=\theta$라 하면 $\angle ACD=\theta$이고 $\sin \theta=\dfrac{3}{8}$이다.

$$\begin{aligned}\therefore \square ABCD&=\triangle ABC+\triangle ACD\\&=\frac{1}{2}\times 5\times \frac{16}{3}\times \sin \theta+\frac{1}{2}\times 3\times \frac{16}{3}\times \sin \theta\\&=5+3=8\end{aligned}$$

21

답 $5\sqrt{5}$

삼각형 ABC는 모양이 정해져 있다. 따라서 삼각형 ACD의 넓이가 최대일 때 사각형 ABCD의 넓이가 최대이다.

$\angle ACB=\dfrac{\pi}{2}$이므로 삼각형 ABC에서

$$\overline{AC}=\sqrt{6^2-4^2}=2\sqrt{5}$$

삼각형 ABC의 넓이는

$$\frac{1}{2}\times 4\times 2\sqrt{5}=4\sqrt{5}$$

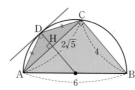

삼각형 ABC의 넓이가 일정하므로 사각형 ABCD의 넓이가 최대일 때는 삼각형 ACD의 넓이가 최대일 때이고, 삼각형 ACD의 넓이는 $\overline{DH}$의 길이가 가장 길 때 최대이므로 D에서의 접선이 선분 AC와 평행하다.

이때 삼각형 ACD는 이등변삼각형이다.

$\overline{AD}=\overline{DC}=x$라 하면 $\cos D=\cos(\pi-B)=-\dfrac{2}{3}$이므로

삼각형 ACD에서

$$(2\sqrt{5})^2=x^2+x^2-2\times x\times x\times\left(-\dfrac{2}{3}\right),\ x^2=6$$

$\sin D=\sqrt{1-\cos^2 D}=\dfrac{\sqrt{5}}{3}$이므로

삼각형 ACD의 넓이는

$$\dfrac{1}{2}\times x\times x\times\dfrac{\sqrt{5}}{3}=\sqrt{5}$$

따라서 사각형 ABCD 넓이의 최댓값은

$$4\sqrt{5}+\sqrt{5}=5\sqrt{5}$$

사각형 A'B'C'D'의 둘레의 길이가 12이므로

$$x+y=12$$

사각형 ABCD의 넓이는

$$\dfrac{1}{2}xy\sin\dfrac{\pi}{3}=\dfrac{\sqrt{3}}{4}xy$$

산술평균과 기하평균의 관계에서 $x+y\geq 2\sqrt{xy}$이므로

$$12\geq 2\sqrt{xy},\ xy\leq 36\ (\text{단, 등호는 }x=y\text{일 때 성립})$$

따라서 사각형 ABCD의 넓이의 최댓값은

$$\dfrac{\sqrt{3}}{4}\times 36=9\sqrt{3}$$

---

22 ································· 답 $8\sqrt{3}$

▶ 두 대각선의 길이를 구하거나 ∠A의 크기를 구하면 된다.
평행사변형의 두 대각선은 서로 이등분하므로 대각선의 교점을 O라 할 때, $\overline{OA}=\overline{OC}=x$, $\overline{OB}=\overline{OD}=y$로 놓을 수 있다.

두 대각선의 교점을 O, $\overline{OA}=x$, $\overline{OB}=y$라 하자.
삼각형 OAB에서

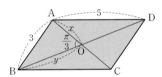

$$3^2=x^2+y^2-2xy\cos\dfrac{\pi}{3}$$
$$9=x^2+y^2-xy \qquad\cdots \text{❶}$$

삼각형 ODA에서 $\overline{OD}=y$, $\angle AOD=\dfrac{2}{3}\pi$이므로

$$5^2=x^2+y^2-2xy\cos\dfrac{2}{3}\pi$$
$$25=x^2+y^2+xy \qquad\cdots \text{❷}$$

❷$-$❶을 하면 $16=2xy$ $\qquad\therefore xy=8$

$\overline{AC}=2x$, $\overline{BD}=2y$이므로 평행사변형의 넓이는

$$\dfrac{1}{2}\times 2x\times 2y\times\sin\dfrac{\pi}{3}=2xy\times\dfrac{\sqrt{3}}{2}$$
$$=8\sqrt{3}$$

---

23 ································· 답 ④

▶ 두 대각선이 이루는 각의 크기가 $\dfrac{\pi}{3}$이므로 두 대각선의 길이에 대한 식을 구해야 한다.
삼각형에서 두 변의 중점을 연결한 선분은 나머지 변에 평행하고 길이가 $\dfrac{1}{2}$임을 이용한다.

대각선 AC, BD의 길이를 각각 x, y라 하자.
A', D'은 변 AB, AD의 중점이므로

$$\overline{A'D'}=\dfrac{1}{2}y$$

같은 이유로

$$\overline{C'B'}=\dfrac{1}{2}y,\ \overline{A'B'}=\overline{C'D'}=\dfrac{1}{2}x$$

---

24 ································· 답 $2\sqrt{2}$, $4\sqrt{2}$

▶ 삼각형 ABC와 BDC의 외접원의 반지름의 길이는 $\sqrt{10}$이다.

외접원의 반지름의 길이가 $\sqrt{10}$이므로 삼각형 ABC에서

$$\overline{BC}=2\sqrt{10}\times\sin\dfrac{3}{4}\pi$$
$$=2\sqrt{5}$$

삼각형 BCD의 외접원의 반지름의 길이도 $\sqrt{10}$이므로

$$\overline{CD}=2\sqrt{10}\times\sin(\angle CBD)$$
$$=6$$

▶ 원에 내접하는 사각형의 대각의 크기의 합은 π이다.

$\angle D=\dfrac{\pi}{4}$이므로 삼각형 BDC에서 $\overline{BD}=x$라 하면

$$(2\sqrt{5})^2=x^2+6^2-2\times x\times 6\times\cos\dfrac{\pi}{4}$$
$$x^2-6\sqrt{2}x+16=0$$
$$\therefore x=2\sqrt{2} \text{ 또는 } x=4\sqrt{2}$$

---

25 ································· 답 $\dfrac{9}{2}\pi$

▶ 외접원의 넓이를 구해야 하므로 주어진 사인값을 외접원의 반지름의 길이 R을 이용하여 나타낸다.

외접원의 반지름의 길이를 R이라 하면

(가)에서 $a=2R\sin A=\dfrac{4\sqrt{2}}{3}R$ $\qquad\cdots\text{❶}$

(나)에서 $\dfrac{b}{2R}+\dfrac{c}{2R}=\dfrac{4}{3}$ $\qquad\therefore b+c=\dfrac{8}{3}R$ $\qquad\cdots\text{❷}$

(다)에서 $\dfrac{1}{2}bc\sin A=2\sqrt{2}$ $\qquad\therefore bc=6$ $\qquad\cdots\text{❸}$

▶ a, b, c에 대한 식이므로 코사인법칙을 생각한다.
삼각형 ABC는 예각삼각형이므로 $\cos A>0$이다.

$\cos A=\sqrt{1-\sin^2 A}=\dfrac{1}{3}$이므로

$$a^2=b^2+c^2-2bc\cos A$$
$$=b^2+c^2-\dfrac{2}{3}bc=(b+c)^2-\dfrac{8}{3}bc$$

위 식에 ❶, ❷, ❸을 대입하면

$$\dfrac{32}{9}R^2=\dfrac{64}{9}R^2-16,\ R^2=\dfrac{9}{2}$$

따라서 삼각형 ABC의 외접원의 넓이는

$$\pi R^2=\dfrac{9}{2}\pi$$

---

26  답 ①

$\sin B=\sqrt{1-\cos^2 B}=\dfrac{2\sqrt3}{\sqrt{13}}$이므로

$$S_1=\dfrac{1}{2}\times\overline{AB}\times\overline{BC}\times\sin B$$
$$=\dfrac{1}{2}\times3\times\sqrt{13}\times\dfrac{2\sqrt3}{\sqrt{13}}$$
$$=3\sqrt3$$

$2S_1{}^2=3S_2{}^2$이므로 $3S_2{}^2=54$

$$\therefore S_2=3\sqrt2 \quad\cdots\ ❶$$

$\overline{AD}=a,\ \overline{DC}=b$라 하면

$ab=9$이므로

$$S_2=\dfrac{1}{2}ab\sin D=\dfrac{9}{2}\sin D$$

❶에서 $\sin D=\dfrac{2\sqrt2}{3}$

삼각형 ABC에서

$$\overline{AC}^2=3^2+13-2\times3\times\sqrt{13}\times\dfrac{\sqrt{13}}{13}=16$$

$$\therefore \overline{AC}=4$$

📌삼각형 ACD는 예각삼각형이므로 $\cos D>0$이다.

$\cos D=\sqrt{1-\sin^2 D}=\dfrac{1}{3}$이므로 삼각형 ACD에서

$$4^2=a^2+b^2-2ab\times\dfrac{1}{3}$$

$$16=(a+b)^2-\dfrac{8}{3}ab$$

$ab=9$이므로

$$(a+b)^2=40,\ a+b=2\sqrt{10}$$

이때 a, b는 방정식 $x^2-2\sqrt{10}x+9=0$의 두 근이므로

$$x=\sqrt{10}+1 \text{ 또는 } x=\sqrt{10}-1$$

이 중 작은 값은 $\sqrt{10}-1$이므로 변 AD의 길이는 $\sqrt{10}-1$이다.

---

27   답 ④

📌원과 각의 이등분선이 주어진 문제이다.
원주각의 성질을 이용하여 크기가 같은 각을 모두 표시해 보자.

$\angle DBA=\alpha,\ \angle BAE=\beta$라 하자.

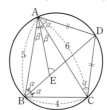

$\angle DBA=\alpha$이면 $\angle DBC=\alpha$

한 호에 대한 원주각의 크기는 같으므로

$$\angle DAC=\angle DBC=\alpha,\ \angle DCA=\angle DBA=\alpha$$

곧, $\angle DAC=\angle DCA$이므로 $\overline{DA}=\overline{DC}$이다.

삼각형 ABE에서

$$\angle AED=\alpha+\beta,\ \angle DAE=\alpha+\beta$$

이므로 삼각형 DAE는 $\overline{DA}=\overline{DE}$인 이등변삼각형이다.

곧, $\overline{DA}=\overline{DE}=\overline{DC}$이므로 $\overline{DA}=x$라 하면

삼각형 ABC에서

$$\cos B=\dfrac{5^2+4^2-6^2}{2\times5\times4}=\dfrac{1}{8}$$

$\cos(\angle ADC)=\cos(\pi-B)=-\cos B$이므로

삼각형 DAC에서

$$6^2=x^2+x^2-2\times x\times x\times\left(-\dfrac{1}{8}\right),\ \dfrac{9}{4}x^2=36$$

$$\therefore x=4$$

따라서 선분 ED의 길이는 4이다.

---

28 답 ①

📌$\overline{AB}$가 지름이므로 $\angle P=\angle Q=\dfrac{\pi}{2}$이고,

$\widehat{AQ}$, $\widehat{BQ}$에 대한 원주각의 크기는 $\dfrac{\pi}{4}$이다.

이를 이용하여 사인법칙, 코사인법칙, 삼각형의 넓이 등을 생각한다.

직각삼각형 APB에서

$$\overline{AB}=\sqrt{4^2+2^2}=2\sqrt5$$

직각이등변삼각형 AQB에서

$$\overline{AQ}=\dfrac{1}{\sqrt2}\times\overline{AB}=\sqrt{10}$$

$\square AQBP=\triangle APB+\triangle AQB$이므로

$$\square AQBP=\dfrac{1}{2}\times4\times2+\dfrac{1}{2}\times\sqrt{10}\times\sqrt{10}=9$$

또 $\angle APQ=\angle BPQ=\dfrac{\pi}{4}$이고

$\square AQBP=\triangle PAQ+\triangle PBQ$이므로

$\overline{PQ}=x$라 하면

$$9=\frac{1}{2}\left(4x\sin\frac{\pi}{4}+2x\sin\frac{\pi}{4}\right)$$

$$9=\frac{3\sqrt{2}}{2}x \qquad \therefore x=3\sqrt{2}$$

다른 풀이

직각삼각형 APB에서

$$\overline{AB}=\sqrt{4^2+2^2}=2\sqrt{5}$$

직각이등변삼각형 AQB에서

$$\overline{AQ}=\frac{1}{\sqrt{2}}\times\overline{AB}=\sqrt{10}$$

$\overline{PQ}=x$라 하면 삼각형 PAQ에서

$$x^2=4^2+(\sqrt{10})^2-2\times4\times\sqrt{10}\times\cos A$$
$$=26-8\sqrt{10}\cos A \qquad \cdots\; \text{❶}$$

또 삼각형 PBQ에서 $B=\pi-A$이므로

$$x^2=2^2+(\sqrt{10})^2-2\times2\times\sqrt{10}\times\cos(\pi-A)$$
$$=14+4\sqrt{10}\cos A \qquad \cdots\; \text{❷}$$

❶, ❷에서

$$26-8\sqrt{10}\cos A=14+4\sqrt{10}\cos A$$

$$\cos A=\frac{1}{\sqrt{10}}$$

❶에 대입하면

$$x^2=26-8\sqrt{10}\times\frac{1}{\sqrt{10}}=18$$

$$\therefore x=3\sqrt{2}$$

29 .... 답 $\dfrac{45\sqrt{3}}{52}$

$\overline{AB}=a$라 하면 $\overline{AD}=3a$

삼각형 ABD에서

$$\overline{BD}^2=a^2+9a^2-2\times a\times3a\times\cos\frac{2}{3}\pi=13a^2$$

$$\therefore \overline{BD}=\sqrt{13}a \qquad \cdots\; \text{❶}$$

삼각형 ABD의 외접원의 반지름의 길이가 1이므로

$\overline{BD}=2R\sin A$에서

$$\sqrt{13}a=2\times1\times\sin\frac{2}{3}\pi$$

$$\therefore a=\frac{\sqrt{3}}{\sqrt{13}}$$

❶에 대입하면 $\overline{BD}=\sqrt{3}$

▪ $\overline{BE}:\overline{ED}=4:9$에서
밑변이 $\overline{AC}$인 삼각형 ABC와 ADC의 넓이의 비를 알 수 있다.
이때 원에 내접하는 사각형의 대각의 크기의 합이 π임을 이용한다.

$\overline{BE}:\overline{ED}=4:9$에서 $\triangle ABC:\triangle ADC=4:9$이고
$\angle ABC=\theta$라 하면 $\angle ADC=\pi-\theta$이므로

$$\left(\frac{1}{2}\times a\times\overline{BC}\times\sin\theta\right):\left(\frac{1}{2}\times3a\times\overline{CD}\times\sin(\pi-\theta)\right)=4:9$$

$$\frac{9}{2}a\times\overline{BC}\times\sin\theta=6a\times\overline{CD}\times\sin\theta$$

$3\overline{BC}=4\overline{CD}$이므로 $\overline{BC}:\overline{CD}=4:3$

따라서 $\overline{BC}=4b$, $\overline{CD}=3b$로 놓을 수 있다.

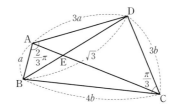

$\angle BCD=\dfrac{\pi}{3}$이므로 삼각형 BCD에서

$$3=9b^2+16b^2-2\times3b\times4b\times\cos\frac{\pi}{3}=13b^2$$

$$\therefore b^2=\frac{3}{13}$$

$$\therefore \square ABCD=\triangle ABD+\triangle BCD$$

$$=\frac{1}{2}\times a\times3a\times\sin\frac{2}{3}\pi+\frac{1}{2}\times3b\times4b\times\sin\frac{\pi}{3}$$

$$=\frac{3\sqrt{3}}{4}a^2+3\sqrt{3}b^2$$

$$=\frac{3\sqrt{3}}{4}\times\frac{3}{13}+3\sqrt{3}\times\frac{3}{13}=\frac{45\sqrt{3}}{52}$$

30 .... 답 ②

▪ 세 변의 길이가 문자를 포함한 경우에도 $\cos\theta$의 값을 구하면 넓이를 구할 수 있다.

길이가 8, $2+x$인 두 변 사이의 각의 크기를 θ라 하면

$$\cos\theta=\frac{8^2+(2+x)^2-(10-x)^2}{2\times8\times(2+x)}$$

$$=\frac{3x-4}{2(x+2)}$$

$\sin\theta>0$이므로

$$\sin\theta=\sqrt{1-\cos^2\theta}=\sqrt{1-\frac{(3x-4)^2}{4(x+2)^2}}$$

삼각형의 넓이는

$$\frac{1}{2}\times8(x+2)\sqrt{1-\frac{(3x-4)^2}{4(x+2)^2}}$$

$$=2\sqrt{4(x+2)^2-(3x-4)^2}$$

$$=2\sqrt{-5(x^2-8x)}$$

$$=2\sqrt{-5(x-4)^2+80}$$

곧, $x=4$일 때 세 변의 길이는 8, 6, 6이므로 삼각형을 이룬다.
따라서 $x=4$일 때 넓이가 최대이고 최댓값은 $8\sqrt{5}$이다.

다른 풀이

▪ 헤론의 공식을 이용하여 구할 수도 있다.
세 변의 길이가 a, b, c인 삼각형의 넓이를 S라 하면

$$S=\sqrt{s(s-a)(s-b)(s-c)}\left(단, s=\frac{a+b+c}{2}\right)$$

이 공식은 $\cos A$를 구한 다음, 넓이를 구하는 과정을 일반화한 식이다.

헤론의 공식에서

$$s=\frac{8+2+x+10-x}{2}=10$$

이므로 삼각형의 넓이를 S라 하면

$$S=\sqrt{10\times2\times(8-x)\times x}=\sqrt{20x(8-x)}$$

곧, $x=4$일 때 넓이의 최댓값은 $8\sqrt{5}$이다.

01 ③	**02** ③	**03** ①	**04** ③	**05** $\dfrac{9}{8}\pi$	**06** ①
07 $\dfrac{20}{3}$	**08** ④				

01
답 ③

$\overline{AB}=\overline{AC}$이므로 $\overline{BC}$의 중점을 H라 하면
$\overline{AH}$는 $\overline{BC}$의 수직이등분선이고,
내심 I와 외심 O는 $\overline{AH}$ 위에 있다.

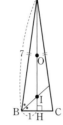

▸ $\overline{AO}$는 외접원의 반지름이다.
또, $\overline{BI}$는 $\angle B$의 이등분선이다.
구해야 하는 길이는 $\overline{OI}=\overline{AI}-\overline{AO}$이다.

$$\overline{AH}=\sqrt{7^2-1^2}=4\sqrt{3}$$

선분 BI는 $\angle B$의 이등분선이고,
$$\overline{BA}:\overline{BH}=\overline{AI}:\overline{IH}$$
이므로 $\overline{AI}:\overline{IH}=7:1$

$$\therefore \overline{AI}=4\sqrt{3}\times\frac{7}{8}=\frac{7\sqrt{3}}{2}$$

삼각형 ABC에서
$$\cos B=\frac{7^2+2^2-7^2}{2\times7\times2}=\frac{1}{7}$$
$$\sin B=\sqrt{1-\cos^2 B}=\frac{4\sqrt{3}}{7}$$

이므로 외접원의 반지름의 길이를 R이라 하면
$$\frac{7}{\sin B}=2R,\ R=\overline{AO}=\frac{49\sqrt{3}}{24}$$

따라서 내심과 외심 사이의 거리는
$$\overline{AI}-\overline{AO}=\frac{35\sqrt{3}}{24}$$

02
답 ③

$\angle ABD=\alpha$라 하면 $\cos\alpha=\dfrac{5}{6}$이고
$$\sin\alpha=\sqrt{1-\cos^2\alpha}=\frac{\sqrt{11}}{6}$$
$\angle BAC=\beta$라 하면 $\angle BDC=\beta$

▸ 넓이의 비를 이용하기 위해 $\overline{BD}=a$, $\overline{CD}=b$라 하고,
원주각의 크기가 같음을 이용한다.

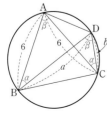

$\overline{BD}=a$, $\overline{CD}=b$라고 하면

삼각형 ABC의 넓이는 $\dfrac{1}{2}\times6\times6\times\sin\beta$

삼각형 BCD의 넓이는 $\dfrac{1}{2}ab\sin\beta$

$\triangle ABC:\triangle BCD=12:7$이므로
$$\frac{1}{2}\times6\times6\times\sin\beta:\frac{1}{2}ab\sin\beta=12:7$$
$$\therefore ab=21 \qquad\qquad \cdots\ \textbf{❶}$$

▸ $\angle ABD=\angle ACD$이므로 삼각형 ABD와 삼각형 ACD에서
코사인법칙을 이용할 수 있다.

삼각형 ABD에서
$$\overline{AD}^2=6^2+a^2-2\times6\times a\times\cos\alpha \quad\cdots\ \textbf{❷}$$
$\angle ACD=\alpha$이므로 삼각형 ACD에서
$$\overline{AD}^2=6^2+b^2-2\times6\times b\times\cos\alpha \quad\cdots\ \textbf{❸}$$

$\textbf{❷}-\textbf{❸}$을 하면
$$a^2-b^2-12(a-b)\cos\alpha=0$$
$\angle BAD>\angle CAD$, 곧 $a>b$이므로 양변을 $a-b$로 나누면
$$a+b-12\cos\alpha=0$$
$\cos\alpha=\dfrac{5}{6}$이므로 $a+b=10$

$\textbf{❶}$과 연립하여 풀면 $a=7$, $b=3$
따라서 삼각형 ACD의 넓이는
$$\frac{1}{2}\times\overline{AC}\times\overline{CD}\times\sin\alpha=\frac{1}{2}\times6\times3\times\frac{\sqrt{11}}{6}$$
$$=\frac{3\sqrt{11}}{2}$$

03
답 ①

▸ 삼각형의 무게중심은 중선의 교점이다.
중선이 있는 경우 다음 중선 정리를
적용할 수 있는지 확인한다.
$$\overline{AB}^2+\overline{AC}^2=2(\overline{AD}^2+\overline{BD}^2)$$

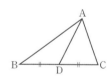

점 G는 무게중심이므로 $\overline{GD}=3$
$\overline{BD}=x$라 하고
삼각형 GBC에서 중선 정리를 이용하면
$$8^2+4^2=2(3^2+x^2)$$
$$\therefore x=\sqrt{31}$$

$\angle BGC=\theta$라 하면
$$\cos\theta=\frac{8^2+4^2-(2\sqrt{31})^2}{2\times8\times4}=-\frac{11}{16}$$
$$\sin\theta=\sqrt{1-\cos^2\theta}=\frac{3\sqrt{15}}{16}$$

곧, 삼각형 GBC의 넓이는
$$\frac{1}{2}\times8\times4\times\sin\theta=3\sqrt{15}$$

따라서 삼각형 ABC의 넓이는
$$3\times\triangle GBC=3\times3\sqrt{15}=9\sqrt{15}$$

04 답 ③

건물의 높이를 x m라 하면

$$\overline{AD}=\frac{x}{\sin 30°}=2x$$

$$\overline{BD}=\frac{x}{\sin 45°}=\sqrt{2}x$$

$$\overline{CD}=\frac{x}{\sin 60°}=\frac{2}{\sqrt{3}}x$$

$\angle ABD=\theta$라 하면 삼각형 ABD에서

$$\cos\theta=\frac{25+2x^2-4x^2}{2\times 5\times\sqrt{2}x}=\frac{25-2x^2}{10\sqrt{2}x}$$

또 $\angle CBD=\pi-\theta$이므로 삼각형 CBD에서

$$\cos(\pi-\theta)=\frac{100+2x^2-\frac{4}{3}x^2}{2\times 10\times\sqrt{2}x}=\frac{100+\frac{2}{3}x^2}{20\sqrt{2}x}$$

이때 $\cos(\pi-\theta)=-\cos\theta$이므로

$$\frac{100+\frac{2}{3}x^2}{20\sqrt{2}x}=-\frac{25-2x^2}{10\sqrt{2}x}$$

$$x^2=45 \qquad \therefore x=3\sqrt{5}$$

05 답 $\frac{9}{8}\pi$

▶삼각형 ABC와 AED에서 ∠A가 공통이므로 $\overline{BC}$와 $\overline{DE}$의 길이만 알면 두 외접원의 반지름의 길이 사이의 관계를 구할 수 있다.

$\angle BAC=\theta\left(0<\theta<\frac{\pi}{2}\right)$라 하자.

삼각형 ABC에서
$$\overline{BC}^2=4^2+6^2-2\times 4\times 6\times\cos\theta=52-48\cos\theta$$

직각삼각형 ABD에서 $\overline{AD}=4\cos\theta$이고,

직각삼각형 AEC에서 $\overline{AE}=6\cos\theta$이므로

삼각형 AED에서
$$\overline{DE}^2=36\cos^2\theta+16\cos^2\theta-2\times 6\cos\theta\times 4\cos\theta\times\cos\theta$$
$$=\cos^2\theta(52-48\cos\theta) \qquad\cdots ❶$$

△ABC와 △AED의 외접원의 반지름의 길이를 각각 R_1, R_2라 하면

$$2R_1=\frac{\overline{BC}}{\sin\theta},\ 2R_2=\frac{\overline{DE}}{\sin\theta}$$

두 외접원의 넓이의 차가 9π이므로

$$\pi R_1{}^2-\pi R_2{}^2=\frac{\pi}{4\sin^2\theta}(\overline{BC}^2-\overline{DE}^2)$$
$$=\frac{\pi}{4\sin^2\theta}(1-\cos^2\theta)(52-48\cos\theta)$$
$$=\frac{\pi}{4\sin^2\theta}\times\sin^2\theta\times 4(13-12\cos\theta)$$
$$=\pi(13-12\cos\theta)=9\pi$$

$$13-12\cos\theta=9 \qquad\therefore\cos\theta=\frac{1}{3}$$

❶에 대입하면

$$\overline{DE}^2=\left(\frac{1}{3}\right)^2\times 36=4 \qquad\therefore\overline{DE}=2$$

또 $\angle AEC=\angle ADB=\frac{\pi}{2}$이므로 $\angle DPE=\pi-\theta$이고,

$$\sin(\pi-\theta)=\sin\theta=\sqrt{1-\cos^2\theta}=\frac{2\sqrt{2}}{3}$$

삼각형 PDE의 외접원의 반지름의 길이를 R이라 하면

$$2R=\frac{\overline{DE}}{\sin(\pi-\theta)}=\frac{2}{\frac{2\sqrt{2}}{3}}=\frac{3}{\sqrt{2}}$$

$$\therefore R=\frac{3}{2\sqrt{2}}$$

따라서 삼각형 PDE의 외접원의 넓이는

$$\pi\left(\frac{3}{2\sqrt{2}}\right)^2=\frac{9}{8}\pi$$

06 답 ①

▶$\cos(\angle APB)=\frac{2\sqrt{2}}{3}$가 주어졌다.

$\angle APB=\angle AQB$이므로

삼각형 ABP와 AQB에서 코사인법칙을 이용한다.

$\overline{BP}=x$, $\overline{BQ}=y\,(x>y)$라 하자.

삼각형 ABP에서

$$1^2=(2\sqrt{2})^2+x^2-2\times 2\sqrt{2}\times x\times\frac{2\sqrt{2}}{3}$$

$$3x^2-16x+21=0 \qquad\cdots ❶$$

삼각형 AQB에서

$$1^2=(2\sqrt{2})^2+y^2-2\times 2\sqrt{2}\times y\times\frac{2\sqrt{2}}{3}$$

$$3y^2-16y+21=0 \qquad\cdots ❷$$

❶, ❷에서 x, y는 방정식 $3t^2-16t+21=0$의 해이다.

$3t^2-16t+21=0$에서 $(3t-7)(t-3)=0$

$x>y$이므로 $x=3$, $y=\frac{7}{3}$

곧, 삼각형 ABP는 세 변의 길이가 3, $2\sqrt{2}$, 1이므로

$\angle PAB=\frac{\pi}{2}$인 직각삼각형이다.

따라서 삼각형 ABP의 넓이는

$$\frac{1}{2}\times 2\sqrt{2}\times 1=\sqrt{2}$$

원에 내접하는 사각형 ABQP에서 ∠PAB의 대각인 ∠PQB도 직각이므로 직각삼각형 BQP에서

$$\overline{PQ}^2+\left(\frac{7}{3}\right)^2=3^2, \overline{PQ}=\frac{4\sqrt{2}}{3}$$

따라서 삼각형 BQP의 넓이는

$$\frac{1}{2}\times\frac{7}{3}\times\frac{4\sqrt{2}}{3}=\frac{14\sqrt{2}}{9}$$

$$\therefore \square ABQP=\triangle APB+\triangle BQP$$
$$=\sqrt{2}+\frac{14\sqrt{2}}{9}=\frac{23\sqrt{2}}{9}$$

▶ 외접원의 반지름의 길이가 주어져 있으므로 삼각형 CDE에서 구할 수 있는 값을 찾는다.

삼각형 CDE에서 외접원의 반지름의 길이가 $5\sqrt{2}$이므로

$$2 \times 5\sqrt{2} = \frac{10}{\sin(\angle CDE)}, \quad \sin(\angle CDE) = \frac{1}{\sqrt{2}}$$

$$\therefore \angle CDE = \frac{\pi}{4}$$

$\overline{AD} \parallel \overline{BC}$이므로 $\angle ABD = \angle CDB = \dfrac{\pi}{4}$

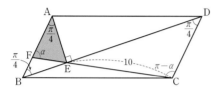

▶ $\angle AFC = \alpha$라 하고 α로 표현할 수 있는 각을 찾는다.

$\angle AFE = \alpha$라 하면 $\angle ECD = \angle EFB = \pi - \alpha$이므로 $\triangle CDE$에서

$$\frac{\overline{DE}}{\sin(\pi - \alpha)} = \frac{10}{\sin \frac{\pi}{4}}$$

$\sin(\pi - \alpha) = \sin \alpha = \sqrt{1 - \left(\dfrac{\sqrt{10}}{10}\right)^2} = \dfrac{3\sqrt{10}}{10}$이므로

$$\overline{DE} = \frac{10}{\frac{\sqrt{2}}{2}} \times \frac{3\sqrt{10}}{10} = 6\sqrt{5}$$

또 $\overline{CD} = x$라 하면 삼각형 CDE에서

$$10^2 = (6\sqrt{5})^2 + x^2 - 2 \times 6\sqrt{5} \times x \times \cos \frac{\pi}{4} \quad \cdots ❶$$

$$x^2 - 6\sqrt{10}x + 80 = 0 \quad \therefore x = 4\sqrt{10} \text{ 또는 } x = 2\sqrt{10}$$

$\pi - \alpha > \dfrac{\pi}{2}$이므로 $\overline{DE}^2 > \overline{CD}^2 + \overline{CE}^2$

$$\therefore x = 2\sqrt{10}$$

▶ 삼각형 AFE의 넓이를 구해야 하므로 $\overline{AE}, \overline{EF}$의 길이나 $\angle FAE, \angle AEF$의 크기 등을 구해 본다.

직각삼각형 ABE에서

$\angle EBA = \dfrac{\pi}{4}$, $\overline{AB} = \overline{CD} = 2\sqrt{10}$이므로

$$\overline{EA} = \overline{EB} = 2\sqrt{5}$$

$\triangle BEF \backsim \triangle DEC$이고 닮음비가 $2\sqrt{5} : 6\sqrt{5} = 1 : 3$이므로

$$\overline{BF} = \frac{1}{3}\overline{CD} = \frac{1}{3}\overline{AB}$$

$$\therefore \overline{AF} = \frac{2}{3}\overline{AB} = \frac{4\sqrt{10}}{3}$$

따라서 삼각형 AFE의 넓이는

$$\frac{1}{2} \times \frac{4\sqrt{10}}{3} \times 2\sqrt{5} \times \sin \frac{\pi}{4} = \frac{20}{3}$$

Think More

❶은 코사인법칙을 이용하여
$$\overline{DE}^2 = \overline{CD}^2 + \overline{CE}^2 - 2 \times \overline{CD} \times \overline{CE} \times \cos(\pi - \alpha)$$
를 이용하여 풀어도 된다. 이 경우 x의 값은 하나로 정해진다.

▶ 삼각형 AP_1P_2와 Q_1CQ_2의 외접원의 반지름의 길이의 비가 1 : 2임을 이용한다.

$\angle BAD = \alpha$라 하면 $\overline{AE}$가 삼각형 AP_1P_2의 외접원의 지름이므로

$$\frac{\overline{P_1P_2}}{\sin \alpha} = \overline{AE} \quad \cdots ❶$$

$\cos(\angle BCD) = -\dfrac{1}{3}$이므로

$$\sin(\angle BCD) = \sqrt{1 - \cos^2(\angle BCD)} = \frac{2\sqrt{2}}{3}$$

$\overline{CE}$가 삼각형 Q_1CQ_2의 외접원의 지름이므로

$$\frac{\overline{Q_1Q_2}}{\frac{2\sqrt{2}}{3}} = \overline{CE} \quad \cdots ❷$$

❶÷❷를 하면

$$\frac{\overline{P_1P_2}}{\sin \alpha} \times \frac{\frac{2\sqrt{2}}{3}}{\overline{Q_1Q_2}} = \frac{\overline{AE}}{\overline{CE}}$$

$\dfrac{\overline{AE}}{\overline{CE}} = \dfrac{1}{2}$, $\overline{P_1P_2} : \overline{Q_1Q_2} = 3 : 5\sqrt{2}$이므로

$$\frac{3}{5\sqrt{2}} \times \frac{\frac{2\sqrt{2}}{3}}{\sin \alpha} = \frac{1}{2} \quad \therefore \sin \alpha = \frac{4}{5}$$

$\dfrac{\pi}{2} < \alpha < \pi$이므로 $\cos \alpha = -\dfrac{3}{5}$

$\overline{AB} = x$, $\overline{AD} = y$라 하면 삼각형 ABD의 넓이가 2이므로

$$\frac{1}{2}xy \sin \alpha = 2 \quad \therefore xy = 5$$

삼각형 BCD에서

$$\overline{BD}^2 = 3^2 + 2^2 - 2 \times 3 \times 2 \times \left(-\frac{1}{3}\right) = 17$$

또 삼각형 ABD에서

$$\overline{BD}^2 = x^2 + y^2 - 2xy \cos \alpha$$

이므로

$$17 = x^2 + y^2 - 2 \times 5 \times \left(-\frac{3}{5}\right) \quad \therefore x^2 + y^2 = 11$$

따라서 $(x+y)^2 = x^2 + y^2 + 2xy = 21$이므로
$$x + y = \sqrt{21}$$

Ⅲ. 수열

07 등차수열과 등비수열

01 〔답 20〕

첫째항을 a라 하면 공차도 a이므로
$$a_n = a + (n-1)a = na$$
$a_2 + a_4 = 24$이므로 $2a + 4a = 24$, $a = 4$
$$\therefore a_5 = 5a = 20$$

02 〔답 24〕

첫째항을 a, 공차를 d라 하자.
$a_3 + a_5 = 36$에서
$$(a+2d) + (a+4d) = 36, \ a + 3d = 18 \quad \cdots ❶$$
$a_2 a_4 = 180$에서
$$(a+d)(a+3d) = 180$$
❶을 대입하면 $a + d = 10$ $\quad \cdots ❷$
❶과 ❷를 연립하여 풀면 $a = 6$, $d = 4$
$a_n < 100$에서
$$6 + 4(n-1) < 100, \ 4n < 98 \quad \therefore n < \frac{98}{4} = 24.5$$
따라서 자연수 n의 최댓값은 24이다.

03 〔답 ①〕

첫째항을 a, 공차를 d $(d>0)$라 하자.
$a_6 + a_8 = 0$에서
$$(a+5d) + (a+7d) = 0, \ a = -6d \quad \cdots ❶$$
$|a_6| = |a_7| + 3$에서
$$|a+5d| = |a+6d| + 3$$
❶을 대입하면 $|-d| = 3$, $d = \pm 3$
$d > 0$이므로 $d = 3$
$$\therefore a_2 = a + d = -5d = -15$$

04 〔답 ④〕

등차수열 $\{a_n\}$, $\{b_n\}$의 첫째항을 각각 a, b라 하면
$$3a_n + 5b_n = 3\{a - 2(n-1)\} + 5\{b + 3(n-1)\}$$
$$= 3a + 5b + 9(n-1)$$
따라서 등차수열 $\{3a_n + 5b_n\}$의 공차는 9이다.

05 〔답 ③〕

$a_n a_{n+1} < 0$에서
$$\{20 - 3(n-1)\}(20 - 3n) < 0$$
$$(3n - 23)(3n - 20) < 0$$
$$\therefore \frac{20}{3} < n < \frac{23}{3}$$
따라서 n은 자연수이므로 $n = 7$

06 〔답 ②〕

$a_n = 3d$에서
$$3 + (n-1)d = 3d, \ (4-n)d = 3$$
n, d가 자연수이므로
$$d = 1, \ 4 - n = 3 \ \text{또는} \ d = 3, \ 4 - n = 1$$
곧, $d = 1$, $n = 1$ 또는 $d = 3$, $n = 3$
따라서 자연수 d의 값의 합은 4이다.

07 〔답 ⑤〕

▶ a, b, c가 이 순서대로 등차수열이면
$$b - a = c - b \ \text{또는} \ 2b = a + c$$

α, β, $\alpha + \beta$가 이 순서대로 등차수열이므로
$$2\beta = \alpha + (\alpha + \beta) \quad \therefore \beta = 2\alpha$$
$x^2 - 2x + k = 0$의 두 근이 α, 2α이므로 근과 계수의 관계에서
$$\alpha + 2\alpha = 2, \ \alpha \times 2\alpha = k$$
$$\therefore \alpha = \frac{2}{3}, \ k = 2\alpha^2 = \frac{8}{9}$$

08
답 8

$ax^3+bx^2+cx+d=0$의 세 근을 α, β, γ라 하면

$$\alpha+\beta+\gamma=-\frac{b}{a},\ \alpha\beta+\beta\gamma+\gamma\alpha=\frac{c}{a},\ \alpha\beta\gamma=-\frac{d}{a}$$

세 근이 등차수열을 이루므로 $a-d$, a, $a+d$라 할 수 있다.
근과 계수의 관계에서

$$(a-d)+a+(a+d)=-3 \qquad \cdots ❶$$
$$(a-d)a+a(a+d)+(a-d)(a+d)=-6 \qquad \cdots ❷$$
$$(a-d)a(a+d)=k \qquad \cdots ❸$$

❶에서 $a=-1$
❷에서 $3a^2-d^2=-6$이므로 $d=\pm 3$
❸에서 $k=a(a^2-d^2)=8$

09
답 ③

$|a_4|=|a_8|$에서 $a_4=\pm a_8$
첫째항을 a라 하자.
(i) $a_4=a_8$일 때
$$a+3\times 3=a+7\times 3$$
이 식을 만족시키는 a는 없다.
(ii) $a_4=-a_8$일 때
$$a+3\times 3=-(a+7\times 3) \qquad \therefore a=-15$$
(i), (ii)에서 $\{a_n\}$은 첫째항이 -15, 공차가 3인 등차수열이므로

$$a_1+a_2+a_3+\cdots+a_{20}=\frac{20\times\{2\times(-15)+19\times 3\}}{2}$$
$$=270$$

10
답 11

첫째항을 a, 공차를 d라 하자.
$a_5=22$에서 $a+4d=22$
$a_{10}=42$에서 $a+9d=42$
연립하여 풀면 $a=6$, $d=4$
$$\therefore a_k=6+4(k-1)=4k+2$$
$a_1+a_2+a_3+\cdots+a_k=286$에서

$$\frac{k(6+4k+2)}{2}=286$$
$$k^2+2k-143=0,\ (k-11)(k+13)=0$$

$k>0$이므로 $k=11$

11
답 ③

3, a_1, a_2, $\cdots$, a_n, 15의 항이 $(n+2)$개이므로

$$\frac{(n+2)(3+15)}{2}=81 \qquad \therefore n=7$$

12
답 ③

공차가 2이므로 첫째항을 a라 하면
$a_1+a_2+a_3+\cdots+a_{100}=2002$에서

$$\frac{100\{2a+(100-1)\times 2\}}{2}=2002$$
$$\therefore 50(a+99)=1001 \qquad \cdots ❶$$

또 a_2, a_4, a_6, $\cdots$은 첫째항이 $a+2$, 공차가 4인 등차수열이므로

$$a_2+a_4+a_6+\cdots+a_{100}=\frac{50\{2(a+2)+(50-1)\times 4\}}{2}$$
$$=50(a+100) \qquad \cdots ❷$$
$$=50(a+99)+50$$
$$=1001+50\ (\because ❶)$$
$$=1051$$

Think More

❶에서 $a=\frac{1001}{50}-99$를 ❷에 대입해도 된다.

13
답 ②

첫째항이 6이므로 공차를 d라 하면 $a_{10}=-12$에서
$$6+9d=-12,\ d=-2$$
$$\therefore a_n=6+(n-1)\times(-2)=-2n+8$$
$n\le 4$일 때 $a_n\ge 0$, $n\ge 5$일 때 $a_n<0$이므로

$$|a_1|+|a_2|+|a_3|+\cdots+|a_{20}|$$
$$=(a_1+a_2+a_3+a_4)-(a_5+\cdots+a_{20})$$
$$=\frac{4(6+0)}{2}-\frac{16(-2-32)}{2}$$
$$=284$$

14
답 15

$\{a_n\}$, $\{b_n\}$은 모두 등차수열이다.
$\{a_n\}$의 첫째항부터 제m항까지의 합은

$$\frac{m(a_1+a_m)}{2}=\frac{m(-9+2m-11)}{2}=\frac{m(2m-20)}{2}$$

$\{b_n\}$의 첫째항부터 제m항까지의 합은

$$\frac{m(b_1+b_m)}{2}=\frac{m\left(\frac{3}{2}+\frac{1}{2}m+1\right)}{2}=\frac{m\left(\frac{1}{2}m+\frac{5}{2}\right)}{2}$$

합이 같으므로

$$\frac{m(2m-20)}{2}=\frac{m\left(\frac{1}{2}m+\frac{5}{2}\right)}{2}$$

$m\ne 0$이므로 $4m-40=m+5$
$$\therefore m=15$$

15

답 ①

첫째항을 a, 공차를 d라 하자.

$a_3 = 26$에서 $a + 2d = 26$

$a_9 = 8$에서 $a + 8d = 8$

연립하여 풀면 $a = 32$, $d = -3$

$$\therefore S_n = \frac{n\{2 \times 32 + (n-1) \times (-3)\}}{2}$$

$$= \frac{-3n^2 + 67n}{2}$$

$$= -\frac{3}{2}\left(n - \frac{67}{6}\right)^2 + \frac{4489}{24}$$

$\frac{67}{6}$에 가장 가까운 자연수는 11이므로 S_n은 $n = 11$일 때 최대이다.

Think More

$a > 0$, $d < 0$이므로 $a_n \geq 0$, $a_{n+1} < 0$일 때 S_n이 최대이다.

$a_n = -3n + 35$이므로 $-3n + 35 < 0$에서

$$n > \frac{35}{3} = 11.\times\times\times$$

곧, 수열 $\{a_n\}$은 제12항부터 음수이므로 첫째항부터 제11항까지의 합이 최대이다.

16

답 45

첫째항을 a, 공차를 d라 하자.

첫째항부터 제5항까지의 합이 45이므로

$$\frac{5(2a + 4d)}{2} = 45, \quad a + 2d = 9 \qquad \cdots ❶$$

첫째항부터 제10항까지의 합이 -10이므로

$$\frac{10(2a + 9d)}{2} = -10, \quad 2a + 9d = -2 \qquad \cdots ❷$$

❶과 ❷를 연립하여 풀면 $a = 17$, $d = -4$

$$\therefore S_n = \frac{n\{2 \times 17 + (n-1) \times (-4)\}}{2}$$

$$= -2n^2 + 19n$$

$$= -2\left(n - \frac{19}{4}\right)^2 + \frac{361}{8}$$

$\frac{19}{4}$에 가장 가까운 자연수는 5이므로 S_n의 최댓값은 $n = 5$일 때 45이다.

다른 풀이

$a_n = 17 + (n-1) \times (-4) = -4n + 21$이므로

$-4n + 21 < 0$에서 $n > \frac{21}{4} = 5.25$

곧, 수열 $\{a_n\}$은 제6항부터 음수이므로 첫째항부터 제5항까지의 합이 최대이다.

따라서 구하는 최댓값은 $S_5 = 45$

17

답 ①

공비를 r이라 하자.

$a_1 = 4a_3$에서 $a_1 = 4 \times a_1 r^2$ $\qquad \cdots ❶$

$a_2 + a_3 = -12$에서 $a_1 r + a_1 r^2 = -12$ $\qquad \cdots ❷$

❶에서 $a_1 \neq 0$이므로 $r^2 = \frac{1}{4}$, $r = \pm\frac{1}{2}$

(i) $r = \frac{1}{2}$일 때, ❷에 대입하면

$$\frac{a_1}{2} + \frac{a_1}{4} = -12, \quad a_1 = -16$$

$a_1 > 0$에 모순이다.

(ii) $r = -\frac{1}{2}$일 때, ❷에 대입하면

$$-\frac{a_1}{2} + \frac{a_1}{4} = -12, \quad a_1 = 48$$

$$\therefore a_5 = a_1 r^4 = 48 \times \frac{1}{16} = 3$$

18

답 16

첫째항을 a, 공비를 r이라 하자.

$$\frac{ar^2}{ar} - \frac{ar^5}{ar^3} = \frac{1}{4}$$

$$r - r^2 = \frac{1}{4}, \quad \left(r - \frac{1}{2}\right)^2 = 0$$

$r = \frac{1}{2}$이므로

$$\frac{a_5}{a_9} = \frac{ar^4}{ar^8} = \frac{1}{r^4} = 16$$

19

답 ⑤

첫째항을 a, 공비를 r이라 하자.

$a_7 = 12$에서 $ar^6 = 12$ $\qquad \cdots ❶$

$\frac{a_6 a_{10}}{a_5} = 36$에서 $\frac{ar^5 \times ar^9}{ar^4} = 36$, $ar^{10} = 36$ $\qquad \cdots ❷$

❷÷❶을 하면 $r^4 = 3$

$r^2 > 0$이므로 $r^2 = \sqrt{3}$

❶에 대입하면 $a \times 3\sqrt{3} = 12$, $a = \frac{4\sqrt{3}}{3}$

$$\therefore a_{15} = ar^{14} = \frac{4\sqrt{3}}{3} \times (\sqrt{3})^7 = 108$$

Think More

다음과 같이 하면 a를 구하지 않아도 된다.

$$a_{15} = ar^{14} = ar^{10} \times r^4 = 36 \times 3 = 108$$

20 $\qquad$ 답 ⑤

$\log_2 a_{n+1} = 1 + \log_2 a_n$에서

$\qquad \log_2 a_{n+1} = \log_2 2a_n,\ a_{n+1} = 2a_n$

따라서 $\{a_n\}$은 공비가 2인 등비수열이다.

$a_n = a_1 \times 2^{n-1} = 2^n$이므로

$\qquad a_1 \times a_2 \times a_3 \times \cdots \times a_{10} = 2 \times 2^2 \times 2^3 \times \cdots \times 2^{10}$

$\qquad\qquad\qquad\qquad\qquad\qquad = 2^{1+2+3+\cdots+10} = 2^{55}$

$\qquad \therefore k = 55$

21 $\qquad$ 답 ②

▌$a,\ b,\ c$가 이 순서대로 등비수열이면

$\qquad \dfrac{b}{a} = \dfrac{c}{b}$ 또는 $b^2 = ac$

$\log_2 4,\ \log_2 8,\ \log_2 x$가 이 순서대로 등비수열이므로

$\qquad (\log_2 8)^2 = \log_2 4 \times \log_2 x$

$\qquad 3^2 = 2\log_2 x,\ \dfrac{9}{2} = \log_2 x$

$\qquad \therefore x = 2^{\frac{9}{2}} = 16\sqrt{2}$

22 $\qquad$ 답 108

$a^n,\ 2^4 \times 3^6,\ b^n$이 이 순서대로 등비수열이므로

$\qquad (2^4 \times 3^6)^2 = a^n b^n$

$\qquad 2^8 \times 3^{12} = (ab)^n$

자연수 n의 값이 최대이면 ab의 값이 최소이다.

2와 3은 서로소이므로 n의 최댓값은 8과 12의 최대공약수인 4이다.

이때 $(ab)^n = (2^2 \times 3^3)^4 = 108^4$

따라서 ab의 최솟값은 108이다.

23 $\qquad$ 답 ②

▌$\{a_n\}$이 등차수열일 때, $a_2,\ a_k,\ a_8$이 이 순서대로 등차수열이면

$\qquad a_k - a_2 = a_8 - a_k$

이므로 $2,\ k,\ 8$도 이 순서대로 등차수열이다.

$a_2,\ a_k,\ a_8$이 이 순서대로 등차수열이므로 $k = 5$

$a_1,\ a_2,\ a_5$가 이 순서대로 등비수열이므로 $a_2{}^2 = a_1 a_5$

$\qquad (a_1 + 6)^2 = a_1(a_1 + 24),\ a_1 = 3$

$\qquad \therefore k + a_1 = 8$

24 $\qquad$ 답 ②

첫째항을 a, 공차를 d라 하자.

$a_4 - a_6 = 6$에서 $-2d = 6$ $\qquad \therefore d = -3$

$a_7,\ a_5,\ a_9$가 이 순서대로 등비수열이므로 $a_5{}^2 = a_7 a_9$

$\qquad (a - 12)^2 = (a - 18)(a - 24),\ a = 16$

$\qquad \therefore a_n = 16 + (n-1) \times (-3) = -3n + 19$

$a_n > 0$에서 $-3n + 19 > 0,\ n < \dfrac{19}{3} = 6.\times\times\times$

따라서 자연수 n의 최댓값은 6이다.

25 $\qquad$ 답 ③

$S_6 = 21$에서

$\qquad \dfrac{a(2^6 - 1)}{2 - 1} = 21 \qquad \therefore a = \dfrac{1}{3}$

26 $\qquad$ 답 ④

나머지는 $(-2)^8 + (-2)^7 + \cdots + (-2)^2 + (-2) + 1$

첫째항이 1, 공비가 -2인 등비수열의 첫째항부터 제9항까지의 합이므로

$\qquad (-2)^8 + (-2)^7 + \cdots + (-2)^2 + (-2) + 1$

$\qquad = \dfrac{1 \times \{1 - (-2)^9\}}{1 - (-2)} = 171$

27 $\qquad$ 답 ①

▌$\{2^n\},\ \{(-1)^n\}$은 등비수열이므로 두 등비수열로 나누어 생각한다.

$\qquad a_1 + a_2 + a_3 + \cdots + a_{19}$

$\qquad = (2^1 + 2^2 + 2^3 + \cdots + 2^{19}) + (-1 + 1 - 1 + \cdots + 1 - 1)$

$\qquad = \dfrac{2(2^{19} - 1)}{2 - 1} - 1 = 2^{20} - 3$

28 $\qquad$ 답 ②

첫째항이 $\dfrac{2}{3}$, 공비가 $\dfrac{1}{3}$이므로

$\qquad S_n = \dfrac{\dfrac{2}{3}\left(1 - \dfrac{1}{3^n}\right)}{1 - \dfrac{1}{3}} = 1 - \dfrac{1}{3^n}$

$|S_n - 1| < 0.01$에서 $\dfrac{1}{3^n} < 0.01,\ 3^n > 100$

$3^4 = 81,\ 3^5 = 243$이므로 자연수 n의 최솟값은 5이다.

29 ● 답 ①

첫째항을 a, 공비를 r이라 하자.

$S_n=48$이므로 $\dfrac{a(r^n-1)}{r-1}=48$ ··· ❶

$S_{2n}=60$이므로

$$\dfrac{a(r^{2n}-1)}{r-1}=60,\ \dfrac{a(r^n-1)(r^n+1)}{r-1}=60$$

❶을 대입하면 $48(r^n+1)=60,\ r^n=\dfrac{1}{4}$

$$\therefore S_{3n}=\dfrac{a(r^{3n}-1)}{r-1}$$

$$=\dfrac{a(r^n-1)(r^{2n}+r^n+1)}{r-1}$$

$$=48\times\left(\dfrac{1}{4^2}+\dfrac{1}{4}+1\right)=63$$

30 ● 답 4

공비를 r이라 하자.

$a_2,\ a_4,\ \cdots,\ a_{2k}$는 첫째항이 $a_2=r$, 공비가 r^2인 등비수열,

$a_1,\ a_3,\ \cdots,\ a_{2k-1}$은 첫째항이 $a_1=1$, 공비가 r^2인 등비수열이다.

$a_2+a_4+\cdots+a_{2k}=-170$에서

$$\dfrac{r\{(r^2)^k-1\}}{r^2-1}=-170 \quad\quad\quad\ \cdots ❶$$

$a_1+a_3+\cdots+a_{2k-1}=85$에서

$$\dfrac{1\times\{(r^2)^k-1\}}{r^2-1}=85 \quad\quad\quad\ \cdots ❷$$

❷를 ❶에 대입하면 $r=-2$

❷에 대입하면 $(-2)^{2k}=256 \quad \therefore k=4$

다른 풀이

$a_1+a_3+\cdots+a_{2k-1}=85$의 양변에 공비 r을 곱하면

$$a_2+a_4+\cdots+a_{2k}=85r$$

$$\therefore r=-2$$

31 ● 답 ②

$\{a_n\}$의 첫째항을 a, 공비를 r이라 하면

$\left\{\dfrac{1}{a_n}\right\}$은 첫째항이 $\dfrac{1}{a}$, 공비가 $\dfrac{1}{r}$인 등비수열이다.

$a_1+a_2+a_3+\cdots+a_{10}=12$에서

$$\dfrac{a(r^{10}-1)}{r-1}=12 \quad\quad\quad\quad\quad\quad \cdots ❶$$

$\dfrac{1}{a_1}+\dfrac{1}{a_2}+\dfrac{1}{a_3}+\cdots+\dfrac{1}{a_{10}}=3$에서

$$\dfrac{\dfrac{1}{a}\left(\dfrac{1}{r^{10}}-1\right)}{\dfrac{1}{r}-1}=3,\ \dfrac{1}{ar^9}\times\dfrac{r^{10}-1}{r-1}=3 \quad \cdots ❷$$

❶÷❷를 하면 $a^2r^9=4$

$$\therefore a_1\times a_2\times a_3\times\cdots\times a_{10}=a\times ar\times ar^2\times\cdots\times ar^9$$

$$=a^{10}r^{45}=(a^2r^9)^5$$

$$=4^5=2^{10}$$

32 ● 답 ④

원금이 a, 연이율이 r일 때, 복리로 적립하면

1년 후 ⇨ $a+ar=a(1+r)$
2년 후 ⇨ $a(1+r)+a(1+r)r=a(1+r)^2$
3년 후 ⇨ $a(1+r)^2+a(1+r)^2r=a(1+r)^3$
⋮

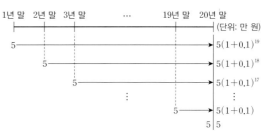

$$5+5(1+0.1)+5(1+0.1)^2+\cdots+5(1+0.1)^{19}$$

$$=\dfrac{5(1.1^{20}-1)}{1.1-1}$$

$$=\dfrac{5(6.7-1)}{0.1}=285\text{(만 원)}$$

33 ● 답 ④

원금의 12개월 후 가치와 매월 갚는 돈의 가치의 합이 같아야 한다.

360만 원의 12개월 동안 원리합계는

$$360\times(1+0.005)^{12}=360\times1.06\text{(만 원)} \quad \cdots ❶$$

또 이달 말부터 매월 말 x만 원씩 지불할 때 원리합계는

$$x+x(1+0.005)+x(1+0.005)^2+\cdots+x(1+0.005)^{11}$$

$$=\dfrac{x(1.005^{12}-1)}{1.005-1}$$

$$=\dfrac{0.06x}{0.005}=12x \quad\quad\quad\quad\quad\quad\quad\quad \cdots ❷$$

❶, ❷가 같아야 하므로

$$360\times1.06=12x,\ x=31.8$$

따라서 매월 말에 31만 8천 원씩 지불해야 한다.

34 답 ②

$n \geq 2$일 때

$$a_n = S_n - S_{n-1}$$
$$= (n+2^n) - \{(n-1)+2^{n-1}\}$$
$$= 2^{n-1}+1$$
$$\therefore a_6 = 33$$

Think More

$a_6 = S_6 - S_5$로 구할 수도 있다.

35 답 ④

$f(x) = x^2 + x - 3$이라 하면

$$S_n = f(2n) = 4n^2 + 2n - 3$$

$n \geq 2$일 때

$$a_n = S_n - S_{n-1}$$
$$= (4n^2+2n-3) - \{4(n-1)^2 + 2(n-1) - 3\}$$
$$= 8n-2$$

또 $a_1 = S_1 = 3$

$$\therefore a_1 + a_4 = 3 + 30 = 33$$

Think More

$\{a_n\}$은 $a_1 = 3$이고, 둘째항부터 공차가 8인 등차수열이다.

36 답 ③

▸등비수열의 합이 $S_n = p(r^n - 1)$ 꼴임을 알면 k의 값을 바로 구할 수도 있다.
아니면 $a_1 = S_1$, $a_n = S_n - S_{n-1}$ $(n \geq 2)$을 이용하여 첫째항부터 등비수열일 조건을 찾는다.

$S_n = -27 \times 6^{n-2} + k$라 하자.

$n \geq 2$일 때

$$a_n = S_n - S_{n-1}$$
$$= (-27 \times 6^{n-2} + k) - (-27 \times 6^{n-3} + k)$$
$$= -27 \times 6^{n-3} \times (6-1)$$
$$= -135 \times 6^{n-3} \quad \cdots ❶$$

또 $a_1 = S_1 = -27 \times 6^{-1} + k = k - \dfrac{9}{2}$

❶에 $n=1$을 대입하면 $a_1 = -\dfrac{15}{4}$

곧, 수열 $\{a_n\}$이 등비수열이므로

$$-\frac{15}{4} = k - \frac{9}{2} \quad \therefore k = \frac{3}{4}$$

37 답 1.6시간

▸10 %씩 증가하므로 1.1을 곱하면 된다.
곧, 공비가 1.1인 등비수열에 대한 문제이다.

처음 10 km 구간은 20 km/h의 속력으로 일정하게 달렸으므로 걸린 시간은 $\dfrac{1}{2}$시간이고, 이때 1 km를 달리는 데 걸린 시간은 $\dfrac{1}{20}$시간이다.

10 km 이후 1 km씩 달리는 데 걸린 시간은 전 1 km를 달리는 데 걸린 시간에 1.1을 곱하면 되므로

$$\frac{1}{2} + \frac{1}{20} \times 1.1 + \frac{1}{20} \times 1.1^2 + \frac{1}{20} \times 1.1^3 + \cdots + \frac{1}{20} \times 1.1^{10}$$
$$= \frac{1}{2} + \frac{1}{20} \left\{ \frac{1.1 \times (1.1^{10} - 1)}{1.1 - 1} \right\}$$
$$= \frac{1}{2} + 1.1 = 1.6(시간)$$

38 답 315

선분의 x좌표를 왼쪽에서부터 x_1, x_2, ..., x_{14}라 하자.
선분의 간격이 일정하므로 수열 $\{x_n\}$은 등차수열이다.
또 선분의 길이는

$$a(x_n - 1) - x_n = (a-1)x_n - a$$

▸x_n이 등차수열이면 $ax_n + b$ 꼴의 수열도 등차수열이다.
$x_{n+1} - x_n$이 일정하면 $(ax_{n+1} + b) - (ax_n + b)$의 값도 일정하기 때문이다.

선분의 길이도 등차수열을 이루므로 선분의 길이의 합은

$$\frac{14(3+42)}{2} = 315$$

39 답 ②

▸도형의 넓이가 일정한 비율로 변하는 문제이다.
닮음비부터 찾아보자.

각 변의 중점을 연결하여 4개의 삼각형 중 가운데 삼각형을 제거하면 남은 삼각형의 넓이의 합은 처음 삼각형 넓이의 $\dfrac{3}{4}$이다.

따라서 수열 $\{a_n\}$은 첫째항이 $\dfrac{3}{4}$, 공비가 $\dfrac{3}{4}$인 등비수열이므로

$$a_1 + a_2 + a_3 + \cdots + a_{10} = \frac{\dfrac{3}{4}\left\{1 - \left(\dfrac{3}{4}\right)^{10}\right\}}{1 - \dfrac{3}{4}}$$
$$= 3\left\{1 - \left(\frac{3}{4}\right)^{10}\right\}$$
$$= 3 - \frac{3^{11}}{2^{20}}$$

01 183	**02** ④	**03** ②	**04** 14	**05** ⑤	**06** 13
07 86	**08** ②	**09** ②	**10** 60, 105		**11** 17
12 18	**13** ⑤	**14** $a=\dfrac{1}{2}$, $b=\dfrac{1}{3}$		**15** ④	**16** ③
17 3	**18** ③	**19** 2, 4	**20** ④	**21** ③	**22** 27
23 150	**24** ④				

01 ━━━━━━━━━━━━━━━━━━ 답 183

▶ $\{a_n\}$, $\{b_n\}$을 나열하면 공통인 항으로 이루어진 수열을 찾을 수 있다.
두 등차수열의 공통인 항으로 이루어진 수열은 등차수열이다.

$\{a_n\}$: 3, 5, 7, 9, 11, 13, 15, 17, 19, 21, …
$\{b_n\}$: 6, 9, 12, 15, 18, 21, …
이므로
$\{c_n\}$: 9, 15, 21, …
따라서 $\{c_n\}$은 첫째항이 9, 공차가 6인 등차수열이므로
$$c_{30}=9+29\times6=183$$

다른 풀이

▶ a_n은 홀수이고 b_n은 3의 배수이므로 b_n에서 홀수를 찾아도 된다.

a_n은 2로 나눈 나머지가 1인 꼴이다.
따라서 $b_n=3n+3$에서 $n=2m-1$일 때와 $n=2m$일 때로 나누어
생각한다. (단, m은 자연수)
$$b_{2m-1}=3(2m-1)+3=6m$$
이므로 $\{a_n\}$의 항이 아니다.
$$b_{2m}=6m+3=2(3m+1)+1$$
이므로 $\{a_n\}$의 항이다.
따라서 $c_n=b_{2n}=6n+3$이므로 $c_{30}=183$

02 ━━━━━━━━━━━━━━━━━━ 답 ④

▶ 가장 작은 합은 $1+3+\cdots+19$이고
가장 큰 합은 $81+83+\cdots+99$이다.

S 중 가장 작은 수는 $1+3+\cdots+19=100$
이므로 $a_1=100$
1, 3, …, 19에서 19 대신 21을 뽑으면 $a_2=a_1+2$
이와 같이 생각하면 수열 $\{a_n\}$은 공차가 2인 등차수열이다.
$$\therefore a_{100}=100+99\times2=298$$

03 ━━━━━━━━━━━━━━━━━━ 답 ②

▶ $a_1=1$이므로 $a_n=1+(n-1)d$로 놓을 수 있다.
$0<d<1$을 이용하여 d, $2d$, …, $8d$는 정수가 아니고 $9d$는 정수일 조건을
찾는다.

수열 $\{a_n\}$이 조건을 만족시킨다고 하자.

첫째항이 1이므로 $a_{10}=1+9d$
$0<d<1$이므로 $0<9d<9$
a_{10}이 정수이므로 $9d=1, 2, …, 8$
$$\therefore d=\frac{1}{9}, \frac{2}{9}, …, \frac{8}{9}$$

d가 $\dfrac{3}{9}$, $\dfrac{6}{9}$이면 $3d$, $6d$는 정수이고,

나머지 a_2, a_3, a_5, a_6, a_8, a_9는 정수가 아니다.
따라서 가능한 등차수열은 $8-2=6$(개)이다.

04 ━━━━━━━━━━━━━━━━━━ 답 14

▶ 삼차방정식 $ax^3+bx^2+cx+d=0$의 세 근을 α, β, γ라 하면
$$\alpha+\beta+\gamma=-\frac{b}{a},\ \alpha\beta+\beta\gamma+\gamma\alpha=\frac{c}{a},\ \alpha\beta\gamma=-\frac{d}{a}$$

근과 계수의 관계에서
$$a+b+c=\frac{3b}{a} \qquad\qquad \cdots ❶$$
$$ab+bc+ca=\frac{11c}{3a} \qquad \cdots ❷$$
$$abc=6 \qquad\qquad\qquad \cdots ❸$$
a, b, c가 이 순서대로 등차수열이므로 $2b=a+c$ $\cdots ❹$
❹를 ❶에 대입하면 $3b=\dfrac{3b}{a}$ $\quad\therefore a=1$ 또는 $b=0$
❸에서 $b\neq0$이므로 $a=1$을 ❸에 대입하면 $bc=6$
이때 ❶, ❷는 $1+b+c=3b$, $b+6+c=\dfrac{11}{3}c$
연립하여 풀면 $b=2$, $c=3$
$$\therefore a^2+b^2+c^2=14$$

05 ━━━━━━━━━━━━━━━━━━ 답 ⑤

▶ (가)에서 $2y=x+z$이므로
$a^{\frac{1}{x}}=b^{\frac{1}{y}}=c^{\frac{1}{z}}=k$로 놓고 x, y, z를 a, b, c와 k로 나타내어 대입한다.

(가)에서 $2y=x+z$ $\cdots ❶$
(나)에서 $a^{\frac{1}{x}}=b^{\frac{1}{y}}=c^{\frac{1}{z}}=k\,(k>0)$라 하면
$$\frac{1}{x}=\log_a k,\ \frac{1}{y}=\log_b k,\ \frac{1}{z}=\log_c k$$
$$\therefore x=\log_k a,\ y=\log_k b,\ z=\log_k c$$
❶에 대입하면
$$2\log_k b=\log_k a+\log_k c,\ b^2=ac$$
$b>0$이므로 $b=\sqrt{ac}$
$$\therefore \frac{a+9c}{b}=\frac{a+9c}{\sqrt{ac}}=\frac{\sqrt{a}}{\sqrt{c}}+\frac{9\sqrt{c}}{\sqrt{a}}$$
$$\geq2\sqrt{\frac{\sqrt{a}}{\sqrt{c}}\times\frac{9\sqrt{c}}{\sqrt{a}}}=2\times3=6$$
$$\left(\text{단, 등호는 }\frac{\sqrt{a}}{\sqrt{c}}=\frac{9\sqrt{c}}{\sqrt{a}}\text{, 곧 }a=9c\text{일 때 성립}\right)$$
따라서 최솟값은 6이다.

다른 풀이

▸(가)에서 $y=x+d$, $z=x+2d$로 놓고 정리할 수도 있다.

(가)에서 공차를 d라 하면
$$y=x+d, z=x+2d$$

(나)에서 $a^{\frac{1}{x}}=b^{\frac{1}{y}}=c^{\frac{1}{z}}=k\,(k>0)$라 하면
$$a=k^x, b=k^y=k^{x+d}, c=k^z=k^{x+2d}$$
$$\therefore \frac{a+9c}{b}=\frac{k^x+9k^{x+2d}}{k^{x+d}}=k^{-d}+9k^d$$
$$\geq 2\sqrt{k^{-d}\times 9k^d}=2\times 3=6$$
(단, 등호는 $k^{-d}=9k^d$일 때 성립)

따라서 최솟값은 6이다.

---

06 ·· **답 13**

▸(가), (나)에서 $a_1+a_n=a_2+a_{n-1}=\cdots$을 이용한다.

(가)와 (나)에서
$$a_1+a_2+a_3+a_4+a_{n-3}+a_{n-2}+a_{n-1}+a_n=160$$
$a_1+a_n=a_2+a_{n-1}=a_3+a_{n-2}=a_4+a_{n-3}$이므로
$$4(a_1+a_n)=160 \qquad \therefore a_1+a_n=40$$
(다)에서 $\dfrac{n(a_1+a_n)}{2}=260$이므로
$$\frac{40n}{2}=260 \qquad \therefore n=13$$

---

07 ·· **답 86**

▸$S_k=k^2-3k$는 모든 k에 대해 성립하는 식이 아니므로
$a_k=S_k-S_{k-1}$을 이용하는 문제가 아니라는 것에 주의한다.

$a_{k-2}+a_k=60$이므로 등차중항을 생각하면
$$2a_{k-1}=60 \qquad \therefore a_{k-1}=30$$

▸$S_k=\dfrac{k(a_1+a_k)}{2}=\dfrac{k(a_2+a_{k-1})}{2}=\cdots$이므로
알고 있는 값 $a_2=-10$, $a_{k-1}=30$을 이용하여 자연수 k를 구한다.

$$S_k=\frac{k(a_1+a_k)}{2}=\frac{k(a_2+a_{k-1})}{2}$$

이므로 $S_k=k^2-3k$에서
$$\frac{k(-10+30)}{2}=k^2-3k, \ k^2-13k=0$$

$k>0$이므로 $k=13$
첫째항을 a, 공차를 d라 하면
$a_2=-10$에서 $a+d=-10$
$a_{12}=30$에서 $a+11d=30$

연립하여 풀면 $a=-14$, $d=4$이므로
$$a_n=4n-18$$
$$\therefore a_{2k}=a_{26}=86$$

다른 풀이

▸첫째항을 a, 공차를 d라 하여 식으로 나타내 보자.

첫째항을 a, 공차를 d라 하면
$a_2=-10$에서 $a+d=-10$ ··· ❶
$a_{k-2}+a_k=60$에서
$$a+(k-3)d+a+(k-1)d=60$$
$$a+(k-2)d=30 \qquad \cdots ❷$$
$S_k=k^2-3k$에서 $\dfrac{k\{2a+(k-1)d\}}{2}=k^2-3k$

❶+❷를 하면 $2a+(k-1)d=20$이므로 위 식에 대입하면
$$k^2-13k=0 \qquad \therefore k=13\ (\because k>0)$$
❷에 대입하고 ❶과 연립하여 풀면 $a=-14$, $d=4$
$$\therefore a_{2k}=a_{26}=86$$

---

08 ·· **답 ②**

▸a_m, a_n, a_{m+n}을 비교해야 한다.
첫째항이 a이므로 공차를 d라 하고 $a_n=a+(n-1)d$임을 이용한다.

공차를 d라 하자.
$a_m+a_n=a_{m+n}$에서
$$a+(m-1)d+a+(n-1)d=a+(m+n-1)d$$
$$\therefore d=a$$
$a_2, a_4, \cdots, a_{20}$은 첫째항이 $2a$, 공차가 $2a$인 등차수열이므로
$$a_{20}=2a+(10-1)\times 2a=20a$$
$$\therefore a_2+a_4+a_6+\cdots+a_{18}+a_{20}=\frac{10(2a+20a)}{2}$$
$$=110a$$
$$\therefore p=110$$

---

09 ·· **답 ②**

▸d, m, k가 자연수이므로 ( )×( )=(정수) 꼴의 방정식을 구한다.

조건에서 $a_n=30-(n-1)d$이므로
$a_m+a_{m+1}+a_{m+2}+\cdots+a_{m+k}=0$에서
$$\frac{(k+1)\{30-(m-1)d+30-(m+k-1)d\}}{2}=0$$
$$(k+1)\{60-(2m+k-2)d\}=0$$
$k+1>0$이므로 $(2m+k-2)d=60$
m, k가 자연수이므로 $2m+k-2$는 1 이상인 자연수이다.
따라서 d는 60의 약수이다.
$60=2^2\times 3\times 5$이므로 d의 개수는 $3\times 2\times 2=12$

다른 풀이

연속한 $(k+1)$개 항의 합이 0이라 하자.

공차가 $-d$이므로

(i) $k+1$이 홀수일 때 연속한 $(k+1)$개 항은

$$\cdots,\ d,\ 0,\ -d,\ \cdots$$

꼴을 포함한다. 곧, 0이 수열의 항이므로

$$30-(n-1)d=0,\ (n-1)d=30$$

n은 자연수이므로 d는 30의 약수이다.

$$\therefore d=1,\ 2,\ 3,\ 5,\ 6,\ 10,\ 15,\ 30$$

(ii) $k+1$이 짝수일 때 연속한 $(k+1)$개 항은

$$\cdots,\ \dfrac{d}{2},\ -\dfrac{d}{2},\ \cdots$$

꼴을 포함한다. 곧, $\dfrac{d}{2}$가 수열의 항이므로

$$30-(n-1)d=\dfrac{d}{2},\ n=\dfrac{1}{2}+\dfrac{30}{d}$$

n은 자연수이므로 $d=4,\ 12,\ 20,\ 60$

(i), (ii)에서 d의 개수는 12이다.

---

10 답 **60, 105**

$$a_n=-140+(n-1)d$$

이므로 $a_m+2a_{m+2}=0$에 대입하면

$$-140+(m-1)d-280+2(m+1)d=0$$
$$(3m+1)d=420$$
$$(3m+1)d=2^2\times3\times5\times7$$

▸$3m+1$은 3의 배수에 1을 더한 수이므로
$2^2\times5\times7$의 약수 중 3으로 나눈 나머지가 1인 수만 조사하면 충분하다.

$m,\ d$가 자연수이므로 가능한 $3m+1$의 값은
$4,\ 7,\ 10,\ 28,\ 70$이다.

(i) $3m+1=4$일 때 $d=105$이고 $\{a_n\}$은
$$-140,\ -35,\ 70,\ \cdots$$
이므로 (나)가 성립한다.

(ii) $3m+1=7$일 때 $d=60$이고 $\{a_n\}$은
$$-140,\ -80,\ -20,\ 40,\ \cdots$$
이므로 (나)가 성립한다.

(iii) $3m+1=10$일 때 $d=42$이고 $\{a_n\}$은
$$-140,\ -98,\ -56,\ -14,\ 28,\ \cdots$$
이므로 (나)가 성립하지 않는다.

(iv) $3m+1=28$일 때 $d=15$이므로
(나)가 성립하지 않는다.

(v) $3m+1=70$일 때 $d=6$이므로
(나)가 성립하지 않는다.

(i)~(v)에서 가능한 d의 값은 60, 105이다.

---

11 답 **17**

▸$a_{2n}=S_{2n}-S_{2n-1}$이므로
$S_{2n},\ S_{2n-1}$을 구하면 a_{2n}을 구할 수 있다.

$$S_{2n-1}=S_1+(n-1)\times2$$
$$=2n-2+S_1$$
$$S_{2n}=S_2+(n-1)\times4$$
$$=4n-4+S_2$$

이므로

$$a_{2n}=S_{2n}-S_{2n-1}$$
$$=2n-2+S_2-S_1$$

$a_4=1$이므로 $2+S_2-S_1=1,\ S_2-S_1=-1$

$$\therefore a_{20}=18+S_2-S_1=17$$

다른 풀이

▸a_{20}만 구할 때는 S_{20}과 S_{19}만 알아도 된다.

$a_{20}=S_{20}-S_{19}$이고

$$S_{20}=S_{2\times10}=S_2+(10-1)\times4=S_2+36$$
$$S_{19}=S_{2\times10-1}=S_1+(10-1)\times2=S_1+18$$

$a_4=1$이므로 $S_4-S_3=1$

$$S_2+4-(S_1+2)=1,\ S_2-S_1=-1$$
$$\therefore a_{20}=(S_2+36)-(S_1+18)$$
$$=(S_2-S_1)+18=17$$

---

12 답 **18**

▸첫째항을 a_1, 공차를 d라 하면 $S_n=\dfrac{n\{2a_1+(n-1)d\}}{2}$

S_n은 n^2의 계수가 $\dfrac{d}{2}$이고 상수항이 없는 n에 대한 이차식이다.

$S_n=an^2+bn$ 꼴로 생각하여 문제를 풀면 편하다.

공차가 양수이므로 $S_n=an^2+bn\ (a>0)$이라 생각하자.

$S_7=S_{13}$에서 $y=S_n$의 그래프의 축은 직선 $n=10$이므로

$$S_n=an^2-20an$$

또 $m\geq10$에서 $|S_m|=|S_{2m}|$을
만족시키는 m이 존재하므로

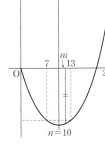

$$S_{2m}=-S_m$$
$$4am^2-40am=-am^2+20am$$
$$am^2-12am=0$$
$$am(m-12)=0$$
$$\therefore m=12$$

$\left|S_{\frac{m}{2}}\right|=168$에서 $S_6=-168$이므로

$$36a-120a=-168,\ a=2$$

곧, $S_n=2n^2-40n$이므로

$$a_{15}=S_{15}-S_{14}$$
$$=-150+168=18$$

13

답 ⑤

첫째항을 a, 공비를 r이라 하면 $a_4 a_7 a_{10}=a^3 r^{18}=(ar^6)^3$이다. 따라서 ar^6의 값을 구하면 된다.

첫째항을 a, 공비를 r이라 하면

$$a_4 a_7 a_{10}=ar^3 \times ar^6 \times ar^9=a^3 r^{18} \qquad \cdots \text{❶}$$

또 $a_5+a_7+a_9=64$에서

$$ar^4+ar^6+ar^8=64, \ ar^4(1+r^2+r^4)=2^6 \qquad \cdots \text{❷}$$

$\dfrac{1}{a_5}+\dfrac{1}{a_7}+\dfrac{1}{a_9}=\dfrac{1}{4}$에서

$$\frac{1}{ar^4}+\frac{1}{ar^6}+\frac{1}{ar^8}=\frac{1}{4}, \ \frac{r^4+r^2+1}{ar^8}=2^{-2} \qquad \cdots \text{❸}$$

❷÷❸을 하면 $a^2 r^{12}=2^8$

$a>0$, $r^6>0$이므로 $ar^6=2^4$

❶에 대입하면 $a_4 a_7 a_{10}=a^3 r^{18}=(ar^6)^3=(2^4)^3=2^{12}$

14

답 $a=\dfrac{1}{2}$, $b=\dfrac{1}{3}$

(가)에서 $2\log 3b=\log a+\log 2$

$$\therefore 9b^2=2a \qquad \cdots \text{❶}$$

(나)에서 $(2^{2a})^2=2 \times 2^{3b}$, $2^{4a}=2^{3b+1}$

$$\therefore 4a=3b+1 \qquad \cdots \text{❷}$$

❶, ❷에서 a를 소거하면

$$18b^2=3b+1, \ (3b-1)(6b+1)=0$$

$b>0$이므로 $b=\dfrac{1}{3}$ $\qquad \therefore a=\dfrac{1}{2}$

15

답 ④

$x-[x]$, $[x]$, x가 이 순서대로 등비수열이므로

$$[x]^2=x(x-[x]) \qquad \cdots \text{❶}$$

$[x]$가 있으므로 $x=n+a$ (n은 정수, $0 \le a<1$)로 놓고 대입하거나 $0 \le x-n<1$을 이용하여 정수 n에 대한 조건을 찾는다.

$[x]=n$ (n은 정수)이라 하면 $x>0$이므로 $n \ge 0$이고

$$[x]^2=n^2$$

또 $n \le x<n+1$, $0 \le x-[x]<1$이므로

$$0 \le x(x-[x])<n+1$$

따라서 ❶에서 $0 \le n^2<n+1$

$n=0$이면 ❶에서 $x=0$이므로 $x>0$에 모순이다.

$n>0$이면 가능한 자연수는 $n=1$

❶에 대입하면

$$1=x(x-1), \ x^2-x-1=0$$

$x>0$이므로 $x=\dfrac{1+\sqrt{5}}{2}$

$$\therefore x-[x]=x-1=\frac{-1+\sqrt{5}}{2}$$

다른 풀이

$[x]=n$ (n은 정수)이라 하면 $x>0$이므로 $n \ge 0$

$x-[x]=a$라 하면 $0 \le a<1$

이때 ❶은 $n^2=(n+a)a$

$$n^2-an-a^2=0$$

$$\therefore n=\frac{a \pm \sqrt{a^2+4a^2}}{2}=\frac{1}{2}(1 \pm \sqrt{5})a$$

$n \ge 0$이므로 $n=\dfrac{1}{2}(1+\sqrt{5})a$

$0 \le a<1$이고 n은 정수이므로

$$n=1, \ a=\frac{2}{\sqrt{5}+1}=\frac{\sqrt{5}-1}{2}$$

16

답 ③

$(\log_2 x)^2=t$로 놓으면 주어진 방정식은

$$t^2-90t+a=0 \qquad \cdots \text{❶}$$

❶의 두 근을 p, q라 하면 주어진 방정식이 서로 다른 네 실근을 가지므로 $0<p<q$라 할 수 있다.

$$(\log_2 x)^2=p \ \text{또는} \ (\log_2 x)^2=q$$

에서 $\log_2 x=\pm \sqrt{p}$ 또는 $\log_2 x=\pm \sqrt{q}$

$$\therefore x=2^{\pm \sqrt{p}} \ \text{또는} \ x=2^{\pm \sqrt{q}}$$

크기순으로 나열하면 $2^{-\sqrt{q}}$, $2^{-\sqrt{p}}$, $2^{\sqrt{p}}$, $2^{\sqrt{q}}$이고, 이 순서대로 등비수열이다.

$2^{\sqrt{p}} \div 2^{-\sqrt{p}}=2^{2\sqrt{p}}$이므로 공비는 $2^{2\sqrt{p}}$

곧, $2^{\sqrt{p}} \times 2^{2\sqrt{p}}=2^{\sqrt{q}}$이므로 $\sqrt{q}=3\sqrt{p}$

$$\therefore q=9p$$

❶의 두 근이 p, $9p$이므로 $p+9p=90$ $\quad \therefore p=9$

$$\therefore \beta+\gamma=2^{-\sqrt{p}}+2^{\sqrt{p}}=2^{-3}+2^3=\frac{65}{8}$$

17

답 3

정삼각형 DEF의 넓이는 $\dfrac{\sqrt{3}}{4}r^2$이고 공비가 r이므로 삼각형 AGH, GEC의 넓이도 r로 나타낼 수 있다.

삼각형 DEF의 넓이가 $\dfrac{\sqrt{3}}{4}r^2$이므로

삼각형 AGH의 넓이는 $\dfrac{\sqrt{3}}{4}r$ $\qquad \cdots \text{❶}$

삼각형 GEC의 넓이는 $\dfrac{\sqrt{3}}{4}$이다.

삼각형 GEC는 정삼각형이므로 $\overline{EG}=1$

곧, $\overline{GC}=1$이므로 $\overline{AG}=3$

$\angle AGH=\angle EGC=\dfrac{\pi}{3}$이므로 삼각형 AGH의 넓이는

$$\frac{1}{2} \times 3 \times 1 \times \sin \frac{\pi}{3}=\frac{3\sqrt{3}}{4}$$

❶과 비교하면 $r=3$

18

답 ③

▶점이 나타내는 도형에 대한 문제는 좌표평면에서 생각하는 것이 편하다.
B$(0, 0)$, A$(0, 6)$, C$(6, 0)$, P(a, b)로 놓고 $\overline{PD}$, $\overline{PF}$, $\overline{PE}$를 a, b로 나타낸다.

좌표평면에서 B$(0, 0)$, A$(0, 6)$,
C$(6, 0)$인 삼각형 ABC를 잡고
점 P의 좌표를 (a, b)라 하자.
직선 AC의 방정식은 $x+y-6=0$이
므로

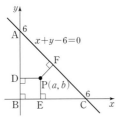

$$\overline{PD}=a, \quad \overline{PF}=\frac{|a+b-6|}{\sqrt{2}},$$
$$\overline{PE}=b$$

세 선분의 길이가 이 순서대로 등비수열이므로
$$\frac{(a+b-6)^2}{2}=ab$$
$$a^2+b^2+36+2ab-12b-12a=2ab$$
$$(a-6)^2+(b-6)^2=36$$

점 P가 나타내는 도형은 중심이
점 $(6, 6)$이고, 반지름의 길이가 6인 원
중에서 삼각형 ABC의 내부의 점이다.
따라서 점 P가 나타내는 도형의 길이는
$$2\pi\times 6\times\frac{1}{4}=3\pi$$

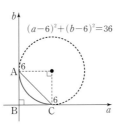

19

답 2, 4

▶모든 n에 대하여 b_n이 $\{a_n\}$의 항이므로
모든 n에 대하여 $b_n=a_m$이 되는 m이 존재한다.

b_n이 $\{a_n\}$의 m번째 항이라 하자.
$$4\times d^{n-1}=4+(m-1)d$$
에서 d가 1보다 큰 자연수이므로 $4\times d^{n-1}$, $(m-1)d$는 d로 나
누어떨어진다. 곧, 4도 d로 나누어떨어지므로 d는 4의 약수이다.
역으로 $4\times d^{n-1}=4+(m-1)d$에서 d가 4의 약수이면
$$m=4\times d^{n-2}-\frac{4}{d}+1$$
이고 우변은 자연수이므로 b_n은 $\{a_n\}$의 m번째 항이다.
따라서 가능한 d는 2, 4이다.

20

답 ④

첫째항을 a, 공비를 r이라 하면 $a_4+a_5+a_6=6$에서
$$ar^3+ar^4+ar^5=6, \quad ar^3(1+r+r^2)=6$$
$r^3=2$이므로 $a(1+r+r^2)=3$
$$\therefore a_1+a_2+a_3+a_4+\cdots+a_{21}$$
$$=a+ar+ar^2+ar^3+\cdots+ar^{20}$$
$$=a(1+r+r^2)+ar^3(1+r+r^2)+ar^6(1+r+r^2)+\cdots$$
$$+ar^{18}(1+r+r^2)$$

$$=3+2\times 3+2^2\times 3+\cdots+2^6\times 3$$
$$=3(1+2+2^2+\cdots+2^6)$$
$$=3\times\frac{2^7-1}{2-1}=381$$

21

답 ③

$\{a_n\}$의 첫째항을 a, 공비를 r이라 하면 $a>0$, $r>0$이다.
(가)에서
$$b_1+b_3+b_5+\cdots+b_{15}+b_{17}$$
$$=\log_3 a+\log_3 ar^2+\log_3 ar^4+\cdots+\log_3 ar^{14}+\log_3 ar^{16}$$
$$=\log_3 a^9 r^{72}=9\log_3 ar^8=-27$$
$$\therefore ar^8=\frac{1}{27} \quad\cdots ❶$$

(나)에서
$$b_2+b_4+b_6+\cdots+b_{16}+b_{18}$$
$$=\log_3 ar+\log_3 ar^3+\log_3 ar^5+\cdots+\log_3 ar^{15}+\log_3 ar^{17}$$
$$=\log_3 a^9 r^{81}=9\log_3 ar^9=-36$$
$$\therefore ar^9=\frac{1}{81} \quad\cdots ❷$$

❶, ❷에서 $r=\frac{1}{3}$, $a=3^5$
$$\therefore a_{11}=ar^{10}=3^{-5}=\frac{1}{3^5}$$

22

답 27

▶등비수열에서는 연속한 항을 나눈 값이 일정함을 이용한다.

수열 a, b, c의 공비를 r이라 하면 $b=ar$, $c=ar^2$
3^a, 9^b, 27^c은 3^a, 9^{ar}, 27^{ar^2}이고 이 수열의 공비도 r이므로
$$\frac{9^{ar}}{3^a}=\frac{27^{ar^2}}{9^{ar}}=r$$
$$\therefore 3^{2ar-a}=3^{3ar^2-2ar}=r \quad\cdots ❶$$
$2ar-a=3ar^2-2ar$에서
$$a(3r^2-4r+1)=0, \quad a(3r-1)(r-1)=0$$
$a>0$이고 $r\neq 1$이므로 $r=\frac{1}{3}$

❶에 대입하면 $3^{\frac{2}{3}a-a}=\frac{1}{3}$, $-\frac{1}{3}a=-1$, $a=3$
곧, $b=1$, $c=\frac{1}{3}$이므로
$$t_A=\frac{3^3}{3}=9, \quad t_B=\frac{9^1}{1}=9, \quad t_C=\frac{27^{\frac{1}{3}}}{\frac{1}{3}}=9$$
$$\therefore t_A+t_B+t_C=27$$

Think More
$r=1$이면 $a=b=c$이지만 $3^a\neq 9^b\neq 27^c$이므로 $r\neq 1$이다.

23
답 150

P_n이 변 AB를 일정하게 나누는 점이므로 변 $\overline{P_nQ_n}$의 길이는 등차수열이다.
Q_k가 C의 왼쪽에 있는 경우와 오른쪽에 있는 경우로 나누어 합을 구한다.

꼭짓점 C에서 변 AB에 내린
수선의 발을 H라 하자.
$\overline{AB}=\sqrt{15^2+20^2}=25$이므로
$$\frac{1}{2}\times 25\times\overline{CH}=\frac{1}{2}\times 15\times 20$$
$$\therefore\ \overline{CH}=12$$

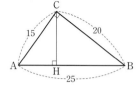

이때 $\overline{AH}=\sqrt{15^2-12^2}=9$
P_9, Q_9가 각각 H, C이므로 $\overline{P_9Q_9}=\overline{HC}=12$
0, $\overline{P_1Q_1}$, $\cdots$, $\overline{P_9Q_9}$도 등차수열이므로
$$0+\overline{P_1Q_1}+\cdots+\overline{P_9Q_9}=\frac{10\times(0+12)}{2}=60$$
$\overline{P_9Q_9}$, $\overline{P_{10}Q_{10}}$, $\ldots$, $\overline{P_{24}Q_{24}}$, 0도 등차수열이므로
$$\overline{P_9Q_9}+\overline{P_{10}Q_{10}}+\cdots+\overline{P_{24}Q_{24}}+0=\frac{17\times(12+0)}{2}=102$$
$$\therefore\ \overline{P_1Q_1}+\overline{P_2Q_2}+\overline{P_3Q_3}+\cdots+\overline{P_{24}Q_{24}}$$
$$=60+102-12=150$$

다른 풀이
다음 그림에서

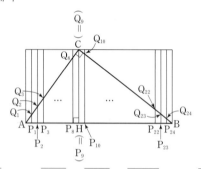

$$(\overline{P_1Q_1}+\cdots+\overline{P_8Q_8})+\overline{P_9Q_9}+(\overline{P_{10}Q_{10}}+\cdots+\overline{P_{24}Q_{24}})$$
$$=\frac{1}{2}\times 12\times 8+12+\frac{1}{2}\times 12\times 15=150$$

24
답 ④

$B(a_n,\ b_n)$이 직선 $y=\frac{1}{2}x$ 위의 점임을 이용하여
b_n, a_{n+1}을 a_n으로 나타내고, 수열 $\{a_n\}$의 일반항부터 구한다.

$b_n=\frac{1}{2}a_n$이므로 정사각형의 한 변의 길이는 $\frac{1}{2}a_n$이고,
$T_n=\frac{1}{4}a_n{}^2$이다.

이때 $a_{n+1}=a_n+\frac{1}{2}a_n=\frac{3}{2}a_n$

수열 $\{a_n\}$은 첫째항이 1, 공비가 $\frac{3}{2}$인 등비수열이므로

수열 $\{T_n\}$은 첫째항이 $\frac{1}{4}$, 공비가 $\frac{9}{4}$인 등비수열이다.

$$\therefore\ T_1+T_2+T_3+\cdots+T_{10}=\frac{\frac{1}{4}\left\{\left(\frac{9}{4}\right)^{10}-1\right\}}{\frac{9}{4}-1}$$
$$=\frac{1}{5}\left\{\left(\frac{9}{4}\right)^{10}-1\right\}$$

01
답 $\frac{22}{3}$

$\{a_n\}$의 공차를 d라 하면 $\{b_n\}$은 공차가 $2d$인 등차수열이다.
따라서 $a_1\in B$이면 $a_3\in B$, $a_5\in B$이다.

$\{a_n\}$의 공차를 d라 하면
$$b_{n+1}-b_n=(a_{n+1}+a_{n+2})-(a_n+a_{n+1})$$
$$=a_{n+2}-a_n=2d$$
이므로 $\{b_n\}$은 공차가 $2d$인 등차수열이다.
이때 A의 원소가 6개이므로 $A\cap B$의 원소는 공차가 $2d$인 등차수열을 이룬다.
$$\therefore\ A\cap B=\{a_1,\ a_3,\ a_5\}\ 또는\ A\cap B=\{a_2,\ a_4,\ a_6\}$$

$a_i=b_{i'}$, $a_j=b_{j'}$일 때 $i<j$이면 $i'<j'$이고,
$\qquad\qquad\qquad i>j$이면 $i'<j'$이다.

(i) $A\cap B=\{a_1,\ a_3,\ a_5\}$인 경우
 ① $a_1=b_1$, $a_3=b_2$, $a_5=b_3$일 때
  $b_1=a_1+a_2$이므로 $a_1=a_1+a_2$에서
  $$a_2=0$$
  그런데 $a_2=-2$이므로 모순이다.
 ② $a_1=b_2$, $a_3=b_3$, $a_5=b_4$일 때
  $b_2=a_2+a_3$이므로 $a_1=a_2+a_3$에서
  $$-2-d=-2+(-2+d),\ d=1$$
  $$\therefore\ a_{10}=-2+8d=6$$
 ③ $a_1=b_3$, $a_3=b_4$, $a_5=b_5$일 때
  $b_3=a_3+a_4$이므로 $a_1=a_3+a_4$에서
  $$-2-d=(-2+d)+(-2+2d),\ d=\frac{1}{2}$$
  $$\therefore\ a_{10}=-2+8d=2$$

(ii) $A\cap B=\{a_2,\ a_4,\ a_6\}$인 경우
 ① $a_2=b_1$, $a_4=b_2$, $a_6=b_3$일 때
  $b_1=a_1+a_2$이므로 $a_2=a_1+a_2$에서
  $$a_1=0,\ -2-d=0,\ d=-2$$
  $$\therefore\ a_{10}=-2+8d=-18$$

② $a_2=b_2$, $a_4=b_3$, $a_6=b_4$일 때

$b_2=a_2+a_3$이므로 $a_2=a_2+a_3$에서

$a_3=0$, $-2+d=0$, $d=2$

$\therefore a_{10}=-2+8d=14$

③ $a_2=b_3$, $a_4=b_4$, $a_6=b_5$일 때

$b_3=a_3+a_4$이므로 $a_2=a_3+a_4$에서

$-2=(-2+d)+(-2+2d)$, $d=\dfrac{2}{3}$

$\therefore a_{10}=-2+8d=\dfrac{10}{3}$

(ⅰ), (ⅱ)에서 모든 a_{10}의 값의 합은

$6+2+(-18)+14+\dfrac{10}{3}=\dfrac{22}{3}$

02   답 ③

$\{a_n\}$의 첫째항을 a, 공차를 d라 하면

$a_n=a+(n-1)d$

이때

$b_n=3a_{n+1}-a_n$

$\quad=3(a+nd)-\{a+(n-1)d\}$

$\quad=2a+3d+(n-1)\times 2d$

이므로 $\{b_n\}$은 첫째항이 $2a+3d$, 공차가 $2d$인 등차수열이다.

$S_n=\dfrac{n\{2a+(n-1)d\}}{2}$,

$T_n=\dfrac{n\{4a+6d+2(n-1)d\}}{2}$

이므로

$S_n{}^2=\dfrac{n^2(dn+2a-d)^2}{4}$

$T_n{}^2=n^2(dn+2a+2d)^2$

▶ $T_n{}^2-S_n{}^2=3n^2(n^2+kn+12)$는 n에 대한 항등식이다.

모두 전개하여 비교할 수도 있지만 쉬운 항부터 정리해서 계수를 비교해 보자.

$T_n{}^2-S_n{}^2=3n^2(n^2+kn+12)$이므로

$n^2(dn+2a+2d)^2-\dfrac{n^2(dn+2a-d)^2}{4}$

$=3n^2(n^2+kn+12)$ ⋯ ❶

양변의 최고차항을 비교하면

$\dfrac{3}{4}d^2n^4=3n^4$, $d^2=4$

$d>0$이므로 $d=2$

❶에 대입하면

$n^2(2n+2a+4)^2-n^2(n+a-1)^2=3n^2(n^2+kn+12)$ ⋯ ❷

양변의 n^2항을 비교하면

$\{(2a+4)^2-(a-1)^2\}n^2=36n^2$

$3a^2+18a+15=36$, $a^2+6a-7=0$, $(a-1)(a+7)=0$

$a>0$이므로 $a=1$

❷에 대입하면

$n^2(2n+6)^2-n^4=3n^2(n^2+kn+12)$

양변의 n^3항을 비교하면

$24n^3=3kn^3$ $\therefore k=8$

또 $a_{10}=1+9\times 2=19$이므로

$k+a_{10}=8+19=27$

Think More

$a_n=2n-1$, $S_n=n^2$, $S_n{}^2=n^4$

$b_n=4n+4$, $T_n=n(2n+6)$, $T_n{}^2=n^2(2n+6)^2$

이다.

03   답 ②

▶ 수열 $\{a_n\}$, $\{b_n\}$의 첫째항을 a_1, b_1, 공차를 d_1, d_2라 하고 A_n, B_n부터 구한다. 이때 $A_1:B_1=9:9$임을 이용하여 a_1과 b_1의 관계도 구한다.

$A_1:B_1=9:9$이므로 $a_1=b_1$이다.

$\{a_n\}$의 첫째항을 a, 공차를 d_1이라 하고,

$\{b_n\}$의 첫째항을 a, 공차를 d_2라 하면

$A_n=\dfrac{n}{2}\{2a+(n-1)d_1\}$, $B_n=\dfrac{n}{2}\{2a+(n-1)d_2\}$

$A_n:B_n=(3n+6):(7n+2)$이므로

$\dfrac{2a+d_1n-d_1}{2a+d_2n-d_2}=\dfrac{3n+6}{7n+2}$

모든 n에 대하여 성립하므로

$d_1:d_2=3:7$, $(2a-d_1):(2a-d_2)=6:2$

$d_1:d_2=3:7$에서 $d_2=\dfrac{7}{3}d_1$이므로

$(2a-d_1):\left(2a-\dfrac{7}{3}d_1\right)=3:1$ $\therefore a=\dfrac{3}{2}d_1$

이때 $a_n=a+(n-1)d_1=\dfrac{3}{2}d_1+(n-1)d_1$

$b_n=a+(n-1)d_2=\dfrac{3}{2}d_1+\dfrac{7}{3}(n-1)d_1$

$\therefore a_7:b_7=\left(\dfrac{3}{2}d_1+6d_1\right):\left(\dfrac{3}{2}d_1+14d_1\right)$

$\qquad\qquad =15:31$

04   답 61

▶ $a_1+a_2+\cdots+a_n=S_n$은 n에 대한 이차식이다. 조건을 만족시키는 S_n의 그래프를 생각한다.

$\{a_n\}$의 공차를 d라 하면

$T_n=\left|\dfrac{n\{120+(n-1)d\}}{2}\right|$

$T_{20}=T_{21}$이므로

$\left|\dfrac{20(120+19d)}{2}\right|=\left|\dfrac{21(120+20d)}{2}\right|$

(i) $\dfrac{20(120+19d)}{2}=\dfrac{21(120+20d)}{2}$ 일 때, $d=-3$

$T_{19}=627$, $T_{20}=630$이므로 $T_{19}<T_{20}$이 성립한다.

(ii) $\dfrac{20(120+19d)}{2}=-\dfrac{21(120+20d)}{2}$ 일 때, $d=-\dfrac{123}{20}$

$T_{19}=\dfrac{1767}{20}$, $T_{20}=\dfrac{63}{2}$이므로 $T_{19}<T_{20}$이 성립하지 않는다.

(i), (ii)에서 $T_n=\left|\dfrac{-3n^2+123n}{2}\right|$

$f(x)=\dfrac{-3x^2+123x}{2}$라 하면

$y=f(x)$의 그래프의 축이

직선 $x=\dfrac{41}{2}$이고 방정식 $f(x)=0$의

해가 $x=0$ 또는 $x=41$이므로

$y=|f(x)|$의 그래프는 그림과 같다.

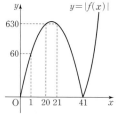

$T_{21}>T_{22}>T_{23}>\cdots>T_{41}=0$, $T_{41}<T_{42}$

이므로 $T_n>T_{n+1}$을 만족시키는 n의 값은 21, 22, 23, ..., 40이고

최솟값과 최댓값의 합은

$$21+40=61$$

Think More

$T_n=|a_1+a_2+a_3+\cdots+a_n|$이므로 $T_n>0$

$T_{19}<T_{20}$이고 $T_{20}=T_{21}$이므로

$a_{20}>0$이고 $a_{21}=0$이다.

$\{a_n\}$은 첫째항이 60인 등차수열이므로

$a_{21}=60+20d=0$에서 $d=-3$

$\therefore a_n=-3n+63$

---

05 ·· **답** -42, -14, -7, -2

(나)에서 $a_m+a_{2m}=0$이므로 a_m과 a_{2m}의 부호가 다르다.

곧, $\{a_n\}$의 첫째항을 a, 공차를 d라 하면

a와 d의 부호가 다르다.

이때 a는 자연수이므로 d는 음의 정수이다.

$a_m=a+(m-1)d$, $a_{2m}=a+(2m-1)d$에서

$a_m+a_{2m}=2a+(3m-2)d$

$\qquad\qquad\quad=2\left\{a+\left(\dfrac{3}{2}m-1\right)d\right\}$

$\qquad\qquad\quad=2a_{\frac{3m}{2}}$ (m은 짝수)

이므로 $n=\dfrac{3m}{2}$ 꼴일 때 $a_n=0$인 n이 존재한다.

$$|a_m|+|a_{m+1}|+|a_{m+2}|+\cdots+|a_{2m}|=84$$

에서 $m=2k$라 하면

$a_{2k}+a_{2k+1}+\cdots+a_{3k-1}+0-a_{3k+1}-a_{3k+2}-\cdots-a_{4k}=84$

이때 이 식의 좌변에서

$\left.\begin{array}{l}a_{2k}-a_{3k+1}=-(k+1)d \\ \qquad\vdots \\ a_{3k-1}-a_{4k}=-(k+1)d\end{array}\right\}$ k개

이므로 $-(k+1)kd=84$

$84=2^2\times3\times7$이므로 가능한 $(k, k+1)$은

$\qquad(1, 2)$, $(2, 3)$, $(3, 4)$, $(6, 7)$

이고 각 경우의 공차는 $d=-42$, -14, -7, -2이다.

Think More

m이 홀수이면 $n<\dfrac{3m}{2}$일 때 $a_n>0$, $n>\dfrac{3m}{2}$일 때 $a_n<0$이므로

(가)가 성립하지 않는다.

---

06 ·· **답** 12, 17

$\{a_n\}$의 공차를 d, $a_5=a$ (d는 자연수, a는 정수)라 하면

$\qquad a_7=a+2d$, $a_k=a+(k-5)d$ ··· ❶

▶ 등비수열을 이루는 세 수를 a, ar, ar^2이라 하고 ❶과 비교한다.

등비수열 a_5, a_7, a_k의 공비를 r이라 하면

$\qquad a_7=ar$, $a_k=ar^2$ ··· ❷

❶, ❷에서 a_7을 비교하면

$\qquad a+2d=ar$, $a(r-1)=2d$ ··· ❸

❶, ❷에서 a_k를 비교하면

$\qquad a+(k-5)d=ar^2$, $a(r^2-1)=(k-5)d$

❸을 대입하면

$$2d(r+1)=(k-5)d \qquad \therefore r=\dfrac{k-7}{2}$$

▶ $ar^2=100$이고 a, k가 정수임을 이용하여 부정방정식을 푼다.

$ar^2=100$에서

$$a\left(\dfrac{k-7}{2}\right)^2=100, \quad a(k-7)^2=400$$

$400=2^4\times5^2$이므로 $k-7=s$라 하면 가능한 (a, s^2)은

$\quad(20^2, 1^2)$, $(10^2, 2^2)$, $(5^2, 4^2)$, $(2^4, 5^2)$, $(2^2, 10^2)$, $(1^2, 20^2)$

a와 s는 자연수이므로 $s=1$, 2, 4, 5, 10, 20

$\qquad\therefore k=8$, 9, 11, 12, 17, 27

(i) $k=8$일 때 $r=\dfrac{1}{2}$이므로

$\qquad a_5=400$, $a_7=200$, $a_8=100$

공차가 음수이므로 조건을 만족시키지 않는다.

(ii) $k=9$일 때 $r=1$이므로

$\qquad a_5=100$, $a_7=100$, $a_9=100$

공차가 0이므로 조건을 만족시키지 않는다.

(iii) $k=11$일 때 $r=2$이므로

$\qquad a_5=25$, $a_7=50$, $a_{11}=100$

그런데 $a_6=\dfrac{75}{2}$이므로 조건을 만족시키지 않는다.

(iv) $k=12$일 때 $r=\dfrac{5}{2}$이므로

$\qquad a_5=16$, $a_7=40$, $a_{12}=100$

(v) $k=17$일 때 $r=5$이므로

$\qquad a_5=4$, $a_7=20$, $a_{17}=100$

(vi) $k=27$일 때 $r=10$이므로

$$a_5=1, \ a_7=10, \ a_{27}=100$$

그런데 $a_6=\dfrac{11}{2}$이므로 조건을 만족시키지 않는다.

(i)~(vi)에서 $k=12, \ 17$

Think More

$a_5, \ a_7, \ a_k$가 이 순서대로 등비수열을 이루므로 등비중항을 이용하여 $(a+2d)^2=a\{a+(k-5)d\}$를 정리해도 된다.

$d=\dfrac{a(k-9)}{4}$이므로 $a_k=\dfrac{a(k-7)^2}{4}$

곧, $a(k-7)^2=400$임을 알 수 있다.

---

07 ⋯⋯⋯⋯⋯⋯⋯⋯⋯⋯ 🔖 **답** $p=-3, \ q=-6$

서로 다른 세 실근이 등비수열을 이루므로 세 실근을
$a, \ ar, \ ar^2 \ (a\neq 0, \ r\neq -1, \ r\neq 0, \ r\neq 1)$으로 놓을 수 있다.
근과 계수의 관계에서 세 근의 곱이 -8이므로

$$a\times ar\times ar^2=-8, \ (ar)^3=-8$$

ar은 실수이므로 $ar=-2$ ⋯ ❶

🔖 세 근 $a, \ ar, \ ar^2$을 크기순으로 나열하려면 a의 부호와 r의 범위를 알아야 한다.

(i) $r>1$이면 $1<r<r^2$이므로 $a, \ ar, \ ar^2$ 또는 $ar^2, \ ar, \ a$가 이 순서대로 등차수열이다.
$$2ar=a+ar^2, \ a(r-1)^2=0$$
$a\neq 0, \ r\neq 1$이므로 모순이다.

(ii) $0<r<1$이면 $0<r^2<r<1$이므로 $ar^2, \ ar, \ a$ 또는 $a, \ ar, \ ar^2$
(i)과 같은 이유로 모순이다.

(iii) $-1<r<0$이면 $r<r^2<1$이므로 $ar, \ ar^2, \ a$ 또는 $a, \ ar^2, \ ar$이 이 순서대로 등차수열이다.
$$2ar^2=ar+a, \ a(r-1)(2r+1)=0$$
$a\neq 0, \ r\neq 1$이므로 $r=-\dfrac{1}{2}$
❶에 대입하면 $a=4$
따라서 세 실근은 $4, \ -2, \ 1$이므로 근과 계수의 관계에서
$$-p=4+(-2)+1$$
$$q=4\times(-2)+(-2)\times 1+1\times 4$$
$$\therefore p=-3, \ q=-6$$

(iv) $r<-1$이면 $r<1<r^2$이므로 $ar, \ a, \ ar^2$ 또는 $ar^2, \ a, \ ar$이 이 순서대로 등차수열이다.
$$2a=ar+ar^2, \ a(r+2)(r-1)=0$$
$a\neq 0, \ r\neq 1$이므로 $r=-2$
❶에 대입하면 $a=1$
따라서 세 실근은 $1, \ -2, \ 4$이므로 $p, \ q$의 값은 (iii)과 같다.

(i)~(iv)에서 $p=-3, \ q=-6$

---

08 ⋯⋯⋯⋯⋯⋯⋯⋯⋯⋯ 🔖 **답** 19

🔖 $a_6, \ a_7$의 부호를 나누어 $b_6>b_7$이 성립하는지 확인한다.

$\{a_n\}$의 첫째항을 a, 공차를 d라 하면
$a<0, \ d>1$이므로 $a_n<a_{n+1}$이다.

(i) $a_6>0$일 때, $a_7>0$이므로
$$b_6=a_6-2, \ b_7=a_7-\dfrac{7}{3}$$
$$\therefore b_7-b_6=(a_7-a_6)-\dfrac{7}{3}+2=d-\dfrac{1}{3}>0 \ (\because d>1)$$
$b_7>b_6$이므로 조건을 만족시키지 않는다.

(ii) $a_6<0$이고 $a_7<0$일 때
$$b_6=a_7+4, \ b_7=a_8+\dfrac{14}{3}$$
$$\therefore b_7-b_6=(a_8-a_7)+\dfrac{14}{3}-4=d+\dfrac{2}{3}>0$$
$b_7>b_6$이므로 조건을 만족시키지 않는다.

(iii) $a_6<0$이고 $a_7>0$일 때
$$b_6=a_7+4, \ b_7=a_7-\dfrac{7}{3}$$
$b_6>b_7$이므로 조건을 만족시킨다.

🔖 곧, 등차수열 $\{a_n\}$에서 처음으로 0보다 커지는 항은 a_7이다. 나머지 조건을 이용하자.

(i), (ii), (iii)에서 $n\geq 7$일 때 $a_n>0$이므로
$$b_9=a_9-3$$
조건에서 $b_9=0$이므로
$$a_9-3=0 \qquad \therefore a+8d-3=0 \quad ⋯ ❶$$
$n\leq 6$일 때 $a_n<0$이므로
$$S_6=b_1+b_2+\cdots+b_6$$
$$=\left(a_2+\dfrac{2}{3}\right)+\left(a_3+\dfrac{2}{3}\times 2\right)+\cdots+\left(a_7+\dfrac{2}{3}\times 6\right)$$
$$=\dfrac{6\times(a_2+a_7)}{2}+\dfrac{6\times\left(\dfrac{2}{3}+4\right)}{2}$$
$$=3(2a+7d)+14=6a+21d+14$$
조건에서 $S_6=-4$이므로
$$6a+21d+14=-4 \qquad ⋯ ❷$$

❶, ❷를 연립하여 풀면 $a=-\dfrac{23}{3}, \ d=\dfrac{4}{3}$

$$\therefore a_n=\dfrac{4}{3}n-9, \ b_n=\begin{cases} n-9 & (n\geq 7) \\ 2n-\dfrac{23}{3} & (n\leq 6) \end{cases}$$

🔖 $S_6=-4$이므로 S_n의 값을 구할 때는 b_7부터 b_n까지의 합만 생각해도 된다.

$$S_n=S_6+(b_7+b_8+\cdots+b_n)$$
$$=-4+\dfrac{(n-6)(b_7+b_n)}{2}$$
$$=-4+\dfrac{(n-6)(n-11)}{2}$$

이므로 $S_n\leq 50$에서
$$(n-6)(n-11)\leq 108$$
따라서 자연수 n의 최댓값은 19이다.

01 ⑤	**02** 0	**03** ②	**04** 14	**05** ①	**06** ④
07 ①	**08** $p=\dfrac{7}{2},\ q=\dfrac{35}{2}$		**09** ③	**10** ③	**11** 675
12 ④	**13** 69	**14** ④	**15** ①	**16** ②	**17** 498
18 ⑤	**19** 8	**20** ①	**21** $\dfrac{100}{201}$	**22** $\dfrac{10}{21}$	**23** 15

01 ◆ 답 ⑤

$$\sum_{k=1}^{18} f(k+2) - \sum_{k=3}^{20} f(k-1)$$
$$= \{f(3)+f(4)+f(5)+\cdots+f(20)\}$$
$$\quad -\{f(2)+f(3)+f(4)+\cdots+f(19)\}$$
$$= f(20)-f(2)=22$$

02 ◆ 답 0

$$\sum_{k=1}^{12}(a_k+b_k)^2 = \sum_{k=1}^{12}(a_k^2+2a_kb_k+b_k^2)$$
$$= \sum_{k=1}^{12}(a_k^2+b_k^2)+2\sum_{k=1}^{12}a_kb_k$$

에 $\sum\limits_{k=1}^{12}(a_k+b_k)^2=200,\ \sum\limits_{k=1}^{12}a_kb_k=40$을 대입하면

$$200=\sum_{k=1}^{12}(a_k^2+b_k^2)+80,\ \sum_{k=1}^{12}(a_k^2+b_k^2)=120$$
$$\therefore \sum_{k=1}^{12}(a_k^2+b_k^2-10)=\sum_{k=1}^{12}(a_k^2+b_k^2)-10\times12$$
$$=120-120=0$$

03 ◆ 답 ②

$$\sum_{k=1}^{10}\frac{k^3}{k^2-k+1}+\sum_{k=2}^{10}\frac{1}{k^2-k+1}$$
$$=\sum_{k=1}^{10}\frac{k^3}{k^2-k+1}+\sum_{k=1}^{10}\frac{1}{k^2-k+1}-1$$
$$=\sum_{k=1}^{10}\left\{\frac{(k+1)(k^2-k+1)}{k^2-k+1}\right\}-1$$
$$=\sum_{k=1}^{10}(k+1)-1$$
$$=\frac{10\times11}{2}+10-1=64$$

04 ◆ 답 14

$\sum\limits_{k=1}^{10}(a_k+1)^2=28$에서

$$\sum_{k=1}^{10}(a_k^2+2a_k+1)=28$$
$$\sum_{k=1}^{10}a_k^2+2\sum_{k=1}^{10}a_k+10=28$$
$$\sum_{k=1}^{10}a_k^2+2\sum_{k=1}^{10}a_k=18 \quad\cdots\ ❶$$

또 $\sum\limits_{k=1}^{10}a_k(a_k+1)=16$에서

$$\sum_{k=1}^{10}(a_k^2+a_k)=16$$
$$\sum_{k=1}^{10}a_k^2+\sum_{k=1}^{10}a_k=16 \quad\cdots\ ❷$$

$2\times❷-❶$을 하면 $\sum\limits_{k=1}^{10}a_k^2=14$

05 ◆ 답 ①

$\sum\limits_{j=1}^{i}\dfrac{j}{i}=\dfrac{1}{i}\sum\limits_{j=1}^{i}j=\dfrac{1}{i}\times\dfrac{i(i+1)}{2}=\dfrac{i+1}{2}$이므로

$$\sum_{i=1}^{10}\left(\sum_{j=1}^{i}\frac{j}{i}\right)=\frac{1}{2}\sum_{i=1}^{10}(i+1)$$
$$=\frac{1}{2}\times\frac{10\times11}{2}+5$$
$$=\frac{65}{2}$$

06 ◆ 답 ④

$\alpha+\beta=1,\ \alpha\beta=-3$이므로

$$\sum_{k=1}^{10}(k-\alpha)(k-\beta)=\sum_{k=1}^{10}\{k^2-(\alpha+\beta)k+\alpha\beta\}$$
$$=\sum_{k=1}^{10}(k^2-k-3)$$
$$=\frac{10\times11\times21}{6}-\frac{10\times11}{2}-30$$
$$=300$$

07 ◆ 답 ①

$\alpha_n+\beta_n=n,\ \alpha_n\beta_n=n+1$이므로

$$\alpha_n^2+\beta_n^2=(\alpha_n+\beta_n)^2-2\alpha_n\beta_n$$
$$=n^2-2(n+1)=n^2-2n-2$$

$$\therefore \sum_{k=1}^{n}\left(\alpha_k{}^2+\beta_k{}^2\right)$$
$$=\sum_{k=1}^{n}\left(k^2-2k-2\right)$$
$$=\frac{n(n+1)(2n+1)}{6}-2\times\frac{n(n+1)}{2}-2n$$
$$=\frac{n}{6}\{(n+1)(2n+1)-6(n+1)-12\}$$
$$=\frac{n}{6}\left(2n^2-3n-17\right)$$

---

08   답 $p=\dfrac{7}{2},\ q=\dfrac{35}{2}$

$$\sum_{k=1}^{6}(k-a)^2=\sum_{k=1}^{6}\left(k^2-2ak+a^2\right)$$
$$=\frac{6\times7\times13}{6}-2a\times\frac{6\times7}{2}+6a^2$$
$$=6a^2-42a+91$$
$$=6\left(a-\frac{7}{2}\right)^2+\frac{35}{2}$$

$f(a)$는 $a=\dfrac{7}{2}$에서 최솟값 $\dfrac{35}{2}$를 가지므로

$$p=\frac{7}{2},\ q=\frac{35}{2}$$

---

09   답 ③

▸ $\dfrac{1}{AB}=\dfrac{1}{B-A}\left(\dfrac{1}{A}-\dfrac{1}{B}\right)$을 이용하여 차의 꼴로 나타내고, 소거되는 규칙을 찾는다.

$\dfrac{1}{k(k+1)}=\dfrac{1}{k}-\dfrac{1}{k+1}$이므로

$$\sum_{k=1}^{n}\frac{16}{k(k+1)}$$
$$=16\sum_{k=1}^{n}\left(\frac{1}{k}-\frac{1}{k+1}\right)$$
$$=16\left\{\left(\frac{1}{1}-\frac{1}{2}\right)+\left(\frac{1}{2}-\frac{1}{3}\right)+\cdots+\left(\frac{1}{n}-\frac{1}{n+1}\right)\right\}$$
$$=16\left(1-\frac{1}{n+1}\right)$$

조건에서

$$16\left(1-\frac{1}{n+1}\right)=15,\ \frac{n}{n+1}=\frac{15}{16}$$
$$\therefore n=15$$

---

10   답 ③

▸ 분모가 무리식이다.
유리화하고 연속하는 항이 소거되는지 확인한다.

$\dfrac{1}{\sqrt{k}+\sqrt{k+2}}=\dfrac{\sqrt{k}-\sqrt{k+2}}{k-(k+2)}=\dfrac{\sqrt{k+2}-\sqrt{k}}{2}$이므로

$$\sum_{k=1}^{48}\frac{1}{\sqrt{k}+\sqrt{k+2}}$$
$$=\frac{1}{2}\sum_{k=1}^{48}\left(\sqrt{k+2}-\sqrt{k}\right)$$
$$=\frac{1}{2}\{(\sqrt{3}-\sqrt{1})+(\sqrt{4}-\sqrt{2})+(\sqrt{5}-\sqrt{3})+\cdots$$
$$+(\sqrt{49}-\sqrt{47})+(\sqrt{50}-\sqrt{48})\}$$
$$=\frac{1}{2}\times\left(-\sqrt{1}-\sqrt{2}+\sqrt{49}+\sqrt{50}\right)$$
$$=3+2\sqrt{2}$$

---

11   답 675

규칙이 있는 항끼리 모아 생각한다.

▸ 1, 4, 7, …은 공차가 3인 등차수열이고
2, 5, 8, …도 공차가 3인 등차수열이다.

$(1, 2), (4, 5), (7, 8), \cdots$로 생각하면
k번째 항은 $(3k-2, 3k-1)$이므로

$$\sum_{k=1}^{30}a_k=\sum_{k=1}^{15}(3k-2+3k-1)=\sum_{k=1}^{15}(6k-3)$$
$$=6\times\frac{15\times16}{2}-3\times15=675$$

다른 풀이

▸ 1, 2, 3, …에서 3, 6, …을 빼고 생각해도 된다.

주어진 수열에서 3의 배수를 함께 생각하면
$$1, 2, \mathbf{3}, 4, 5, \mathbf{6}, \cdots, 44, \mathbf{45}, \cdots$$
이므로 $a_{30}=44$이다.

$$\therefore \sum_{k=1}^{30}a_k=\sum_{k=1}^{45}k-\sum_{k=1}^{15}3k$$
$$=\frac{45\times46}{2}-3\times\frac{15\times16}{2}=675$$

---

12   답 ④

$$x^2-5\times2^{n-1}x+2^{2n}\leq0$$
$$(x-2^{n-1})(x-2^{n+1})\leq0 \qquad \therefore 2^{n-1}\leq x\leq2^{n+1}$$

정수해의 개수는
$$a_n=2^{n+1}-2^{n-1}+1=3\times2^{n-1}+1$$
$$\therefore \sum_{n=1}^{7}a_n=\sum_{n=1}^{7}\left(3\times2^{n-1}+1\right)$$
$$=\frac{3(2^7-1)}{2-1}+7=388$$

13 답 69

a_1부터 a_{20}까지 중에 0이 a개, 1이 b개, 2가 c개라 하자.

$\displaystyle\sum_{k=1}^{20} a_k = 21$에서 $b+2c=21$ … ❶

$\displaystyle\sum_{k=1}^{20} a_k{}^2 = 37$에서 $b+2^2 \times c=37$ … ❷

❶, ❷를 연립하여 풀면 $b=5$, $c=8$

$$\therefore \sum_{k=1}^{20} a_k{}^3 = b+2^3 \times c = 69$$

Think More

$a+b+c=20$이므로 $a=7$

14 답 ④

▶ $2n+1>0$이므로
n이 짝수이면 n제곱근 중 실수는 2개,
n이 홀수이면 n제곱근 중 실수는 1개이다.

n이 홀수이면 $f(n)=1$이고
n이 짝수이면 $f(n)=2$이다.

이때 $f(2)+f(3)=f(4)+f(5)=\cdots=3$이므로

$$\sum_{k=2}^{2l+1} f(k) = l \times 3 = 3l$$

따라서 $\displaystyle\sum_{k=2}^{2\times 30+1} f(k)=90$이고, $f(62)=2$이므로

$$\sum_{k=2}^{62} f(k) = \sum_{k=2}^{61} f(k) + f(62) = 92$$

$$\therefore m = 62$$

15 답 ①

▶ 일정한 규칙에 따라 몇 개의 항을 묶어서 생각한다.
이때 규칙이 있는 항끼리 묶은 것을 군이라고 한다.
분수의 경우, 우선 분자와 분모의 합 또는 같은 분모를 기준으로 묶는다.

$$\left(\frac{1}{1}\right), \left(\frac{1}{2}, \frac{2}{1}\right), \left(\frac{1}{3}, \frac{2}{2}, \frac{3}{1}\right), \left(\frac{1}{4}, \frac{2}{3}, \frac{3}{2}, \frac{4}{1}\right), \cdots$$

와 같이 나누어 생각하면 $\dfrac{5}{9}$는 제13군 5번째 항이다.

제12군까지 항의 개수는 $\dfrac{12 \times 13}{2}=78$

따라서 $\dfrac{5}{9}$는 $78+5=83$번째 항이다.

16 답 ②

▶ 일정한 규칙에 따라 몇 개의 항을 묶어서 생각한다.
여기에서는 2가 반복됨을 이용한다.

$$(2), (2, 4), (2, 4, 6), (2, 4, 6, 8), \cdots$$

과 같이 나누면 각 군은 첫째항이 2, 공차가 2인 등차수열이고
각 군의 n번째 항은 $2+2(n-1)=2n$이다.

▶ 20이 몇 번째 군에 속하는지부터 찾는다.

제10군의 마지막 항은 20이고 처음으로 20이 나오는 항이다.
따라서 첫째항에서 제p항까지의 합은 제1군의 합부터 제10군까지의 합을 모두 더하면 된다.

제n군의 합은 $\displaystyle\sum_{k=1}^{n} 2k = n(n+1)$이므로

구하는 합은

$$\sum_{m=1}^{10} m(m+1) = \sum_{m=1}^{10} (m^2+m)$$
$$= \frac{10 \times 11 \times 21}{6} + \frac{10 \times 11}{2} = 440$$

17 답 498

▶ 점 A_k, B_k의 좌표를 찾고, 좌표를 이용하여 직사각형의 가로, 세로의 길이를 구한다.

$A_k(k, 2^k+4)$, $B_{k+1}(k+1, k+1)$이므로
S_k는 가로의 길이가 1, 세로의 길이가
$(2^k+4)-(k+1)=2^k-k+3$인 직사각형의 넓이이다.

$$\therefore S_k = 2^k - k + 3$$

$$\therefore \sum_{k=1}^{8} S_k = \sum_{k=1}^{8} (2^k - k + 3)$$
$$= \frac{2(2^8-1)}{2-1} - \frac{8 \times 9}{2} + 3 \times 8 = 498$$

18 답 ⑤

직선 n개의 방정식을 왼쪽부터 $x=a_k$라 하면

$$a_k = 2 + \frac{2(k-1)}{n-1}$$이므로

$$l_k = a_k{}^2 - (a_k-2)^2 = 4a_k - 4 = 4 + \frac{8(k-1)}{n-1}$$

$$\therefore \sum_{k=1}^{n} l_k = \sum_{k=1}^{n} \left\{ 4 + \frac{8(k-1)}{n-1} \right\}$$
$$= 4n + \frac{8}{n-1} \times \frac{n(n-1)}{2} = 8n$$

다른 풀이

$l_k = 4 + \dfrac{8(k-1)}{n-1}$은 등차수열이므로

$$\sum_{k=1}^{n} l_k = \frac{n(l_1+l_n)}{2} = \frac{n(4+12)}{2} = 8n$$

19 　◆답 8

$\overline{A_nB_n}=\sqrt{2n-1},\ \overline{A_{n+1}B_{n+1}}=\sqrt{2n+1}$ 에서

$S_n=\dfrac{\sqrt{2n-1}+\sqrt{2n+1}}{2}$ 이므로

$$\dfrac{1}{S_n}=\dfrac{2}{\sqrt{2n-1}+\sqrt{2n+1}}$$
$$=\dfrac{2(\sqrt{2n-1}-\sqrt{2n+1})}{-2}$$
$$=\sqrt{2n+1}-\sqrt{2n-1}$$

$$\therefore\ \sum_{n=1}^{40}\dfrac{1}{S_n}=\sum_{n=1}^{40}(\sqrt{2n+1}-\sqrt{2n-1})$$
$$=(\sqrt{3}-\sqrt{1})+(\sqrt{5}-\sqrt{3})+(\sqrt{7}-\sqrt{5})+\cdots$$
$$+(\sqrt{79}-\sqrt{77})+(\sqrt{81}-\sqrt{79})$$
$$=\sqrt{81}-\sqrt{1}=8$$

20 　◆답 ①

▎$\sum\limits_{k=1}^{n}a_k=S_n$ 이므로

　$a_n=S_n-S_{n-1}\ (n\geq2),\ a_1=S_1$

을 이용하여 a_n을 구할 수 있다.

$S_n=2n^2-3n+1$ 이므로 $n\geq2$일 때

$$a_n=S_n-S_{n-1}$$
$$=2n^2-3n+1-\{2(n-1)^2-3(n-1)+1\}$$
$$=4n-5$$

$$\therefore\ \sum_{k=1}^{10}a_{2k}=\sum_{k=1}^{10}(8k-5)$$
$$=8\times\dfrac{10\times11}{2}-5\times10=390$$

Think More

a_{2n}은 a_2부터 시작하므로 a_1을 구하지 않아도 된다.

21 　◆답 $\dfrac{100}{201}$

▎$a_n=S_n-S_{n-1}\ (n\geq2),\ a_1=S_1$을 이용하여 a_n을 구할 수 있다.

$n\geq2$일 때

$$a_n=S_n-S_{n-1}=n^2-(n-1)^2=2n-1$$

$a_1=S_1=1$이므로 $a_n=2n-1\ (n\geq1)$

▎$\dfrac{1}{AB}=\dfrac{1}{B-A}\left(\dfrac{1}{A}-\dfrac{1}{B}\right)$을 이용하여 차의 꼴로 나타내고, 소거되는 규칙을 찾는다.

$$\dfrac{1}{a_na_{n+1}}=\dfrac{1}{(2n-1)(2n+1)}=\dfrac{1}{2}\left(\dfrac{1}{2n-1}-\dfrac{1}{2n+1}\right)$$

이므로

$$\sum_{k=1}^{100}\dfrac{1}{a_ka_{k+1}}$$
$$=\dfrac{1}{2}\sum_{k=1}^{100}\left(\dfrac{1}{2k-1}-\dfrac{1}{2k+1}\right)$$
$$=\dfrac{1}{2}\left\{\left(1-\dfrac{1}{3}\right)+\left(\dfrac{1}{3}-\dfrac{1}{5}\right)+\cdots+\left(\dfrac{1}{199}-\dfrac{1}{201}\right)\right\}$$
$$=\dfrac{1}{2}\left(1-\dfrac{1}{201}\right)=\dfrac{100}{201}$$

22 　◆답 $\dfrac{10}{21}$

▎$\sum\limits_{k=1}^{n}a_k=S_n$ 이므로

　$a_n=S_n-S_{n-1}\ (n\geq2),\ a_1=S_1$

을 이용하여 a_n을 구할 수 있다.

$S_n=\sum\limits_{k=1}^{n}\dfrac{a_k}{k+1}$라 하면 $S_n=n^2+n$이므로

$n\geq2$일 때

$$\dfrac{a_n}{n+1}=S_n-S_{n-1}$$
$$=n^2+n-\{(n-1)^2+(n-1)\}=2n \qquad\cdots ❶$$

$S_1=2$이고 ❶에서 $n=1$을 대입하면 $\dfrac{a_1}{2}=2$이므로

$n\geq1$일 때 $\dfrac{a_n}{n+1}=2n$　$\therefore\ a_n=2n(n+1)$

$\dfrac{1}{a_n}=\dfrac{1}{2n(n+1)}=\dfrac{1}{2}\left(\dfrac{1}{n}-\dfrac{1}{n+1}\right)$이므로

$$\sum_{n=1}^{20}\dfrac{1}{a_n}=\dfrac{1}{2}\sum_{n=1}^{20}\left(\dfrac{1}{n}-\dfrac{1}{n+1}\right)$$
$$=\dfrac{1}{2}\left\{\left(1-\dfrac{1}{2}\right)+\left(\dfrac{1}{2}-\dfrac{1}{3}\right)+\cdots+\left(\dfrac{1}{20}-\dfrac{1}{21}\right)\right\}$$
$$=\dfrac{1}{2}\left(1-\dfrac{1}{21}\right)=\dfrac{10}{21}$$

23 　◆답 15

▎a_nb_n을 구한 다음 $n=5$를 대입해도 되고

$a_5b_5=\sum\limits_{k=1}^{5}a_kb_k-\sum\limits_{k=1}^{4}a_kb_k$를 이용해도 된다.

$$a_5b_5=\sum_{k=1}^{5}a_kb_k-\sum_{k=1}^{4}a_kb_k$$
$$=4\times5^3+3\times5^2-5-(4\times4^3+3\times4^2-4)=270$$

$a_n=4n-2$에서 $a_5=18$이므로

$$b_5=\dfrac{270}{18}=15$$

01　답 ③

$a_n=\dfrac{n(n-3)}{2}$이다.

$a_n=\dfrac{n(n-3)}{2}\ (n\geq4)$이므로

$$\sum_{k=4}^{10}a_k=\sum_{k=4}^{10}\frac{k(k-3)}{2}$$
$$=\frac{1}{2}\left\{\sum_{k=1}^{10}(k^2-3k)-\sum_{k=1}^{3}(k^2-3k)\right\}$$
$$=\frac{1}{2}\left\{\frac{10\times11\times21}{6}-3\times\frac{10\times11}{2}-(-2-2+0)\right\}$$
$$=112$$

02　답 ③

$1000=2^3\times5^3$이므로 1000의 약수는 $2^k\times5^l\ (k,\,l=0,\,1,\,2,\,3)$ 꼴이다.

$$\sum_{k=1}^{16}\log a_k=\log a_1+\log a_2+\cdots+\log a_{16}$$
$$=\log(a_1\times a_2\times\cdots\times a_{16})$$

이때 $1000=2^3\times5^3$이므로 약수는

$2^0\times5^0,\ 2^0\times5^1,\ 2^0\times5^2,\ 2^0\times5^3$

$2^1\times5^0,\ 2^1\times5^1,\ 2^1\times5^2,\ 2^1\times5^3$

$\cdots$

$2^3\times5^0,\ 2^3\times5^1,\ 2^3\times5^2,\ 2^3\times5^3$

따라서 양의 약수를 모두 곱하면 $2^0,\ 2^1,\ 2^2,\ 2^3,\ 5^0,\ 5^1,\ 5^2,\ 5^3$이

각각 4번씩 곱해지므로

$$(2^0\times2^1\times2^2\times2^3)^4\times(5^0\times5^1\times5^2\times5^3)^4=2^{24}\times5^{24}$$

$$\therefore\sum_{k=1}^{16}\log a_k=\log(2^{24}\times5^{24})=\log10^{24}=24\log10=24$$

03　답 ④

$-1,\ 1,\ 2$의 개수를 각각 $a,\ b,\ c$라 하고 주어진 등식을 $a,\ b,\ c$로 나타낸다.

$-1,\ 1,\ 2$의 개수를 각각 $a,\ b,\ c$라 하면

$a+b+c=30$　　　⋯ ❶

$\displaystyle\sum_{i=1}^{30}(x_i+|x_i|)=50$에서

$(-a+b+2c)+(a+b+2c)=50$

$\therefore b+2c=25$　　　⋯ ❷

$\displaystyle\sum_{i=1}^{30}(x_i-1)(x_i+1)=15$에서

$$\sum_{i=1}^{30}(x_i^2-1)=15,\ a+b+4c-30=15$$

$$\therefore a+b+4c=45\qquad\cdots ❸$$

❶, ❷, ❸을 연립하여 풀면 $a=10,\ b=15,\ c=5$

$$\therefore 6\sum_{i=1}^{30}x_i=6(-a+b+2c)=90$$

다른 풀이

$$x_i+|x_i|=\begin{cases}0\ (x_i=-1)\\2\ (x_i=1)\\4\ (x_i=2)\end{cases}$$

이므로 $\displaystyle\sum_{i=1}^{30}(x_i+|x_i|)=50$에서 $2b+4c=50$

$$(x_i-1)(x_i+1)=\begin{cases}0\ (x_i=-1)\\0\ (x_i=1)\\3\ (x_i=2)\end{cases}$$

이므로 $\displaystyle\sum_{i=1}^{30}(x_i-1)(x_i+1)=50$에서 $3c=15$

로 풀 수도 있다.

04　답 ③

$0<x<1$일 때와 $x=1$일 때로 나누어 생각해야 한다.

$f(1)=1$이고 $f(x)=f(x+1)$이므로

$\log_2 k$의 값이 정수일 때 $f(\log_2 k)=1$

　　　나머지 경우에 $f(\log_2 k)=2$

$1\leq k\leq20$에서 $k=1,\ 2,\ 2^2,\ 2^3,\ 2^4$일 때 $\log_2 k$가 정수이고,

이때 $f(\log_2 k)=2-1$이라 생각하면

$$\sum_{k=1}^{20}\frac{k\times f(\log_2 k)}{2}$$
$$=\sum_{k=1}^{20}\frac{k\times2}{2}-\frac{1+2+2^2+2^3+2^4}{2}$$
$$=\frac{20\times21}{2}-\frac{31}{2}=\frac{389}{2}$$

05　답 ②

각 항이 n에 대한 식이므로 n번째 항이 아니라 k번째 항을 n과 k에 대한 식으로 나타낸 다음 $\displaystyle\sum_{k=1}^{n-1}a_k$를 계산한다.

$a_k=k^2(n-k)$이므로 주어진 식은

$$\sum_{k=1}^{n-1}k^2(n-k)=n\sum_{k=1}^{n-1}k^2-\sum_{k=1}^{n-1}k^3$$
$$=n\times\frac{n(n-1)(2n-1)}{6}-\frac{n^2(n-1)^2}{4}$$
$$=\frac{n^2(n-1)}{12}\{2(2n-1)-3(n-1)\}$$
$$=\frac{n^2(n-1)(n+1)}{12}$$

$a_n=0$이므로 $\sum\limits_{k=1}^{n}k^2(n-k)$를 계산해도 된다.

06 .... 📎 **560**

$k(k+1)(k+2)(k+3)+1$
$=(k^2+3k)(k^2+3k+2)+1$
$=(k^2+3k)^2+2(k^2+3k)+1$
$=(k^2+3k+1)^2$

이므로 주어진 식은

$$\sum_{k=1}^{10}(k^2+3k+1)=\sum_{k=1}^{10}k^2+3\sum_{k=1}^{10}k+\sum_{k=1}^{10}1$$
$$=\frac{10\times11\times21}{6}+3\times\frac{10\times11}{2}+10$$
$$=560$$

07 .... 📎 ⑤

▷ 직접 나눌 수 없다. 몫을 $Q_n(x)$라 하면
$$x^{2n}=(x^2-9)Q_n(x)+a_nx+b_n$$
이다. 이 식이 항등식임을 이용한다.

몫을 $Q_n(x)$라 하면
$$x^{2n}=(x^2-9)Q_n(x)+a_nx+b_n$$
$x=3$을 대입하면 $3^{2n}=3a_n+b_n$
$x=-3$을 대입하면 $3^{2n}=-3a_n+b_n$
연립하여 풀면 $a_n=0$, $b_n=3^{2n}$

$$\therefore \sum_{k=1}^{10}b_k=\sum_{k=1}^{10}3^{2k}$$
$$=\frac{3^2(3^{2\times10}-1)}{3^2-1}=\frac{9(9^{10}-1)}{8}$$

08 .... 📎 **120**

▷ $\sqrt{3^{a_n}\times\sqrt[5]{9^n}}=3^5$의 좌변을 지수 꼴로 고친 다음 a_n을 구한다.

$\sqrt{3^{a_n}\times\sqrt[5]{9^n}}=3^5$에서
$$3^{a_n}\times3^{\frac{2n}{5}}=3^{10}, \quad a_n+\frac{2n}{5}=10$$
$a_n=10-\dfrac{2n}{5}$이므로
$$\sum_{k=1}^{n}a_k=\sum_{k=1}^{n}\left(10-\frac{2k}{5}\right)$$
$$=10n-\frac{n(n+1)}{5}$$
$$=-\frac{1}{5}(n^2-49n)$$

$f(n)=-\dfrac{1}{5}(n^2-49n)$이라 하면 곡선 $y=f(n)$의 축이 직선 $n=\dfrac{49}{2}$이고 n은 자연수이므로 $n=24$ 또는 $n=25$일 때 최대이다.

따라서 최댓값은
$$f(25)=-\frac{1}{5}(25^2-49\times25)=120$$

09 .... 📎 **24**

곡선 $y=f(x)$의 축이 직선 $x=\dfrac{25}{n(n+1)}$이므로
$$a_n=\frac{25}{n(n+1)}=25\left(\frac{1}{n}-\frac{1}{n+1}\right)$$
$$\therefore \sum_{k=1}^{24}a_k=\sum_{k=1}^{24}\frac{25}{k(k+1)}$$
$$=25\sum_{k=1}^{24}\left(\frac{1}{k}-\frac{1}{k+1}\right)$$
$$=25\left\{\left(1-\frac{1}{2}\right)+\left(\frac{1}{2}-\frac{1}{3}\right)+\cdots+\left(\frac{1}{24}-\frac{1}{25}\right)\right\}$$
$$=25\left(1-\frac{1}{25}\right)=24$$

10 .... 📎 ①

▷ $x_1<x_2<x_3<\cdots<x_{2n-1}$일 때
$$y=|x-x_1|+|x-x_2|+\cdots+|x-x_{2n-1}|$$
의 그래프는 다음과 같고 $x=x_n$에서 최소이다.

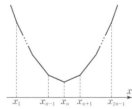

$1=a_1<a_2<\cdots<a_{17}$이므로
$$f(x)=\sum_{n=1}^{17}|x-a_n|$$은 $x=a_9$에서 최소이다.
$a_9=r^8$이므로 $r^8=16$
$r>1$이므로 $r=\sqrt{2}$

$$\therefore m=f(a_9)=\sum_{n=1}^{8}(16-a_n)+\sum_{n=10}^{17}(a_n-16)$$
$$=-\sum_{n=1}^{8}a_n+\sum_{n=10}^{17}a_n=-\frac{r^8-1}{r-1}+\frac{r^9(r^8-1)}{r-1}$$
$$=\frac{(r^8-1)(r^9-1)}{r-1}=\frac{(16-1)(16\sqrt{2}-1)}{\sqrt{2}-1}$$
$$=15(16\sqrt{2}-1)(\sqrt{2}+1)$$
$$\therefore rm=\sqrt{2}\times15(16\sqrt{2}-1)(\sqrt{2}+1)$$
$$=15(30+31\sqrt{2})$$

11
답 ②

▶ $f(n)$은 $\log_3 n$의 정수 부분이다.

$3^k \leq n < 3^{k+1}$이면 $k \leq \log_3 n < k+1$

이므로 n의 범위를 나누고 $f(n)$의 값부터 구한다.

$3^0 \leq n < 3^1$일 때 $f(n)=0$

$3^1 \leq n < 3^2$일 때 $f(n)=1$

$3^2 \leq n < 3^3$일 때 $f(n)=2$

$3^3 \leq n < 3^4$일 때 $f(n)=3$

$3^4 \leq n \leq 100$일 때 $f(n)=4$

$$\therefore \sum_{m=1}^{100} f(m) = f(1)+f(2)$$
$$+f(3)+f(4)+f(5)+\cdots+f(3^2-1)$$
$$+f(3^2)+\cdots+f(3^3-1)$$
$$+f(3^3)+\cdots+f(3^4-1)$$
$$+f(3^4)+\cdots+f(100)$$
$$=0\times2+1\times6+2\times18+3\times54+4\times20$$
$$=284$$

12
답 ③

$x^n=t$라 하면 $t^2-50t+100=0$

이 방정식은 서로 다른 두 양근을 가진다. 두 양근을 α, β라 하면 $x^n=\alpha$, $x^n=\beta$이고 $\alpha\beta=100$이다.

(ⅰ) n이 홀수이면 실근은 $\alpha^{\frac{1}{n}}$, $\beta^{\frac{1}{n}}$이므로

$$f(n)=(\alpha\beta)^{\frac{1}{n}}=100^{\frac{1}{n}}$$

$$\therefore \log f(n)=\frac{2}{n}$$

(ⅱ) n이 짝수이면 실근은 $\pm\alpha^{\frac{1}{n}}$, $\pm\beta^{\frac{1}{n}}$이므로

$$f(n)=(\alpha\beta)^{\frac{2}{n}}=100^{\frac{2}{n}}$$

$$\therefore \log f(n)=\frac{4}{n}$$

▶ 짝수 번째 항과 홀수 번째 항의 합을 따로 구하면

$$a_1+a_2+\cdots+a_{2n}=(a_1+a_3+\cdots+a_{2n-1})+(a_2+a_4+\cdots+a_{2n})$$
$$=\sum_{k=1}^{n}a_{2k-1}+\sum_{k=1}^{n}a_{2k}$$

$$\therefore \sum_{n=1}^{100}\frac{1}{\log f(n)}=\sum_{n=1}^{50}\frac{1}{\log f(2n-1)}+\sum_{n=1}^{50}\frac{1}{\log f(2n)}$$
$$=\sum_{n=1}^{50}\frac{2n-1}{2}+\sum_{n=1}^{50}\frac{n}{2}$$
$$=\left(\frac{50\times51}{2}-\frac{50}{2}\right)+\frac{1}{2}\times\frac{50\times51}{2}$$
$$=\frac{3775}{2}$$

13
답 ②

▶ 분모를 유리화한 다음 적당히 나열하여 소거되는 규칙을 찾는다.

$$\frac{1}{(n+1)\sqrt{n}+n\sqrt{n+1}}=\frac{(n+1)\sqrt{n}-n\sqrt{n+1}}{(n+1)^2 n-n^2(n+1)}$$
$$=\frac{(n+1)\sqrt{n}-n\sqrt{n+1}}{n(n+1)}$$
$$=\frac{\sqrt{n}}{n}-\frac{\sqrt{n+1}}{n+1}$$

이므로 주어진 식은

$$\sum_{n=1}^{120}\left(\frac{\sqrt{n}}{n}-\frac{\sqrt{n+1}}{n+1}\right)$$
$$=\left(\frac{\sqrt{1}}{1}-\frac{\sqrt{2}}{2}\right)+\left(\frac{\sqrt{2}}{2}-\frac{\sqrt{3}}{3}\right)+\left(\frac{\sqrt{3}}{3}-\frac{\sqrt{4}}{4}\right)+\cdots$$
$$+\left(\frac{\sqrt{120}}{120}-\frac{\sqrt{121}}{121}\right)$$
$$=1-\frac{\sqrt{121}}{121}=\frac{10}{11}$$

14
답 170

$$\frac{1}{2^{-k}+1}+\frac{1}{2^k+1}=\frac{2^k}{1+2^k}+\frac{1}{2^k+1}=1,$$
$$\frac{1}{2^0+1}=\frac{1}{2}$$

이므로 $a_n=3n+\dfrac{1}{2}$

$$\therefore \sum_{n=1}^{10}a_n=\sum_{n=1}^{10}\left(3n+\frac{1}{2}\right)$$
$$=3\times\frac{10\times11}{2}+\frac{1}{2}\times10=170$$

15
답 ④

▶ $(n+1)^2-n^2=2n+1$이므로

$$\frac{1}{AB}=\frac{1}{B-A}\left(\frac{1}{A}-\frac{1}{B}\right)$$

을 이용하여 a_n을 정리할 수 있다.

$(n+1)^2-n^2=2n+1$이므로

$$\frac{4n+2}{n^2(n+1)^2}=2\left\{\frac{1}{n^2}-\frac{1}{(n+1)^2}\right\}$$

$$\therefore \sum_{n=1}^{10}\frac{4n+2}{n^2(n+1)^2}$$
$$=2\sum_{n=1}^{10}\left\{\frac{1}{n^2}-\frac{1}{(n+1)^2}\right\}$$
$$=2\left\{\left(\frac{1}{1^2}-\frac{1}{2^2}\right)+\left(\frac{1}{2^2}-\frac{1}{3^2}\right)+\cdots+\left(\frac{1}{10^2}-\frac{1}{11^2}\right)\right\}$$
$$=2\left(1-\frac{1}{11^2}\right)=\frac{240}{121}$$

$$\therefore p=121, q=240, p+q=361$$

16 답 ④

로그를 포함한 식이지만 분수 꼴이므로

$$\frac{1}{AB}=\frac{1}{B-A}\left(\frac{1}{A}-\frac{1}{B}\right)$$

을 이용할 수 있는지 확인한다.

$a_{n+2}=a_{n+1}a_n$에서 양변에 밑이 2인 로그를 잡으면

$$\log_2 a_{n+2}=\log_2 a_{n+1}+\log_2 a_n$$

곧, $\log_2 a_{k+2}-\log_2 a_{k+1}=\log_2 a_k$이므로

$$\frac{\log_2 a_k}{(\log_2 a_{k+1})(\log_2 a_{k+2})}=\frac{1}{\log_2 a_{k+1}}-\frac{1}{\log_2 a_{k+2}}$$

$$\therefore \sum_{k=1}^{10}\frac{\log_2 a_k}{(\log_2 a_{k+1})(\log_2 a_{k+2})}$$

$$=\sum_{k=1}^{10}\left(\frac{1}{\log_2 a_{k+1}}-\frac{1}{\log_2 a_{k+2}}\right)$$

$$=\left(\frac{1}{\log_2 a_2}-\frac{1}{\log_2 a_3}\right)+\left(\frac{1}{\log_2 a_3}-\frac{1}{\log_2 a_4}\right)+\cdots$$

$$+\left(\frac{1}{\log_2 a_{11}}-\frac{1}{\log_2 a_{12}}\right)$$

$$=\frac{1}{\log_2 a_2}-\frac{1}{\log_2 a_{12}}\quad\cdots ❶$$

$b_1=1$, $b_2=1$이고 $b_{n+2}=b_{n+1}+b_n$을 만족시키는 수열
$\{b_n\}$: $1,\ 1,\ 2,\ 3,\ 5,\ 8,\ \dots$을 피보나치 수열이라고 한다.
$a_1,\ a_2,\ a_3,\ \dots,\ a_{12}$를 차례로 구한다.

$\log_2 a_1=0$, $\log_2 a_2=1$, $\log_2 a_{n+2}=\log_2 a_{n+1}+\log_2 a_n$
이므로 수열 $\{\log_2 a_n\}$은

$$0,\ 1,\ 1,\ 2,\ 3,\ 5,\ 8,\ 13,\ 21,\ 34,\ 55,\ 89,\ \dots$$

곧, $\log_2 a_{12}=89$이므로 ❶은

$$1-\frac{1}{89}=\frac{88}{89}$$

17 답 ④

2010, 0102, 1020, 0201을 포함한 자연수 주변에서 2, 0, 1, 0이 나열된다.

연속된 네 개의 항이 처음으로 2, 0, 1, 0이 되는 때는 다음과 같이
1020과 1021의 각 자릿수를 나열할 때이다.

$$1,\ 2,\ 3,\ 4,\ \cdots,\ 1,\ 0,\ 2,\ 0,\ 1,\ 0,\ 2,\ 1,\ \cdots$$

1020이 나오기 전까지 나열된 자릿수의 개수는
한 자리 수의 자릿수 : 9
두 자리 수의 자릿수 : $90\times 2=180$
세 자리 수의 자릿수 : $900\times 3=2700$
네 자리 수의 자릿수 : $20\times 4=80$
$9+180+2700+80=2969$이므로 n의 최솟값은

$$2969+3=2972$$

18 답 8

첫째항을 a, 공차를 d라 하면 a와 d는 자연수이다.
또 a_9가 5의 배수이므로 $a+8d$가 5의 배수이다.

$a+8d=5m$ (m은 정수), $d=\dfrac{5m-a}{8}$로 놓고 S_k, $\sum S_k$를 구하기에는
식이 복잡하다. $a_n=a+(n-1)d$로 놓고 정리해 보자.

$S_k=\dfrac{k\{2a+(k-1)d\}}{2}$이므로 $\displaystyle\sum_{k=1}^{9}S_k=810$에서

$$\frac{d}{2}\sum_{k=1}^{9}k^2+\frac{2a-d}{2}\sum_{k=1}^{9}k=810$$

$$\frac{d}{2}\times\frac{9\times 10\times 19}{6}+\frac{2a-d}{2}\times\frac{9\times 10}{2}=810$$

$$285d+45(2a-d)=1620$$

$$\therefore 3a+8d=54$$

a와 d가 자연수이므로 $d=1, 2, \dots$를 대입하여 풀 수도 있고
$3a$와 54가 3의 배수임을 이용하여 풀 수도 있다.

$3a$와 54가 3의 배수이므로 d도 3의 배수이다.
따라서 $(a,\ d)$의 순서쌍은 $(10,\ 3)$, $(2,\ 6)$
이때 $a+8d$는 각각 34, 50이고 이 중 $a+8d$가 5의 배수인 것은
$a=2$, $d=6$

$$\therefore a_2=a+d=8$$

19 답 ⑤

$$a_n=\log_2\sqrt{\frac{2(n+1)}{n+2}}=\frac{1}{2}\log_2\frac{2(n+1)}{n+2}$$

$$=\frac{1}{2}+\frac{1}{2}\log_2\frac{n+1}{n+2}$$

$$\sum_{k=1}^{m}a_k=\frac{m}{2}+\frac{1}{2}\left(\log_2\frac{2}{3}+\log_2\frac{3}{4}+\cdots+\log_2\frac{m+1}{m+2}\right)$$

$$=\frac{m}{2}+\frac{1}{2}\log_2\frac{2}{m+2}$$

$$=\frac{1}{2}\{m+1-\log_2(m+2)\}$$

$$\therefore \frac{1}{2}\sum_{k=1}^{m}a_k=\frac{1}{4}\{m+1-\log_2(m+2)\}\quad\cdots ❶$$

$m+1-\log_2(m+2)$는 4의 배수이다.
우선 $\log_2(m+2)$가 자연수일 조건부터 찾는다.

❶에서 $\log_2(m+2)$가 자연수이어야 하므로
$m+2=2^l$ (l은 자연수)이라 하면

$$\frac{1}{2}\sum_{k=1}^{m}a_k=\frac{1}{4}(2^l-1-l)\quad\cdots ❷$$

l이 짝수이면 2^l-1-l이 홀수이므로 가능하지 않다.
$l=1$이면 $m=0$이므로 가능하지 않다.
$l=3$이면 ❷의 값은 1이고 $m=6$
$l=5$이면 ❷의 값은 자연수가 아니다.
$l=7$이면 ❷의 값은 30이고 $m=126$
$l=9$이면 ❷의 값은 자연수가 아니다.
$l\geq 11$이면 ❷의 값은 100보다 크므로 가능하지 않다.
따라서 모든 자연수 m의 값의 합은 $6+126=132$

$a_k = m-2(k-1) = -2k+m+2$이므로

$$S(n) = \sum_{k=1}^{n}(-2k+m+2)$$
$$= -n(n+1)+(m+2)n$$
$$= -n^2+(m+1)n$$

▶ $S(n)$의 최댓값은 이차함수의 그래프로 생각할 수 있다.

(i) $\dfrac{m+1}{2}$이 정수일 때   (ii) $\dfrac{m+1}{2}$이 정수가 아닐 때

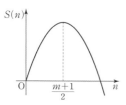 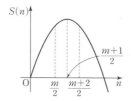

곧, m이 짝수인지, 홀수인지에 따라 최댓값이 달라진다.

(i) $\dfrac{m+1}{2}$이 정수일 때, 곧 m이 홀수일 때

$m = 2m'-1$ (m'은 자연수)이라 하면
$$S(n) = -n^2+2m'n = -(n-m')^2+m'^2$$
이므로 최댓값은
$$S(m') = m'^2$$

(ii) $\dfrac{m+1}{2}$이 정수가 아닐 때, 곧 m이 짝수일 때

$m = 2m'$ (m'은 자연수)이라 하면
$$S(n) = -n^2+(2m'+1)n$$
이므로 최댓값은
$$S(m') = S(m'+1) = m'^2+m'$$

$$\therefore \sum_{m=1}^{19}b_m = \sum_{m'=1}^{10}b_{2m'-1} + \sum_{m'=1}^{9}b_{2m'}$$
$$= \sum_{m'=1}^{10}m'^2 + \sum_{m'=1}^{9}(m'^2+m')$$
$$= \frac{10\times11\times21}{6} + \frac{9\times10\times19}{6} + \frac{9\times10}{2}$$
$$= 715$$

21 ━━━━━━━━━━━━━━━━━━━━━━━━ 답 5

▶ $a_m+a_{m+1}+\cdots+a_{15}$를 f로 나타낸다.

$$a_m+a_{m+1}+\cdots+a_{15} = \sum_{k=1}^{15}a_k - \sum_{k=1}^{m-1}a_k$$
$$= f(15)-f(m-1) < 0$$

이 성립하므로 $f(15) < f(m-1)$

그림에서

$4 \leq m-1 \leq 14$, $5 \leq m \leq 15$

따라서 자연수 m의 최솟값은 5이다.

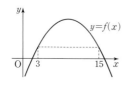

22 ━━━━━━━━━━━━━━━━━━━━━━━ 답 195

▶ 원과 곡선이 만나는 한 점을 $\mathrm{P}\left(a, \dfrac{k}{a}\right)$라 하면 나머지 세 점은 직선 $y=x$ 또는 원점에 대칭이므로 좌표를 $a, \dfrac{k}{a}$로 나타낼 수 있다.

그림에서 P는 곡선 $y=\dfrac{k}{x}$ 위의 점

이고 P, Q는 직선 $y=x$에 대칭이

므로 $\mathrm{P}\left(a, \dfrac{k}{a}\right)$ $(a>0)$라 하면

$$\mathrm{Q}\left(\frac{k}{a}, a\right)$$

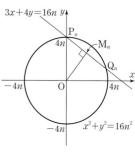

또 P', Q'은 각각 Q, P와 원점에

대칭이므로

$$\mathrm{P}'\left(-\frac{k}{a}, -a\right), \mathrm{Q}'\left(-a, -\frac{k}{a}\right)$$

P는 원 위의 점이므로 $a^2+\left(\dfrac{k}{a}\right)^2 = n^2$ ⋯ ❶

$$\overline{\mathrm{PQ}} = \sqrt{2}\left(a-\frac{k}{a}\right), \overline{\mathrm{PP'}} = \sqrt{2}\left(a+\frac{k}{a}\right)$$

이고, 조건에서 $\overline{\mathrm{PP'}} = 2\overline{\mathrm{PQ}}$이므로

$$\sqrt{2}\left(a+\frac{k}{a}\right) = 2\sqrt{2}\left(a-\frac{k}{a}\right) \qquad \therefore a^2 = 3k$$

❶에 대입하면

$$3k+\frac{k^2}{3k} = n^2, \frac{10}{3}k = n^2 \qquad \therefore k = \frac{3}{10}n^2$$

따라서 $f(n) = \dfrac{3}{10}n^2$이므로

$$\sum_{n=1}^{12}f(n) = \frac{3}{10} \times \frac{12\times13\times25}{6} = 195$$

23 ━━━━━━━━━━━━━━━━━━━━━━━━ 답 ①

▶ 원과 현에 대한 문제이다.

원의 중심에서 현에 그은 수선은 현을 수직이등분함을 이용한다.

선분 $\mathrm{P}_n\mathrm{Q}_n$의 중점을 M_n이라 하면

$$\overline{\mathrm{OP}_n} = 4n,$$
$$\overline{\mathrm{OM}_n} = \frac{|-16n|}{\sqrt{3^2+4^2}} = \frac{16}{5}n$$

이므로

$$\overline{\mathrm{P}_n\mathrm{M}_n} = \sqrt{(4n)^2-\left(\frac{16}{5}n\right)^2}$$
$$= \frac{12}{5}n$$

따라서 $\overline{\mathrm{P}_n\mathrm{Q}_n} = 2\overline{\mathrm{P}_n\mathrm{M}_n} = \dfrac{24}{5}n$이므로

$$\sum_{n=1}^{9}\overline{\mathrm{P}_n\mathrm{Q}_n} = \frac{24}{5}\sum_{n=1}^{9}n = \frac{24}{5} \times \frac{9\times10}{2} = 216$$

24 ◆ 답 191

선분 P_nQ_n과 곡선 $y=\dfrac{1}{k}x^2$이 만나므로

$$\frac{n^2}{k} \leq 2n \leq \frac{4n^2}{k}, \ \text{곧} \ \frac{n}{2} \leq k \leq 2n$$

▶ 자연수 k의 개수를 구해야 하므로

$\dfrac{n}{2}$이 자연수일 때와 아닐 때로 나누어 푼다.

(ⅰ) $n=2m-1$ (m은 자연수)이면 $m \leq k \leq 4m-2$이므로

$$a_n=a_{2m-1}=4m-2-m+1=3m-1$$

(ⅱ) $n=2m$ (m은 자연수)이면 $m \leq k \leq 4m$이므로

$$a_n=a_{2m}=4m-m+1=3m+1$$

$$\therefore \sum_{n=1}^{15} a_n = \sum_{m=1}^{8} a_{2m-1} + \sum_{m=1}^{7} a_{2m}$$

$$= \sum_{m=1}^{8}(3m-1) + \sum_{m=1}^{7}(3m+1)$$

$$= 3 \times \frac{8 \times 9}{2} - 8 + 3 \times \frac{7 \times 8}{2} + 7 = 191$$

STEP C 절대등급 완성 문제   102쪽

01 ⑤   **02** 117   **03** 16   **04** 427

---

01 ◆ 답 ⑤

▶ $\dfrac{a_{k+1}+a_k}{a_k a_{k+1}} = \dfrac{1}{a_k} + \dfrac{1}{a_{k+1}}$로 변형할 수 있어야 한다.

처음 몇 항과 마지막 몇 항을 나열하여 소거되는 규칙이 있는지 찾는다.

첫째항을 a, 공차를 d라 하자.

$$\sum_{k=1}^{2n} \left\{ (-1)^{k+1} \frac{a_{k+1}+a_k}{a_k a_{k+1}} \right\}$$

$$= \sum_{k=1}^{2n} \left\{ (-1)^{k+1} \left(\frac{1}{a_k} + \frac{1}{a_{k+1}} \right) \right\}$$

$$= \left(\frac{1}{a_1} + \frac{1}{a_2} \right) - \left(\frac{1}{a_2} + \frac{1}{a_3} \right) + \left(\frac{1}{a_3} + \frac{1}{a_4} \right) - \left(\frac{1}{a_4} + \frac{1}{a_5} \right)$$

$$+ \cdots + \left(\frac{1}{a_{2n-1}} + \frac{1}{a_{2n}} \right) - \left(\frac{1}{a_{2n}} + \frac{1}{a_{2n+1}} \right)$$

$$= \frac{1}{a_1} - \frac{1}{a_{2n+1}} = \frac{1}{a} - \frac{1}{a+2nd}$$

$$= \frac{2dn}{a(a+2dn)}$$

조건에서 $\dfrac{2dn}{a(a+2dn)} = \dfrac{3n}{6n+2}$

$$12dn^2+4dn=3a^2n+6adn^2$$

n에 대한 항등식이므로

$$12d=6ad, \ 4d=3a^2$$

첫 번째 식에서 $6d(2-a)=0$

$d=0$이면 $a=0$이므로 분모가 0이 되어 모순이다.

$a=2$이면 $d=3$이고, 어느 항도 0이 아니다.

$$\therefore a=2, \ d=3, \ a_{16}=2+15 \times 3 = 47$$

---

02 ◆ 답 117

▶ 항의 부호를 알면 절댓값 기호를 정리할 수 있다.

$\{a_n\}$은 항상 감소하고, $\{b_n\}$은 양과 음이 반복됨을 이용한다.

(가), (나)에서

$$\sum_{n=1}^{5}(a_n+|b_n|) - \sum_{n=1}^{5}(a_n+b_n) = 67-27$$

이므로

$$\sum_{n=1}^{5}(|b_n|-b_n) = 40 \qquad \cdots \text{❶}$$

등비수열 $\{b_n\}$의 공비를 r이라 하자.

r은 음의 정수이므로

$$b_1>0, \ b_2<0, \ b_3>0, \ b_4<0, \ b_5>0$$

❶에서

$$-2(b_2+b_4)=40, \ b_1r+b_1r^3=-20$$

$$\therefore b_1r(1+r^2)=-20 \qquad \cdots \text{❷}$$

b_1r은 음의 정수이고, $1+r^2$은 자연수이므로 $1+r^2$은 20의 양의 약수이다.

20의 양의 약수는 1, 2, 4, 5, 10, 20이고

r이 음의 정수이므로

$$r=-1 \ \text{또는} \ r=-2 \ \text{또는} \ r=-3$$

❷에 각각 대입하면

$$b_1=10 \ \text{또는} \ b_1=2 \ \text{또는} \ b_1=\frac{2}{3}$$

b_1은 자연수이므로 $b_1=\dfrac{2}{3}$일 수는 없다.

(ⅰ) $b_1=10, \ r=-1$일 때

$\displaystyle\sum_{n=1}^{5} b_n = 10$이므로 (가)에서 $\displaystyle\sum_{n=1}^{5} a_n = 17$

$\displaystyle\sum_{n=1}^{5} a_n = 5a_3$이므로 $a_3 = \dfrac{17}{5}$

그런데 수열 $\{a_n\}$은 첫째항이 자연수이고 공차가 음의 정수이므로 a_3은 정수이다.

따라서 $b_1=10, \ r=-1$인 경우는 없다.

(ⅱ) $b_1=2, \ r=-2$일 때

$$\sum_{n=1}^{5} b_n = \frac{2\{1-(-2)^5\}}{1-(-2)} = 22$$

(가)에서 $\displaystyle\sum_{n=1}^{5} a_n = 5$

$\displaystyle\sum_{n=1}^{5} a_n = 5a_3$이므로 $a_3=1$

또 $\displaystyle\sum_{n=1}^{5} |b_n| = \frac{2(1-2^5)}{1-2} = 62$이므로

(다)에서 $\displaystyle\sum_{n=1}^{5} |a_n| = 19 \qquad \cdots \text{❸}$

수열 $\{a_n\}$의 공차를 d라 하면

$a_3=1$이므로

$$a_1=1-2d,\ a_2=1-d,\ a_4=1+d,\ a_5=1+2d$$

$d<0$이므로 ❸에서

$$(1-2d)+(1-d)+1-(1+d)-(1+2d)=19$$

$$d=-3,\ a_1=1-2d=7$$

(i), (ii)에서 $a_1=7$, $d=-3$, $b_1=2$, $r=-2$이므로

$$a_n=7+(n-1)\times(-3)=-3n+10$$

$$b_n=2\times(-2)^{n-1}$$

$$\therefore a_7+b_7=-11+128=117$$

03 답 16

▷ $a_n=4+\dfrac{60}{2n-15}$이므로 $b_n=a_n-4$라 하고 b_n의 규칙을 찾는다.

$a_n=\dfrac{8n}{2n-15}=4+\dfrac{60}{2n-15}$에서

$b_n=a_n-4$라 하면 $b_n=\dfrac{60}{2n-15}$

b_n의 분자는 60이고, 분모는 첫째항이 -13, 공차가 2인 등차수열이다.

곧, 분모가 $-13,\ -11,\ \cdots,\ -1,\ 1,\ 3,\ \cdots$이므로

$$b_1+b_{14}=0,\ b_2+b_{13}=0,\ \cdots,\ b_7+b_8=0$$

$$\therefore \sum_{n=1}^{14} b_n=0$$

$$\sum_{n=1}^{14} a_n=\sum_{n=1}^{14}(b_n+4)=4\times14=56$$

$b_{15}=\dfrac{60}{15}=4$이므로 $\displaystyle\sum_{n=1}^{15} a_n=56+(4+4)=64$

$b_{16}=\dfrac{60}{17}=3.5\times\times$이므로 $\displaystyle\sum_{n=1}^{16} a_n=64+(3.5\times\times+4)=71.5\times\times$

$b_{17}=\dfrac{60}{19}=3.1\times\times$이므로 $\displaystyle\sum_{n=1}^{17} a_n>73$

$n\geq18$일 때도 $b_n>0$, $a_n>0$이므로

$\displaystyle\sum_{n=1}^{m} a_n\leq73$을 만족시키는 자연수 m의 최댓값은 16이다.

다른 풀이

▷ $f(n)=\dfrac{8n}{2n-15}$의 그래프는 점근선의 교점에 대칭임을 이용하여 합이 간단해지는 규칙이 있는지 찾는다.

$\dfrac{8n}{2n-15}=4+\dfrac{60}{2n-15}$에서

$f(x)=4+\dfrac{60}{2x-15}$이라 하면

$y=f(x)$의 그래프는

점 $\left(\dfrac{15}{2},\ 4\right)$에 대칭이므로

$$f(7)+f(8)=8,$$

$$f(6)+f(9)=8,$$

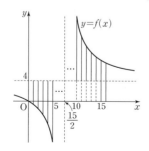

$$f(5)+f(10)=8,$$

$$f(4)+f(11)=8,$$

$$f(3)+f(12)=8,$$

$$f(2)+f(13)=8,$$

$$f(1)+f(14)=8$$

$$\therefore \sum_{n=1}^{14} a_n=f(1)+f(2)+f(3)+\cdots+f(14)$$

$$=7\times8=56$$

$$a_{15}=8$$

$$a_{16}=4+\frac{60}{2\times16-15}=7+\frac{9}{17}<8$$

$$a_{17}=4+\frac{60}{2\times17-15}>4$$

이므로 $\displaystyle\sum_{n=1}^{16} a_n<73<\sum_{n=1}^{17} a_n$이다.

따라서 자연수 m의 최댓값은 16이다.

04 답 427

▷ 좌표가 정수인 점의 개수를 구해야 하므로 $f(x)$와 $g(x)$의 그래프부터 그린다. $f(x)=f(x+2)$이므로 $0\leq x\leq2$에서의 그래프를 이용한다.

$$f(x)=\begin{cases}-x+1 & (0\leq x<1)\\ x-1 & (1\leq x\leq2)\end{cases}$$이므로

$$g(x)=\begin{cases}1 & (0\leq x<1)\\ 2x-1 & (1\leq x\leq2)\end{cases}$$

또 모든 실수 x에 대하여

$$g(x+2)=(x+2)+f(x+2)$$

$$=x+2+f(x)=g(x)+2$$

따라서 제1사분면에서 $y=g(x)$의 그래프는 그림과 같다.

▷ a_n은 $x=n$, $n+1$, $n+2$일 때 $0<b\leq g(n)$, $0<b\leq g(n+1)$, $0<b\leq g(n+2)$ 인 자연수 b의 개수이다.

$$g(1)=1,$$

$$g(2n)=g(2n+1)=2n+1$$

이므로

$$a_{2n}=g(2n)+g(2n+1)+g(2n+2)$$

$$=2n+1+2n+1+2n+3=6n+5,$$

$$a_{2n-1}=g(2n-1)+g(2n)+g(2n+1)$$

$$=2n-1+2n+1+2n+1=6n+1$$

$$\therefore \sum_{n=1}^{15} a_n=\sum_{n=1}^{8} a_{2n-1}+\sum_{n=1}^{7} a_{2n}$$

$$=\sum_{n=1}^{8}(6n+1)+\sum_{n=1}^{7}(6n+5)$$

$$=\left(6\times\frac{8\times9}{2}+1\times8\right)+\left(6\times\frac{7\times8}{2}+5\times7\right)$$

$$=427$$

09 수열의 귀납적 정의, 수학적 귀납법

A STEP | 시험에 꼭 나오는 문제 | 104~105쪽

01 $\dfrac{1}{9}$	02 ②	03 $\dfrac{10}{9}$	04 ⑤	05 ②	06 ②
07 9	08 29	09 ③	10 풀이 참조		11 ④

01   답 $\dfrac{1}{9}$

$a_1=1$이므로

$$a_2=\frac{a_1}{2a_1+1}=\frac{1}{2+1}=\frac{1}{3}$$

$$a_3=\frac{a_2}{2a_2+1}=\frac{\frac{1}{3}}{\frac{2}{3}+1}=\frac{1}{5}$$

$$a_4=\frac{a_3}{2a_3+1}=\frac{\frac{1}{5}}{\frac{2}{5}+1}=\frac{1}{7}$$

$$a_5=\frac{a_4}{2a_4+1}=\frac{\frac{1}{7}}{\frac{2}{7}+1}=\frac{1}{9}$$

02   답 ②

▌$a_1=2$는 짝수이다.

a_1이 짝수이므로 $a_2=a_1-1=2-1=1$
a_2가 홀수이므로 $a_3=a_2+2=1+2=3$
a_3이 홀수이므로 $a_4=a_3+3=3+3=6$
a_4가 짝수이므로 $a_5=a_4-1=6-1=5$
a_5가 홀수이므로 $a_6=a_5+5=5+5=10$
a_6이 짝수이므로 $a_7=a_6-1=10-1=9$

03   답 $\dfrac{10}{9}$

▌$a_1=5$는 정수이다. $n=1, 2, 3, \ldots$을 차례대로 대입하여 수열 $\{a_n\}$의 규칙을 찾는다.

a_1이 정수이므로 $a_2=\dfrac{a_1}{10-a_1}=\dfrac{5}{10-5}=1$

a_2가 정수이므로 $a_3=\dfrac{a_2}{10-a_2}=\dfrac{1}{10-1}=\dfrac{1}{9}$

a_3이 정수가 아니므로 $a_4=3a_3+1=3\times\dfrac{1}{9}+1=\dfrac{4}{3}$

a_4가 정수가 아니므로 $a_5=3a_4+1=3\times\dfrac{4}{3}+1=5$

$\vdots$

곧, 첫째항부터 5, 1, $\dfrac{1}{9}$, $\dfrac{4}{3}$가 반복되므로

$$a_{10}=a_{4\times2+2}=a_2=1$$

$$a_{15}=a_{4\times3+3}=a_3=\frac{1}{9}$$

$$\therefore a_{10}+a_{15}=\frac{10}{9}$$

04   답 ⑤

$a_{n+2}-2a_{n+1}+a_n=0$에서

$$a_{n+2}-a_{n+1}=a_{n+1}-a_n$$

이므로 $\{a_n\}$은 등차수열이다.
공차를 d라 하면 $a_2=3a_1$에서

$$a_1+d=3a_1 \qquad \therefore d=2a_1$$

$a_{10}=76$이므로 $a_1+9d=76$, $19a_1=76$

$$\therefore a_1=4,\ d=8$$

$$\therefore a_5=a_1+4d=36$$

05   답 ②

▌$a_n=f(n)a_{n-1}$ 꼴이다.
$n=2, 3, \ldots, n$을 대입하고 변변 곱해 본다.
$f(n)$이 상수이면 $\{a_n\}$은 등비수열이다.

$$a_n=\frac{n^2-1}{n^2}a_{n-1}=\frac{(n-1)(n+1)}{n^2}a_{n-1}$$이므로

$$a_2=\frac{1\times3}{2^2}a_1$$

$$a_3=\frac{2\times4}{3^2}a_2$$

$$a_4=\frac{3\times5}{4^2}a_3$$

$$\vdots$$

$$a_n=\frac{(n-1)(n+1)}{n^2}a_{n-1}$$

변변 곱하여 정리하면 $a_n=\dfrac{n+1}{2n}a_1$

$a_1=1$이므로 $a_k=\dfrac{19}{36}$에서

$$\frac{k+1}{2k}=\frac{19}{36} \qquad \therefore k=18$$

06

답 ②

▌$a_{n+1}=a_n+f(n)$ 꼴이다.
$n=1, 2, \ldots, n-1$을 대입하고 변변 더해 본다.
$f(n)$이 상수이면 $\{a_n\}$은 등차수열이다.

$a_{n+1}=a_n+n+1$에서
$$a_2=a_1+2$$
$$a_3=a_2+3$$
$$a_4=a_3+4$$
$$a_5=a_4+5$$
$$\vdots$$
$$a_n=a_{n-1}+n$$
변변 더하여 정리하면
$$a_n=a_1+\sum_{k=2}^{n}k$$
$$=2+\frac{n(n+1)}{2}-1=\frac{1}{2}n^2+\frac{1}{2}n+1$$
$a_k=56$에서
$$\frac{1}{2}k^2+\frac{1}{2}k+1=56,\ k^2+k-110=0$$
$k>0$이므로 $k=10$

07

답 9

▌$a_{n+7}=a_n$이므로 7개의 항이 반복된다.
곧, $a_1, a_2, \ldots, a_7$을 알면 나머지 항을 알 수 있다.

(가)에 의해
$$a_{60}=a_{7\times8+4}=a_4$$
(나)에 의해
$$a_2=2a_1-1=2\times2-1=3$$
$$a_3=2a_2-1=2\times3-1=5$$
$$a_4=2a_3-1=2\times5-1=9$$
$$\therefore a_{60}=9$$

08

답 29

(나)에서
$$\frac{D}{4}=a_n-(a_{n+1}-3)=0$$
$$\therefore a_{n+1}-a_n=3$$
따라서 $\{a_n\}$은 첫째항이 2, 공차가 3인 등차수열이므로
$$a_{10}=2+9\times3=29$$

09

답 ③

(i) $n=1$일 때
$$3^{2\times1+2}+8\times1-9=\boxed{80}$$
이므로 16의 배수이다.
(ii) $n=k$일 때 $3^{2k+2}+8k-9$가 16의 배수라 가정하면
$$3^{2k+2}+8k-9=16l\ (l\text{은 자연수})$$
로 놓을 수 있다.
$$3^{2(k+1)+2}+8(\boxed{k+1})-9$$
$$=3^{2k+4}+\boxed{8k-1}$$
$$=9(3^{2k+2}+8k-9)-64k+80$$
$$=9\times16l-64k+80$$
$$=16\{9l+(\boxed{-4k+5})\}$$
이므로 $n=\boxed{k+1}$일 때도 $3^{2n+2}+8n-9$는 16의 배수이다.
(i), (ii)에 의하여 모든 자연수 n에 대하여 $3^{2n+2}+8n-9$는 16의 배수이다.
따라서 $a=80$, $f(k)=k+1$, $g(k)=8k-1$, $h(k)=-4k+5$ 이므로
$$a+f(1)+g(2)+h(3)=80+2+15-7=90$$

10

답 풀이 참조

(i) $n=1$일 때
$$(\text{좌변})=1\times2=2,\ (\text{우변})=\frac{1\times2\times3}{3}=2$$
이므로 주어진 등식이 성립한다.
(ii) $n=k$일 때 주어진 등식이 성립한다고 가정하면
$$1\times2+2\times3+\cdots+k(k+1)=\frac{k(k+1)(k+2)}{3}$$
$$\cdots ❶$$

▌$n=k+1$이면
$$1\times2+2\times3+\cdots+(k+1)(k+2)=\frac{(k+1)(k+2)(k+3)}{3}$$
이다. ❶을 이용하여 이 등식을 만드는 방법을 생각한다.

❶의 양변에 $(k+1)(k+2)$를 더하면
$$1\times2+2\times3+\cdots+k(k+1)+(k+1)(k+2)$$
$$=\frac{k(k+1)(k+2)}{3}+(k+1)(k+2)$$
$$=\frac{(k+1)(k+2)(k+3)}{3}$$
따라서 $n=k+1$일 때도 주어진 등식이 성립한다.
(i), (ii)에 의하여 모든 자연수 n에 대하여 주어진 등식이 성립한다.

11 답 ④

(ⅰ) $n=3$일 때

$$(좌변)=3^4=81, \ (우변)=4^3=64$$

이므로 (*)이 성립한다.

(ⅱ) $n=k \ (k \geq 3)$일 때 (*)이 성립한다고 가정하면

$$k^{k+1}>(k+1)^k \quad \cdots ❶$$

◤$n=k+1$이면

$$(k+1)^{k+2}>(k+2)^{k+1}$$

이다. 따라서 다음 과정은 ❶을 이용하여 위의 부등식이 성립함을 증명하는 과정이다.

이때

$$(k+1)^{k+2}=\frac{(k+1)^{k+2}}{k^{k+1}} \times \boxed{k^{k+1}}$$

$$>\frac{(k+1)^{k+2}}{k^{k+1}} \times (k+1)^k$$

$$=\frac{(k+1)^{2k+2}}{k^{k+1}}$$

$$=\left\{\frac{(k+1)^2}{k}\right\}^{k+1}$$

$$=\left(\frac{k^2+2k+1}{k}\right)^{k+1}$$

$$=\left(\boxed{k+2+\frac{1}{k}}\right)^{k+1}$$

$$>(k+2)^{k+1}$$

따라서 $n=k+1$일 때도 (*)이 성립한다.

(ⅰ), (ⅱ)에 의하여 3 이상의 자연수 n에 대하여 부등식 (*)이 성립한다.

$$\therefore (가) \ k^{k+1}, \ (나) \ k+2+\frac{1}{k}$$

STEP 1등급 도전 문제

106~109쪽

01 ③	02 2	03 ①	04 6	05 ⑤
06 22, 27	07 ②	08 ①	09 최댓값: 275, 최솟값: 200	
10 28	11 ①	12 1643	13 330	14 $\frac{6}{7}$	15 ⑤
16 ④	17 ⑤	18 74	19 ②	

---

01 답 ③

◤$a_2, a_3, a_4, \cdots$를 차례대로 구해 수열 $\{a_n\}$의 규칙을 찾는다.

$$a_2=1+a_1=1+2=3, \quad a_3=\frac{1}{a_2}=\frac{1}{3}$$

$$a_4=1+a_2=1+3=4, \quad a_5=\frac{1}{4}$$

$$a_8=1+a_4=1+4=5, \quad a_9=\frac{1}{5}$$

$$a_{16}=1+a_8=1+5=6, \quad a_{17}=\frac{1}{6}$$

$$\therefore k=17$$

---

02 답 2

$$a_2=a_1-1=1-1=0$$

$$a_3=a_2+2=0+2=2$$

$$a_4=a_3-3=2-3=-1$$

$$a_5=a_4+4=-1+4=3$$

$$a_6=a_5-5=3-5=-2$$

$$a_7=a_6+6=-2+6=4$$

$$\vdots$$

이므로 $a_{2m-1}=m, \ a_{2m}=-m+1$

$$\therefore a_{20}+a_{21}=-9+11=2$$

---

03 답 ①

◤규칙이 나올 때까지 $a_2, a_3, a_4, \cdots$를 구한다.

$a_1=2$이므로

$$a_2=\frac{a_1}{2-3a_1}=-\frac{1}{2}$$

$$a_3=1+a_2=\frac{1}{2}$$

$$a_4=\frac{a_3}{2-3a_3}=1$$

$$a_5=1+a_4=2$$

$$\vdots$$

곧, 첫째항부터 $2, -\frac{1}{2}, \frac{1}{2}, 1$이 반복되고

$$a_1+a_2+a_3+a_4=3$$

$$\therefore \sum_{n=1}^{40} a_n=(a_1+a_2+a_3+a_4)+(a_5+a_6+a_7+a_8)+\cdots$$

$$+(a_{37}+a_{38}+a_{39}+a_{40})$$

$$=3 \times 10=30$$

---

04 답 6

◤(나)의 조건에 맞게 몇 개의 항을 써 보면 다음과 같다.

$$a_5=2a_1, \ a_9=2a_5=2^2 a_1$$

$$a_6=2a_2, \ a_{10}=2a_6=2^2 a_2$$

$a_1=1, \ a_2=3, \ a_3=5, \ a_4=7$이므로

$$a_1+a_2+a_3+a_4=1+3+5+7=2^4$$

$$a_5+a_6+a_7+a_8=2a_1+2a_2+2a_3+2a_4=2^5$$

$$a_9+a_{10}+a_{11}+a_{12}=2a_5+2a_6+2a_7+2a_8=2^6$$

$$\vdots$$

$$a_{4k-3}+a_{4k-2}+a_{4k-1}+a_{4k}=2^{k+3}$$

$$\therefore \sum_{k=1}^{4p} a_k=\sum_{k=1}^{p} 2^{k+3}=\frac{2^4(2^p-1)}{2-1}=2^{p+4}-2^4$$

$\sum_{k=1}^{4p} a_k=1008$이므로

$$2^{p+4}-2^4=1008, \ 2^{p+4}=1024=2^{10}$$

$$\therefore p=6$$

05 ·· 답 ⑤

▶ a_1이 짝수인 경우와 홀수인 경우로 나누어 a_2, a_3, a_4, …, a_6을 찾는 것이 쉽지 않다.
a_n은 자연수이므로 가능한 a_4의 값은 1, 2, 3, …, 8이다.

a_n이 자연수이면 a_{n+1}도 자연수이다.
a_1이 자연수이므로 수열 $\{a_n\}$의 모든 항은 자연수이다.
따라서 $a_4+a_6<10$을 만족시키는 a_4는 8 이하의 자연수이다.
각 경우 a_4, a_5, a_6의 값은 다음과 같다.

a_4	1	2	3	4	5	6	7	8
a_5	2	1	8	2	32	3	128	4
a_6	1	2	4	1	16	8	64	2

$a_4+a_6<10$인 a_4의 값은 1, 2, 3, 4이므로
그때의 a_3, a_2, a_1의 값은 다음과 같다.

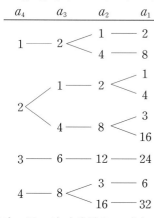

a_4	a_3	a_2	a_1

따라서 모든 a_1의 값의 합은 96이다.

06 ·· 답 **22, 27**

▶ a_1이 홀수인 경우와 0 또는 짝수인 경우로 나누어 생각한다.

(i) a_1이 홀수이면

a_1 (홀수)
$a_2=2$ (짝수)
$a_3=a_1+2$ (홀수)
$a_4=a_1+4$ (홀수)
$a_5=\dfrac{2a_1+6}{2}=a_1+3$ (짝수)

이때 $a_5=6$이므로 $a_1=3$
따라서 $a_6=7+6=13$이므로 $a_7=6+13=19$
$\therefore a_1+a_7=22$

(ii) a_1이 0 또는 짝수이면

a_1 (0 또는 짝수)
$a_2=2$ (짝수)
$a_3=\dfrac{a_1+2}{2}=\dfrac{a_1}{2}+1$

▶ $\dfrac{a_1}{2}$이 짝수인지 홀수인지 알아야 하므로 a_1을 4의 배수를 기준으로 나누어 생각한다.

① $a_1=4m$ (m은 0 또는 자연수)일 때

$a_3=\dfrac{4m}{2}+1=2m+1$ (홀수)
$a_4=2m+3$ (홀수)
$a_5=\dfrac{4m+4}{2}=2m+2$ (짝수)

이때 $a_5=6$이므로 $m=2$
따라서 $a_1=8$, $a_6=7+6=13$이므로 $a_7=6+13=19$
$\therefore a_1+a_7=27$

② $a_1=4m+2$ (m은 0 또는 자연수)일 때

$a_3=\dfrac{4m+2}{2}+1=2m+2$ (짝수)
$a_4=\dfrac{2m+4}{2}=m+2$

m이 0 또는 짝수이면 $a_5=\dfrac{3m+4}{2}$

그런데 $a_5=6$에서 $m=\dfrac{8}{3}$이므로 모순이다.

m이 홀수이면 $a_5=3m+4$

그런데 $a_5=6$에서 $m=\dfrac{2}{3}$이므로 모순이다.

(i), (ii)에서 가능한 a_1+a_7의 값은 22, 27이다.

07 ·· 답 ②

▶ $\sin x$, $\cos x$는 주기가 2π인 함수이다.
좌표에 주기가 있는지부터 확인한다.

$\{a_n\}$: 2, 4, 2, 4, …이므로 a_n은 주기가 2이고
$\cos\dfrac{2n\pi}{3}$, $\sin\dfrac{2n\pi}{3}$는 주기가 $\dfrac{2\pi}{\frac{2\pi}{3}}=3$이므로

$a_n\cos\dfrac{2n\pi}{3}$, $a_n\sin\dfrac{2n\pi}{3}$는 주기가 6이다.
따라서 $\mathrm{P}_{n+6}=\mathrm{P}_n$이므로
$$\mathrm{P}_{2030}=\mathrm{P}_{6\times338+2}=\mathrm{P}_2$$

08 ·· 답 ①

▶ a_2, a_3, a_4, a_5를 직접 구한다.

$a_2=3a_1=3\times4$
$a_3=3(a_1+a_2)=3(4+3\times4)=3\times4(1+3)=3\times4^2$
$a_4=3(a_1+a_2+a_3)$
$\quad=3(4+3\times4+3\times4^2)=3(1+3+3\times4+3\times4^2)$
$\quad=3\left\{1+\dfrac{3(4^3-1)}{4-1}\right\}=3\times4^3$
$a_5=3(a_1+a_2+a_3+a_4)$
$\quad=3(4+3\times4+3\times4^2+3\times4^3)$
$\quad=3(1+3+3\times4+3\times4^2+3\times4^3)$
$\quad=3\left\{1+\dfrac{3(4^4-1)}{4-1}\right\}=3\times4^4$

다른 풀이

$a_{n+1}=3S_n$이므로 $a_n=3S_{n-1}$

따라서 $n\geq 2$일 때

$$a_{n+1}-a_n=3S_n-3S_{n-1}=3a_n$$

$$a_{n+1}=4a_n$$

$a_1=4$, $a_2=3a_1=3\times 4$이므로

$\{a_n\}$은 둘째항부터 공비가 4인 등비수열이다.

$$\therefore a_5=a_2\times 4^3=3\times 4^4$$

09 ····· 답 최댓값: 275, 최솟값: 200

$a_5=6$이 주어졌으므로 $n=5, 6, \dots$을 차례대로 대입하여 수열 $\{a_n\}$의 규칙을 찾는다.

$a_5=6$이고

$$a_6=a_5-5=1,\ a_7=a_6-5=-4,\ a_8=-a_7+2=6,\ \dots$$

이므로 제5항부터 6, 1, −4가 반복된다.

$$\therefore \sum_{k=5}^{200} a_k=65\times(6+1-4)+6=201$$

a_4, a_3, a_2, a_1의 순서로 가능한 값을 모두 구한다.
우선 a_4가 양수일 때와 음수일 때로 나누어 생각한다.

$a_4\geq 0$이면 $a_5=a_4-5=6$이므로 $a_4=11$

$a_4<0$이면 $a_5=-a_4+2=6$이므로 $a_4=-4$

이와 같은 방법으로 가능한 a_4, a_3, a_2, a_1의 값을 구하면 다음과 같다.

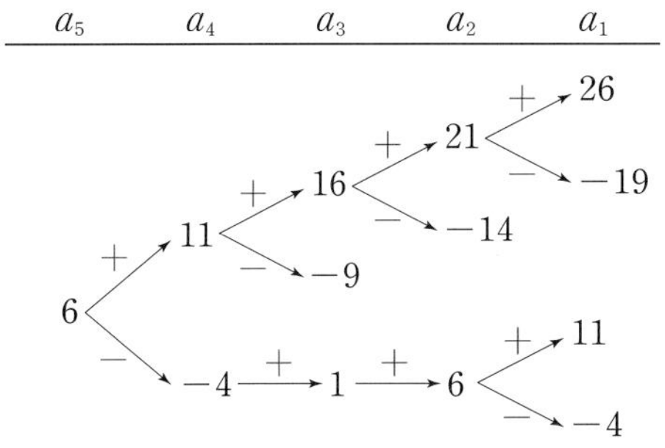

a_4, a_3, a_2, a_1이 각각 11, 16, 21, 26일 때 합이 최대이고 −4, 1, 6, −4일 때 합이 최소이다.

따라서 $\sum_{k=1}^{200} a_k$의 최댓값은 $201+74=275$,

최솟값은 $201-1=200$

10 ····· 답 28

m은 $a_n<0$인 n의 최솟값이므로
$a_m<0$이고 $a_{m-1}\geq 0$, $a_{m-2}\geq 0$, $\dots$, $a_1\geq 0$이다.

$a_m<0$이고, $a_{m-1}\geq 0$, $a_{m-2}\geq 0$이므로

$$a_m=a_{m-1}-d,\ a_{m-1}=a_{m-2}-d$$

(가)에 대입하면 $3a_{m-1}=3$, $a_{m-1}=1$

$\{a_n\}$은 $n\leq m$일 때 공차가 $-d$, $a_{m-1}=1$인 등차수열이므로

$$1=a_1-(m-2)d \qquad \therefore a_1=1+(m-2)d \qquad \cdots ❶$$

이때 $a_m=1-d<0$이므로 $d>1$이고

$$a_{m+1}=a_m+2d=1+d \quad (\text{양수})$$

$$a_{m+2}=a_{m+1}-d=1 \quad (\text{양수})$$

$$a_{m+3}=a_{m+2}-d=1-d \quad (\text{음수})$$

곧, 제$(m-2)$항부터 $1+d$, 1, $1-d$가 반복된다.

$\sum_{k=m+1}^{4m} a_k=33$이고, $a_{m+1}+a_{m+2}+a_{m+3}=3$이므로

a_{m+1}부터 a_{4m}까지의 항은 33개이다.

$$4m-m=33 \qquad \therefore m=11$$

❶에서 $a_1=1+9d$이고, $a_{10}=1$이므로

$\sum_{k=1}^{m-1} a_k=\sum_{k=1}^{10} a_k=145$에서

$$\frac{10\times\{(1+9d)+1\}}{2}=145 \qquad \therefore d=3$$

$$\therefore a_1=1+9\times 3=28$$

11 ····· 답 ①

$S_{n+1}-S_{n-1}=a_{n+1}+a_n$을 이용하면 주어진 관계식을 정리할 수 있다.

$S_{n+1}-S_{n-1}=a_{n+1}+a_n$이므로

$(S_{n+1}-S_{n-1})^2=4a_na_{n+1}+4$에서

$$(a_{n+1}+a_n)^2=4a_na_{n+1}+4$$

$$(a_{n+1}-a_n)^2=4$$

$a_{n+1}>a_n$이므로 $a_{n+1}-a_n=2$

따라서 $\{a_n\}$은 첫째항이 1, 공차가 2인 등차수열이므로

$$a_{20}=1+19\times 2=39$$

12 ····· 답 1643

(가)에서 a_{2n-1}과 a_{2n}으로 나누어져 있으므로
$\{b_n\}$도 b_{2n-1}과 b_{2n}으로 나누어 생각한다. 합도 나누어서 구한다.

수열 $\{b_n\}$의 첫째항부터 제n항까지의 합을 S_n이라 하자.

$$S_{2n}=\sum_{k=1}^{n} b_{2k-1}+\sum_{k=1}^{n} b_{2k}$$

$$=\sum_{k=1}^{n}\{(-1)^{2k-1}\times a_{2k-1}+2\}+\sum_{k=1}^{n}\{(-1)^{2k}\times a_{2k}+2\}$$

$$=\sum_{k=1}^{n}(-3k+2)+\sum_{k=1}^{n}(3k+2)$$

$$=\sum_{k=1}^{n}4=4n$$

$$S_{2n-1}=S_{2n}-b_{2n}$$

$$=4n-\{(-1)^{2n}\times 3n+2\}=n-2$$

$80<S_m<90$에서

(ⅰ) m이 짝수일 때, $m=2m'$이라 하면
$$80<S_{2m'}<90$$
$$80<4m'<90,\ 40<2m'<45$$
$$\therefore m=42,\ 44$$
(ⅱ) m이 홀수일 때, $m=2m'-1$이라 하면
$$80<S_{2m'-1}<90,\ 80<m'-2<90$$
$$82<m'<92,\ 163<2m'-1<183$$
$$\therefore m=165,\ 167,\ 169,\ \cdots,\ 181$$
(ⅰ), (ⅱ)에서 모든 m의 값의 합은
$$42+44+\frac{9\times(165+181)}{2}=1643$$

13 ◆답 330

▶ $a_1+a_2+\cdots+a_{10}$의 값을 구하는 문제이다.
주어진 식의 n에 적당한 값을 몇 개 대입하고 정리해서
위의 꼴이 나올 수 있는지 조사한다.

$n=10$을 대입하면
$$10a_1+9a_2+\cdots+2a_9+a_{10}=10\times11\times12 \quad\cdots\ ❶$$
$n=9$를 대입하면
$$9a_1+8a_2+\cdots+a_9=9\times10\times11 \quad\cdots\ ❷$$
❶$-$❷를 하면
$$a_1+a_2+\cdots+a_9+a_{10}=10\times11\times12-9\times10\times11$$
$$=330$$

다른 풀이

조건에서 $\displaystyle\sum_{k=1}^{n}(n-k+1)a_k=n(n+1)(n+2)$이므로
$$(n+1)\sum_{k=1}^{n}a_k-\sum_{k=1}^{n}ka_k=n(n+1)(n+2) \quad\cdots\ ❸$$
$n\geq2$일 때 위의 식에 n 대신 $n-1$을 대입하면
$$n\sum_{k=1}^{n-1}a_k-\sum_{k=1}^{n-1}ka_k=(n-1)n(n+1) \quad\cdots\ ❹$$
❸$-$❹를 하면
$$\sum_{k=1}^{n}a_k=3n(n+1)$$
$$\therefore \sum_{k=1}^{10}a_k=3\times10\times11=330$$

14 ◆답 $\dfrac{6}{7}$

▶ $b_1, b_2, b_3, \cdots, b_{10}$을 $a_1, a_2, a_3, \cdots, a_{10}$으로 나타낸 다음
$b_{10}=a_{10}$일 조건을 찾아보자.

$$b_1=a_1$$
$$b_2=b_1+a_2=a_1+a_2$$
$$b_3=b_2-a_3=a_1+a_2-a_3$$
$$b_4=b_3+a_4=a_1+a_2-a_3+a_4$$

$$b_5=b_4+a_5=a_1+a_2-a_3+a_4+a_5$$
$$b_6=b_5-a_6=a_1+a_2-a_3+a_4+a_5-a_6$$
$$\vdots$$
$$b_{10}=a_1+a_2-a_3+a_4+a_5-a_6+a_7+a_8-a_9+a_{10} \quad\cdots\ ❶$$
$b_{10}=a_{10}$이고, 수열 $\{a_n\}$의 공차를 d라 하면
$a_2-a_3=a_5-a_6=a_8-a_9=-d$이므로 ❶에서
$$a_1+a_4+a_7-3d=0$$
$$a_1+a_1+3d+a_1+6d-3d=0$$
$$3a_1+6d=0 \qquad \therefore a_1=-2d$$
따라서 $a_n=-2d+(n-1)d=(n-3)d$이므로
$$b_8=a_1+(a_2-a_3)+a_4+(a_5-a_6)+a_7+a_8$$
$$=a_1-d+a_4-d+a_7+a_8$$
$$=-2d-d+d-d+4d+5d=6d$$
$$b_{10}=b_8-a_9+a_{10}=6d+d=7d$$
$$\therefore \frac{b_8}{b_{10}}=\frac{6}{7}$$

15 ◆답 ⑤

▶ (나)에서 P_n은 곡선 $y=x^2$ 위의 점이고,
(다)에서 P_n은 직선 P_nP_{n+1} 위의 점이다.
곡선과 직선의 교점을 생각해 보자.

(나)에서 P_n은 곡선 $y=x^2$ 위의 점이다.
(다)에서 P_n을 지나고 기울기가
$3n$인 직선의 방정식은
$$y-a_n^2=3n(x-a_n)$$
이 직선과 곡선 $y=x^2$에서
$$x^2=3n(x-a_n)+a_n^2$$
$$(x-a_n)(x+a_n-3n)=0$$
해가 $x=a_n$ 또는 $x=-a_n+3n$이므로
$$a_{n+1}=-a_n+3n,\ a_n+a_{n+1}=3n$$
$$\therefore a_{13}+a_{14}=3\times13=39$$

Think More

(기울기)$=\dfrac{a_{n+1}^2-a_n^2}{a_{n+1}-a_n}=3n$이므로 $a_{n+1}+a_n=3n$

16 ◆답 ④

▶ 두 번째 과정에서 추가되는 꼭짓점,
세 번째 과정에서 추가되는 꼭짓점, $\cdots$
을 차례로 찾으면 규칙을 찾을 수 있다.

각 시행에서 삼각형의 개수는 이전 시행의 3배이므로 n번째 시행
에서 남은 삼각형은 3^n개이다.
또 변의 중점이 다음 시행에서 꼭짓점이 되므로 3×3^n개의 꼭짓
점이 추가된다.
$$\therefore a_{n+1}=a_n+3^{n+1}$$

$a_{n+1}=a_n+f(n)$ 꼴이다.

$n=1, 2, …, n-1$을 대입하고 변변 더하면 a_n을 구할 수 있다.

a_6만 구하는 경우도 마찬가지이다.

$$a_1=6$$
$$a_2=a_1+3^2$$
$$a_3=a_2+3^3$$
$$a_4=a_3+3^4$$
$$a_5=a_4+3^5$$
$$a_6=a_5+3^6$$

변변 더하여 정리하면

$$a_6=6+3^2+3^3+3^4+3^5+3^6$$
$$=6+\frac{3^2(3^5-1)}{3-1}=1095$$

Think More

$$a_n=6+\sum_{k=1}^{n-1}3^{k+1}\ (n\geq2)$$

---

17 ································· 답 ⑤

a_n과 S_n 꼴을 동시에 포함한 관계식이다.

$a_1=S_1$, $a_n=S_n-S_{n-1}$ ($n\geq2$)을 이용한다.

$$2S_n=3a_n-4n+3 \qquad \cdots ❶$$

에서 $n=1$일 때, $2S_1=3a_1-1$이고 $S_1=a_1$이므로

$$a_1=1$$
$$2S_{n+1}=3a_{n+1}-4(n+1)+3 \qquad \cdots ❷$$

❷−❶을 하면

$$2(S_{n+1}-S_n)=3a_{n+1}-3a_n-4$$
$$2a_{n+1}=3a_{n+1}-3a_n-4$$
$$a_{n+1}=3a_n+\boxed{4}$$
$$\therefore a_{n+1}+2=3(a_n+2)$$

따라서 수열 $\{a_n+2\}$는 첫째항이 $a_1+2=3$, 공비가 3인 등비수열이므로

$$a_n+2=3\times3^{n-1}$$
$$a_n=3\times3^{n-1}-2=\boxed{3^n-2}\ (n\geq1)$$
$$\therefore p=4, f(n)=3^n-2$$
$$\therefore p+f(5)=4+(3^5-2)=245$$

Think More

$a_{n+1}+k=p(a_n+k)$이면 수열 $\{a_n+k\}$는 첫째항이 a_1+k, 공비가 p인 등비수열이다.

---

18 ································· 답 **74**

$n=k+1$일 때 등식의 좌변은

$$1\times(2k+1)+2\times(2k-1)+\cdots+(k+1)\times1$$

이다. $n=k$일 때의 식에서 위의 식으로 변형하는 과정임을 생각하며 풀이 과정을 따라간다.

(ii) $n=k$일 때 (*)이 성립한다고 가정하면

$$1\times(2k-1)+2\times(2k-3)+3\times(2k-5)+\cdots$$
$$+(k-1)\times3+k\times1=\frac{k(k+1)(2k+1)}{6}$$

이때

$$1\times(2k+1)+2\times(2k-1)+3\times(2k-3)+\cdots$$
$$+k\times3+(k+1)\times1$$
$$=1\times(2k-1+2)+2\times(2k-3+2)$$
$$+3\times(2k-5+2)+\cdots+k\times(1+2)+k+1$$
$$=1\times(2k-1)+2\times(2k-3)+3\times(2k-5)+\cdots$$
$$+k\times1+2(1+2+3+\cdots+k)+\boxed{k+1}$$
$$=\frac{k(k+1)(2k+1)}{6}+2\times\frac{k(1+k)}{2}+(k+1)$$
$$=\frac{k(k+1)(2k+1)}{6}+\boxed{(k+1)^2}$$
$$=\frac{k(k+1)(2k+1)+6(k+1)^2}{6}$$
$$=\boxed{\frac{(k+1)(k+2)(2k+3)}{6}}$$

이므로 $n=k+1$일 때도 (*)이 성립한다.

(i), (ii)에 의하여 모든 자연수 n에 대하여 등식 (*)이 성립한다.

따라서 $f(k)=k+1$, $g(k)=(k+1)^2$,

$$h(k)=\frac{(k+1)(k+2)(2k+3)}{6}$$ 이므로

$$f(2)+g(3)+h(4)=3+16+55=74$$

---

19 ································· 답 ②

$n=k+1$일 때 성립하는 식을 미리 써 보면

$n=k$일 때의 식을 어떻게 정리해야 하는지 알 수 있다.

(ii) $n=k$ ($k\geq2$인 자연수)일 때 (*)이 성립한다고 가정하면

$$\sum_{i=1}^{k}\left(\frac{1}{2i-1}-\frac{1}{2i}\right)<\frac{1}{4}\left(3-\frac{1}{k}\right)$$

위 부등식의 양변에

$$\frac{1}{2k+1}-\frac{1}{2(k+1)}=\boxed{\frac{1}{2(2k+1)(k+1)}}$$

을 더하면

$$\sum_{i=1}^{k+1}\left(\frac{1}{2i-1}-\frac{1}{2i}\right)<\frac{1}{4}\left(3-\frac{1}{k}\right)+\boxed{\frac{1}{2(2k+1)(k+1)}}$$

한편 $2(2k+1)>4k$이므로

$$(우변)<\frac{1}{4}\left(3-\frac{1}{k}\right)+\boxed{\frac{1}{4k(k+1)}}$$
$$=\frac{3}{4}-\frac{1}{4(k+1)}=\frac{1}{4}\left(3-\frac{1}{k+1}\right)$$

따라서 $n=k+1$일 때도 (*)이 성립한다.

(i), (ii)에 의하여 $n\geq2$인 모든 자연수 n에 대하여 부등식 (*)이 성립한다.

$$\therefore (가)\ \frac{1}{2(2k+1)(k+1)},\ (나)\ \frac{1}{4k(k+1)}$$

01 ①	**02** 31	**03** -18, $-\dfrac{46}{3}$, -10, $-\dfrac{22}{3}$
04 $-\dfrac{5}{12}$, $\dfrac{5}{12}$	**05** $-\dfrac{2}{3}$, $\dfrac{1}{3}$, $\dfrac{2}{3}$	**06** $Q_{13}(12, 120)$
07 풀이 참조		

01   답 ①

▶ 조건에서 b_{2n}과 b_{2n-1}로 나누어 생각해야 한다.

a_n은 b_n의 정수 부분이 아니라 가장 가까운 정수임에 주의한다.

$b_{2n}=4n^2+n-\dfrac{2}{15}$이므로

$$a_{2n}=4n^2+n,\ a_{2n}-b_{2n}=\dfrac{2}{15}$$

$b_{2n-1}=(2n-1)^2+n-\dfrac{11}{15}$이므로

$$a_{2n-1}=(2n-1)^2+n-1,\ a_{2n-1}-b_{2n-1}=-\dfrac{4}{15}$$

$$\therefore \sum_{k=1}^{2030}(a_k-b_k)=\sum_{k=1}^{1015}(a_{2k-1}-b_{2k-1})+\sum_{k=1}^{1015}(a_{2k}-b_{2k})$$

$$=\sum_{k=1}^{1015}\left(-\dfrac{4}{15}\right)+\sum_{k=1}^{1015}\dfrac{2}{15}$$

$$=\left(-\dfrac{4}{15}\right)\times1015+\dfrac{2}{15}\times1015$$

$$=-\dfrac{406}{3}=-135.33\cdots$$

$$\therefore \left[\sum_{k=1}^{2030}(a_k-b_k)\right]=-136$$

02   답 31

▶ (다)에서 a_n과 a_{n+2}의 관계부터 구해 보자.

$\dfrac{k}{n+3}\le a_n\le\dfrac{k}{n}$에서 $na_n\le k\le(n+3)a_n$

자연수 k의 개수는 $(n+3)a_n-na_n+1=3a_n+1$이므로

$$a_{n+2}=3a_n+1$$

$a_1=2$이므로

$$a_3=3a_1+1=7,\ a_5=3a_3+1=22$$

또 $a_4=3a_2+1$이므로 $\displaystyle\sum_{k=1}^{5}a_k=44$에서

$$2+a_2+7+(3a_2+1)+22=44,\ a_2=3$$

$$\therefore a_4=3a_2+1=10,\ a_6=3a_4+1=31$$

03   답 -18, $-\dfrac{46}{3}$, -10, $-\dfrac{22}{3}$

▶ (나)에서 $a_{2n-1}+a_{2n}$을 구할 수 있다.

(가)에서 $2a_{2n}=\pm a_{2n-1}$임을 이용하여 가능한 a_{2n} 또는 a_{2n-1}부터 구한다.

(나)에서 $n\ge2$일 때

$$a_{2n}+a_{2n-1}=\sum_{k=1}^{n}(a_{2k-1}+a_{2k})-\sum_{k=1}^{n-1}(a_{2k-1}+a_{2k})$$

$$=\dfrac{1}{2}n(n+1)-\dfrac{1}{2}(n-1)n=n$$

(나)에 $n=1$을 대입하면 $a_1+a_2=1$이므로

$$a_{2n}+a_{2n-1}=n\ (n\ge1)\quad\cdots\ ❶$$

(가)에서 $a_{2n-1}=2a_{2n}$ 또는 $a_{2n-1}=-2a_{2n}$이므로 ❶에 대입하면

$$a_{2n}=\dfrac{n}{3}\ \text{또는}\ a_{2n}=-n$$

따라서 $\displaystyle\sum_{k=1}^{10}a_{2k}$는 $a_{2k}>0$일 때 $\dfrac{k}{3}$, $a_{2k}<0$일 때 $-k$의 합이다.

▶ $\displaystyle\sum_{k=1}^{10}a_{2k}=-43$이므로 -1, -2, -3, $\cdots$, $-k$, $\cdots$, -10의 열 개의 항 중에 몇 개의 항만 $\dfrac{k}{3}$로 바뀐 경우의 합으로 생각하자.

$\displaystyle\sum_{k=1}^{10}(-k)=-55$이므로 -1, -2, -3, $\cdots$, -10에서

k번째 값 $-k$가 $\dfrac{k}{3}$로 바뀌면 합은 $-55+\dfrac{4}{3}k$가 된다.

$a_{2k}=\dfrac{k}{3}$인 k의 값의 합을 A라 하면 $\displaystyle\sum_{k=1}^{10}a_{2k}=-43$에서

$$-55+\dfrac{4}{3}A=-43\qquad\therefore A=9$$

1부터 10까지의 자연수 중에서 서로 다른 수의 합이 9인 경우는

$$(9),\ (8,\ 1),\ (7,\ 2),\ (6,\ 3),\ (6,\ 2,\ 1),$$
$$(5,\ 4),\ (5,\ 3,\ 1),\ (4,\ 3,\ 2)$$

따라서 $a_{2k}>0$이 가능한 경우는 다음과 같다.

$$(a_{18}),\ (a_{16},\ a_2),\ (a_{14},\ a_4),\ (a_{12},\ a_6),\ (a_{12},\ a_4,\ a_2),$$
$$(a_{10},\ a_8),\ (a_{10},\ a_6,\ a_2),\ (a_8,\ a_6,\ a_4)\quad\cdots\ ❷$$

▶ $a_4+a_{12}+a_{20}$을 구하기 위해서는 각 항의 부호부터 알아야 한다.

가능한 경우마다 합을 구해 보자.

❷에서 $a_{20}<0$이므로 $a_{20}=-10$

(i) $a_4<0$이고 $a_{12}<0$인 경우

    $a_4=-2$, $a_{12}=-6$, $a_{20}=-10$이므로

$$a_4+a_{12}+a_{20}=-18$$

(ii) $a_4<0$이고 $a_{12}>0$인 경우

    $a_4=-2$, $a_{12}=\dfrac{6}{3}=2$, $a_{20}=-10$이므로

$$a_4+a_{12}+a_{20}=-10$$

(iii) $a_4>0$이고 $a_{12}<0$인 경우

    $a_4=\dfrac{2}{3}$, $a_{12}=-6$, $a_{20}=-10$이므로

$$a_4+a_{12}+a_{20}=-\dfrac{46}{3}$$

(iv) $a_4>0$이고 $a_{12}>0$인 경우

    $a_4=\dfrac{2}{3}$, $a_{12}=\dfrac{6}{3}=2$, $a_{20}=-10$이므로

$$a_4+a_{12}+a_{20}=-\dfrac{22}{3}$$

(i)~(iv)에서 가능한 $a_4+a_{12}+a_{20}$의 값은

-18, $-\dfrac{46}{3}$, -10, $-\dfrac{22}{3}$이다.

04

▶ $a_{n+1}=f(a_n)$ 꼴로 고친 다음, 그래프를 이용하여 풀 수 있다.

$$f(x)=\begin{cases} 2x+2 & \left(-1\le x\le -\dfrac{1}{2}\right) \\ -2x & \left(-\dfrac{1}{2}<x\le \dfrac{1}{2}\right) \\ 2x-2 & \left(\dfrac{1}{2}<x\le 1\right) \end{cases} \text{라 하면}$$

$$a_{n+1}=f(a_n)$$

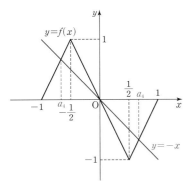

$a_4+a_5=0$이면 $a_4+f(a_4)=0$에서

$f(a_4)=-a_4$이므로

a_4는 $y=f(x)$의 그래프와 직선 $y=-x$의 교점의 x좌표이다.

$\begin{cases} y=2x+2 \\ y=-x \end{cases}$, $\begin{cases} y=-2x \\ y=-x \end{cases}$, $\begin{cases} y=2x-2 \\ y=-x \end{cases}$ 에서

$$x=-\dfrac{2}{3},\ x=0,\ x=\dfrac{2}{3}$$

이때 $a_5\ne 0$이므로 $a_4=-\dfrac{2}{3}$ 또는 $a_4=\dfrac{2}{3}$

▶ $f(x)=a$의 해는 직선 $x=-\dfrac{1}{2}$ 또는 $x=\dfrac{1}{2}$에 대칭이다.

이를 이용하여 a_3, a_2, a_1을 차례로 구해 보자.

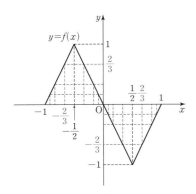

(i) $a_4=-\dfrac{2}{3}$일 때

$f(a_3)=-\dfrac{2}{3}$이므로 그래프에서 $a_3=\dfrac{1}{3}$ 또는 $a_3=\dfrac{2}{3}$

▶ 조건에서 $|a_4|>|a_3|>|a_2|>|a_1|$이다.

그런데 $|a_4|>|a_3|$이므로 $a_3=\dfrac{1}{3}$

같은 방법으로 생각하면 $a_2=-\dfrac{1}{6}$, $a_1=\dfrac{1}{12}$

$$\therefore \sum_{k=1}^{4} a_k=\dfrac{1}{12}-\dfrac{1}{6}+\dfrac{1}{3}-\dfrac{2}{3}=-\dfrac{5}{12}$$

(ii) $a_4=\dfrac{2}{3}$일 때

(i)과 같은 방법으로 생각하면 $a_3=-\dfrac{1}{3}$, $a_2=\dfrac{1}{6}$, $a_1=-\dfrac{1}{12}$

$$\therefore \sum_{k=1}^{4} a_k=-\dfrac{1}{12}+\dfrac{1}{6}-\dfrac{1}{3}+\dfrac{2}{3}=\dfrac{5}{12}$$

(i), (ii)에서 가능한 $\sum_{k=1}^{4} a_k$의 값은 $-\dfrac{5}{12}$, $\dfrac{5}{12}$이다.

05

(나)에서 $a_{2n+1}(1+a_{2n})=1$

$$\therefore a_{2n+1}=\dfrac{1}{1+a_{2n}} \qquad \cdots ❶$$

(다)에서 $(a_{2n-1}a_{2n}+1)(a_{2n-1}-1)=0$

$a_{2n-1}\ne 1$이므로 $a_{2n-1}a_{2n}=-1$

$$a_{2n}=-\dfrac{1}{a_{2n-1}} \qquad \cdots ❷$$

$a_1=a$라 하면 ❷에서 $a_2=-\dfrac{1}{a}$

❶에서 $a_3=\dfrac{1}{1+a_2}=\dfrac{a}{a-1}$

❷에서 $a_4=-\dfrac{1}{a_3}=-\dfrac{a-1}{a}$

❶에서 $a_5=\dfrac{1}{1+a_4}=a$

$$\vdots$$

곧, 첫째항부터 $a,\ -\dfrac{1}{a},\ \dfrac{a}{a-1},\ -\dfrac{a-1}{a}$이 반복된다.

$$\therefore \sum_{n=1}^{9} a_n=2\left(a-\dfrac{1}{a}+\dfrac{a}{a-1}-\dfrac{a-1}{a}\right)+a$$

▶ a의 범위를 $a>1$, $0<a<1$, $a<0$일 때로 나누면 a_n의 부호를 알 수 있다.

(i) $a>1$일 때

$$\sum_{n=1}^{9} |a_n|=2\left(a+\dfrac{1}{a}+\dfrac{a}{a-1}+\dfrac{a-1}{a}\right)+a$$

이므로

$$\sum_{n=1}^{9} |a_n|-\sum_{n=1}^{9} a_n=4\left(\dfrac{1}{a}+\dfrac{a-1}{a}\right)=4$$

조건을 만족시키지 않는다.

(ii) $0<a<1$일 때

$$\sum_{n=1}^{9} |a_n|=2\left(a+\dfrac{1}{a}-\dfrac{a}{a-1}-\dfrac{a-1}{a}\right)+a$$

이므로

$$\sum_{n=1}^{9} |a_n|-\sum_{n=1}^{9} a_n=4\left(\dfrac{1}{a}-\dfrac{a}{a-1}\right)$$

조건에서 $4\left(\dfrac{1}{a}-\dfrac{a}{a-1}\right)=14$

양변에 $a(a-1)$을 곱하여 정리하면

$$9a^2-9a+2=0 \qquad \therefore a=\dfrac{1}{3} \text{ 또는 } a=\dfrac{2}{3}$$

(iii) $a < 0$일 때

$$\sum_{n=1}^{9} |a_n| = 2\left(-a - \frac{1}{a} + \frac{a}{a-1} + \frac{a-1}{a}\right) - a$$

이므로

$$\sum_{n=1}^{9} |a_n| - \sum_{n=1}^{9} a_n = 4\left(-a + \frac{a-1}{a}\right) - 2a$$

조건에서 $4\left(-a + \dfrac{a-1}{a}\right) - 2a = 14$

양변에 a를 곱하여 정리하면

$$3a^2 + 5a + 2 = 0 \qquad \therefore a = -1 \text{ 또는 } a = -\frac{2}{3}$$

그런데 $a = -1$이면 $a_2 = 1$이므로 조건을 만족시키지 않는다.

$$\therefore a = -\frac{2}{3}$$

(i), (ii), (iii)에서 가능한 a_1의 값은 $-\dfrac{2}{3}$, $\dfrac{1}{3}$, $\dfrac{2}{3}$이다.

06   답 $\mathrm{Q}_{13}(12,\ 120)$

$\mathrm{Q}_n(x_n, y_n)$이라 하면 삼각형 $\mathrm{Q}_n \mathrm{Q}_{n+1} \mathrm{Q}_{n+2}$의 무게중심이
$\mathrm{P}_n(n,\ an-a)$이므로

$$x_n + x_{n+1} + x_{n+2} = 3n \qquad \cdots \ \mathbf{❶}$$

$$y_n + y_{n+1} + y_{n+2} = 3(an - a) \qquad \cdots \ \mathbf{❷}$$

$x_1 = 0,\ y_1 = 0,\ x_2 = 1,\ y_2 = -1$이므로
❶, ❷에 대입하면 $\mathrm{Q}_3,\ \mathrm{Q}_4,\ \cdots,\ \mathrm{Q}_9$를 구할 수 있다.

$$\begin{aligned}
\mathrm{Q}_n &: (0,\ 0),\ (1,\ -1),\ (2,\ 1),\ (3,\ 3a),\ (4,\ 3a-1), \\
&\quad (5,\ 3a+1),\ (6,\ 6a),\ (7,\ 6a-1),\ (8,\ 6a+1), \\
&\quad (9,\ 9a),\ (10,\ 9a-1),\ (11,\ 9a+1),\ (12,\ 12a),\ \cdots
\end{aligned}$$

Q_{10}의 좌표가 $(9,\ 90)$이므로

$$9a = 90 \qquad \therefore a = 10$$

따라서 Q_{13}의 좌표는 $(12,\ 12a)$에서 $\mathrm{Q}_{13}(12,\ 120)$이다.

다른 풀이

위에서 구한 Q_n의 좌표를 보면 $x_n = n - 1$이고
y_n은 $3k$, $3k-1$, $3k+1$ 꼴임을 알 수 있다.
이는 다음과 같은 방법으로 구할 수 있다.

❶에서

$$(x_n - n + 1) + (x_{n+1} - n) + (x_{n+2} - n - 1) = 0$$

이므로 $x_n - (n-1) = a_n$이라 하면

$$a_n + a_{n+1} + a_{n+2} = 0$$

그런데 $a_1 = x_1 = 0$, $a_2 = x_2 - 1 = 0$이므로 $a_3 = 0$

$$\therefore a_n = 0,\ x_n = n-1,\ x_{13} = 12$$

❷에서

$$\{y_n - a(n-2)\} + \{y_{n+1} - a(n-1)\} + (y_{n+2} - an) = 0$$

이므로 $y_n - a(n-2) = b_n$이라 하면

$$b_n + b_{n+1} + b_{n+2} = 0$$

그런데 $b_1 = y_1 + a = a$, $b_2 = y_2 = -1$이므로

$$b_3 = -a + 1,\ b_4 = a,\ b_5 = -1,\ b_6 = -a+1,\ \cdots$$

$$\therefore b_1 = b_4 = b_7 = \cdots = b_{3n-2} = a$$

$$b_2 = b_5 = b_8 = \cdots = b_{3n-1} = -1$$

$$b_3 = b_6 = b_9 = \cdots = b_{3n} = -a+1$$

$$\therefore y_{3n-2} - a(3n-4) = a,\ y_{3n-2} = 3an - 3a$$

$$y_{3n-1} - a(3n-3) = -1,\ y_{3n-1} = 3an - 3a - 1$$

$$y_{3n} - a(3n-2) = -a+1,\ y_{3n} = 3an - 3a + 1$$

조건에서 $y_{10} = 90$이므로 $y_{3n-2} = 3an - 3a$에서

$$12a - 3a = 90 \qquad \therefore a = 10$$

$$\therefore \mathrm{Q}_{13}(x_{13},\ y_{13}) = \mathrm{Q}_{13}(12,\ 120)$$

07   답 풀이 참조

(i) $n = 1$일 때

$$(\text{좌변}) = 1,\ (\text{우변}) = 1$$

이므로 주어진 등식이 성립한다.

(ii) $n = k$일 때 주어진 등식이 성립한다고 가정하면

$$\sum_{i=1}^{2k-1} \{i + (k-1)^2\} = (k-1)^3 + k^3$$

$n = k+1$일 때 등식

$$\sum_{i=1}^{2k+1} (i + k^2) = k^3 + (k+1)^3$$

이 성립함을 보여야 한다.
$\displaystyle\sum_{i=1}^{2k+1} (i + k^2)$과 $\displaystyle\sum_{i=1}^{2k-1} (i + k^2)$부터 비교한다.

$$\begin{aligned}
&\sum_{i=1}^{2k+1} (i + k^2) \\
&= \sum_{i=1}^{2k-1} (i + k^2) + (2k + k^2) + (2k+1+k^2) \\
&= \sum_{i=1}^{2k-1} \{i + (k-1)^2 + (2k-1)\} + (2k^2 + 4k + 1) \\
&= \sum_{i=1}^{2k-1} \{i + (k-1)^2\} + \sum_{i=1}^{2k-1} (2k-1) + (2k^2 + 4k + 1) \\
&= (k-1)^3 + k^3 + (2k-1)^2 + (2k^2 + 4k + 1) \\
&= 2k^3 + 3k^2 + 3k + 1 \\
&= k^3 + (k^3 + 3k^2 + 3k + 1) \\
&= k^3 + (k+1)^3
\end{aligned}$$

따라서 $n = k+1$일 때도 주어진 등식이 성립한다.

(i), (ii)에 의하여 모든 자연수 n에 대하여 주어진 등식이 성립한다.

절대등급

대수

1등급의 절대기준

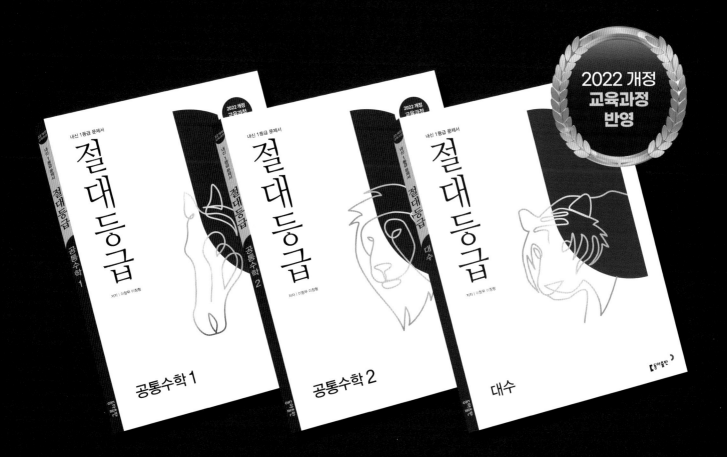

2022 개정
교육과정
반영

절대등급
공통수학 1

절대등급
공통수학 2

절대등급
대수

고등 수학 내신 1등급 문제서

대성마이맥 이창무 집필
수학 최상위 레벨 대표 강사

타임 어택 1, 3, 7분컷
실전 감각 UP

적중률 높이는 기출
교육 특구 및 전국 500개 학교 분석

1등급 확정
변별력 갖춘 A·B·C STEP

공통수학1, 공통수학2, 대수, 미적분 I, 확률과 통계, 미적분 II

절대등급

대수